水利部公益性行业科研专项经费项目（201501004）资助

黄河河龙区间暴雨洪水监测预报技术研究

赵卫民　等 著

黄 河 水 利 出 版 社
·郑 州·

内 容 提 要

本书立足于提升黄河河龙区间洪水监测能力和预警预报能力，开展了吊箱和重铅鱼缆道式综合自动智能化测验平台、ADCP 多线积深式和微波流速仪动态积宽式流量测验、断面借用等关键技术研究与应用，采用水文统计方法，对窟野河等 7 条典型支流暴雨洪水规律及其定量关系进行了解析，研制了典型支流和干流主要控制站暴雨洪水预警预报方案。

本书可供水文监测、洪水预报和科研人员及有关大专院校相关专业的师生等阅读参考。

图书在版编目(CIP)数据

黄河河龙区间暴雨洪水监测预报技术研究/赵卫民等著.—郑州：黄河水利出版社，2018.3

ISBN 978 - 7 - 5509 - 1650 - 0

Ⅰ.①黄…　Ⅱ.①赵…　Ⅲ.①黄河 - 暴雨 - 洪水 - 水文预报 - 研究　Ⅳ.①P338

中国版本图书馆 CIP 数据核字(2018)第 044647 号

组稿编辑：李洪良　电话：0371 - 66026352　E-mail：hongliang0013@163.com

出 版 社：黄河水利出版社　网址：www.yrcp.com

地址：河南省郑州市顺河路黄委会综合楼 14 层　邮政编码：450003

发行单位：黄河水利出版社

发行部电话：0371 - 66026940、66020550、66028024、66022620(传真)

E-mail：hhslcbs@126.com

承印单位：河南瑞之光印刷股份有限公司

开本：787 mm×1 092 mm　1/16

印张：17.75

字数：410 千字　印数：1—1 000

版次：2018 年 3 月第 1 版　印次：2018 年 3 月第 1 次印刷

定价：98.00 元

前 言

黄河河龙区间位于黄河中游,是黄河干流河口镇至龙门之间的集水区,是黄河洪水主要来源区之一,是黄河泥沙特别是粗泥沙的主要来源区,区间面积13万km^2,其中无水文站控制一级入黄支流面积达3万km^2。

河龙区间是黄河流域暴雨天气的高发区,从历史资料统计,暴雨天气过程平均为1年1遇,河龙区间中北部地区可达2年3遇。2012年汛期,这一区间出现了4次暴雨雨区面积超过1万km^2的暴雨过程,在黄河干支流形成了3次明显的洪水过程,黄河干流龙门水文站出现2次编号洪峰。吴堡水文站出现1989年以来的最大洪峰,流量达10 600 m^3/s。据洪水过后分析,其中无水文站控制支流来水在洪峰组成中占44%。

河龙区间洪水具有峰高势急的特性。洪水形成快,降雨主时段结束后4~8 h,就能形成河道洪峰;河道传播快,从等流时线看,各支流洪水到黄河干流流时为3~6 h;洪峰涨势猛,从洪水起涨到洪峰峰顶,历时短的仅不到1 h,长的也仅为5~10 h。2012年7月27日吴堡水文站洪水过程中,流量从1 250 m^3/s上涨至洪峰流量10 600 m^3/s,历时5 h 6 min;水流流速急,部分干支流的洪水流速往往可达到10 m/s以上。无水文站控制支流对洪水峰量的影响难以预测。

通过近些年的基础设施建设和先进仪器设备的引进和应用,黄河水文测验能力有了较大的提升,实现了水位、雨量的自动观测和报汛,能够全过程地监测水位、雨量的时程演变。但面对河龙区间特殊的洪水特性,仪器设备的适用性受到限制。由于流速急、涨峰快、漂浮物多等因素,铅鱼、吊箱等测验设备无法承受巨大的水流冲力,机械式流速仪遭受水草缠绕和各种物体冲击,极易损坏,无法进行接触式流量测验。洪水期唯一可靠的测洪方案是采用抛掷水面浮标、经纬仪测位、秒表计时,计算流速,并借用洪水前期的河道断面计算流量。黄河河道冲淤剧烈,洪水过程中水文测验断面变化明显,水位流量关系复杂,需要通过实测流量修正率定水位流量关系,保证洪水测验精度。因此,在洪水期的流量测验,效率低,精度差,测时长,不能及时报汛。近年来,黄河水利委员会水文局通过技术创新,研发了微波测流仪,可以非接触地测验水面流速,减轻了测验工作量,减少了测验人员,不过,受承载设施的制约,仍然是采用浮标测验的技术方法和规范。

黄河是高含沙量河流,洪水过程中泥沙含量可达500 kg/m^3以上,支流更高达1 000 kg/m^3。黄河泥沙监测,是一个世界性的难题。目前生产中使用的还是横式采样器。由于没有适用的泥沙监测设备,无法实时在线进行泥沙测验,从而不能完整地监控泥沙含量变化过程;由于泥沙监测的测点布设完全依靠测验人员的判断,因此无法准确地控制泥沙变化重要节点,从而不能准确地计算洪水过程中的输沙量。在当前的泥沙测验成果的条件下,河道泥沙要素预报也难以开展。

河龙区间处于黄土高原区,分为沟、峁、梁、塬,又有土石山区。不同地区的土地利用状况、植被覆盖程度、水土保持力度不同,地貌形态千差万别,产汇流模式多样,降雨径流关系复杂。在历史降雨和流量资料的条件,以及预报作业技术手段的制约下,难以研究和建立降雨径流关系,编制合格的预报方案,难以有效地对中小空间尺度的支流洪水形势做出预警,对干流洪水预警预报难以兼顾延长预见期和洪水量级预报准确的需求。

河龙区间具有下垫面复杂多变、暴雨空间分布不均、洪水陡涨陡落、含沙量高、漂浮物多等基本特性,当前洪水泥沙监测能力和预警预报水平极不适应于日益提高的防汛要求,需要通过研制适用的洪水泥沙监测仪器,创新洪水泥沙监测模式,增加暴雨洪水跟踪分析和预测手段,提升水文测验能力和预警预报能力。

为此,通过水利部公益性行业科研专项经费项目(201501004)资助,开展了黄河河龙区间洪水泥沙测报关键技术及应用研究,主要研究任务包括泥沙在线监测关键设备研究、流量测验关键技术研究、河龙区间暴雨洪水情势诊断分析技术研究、暴雨洪水情势诊断分析作业平台研发。

本书对该项目部分研究成果进行介绍,共分10章。第1章主要介绍研究区概况,包括自然地理、水文气象、水利水保工程及水文站网;第2章资料收集及处理,包括历史暴雨洪水数据及河道断面等数据的收集、标准化处理及专用数据库的建设;第3章介绍吊箱和重铅鱼缆道式综合自动智能化测验平台研发及应用;第4章介绍ADCP多线积深式和微波流速仪动态积宽式流量测验技术研究及应用;第5章选取吴堡、龙门站为研究对象,利用长系列洪水期断面资料,采用随机森林法、代表垂线法、精细变率分析等方法,进行断面借用技术研究及应用;第6章定义了降水、洪水、泥沙类诊断指标与情势预警评价体系;第7章变化环境下暴雨洪水规律及其定量关系解析,采用水文统计方法,对河龙区间窟野河等7条典型流域降雨产流、降雨产沙及洪水泥沙等关系进行分析,并进一步分析了降雨产流阈值及其时空变异性;第8章典型流域暴雨洪水预警预报方案,建立了基于统计分析的暴雨洪水预警预报方案,将具有明确物理意义的雨洪沙定量关系与预报图相结合,并对其精度进行评定;第9章介绍干流主要控制站吴堡、龙门站及府吴区间未控区暴雨洪水预警预报模型构建,并对其预报精度进行评定;第10章总结,介绍主要研究成果并提出问题与建议。第1章由刘龙庆、张利娜负责编写;第2章由赵淑饶、刘炜、狄艳艳负责编写;第3章由李德贵、宋海松、陈鸿、付卫山负责编写;第4章由宋海松、李德贵、李兰涛负责编写;第5章由赵淑饶、刘炜、裴斌、段雯、赵丽霞负责编写;第6章由陶新、梁忠民、史玉品、李彬权、马骏、范国庆负责编写;第7、8章窟野河流域由刘晓伟、狄艳艳负责编写,秃尾河流域由刘晓伟、邱淑会负责编写,清涧河流域由许珂艳、范国庆负责编写,皇甫川流域由马骏、邱淑会负责编写,湫水河流域由刘龙庆、郭卫宁负责编写,无定河小理河流域由狄艳艳负责编写,汾川河流域由史玉品负责编写;第9章由史玉品、狄艳艳、许珂艳、范国庆、陈志洁负责编写;第10章由赵淑饶、刘晓伟负责编写。第2~5章由王怀柏统稿,其余章节由王春青统稿。全书由赵卫民、霍世青统稿。

由于作者水平有限,加之时间较紧,书中难免有错误和不妥之处,敬请读者批评指正。

作　者

2018年2月

目 录

第 1 章　研究区概况

1.1　自然地理

黄河河龙区间面积 111 591 km^2，占黄河中游总面积的 32.4%，其中干流两岸还有 20 000 km^{2}以上的未控区间，约占河龙区间总面积的 18%。区间内黄河干流长 723 km，穿行于晋陕峡谷。区内大部分属黄土丘陵沟壑区和黄土高原风沙区，支流众多，其中流域面积在 1 000 km^{2}以上的较大支流共有 21 条，地形破碎，沟壑纵横，土质疏松，植被稀少，水土流失严重。

河龙区间地貌类型主要有黄土塬、黄土梁、黄土峁和各类沟谷，从北向南依次为半干旱草原区、风沙区、黄土丘陵沟壑区等。其中，半干旱草原区气候干燥，植被不良，土地沙漠化严重，主要包括窟野河上游的内蒙古东胜一带；风沙区地面被沙丘所覆盖，风沙严重，主要包括窟野河中游及无定河上中游靠近毛乌素沙漠腹地一带。河龙区间大部分为黄土丘陵沟壑区，丘陵起伏，沟壑纵横，为第四纪黄土高原区，土壤高度垂直节理发育，土质疏松，植被稀少，水土流失严重；晋陕峡谷黄河干流两岸属石质山区，以裸露岩石为主，间有少量土质，植被较好，土壤侵蚀、水土流失相对小，河龙区间左岸大部分支流的上游段属此类地区。

1.2　暴雨及天气环流形势

河龙区间属较典型的大陆性季风气候，冬季干燥寒冷少雨，夏季炎热，多暴雨天气，年降水量为 450 ~ 600 mm，时空分布不均。降水量主要集中出现在汛期，连续最大降水量出现在 6 ~ 9 月，占全年降水总量的 70% ~ 80%，而 7 ~ 8 月降雨量占到年降水总量的 50% 左右。河龙区间是黄河流域暴雨天气的高发区，从历史资料统计，暴雨天气过程平均为一年一遇，河龙区间中北部地区可达 2 年 3 遇，暴雨多发生在 7 月中旬至 8 月中旬，其特点是暴雨强度大、历时短，雨区面积一般在 5 万 km^2 以下。如 1971 年 7 月 25 日窟野河杨家坪站，实测 12 h 雨量达 408.7 mm，雨区面积为 22 000 km^2。再如 1977 年 8 月 1 日，陕西与内蒙古交界的乌审旗地区发生的特大暴雨，暴雨中心木多才当站 9 h 雨量达 1 400 mm（调查）；又如 2012 年汛期，这一区间出现了 4 次笼罩面积超过 1 万 km^2 的暴雨过程，佳芦河申家湾站 2012 年 7 月 27 日 2 ~ 14 时，12 h 降雨量达 227 mm，为有记载以来最大降水，受其影响，在黄河干支流形成了三次明显的洪水过程，其中黄河干流龙门水文站出现两次编号洪峰。

河龙区间的暴雨，特别是区域性大暴雨，都是在有利的大尺度环流背景下发生发展的。当东亚中高纬度环流由纬向型向经向型调整，并与低纬度环流相互作用时，冷暖空气在山陕区间交绥,引起天气尺度和中尺度的天气系统不稳定发展,就会形成持续的强烈垂直运动和水汽输送等强降水条件。所以,暴雨预报总是从分析大尺度环流形势入手,分析对河龙区间有利的环流背景,概括出几种环流形势,来认识暴雨发生发展的规律。

影响河龙区间大暴雨的大尺度环流系统主要有:

(1)在乌拉尔山以东的高纬度,为组成两槽一脊环流型的贝加尔湖高压和西西伯利亚-巴尔喀什湖低槽与太平洋中部槽。此时,不断有冷空气从巴尔喀什湖以短波槽形式东移,影响河龙区间。有时,弱冷空气以超极地路径从东北方向流入华北。

(2)在副热带,是西北太平洋副热带高压和青藏高压。特别是当华北高压东移,与西北太平洋副热带高压反气旋打通,形成东南-西北走向的高压脊时。

(3)在低纬度,是热带辐合带和印缅低压。热带辐合带上活跃的热带低压常常直接或间接影响河龙区间。

在上述大尺度环流系统中,对冷暖空气交绥位置影响最大的是西太平洋副热带高压的强度、面积和进退演变。直接造成河龙区间暴雨的低涡和登录台风的移动路径,也与副热带高压位置关系很大。

通过对河龙区间暴雨个例的分析,确定以500 hPa环流形势为主,根据西风带长波槽脊特征,根据西太平洋副热带高压活动的特点,适当参考对流层中低层和地面形势,将大尺度环流形势分为"槽脊东移型""副高西进低槽东移型""低涡型"和"三高并存型"四类。总体来看,以经向型环流为主。

1.3 洪水泥沙

据实测资料(1956~2015年)统计,河龙区间多年平均径流量44.5亿 m^3,年际分配极不均匀,年最大径流量为103.1亿 m^3,年最小径流量仅为6.5亿 m^3,两者比值达15.9∶1;年内分配也很不均匀,汛期7~10月径流量约占全年的51%。

据统计,1954年以来黄河吴堡站发生过19场洪峰大于10 000 m^3/s 的洪水,龙门站发生过23场洪峰大于10 000 m^3/s 的洪水。特别是继1989年吴堡站发生12 400 m^3/s 洪水后23年后,2012年7月下旬受短历时、强降雨影响,该站再次发生10 600 m^3/s 的大洪水,其中无水文站控制支流来水在洪峰组成中占44%。该区间内皇甫川、孤山川、窟野河、清涧河、延河等主要支流历史上也多次发生5 000 m^3/s 以上甚至大于10 000 m^3/s 的洪水。

河龙区间是黄河洪水的主要来源地之一,也是黄河泥沙的重要来源地。河龙区间洪水主要由暴雨产生,具有陡涨陡落、峰值高、洪量大、历时短、含沙量大的特点。黄土高原地区土质疏松,地形破碎,植被稀疏,在高强度暴雨冲刷下往往产生强烈的土壤侵蚀和地层剥蚀,导致黄河中游地区产生大量高含沙洪水过程。黄河多年平均输沙量约16亿t,其中来自中游地区的输沙量占89%,汛期输沙量占总输沙量的90%,且汛期泥沙主要集中来自几次高含沙洪水过程。黄河中游为多沙粗沙区,多沙粗沙区面积为7.86万 km^2,仅占黄河中游区域面积的23%,产生的泥沙却达到11.82亿t,占整个黄河中游区输沙量的69%;多沙粗沙区产生的 $d \geqslant 0.05$ mm和 $d \geqslant 0.10$ mm的粗泥沙量分别达3.19亿t和

0.89亿t,占整个黄河中游区相应粒级粗泥沙量的77.2%和82.4%。

1.4　水利水保工程及生态环境

土壤、地形、植被是影响流域产流产沙的核心下垫面因子。坡耕地是黄河泥沙的重要来源,而其水土流失程度取决于林草植被的覆盖状况和梯田化程度。河龙区间处于黄土高原区,分为沟、峁、梁、塬,又有土石山区。不同地区的土地利用状况、植被覆盖程度、水土保持力度不同,地貌形态千差万别。

1.4.1　水利工程

河龙区间以水库为主的水利工程建设基本上始于20世纪50年代后期。根据水利普查成果,截至2011年年底,河龙区间共有水库150座(不含小(2)型水库),其中,大型水库4座、中型水库44座、小(1)型水库102座,总库容分别为14.0亿 m^3、19.24亿 m^3 和4.01亿 m^3。大型水库分别是黄河干流上的万家寨、龙口水库,无定河上游的王圪堵水库,以及延河上游的王瑶水库。

统计表明,现有水库多建成于20世纪50年代后期至70年末;而在80年代至90年代中期,水库建设步伐明显放缓。90年代后期以来,再次迎来建设小高峰,并逐步实施了病险水库的除险加固工作。为了充分发挥水库的供水功能,尽可能延长水库的使用寿命,河龙区间现有水库大多分布在水土流失轻微的风沙区和植被较好的支流上游,如巴图湾和王圪堵这两座大型水库就分别位于无定河上游内蒙古鄂尔多斯的乌审旗和陕西榆林的横山区,这与上述的淤地坝的空间分布形成鲜明对照。

1.4.2　水保工程

1.4.2.1　淤地坝工程

20世纪50年代以来,河龙区间黄土高原淤地坝的发展大体经历了五个阶段(孟庆枚,1996;黄河上中游管理局,2011)。

(1)试验示范阶段(1949~1957年)。

(2)全面推广阶段(1958~1970年)。

(3)大力发展阶段(1971~1980年)。由于水坠坝技术的推广应用,河龙区间大量兴建淤地坝,其中多由群众自发修建,但在1977年和1978年两次特大暴雨中损毁严重,然而目前现有的中小型淤地坝仍多建成于这一时期。

(4)巩固调整阶段(1981~20世纪90年代后期)。这一阶段淤地坝建设速度明显放缓,其中中小型淤地坝建设几乎停止。

(5)坝系建设阶段(20世纪90年代后期至今)。这一时期,为保证淤地坝运行安全,发挥其整体效益,逐步形成了"以支流为骨架、小流域为单元,骨干坝和中小型淤地坝相配套,建设沟道坝系"的淤地坝建设思路,使淤地坝建设步入了科学规划、合理布局、完善配套,大规模、高速度、高效益的发展新阶段。

特别是在2003年,水利部将黄土高原淤地坝建设作为亮点工程之一,组织黄河水利委员会编制完成了《黄土高原地区水土保持淤地坝规划》,淤地坝建设进入了科学发展的阶段,在河龙区间大小支流上修建了大量骨干坝和中小型淤地坝。截至2011年底,河龙区间共有骨干坝3 726座,总库容约4亿m^3,仅1990~2011年建成的中小型淤地坝4 880座(见表1.4-1),由群众自发修建的微型坝、谷坊则不计其数。

表1.4-1 河龙区间各主要支流1990~2011年建成的中小型淤地坝数量

流域	区间	淤地坝(座)
皇甫川	皇甫以上	167
孤山川	高石崖以上	49
窟野河	温家川以上	375
秃尾河	高家川以上	55
佳芦河	申家湾以上	389
无定河	白家川以上	645
清涧河	延川以上	138
延河	甘谷驿以上	702
仕望川	大村以上	20
浑河	挡阳桥以上	47
偏关河	偏关以上	18
县川河	旧县以上	61
朱家川	桥头以上	45
清凉寺沟	杨家坡以上	46
湫水河	林家坪以上	251
三川河	后大成以上	203
屈产河	裴沟以上	69
昕水河	大宁以上	198
其他地区		1 402
合计		4 880

根据规划,到2020年,包括河龙区间在内的黄土高原地区建设淤地坝16.3万座,其中骨干坝3万座,主要入黄支流基本建成较为完善的沟道坝系。

1.4.2.2 梯田

将黄土高原的坡耕地整修为梯田,是使其免受或少受土壤侵蚀危害的重要措施,是水土保持的重要内容,关系到这一地区的农业是否可持续发展。

长久以来,在河龙区间的黄土丘陵区修建了大量梯田。根据卫星遥感解译成果和全国水利普查成果统计,截至2012年,河龙区间共有梯田面积4 716.5 km^2,其中河龙区间中部的无定河中下游、佳芦河、秃尾河、清涧河、延河和湫水河、三川河、屈产河等是梯田较多的地区(见表1.4-2)。

表1.4-2　河龙区间主要支流2012年梯田比

支流名称	梯田比(%)	支流名称	梯田比(%)
皇甫川	0.79	浑河	2.47
孤山川	2.97	偏关河	16.70
窟野河	1.11	县川河	14.10
秃尾河下游	3.73	朱家川	13.00
佳芦河	10.20	湫水河	15.10
无定河中下游	7.32	三川河	18.60
清涧河	3.42	屈产河	7.06
延河	6.40	昕水河	6.90

1.4.2.3　林草植被

长期以来,包括河龙区间在内的黄土高原地区,由于可耕地面积少,受制于当地社会经济的发展水平,人们为了满足生活需要,利用大量的坡地耕种和放牧,使本已脆弱的天然植被遭到破坏,加重了水土流失。

1999年以来,国家全面推行"退耕还林"和"封山禁牧"政策,同时近年国家经济飞速发展,促使农村社会经济结构发生了重大改变。随着城镇化建设进程的加快,如今的黄土高原,尤其是河龙区间,农作物耕种和山坡放牧明显减少,取而代之的是人工植树种草面积增加,部分地区植被得到自然恢复。

据资料统计,河龙区间黄土丘陵区林草地面积从1978年的48 821 km^{2}增加到2014年的55 718 km^2,其中,与20世纪70年代相比,延安市北部的延河、清涧河流域林草地面积增加最多,2000年后增幅达25%~47%,无定河、佳芦河流域次之,增幅近20%。就河龙区间黄土丘陵区而言,对水土流失遏制作用较大的林草盖度大于30%的面积则从1978年的20 580 km^{2}增加到2014年的53 457 km^2,增加了160%(见表1.4-3)。

表1.4-3　河龙区间主要产沙区不同林草地盖度等级的面积　(单位:km^2)

类别	2014年面积	1978年面积	增加面积
全部林草地	55 718	48 821	6 897
盖度≥30%	53 457	20 580	32 877
盖度≥50%	42 385	12 023	30 362
盖度≥70%	20 027	7 105	12 922

注:林草地盖度指易侵蚀区内林草叶茎的正投影占林草地面积的比例。

1.5　水文站网情况

1.5.1　基本水文站网

据2015年黄河流域水文资料统计,河龙区间共有各类观测站539处,其中,水文站54

处,水位站 2 处(其中 1 处资料未参加整编),雨量站 463 处,蒸发站 20 处(见表 1.5-1、图 1.5-1)。在所有站中,委属站有 312 处,其中水文站 37 处,雨量站 268 处,蒸发站 7 处。

多年来,河龙区间水文站网采集了大量的水文观测数据,在黄河防汛、水资源评价、流域规划与治理等方面发挥了重要作用。

表 1.5-1　河龙区间基本水文站网统计

面积 (km^2)	水文站 (处)	水位站 (处)	雨量站 (处)	站网密度(km^2/站)	
				水文站	雨量站
111 591	54	2	463	2 067	216

注:因水文站均观测雨量,计算雨量站网密度时,雨量站总数包括水文站。

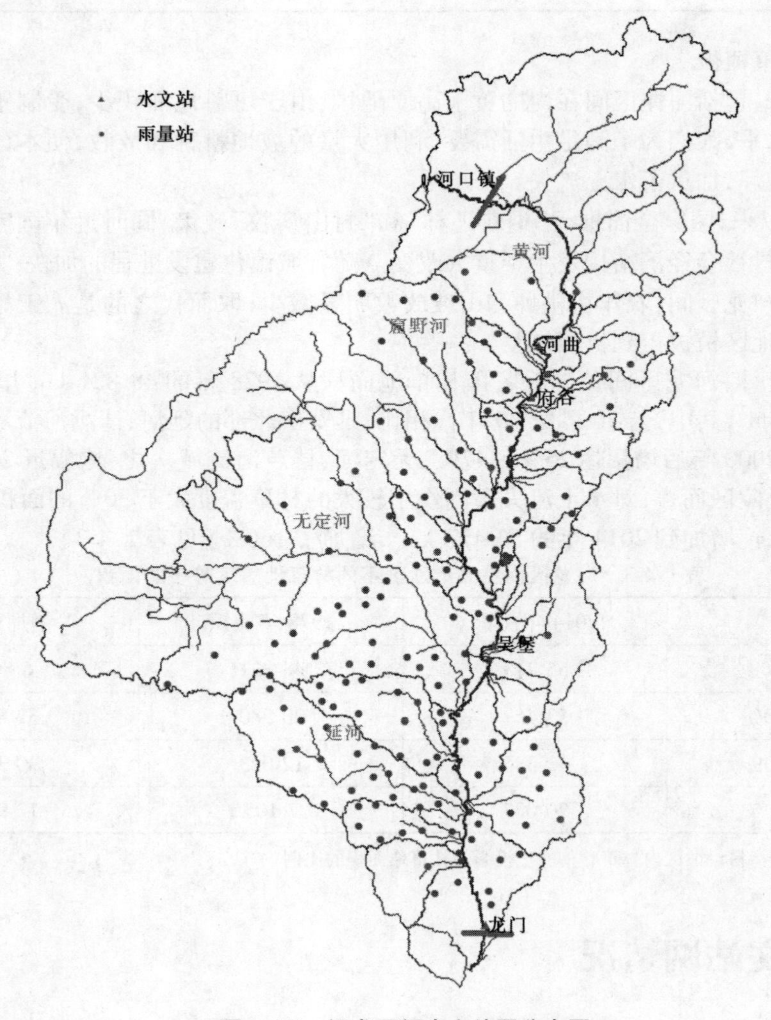

图 1.5-1　河龙区间水文站网分布图

1.5.2　水情站网

根据黄河防汛需要,基本水文站网中的一部分站设为报汛站,及时向黄河有关防汛部门提供雨水情信息。截至 2015 年,河龙区间共设报汛站 353 处,其中,水文站 53 处,水位站 2 处,水库站 5 处,雨量站 293 处,见表 1.5-2。基本水文水情站网在黄河水文测报和黄河防汛抗旱决策中发挥了重要作用。

表 1.5-2　河龙区间现有报汛站网统计

面积（km^2）	水文站（处）	水位站（处）	水库站（处）	雨量站（处）	站网密度（km^2/站）	
					水文站	雨量站
111 591	53	2	5	293	2 105	322

注:计算雨量站网密度时,雨量站总数包括水文站。

第2章　资料收集及处理

2.1　历史数据收集及指标计算

为项目研究需要，编写了数据处理计算软件，软件有两大功能，分别是数据处理、指标计算。数据处理模块主要是针对收集到的形式不一的历史暴雨洪水数据，整理入库。指标计算模块主要是针对本项目中洪水泥沙诊断指标体系及定量关系分析中用到的各种指标进行计算，为进一步的分析提供支撑。

2.1.1　历史暴雨洪水收集

为研究河龙区间干支流暴雨洪水特性，分析洪水泥沙诊断指标，共收集河龙区间37个水文站建站至2017年洪要（洪水要素）和逐日流量资料、268个雨量站及37个水文站建站至2017年日降雨、降雨摘要、小时时段最大降雨量、分钟时段最大降雨量资料。其中建站至2014年各类资料取自整编资料，不同形式的整编资料经整理后录入河龙区间历史数据库；2015～2017年资料为报汛资料，直接取自实时雨水情数据库；另外一种资料是来自雨量站固态存储雨量计，降雨时段大部分为5 min，这种资料只有1998～2015年的，用来分析1998年之后的洪水，这类资料整理后放入rain_5min数据库中。

以上三个数据库存放在服务器上，三种数据库库表结构统一，可以直接连接上洪水预报系统，进行历史洪水查询、模拟、等雨量面图绘制等操作。项目组成员可方便取用。

2.1.2　历史暴雨洪水数据处理

数据处理模块共分8个子模块。分别是“洪要数据处理”“逐日流量数据处理”“逐日降雨数据处理”“降雨摘要处理”“逐日含沙量处理”“逐日输沙率处理”“日雨量时段雨量入库”“雨量站号更改”。由于原始资料中2007年之前的数据和2007年之后的数据以不同形式存放，所以前六个模块中又分别有“2007年之前数据处理”“2007年之后数据处理”两种数据处理子模块。原始资料中日雨量和时段雨量处于两个不同的表中，而本项目所建历史暴雨洪水数据库中降雨资料在一个表中，为使资料不重复，特开发了日雨量时段雨量入库模块。原始资料中水文站分别有水文站号、雨量站号两个站号，流量资料、洪要、含沙量资料用的是水文站号，日雨量、降雨摘要用的是雨量站号，为了与实时数据库一致，特开发了“雨量站号更改”模块，将站号统一更改为水文站号。

2.1.3　诊断指标计算

为服务本项目中泥沙诊断指标分析，特开发了指标计算模块，共有5个子模块，面平均雨量计算、前期影响雨量计算、降雨插值、含沙量插值、平均损失强度计算（各指标定义及计算方法在第8章中有详细描述)。

2.2　河龙区间历史洪水断面冲淤大数据集

2.2.1　概述

河龙区间历史洪水断面冲淤大数据集主要由水沙过程数据和断面流速数据两部分构成,前者包括府谷、吴堡、龙门等三个干流站及府谷—龙门区间15个重要支流把口站从1953到2012年共计约1 000站年的洪水要素、实测流量、逐日平均水流沙数据,后者包括吴堡、龙门两站各约2 000个实测流量测次的水深流速数据。

此外,大数据集还包含计算分析形成的各种中间数据、汇总表、各类主题图表等衍生数据。

数据集大致经历纸质档案、非结构化数据、结构化数据三个状态阶段。所有数据统一存储在称为"河道云"的局域网服务器共享目录下,以保证数据的实时更新、一致性和安全性,避免数据在互联网上的传输需要及风险,并实现最大限度的数据共享、有效的任务分发和高效协同工作。

由专人负责数据管理,建立各类数据说明文档、表结构说明、版本更新日志、数据资源登记表、格式标准、操作规程、阶段性成果总结及任务分配。

2.2.2　水沙过程数据

2.2.2.1　数据内容

水沙过程数据分为三类。

1. 洪水要素摘录表

即洪水期水位、流量、含沙量时序表,涉及府谷、吴堡、龙门3站,府谷—吴堡区间的6处支流站、吴堡—龙门区间的9处支流站的历年资料。

2. 逐日平均水文要素表

包括水位、流量、含沙量三个要素,涉及吴堡、龙门两站及部分相关水文站的历年资料。

3. 实测流量成果表

吴堡、龙门两站的历年实测流量成果表。

2.2.2.2　数据格式转换

水沙过程数据是水文整编的核心资料,但仍需进行格式的统一整理及检验核对。

洪水要素摘录表从基础水文数据库导出,导出格式为时序表,整理相对简单。整理工作主要包括时间格式规范订正、水位整米数补充、数据错误对照年鉴订正等。此外,对吴堡站缺失的两年数据从水文年鉴进行了补充录入。

逐日平均要素表的初始资料,2008年之前由数据库导出,2008年之后为刊印格式文本表。这两种格式都不是时序表结构,由于数据量较大,因此编写专用转换程序进行时序化整理。

实测流量成果表也存在2008年前后两种初始格式,编写专用程序整理成统一时序格式,并对其中的数据错误对照年鉴进行核对订正。

2.2.2.3 水沙完整时序过程拼配

由于洪水要素摘录表只包含洪水期数据且含沙量存在空缺,因此首先插值补全含沙量数据,再使用逐日平均要素表进行补充合并,生成全年完整的水沙过程数据,为水沙量计算等数据处理工作提供便利。

2.2.3 实测流量水深流速数据

2.2.3.1 数据内容

实测流量水深流速数据指在实测流量测次中记录或计算的水深和流速数据,以及和测次相关的关键信息。

水深流速数据是由测深测速垂线起点距、垂线水深、垂线平均流速(或表面流速)等三个要素形成的数组。

测次信息包括断面名称、测流开始结束时间、测流开始结束水位、断面测量方法、流速测量方法、流速系数、测深垂线数、测速垂线数等8项内容。

2.2.3.2 数据整理与检验核对

在传统水文以水沙过程为重点的数据收集中,垂线流速和水深属于原始数据范畴,不在资料整编范围内,因而缺少现成的数据支持。但水深流速数据是支持本课题研究的核心数据,是分析断面形态变化规律和建立各种分析模式的基础,因此需要对其进行系统性的整理。

项目涉及吴堡、龙门两站从1952年到2012年间洪水期的各约2 000个流量测次,按洪峰流量量级统计数量见表2.2-1。

表2.2-1 洪水量级分类数量统计表

站名	不同量级洪水场次数(场)				
	>3 000 m^3/s	>5 000 m^3/s	>8 000 m^3/s	>10 000 m^3/s	实测断面(次)
龙门	131	58	26	18	2 208
吴堡	95	45	21	14	2 102

根据研究的实际需要,流速数据只整理到垂线级别,不对测点流速进行整理和分析。基本的整理流程包括录入、标准化、表检、图检等几个步骤。

1.录入

1986年之前的数据从原始流量记载表经人工录入整理得到,1986年之后有部分电子化的流量记载数据。所有数据统一整理成项目前期规定的标准格式,如图2.2-1所示。

对于一个水文站,录入整理的结果构成一个文件集合,称为流量测次录入格式文件集,其中每个文件对应一个流量测次。

2.数据表检

在流量测次录入格式文件集的基础上,借助一个Excel_VBA程序(数据检查辅助程

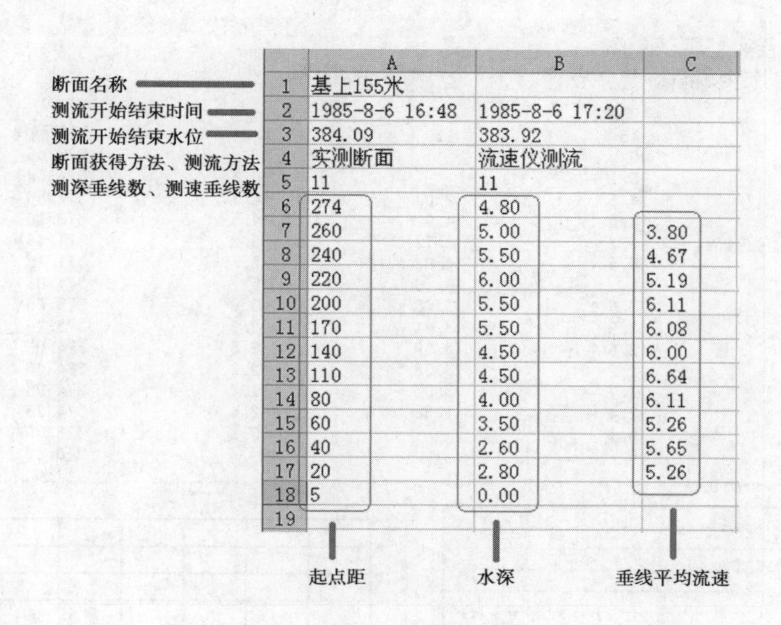

	A	B	C
1	基上155米		
2	1985-8-6 16:48	1985-8-6 17:20	
3	384.09	383.92	
4	实测断面	流速仪测流	
5	11	11	
6	274	4.80	
7	260	5.00	3.80
8	240	5.50	4.67
9	220	6.00	5.19
10	200	5.50	6.11
11	170	5.50	6.08
12	140	4.50	6.00
13	110	4.50	6.64
14	80	4.00	6.11
15	60	3.50	5.26
16	40	2.60	5.65
17	20	2.80	5.26
18	5	0.00	
19			

图 2.2-1　流量测次录入格式

序）并依照相关规则，进行数据检查。表检内容包括：文件名、断面名、测深测速方法填写、数据格式的规范性，测流历时、相邻测次间隔、流速、水深数值范围、水位数值范围的合理性，垂线数核对，起点距次序检查等共 27 项内容。

经过表检的数据可以消除绝大多数录入和记录错误。

3. 标准测次文件及图检

标准测次文件是在表检后的录入格式文件基础上，对数据表格做出少量改动，并补充断面图和流速水深分布图等两个图表得到。该操作由一个批处理程序完成。标准测次文件示例如图 2.2-2 所示。

断面图和流速水深分布图提供了对起点距、水深、流速三项数据数值合理性的图形检查条件，可以进一步消除数据中存在的错误。

一个测站的所有标准测次文件构成标准测次文件集合，是后续数据处理分析的基础。

2.2.3.3　要素汇总计算表和场次文件集

要素汇总计算表从标准测次文件集合中提取数据进行测次数据汇总，以及面积、平均水深、流量等数据的计算。该表格由程序生成，其每个记录行对应一个流量测次，包含约 30 个字段，是全部流量测次的索引及关键数据的汇总（见表 2.2-2）。

在要素汇总计算之后，进行洪水场次划分，然后生成场次分析和场次套绘两个文件集合，前者中的每个文件包含一场洪水的要素计算汇总表及 14 种图表，例如水位流量过程线、流量与平均河底高程相关图等。后者中的每个文件包含一场洪水的所有水深流速数据表、三个主要因素过程线以及一个断面套绘图。按照年度划分时段，类似生成年度分析和年度套绘文件集。

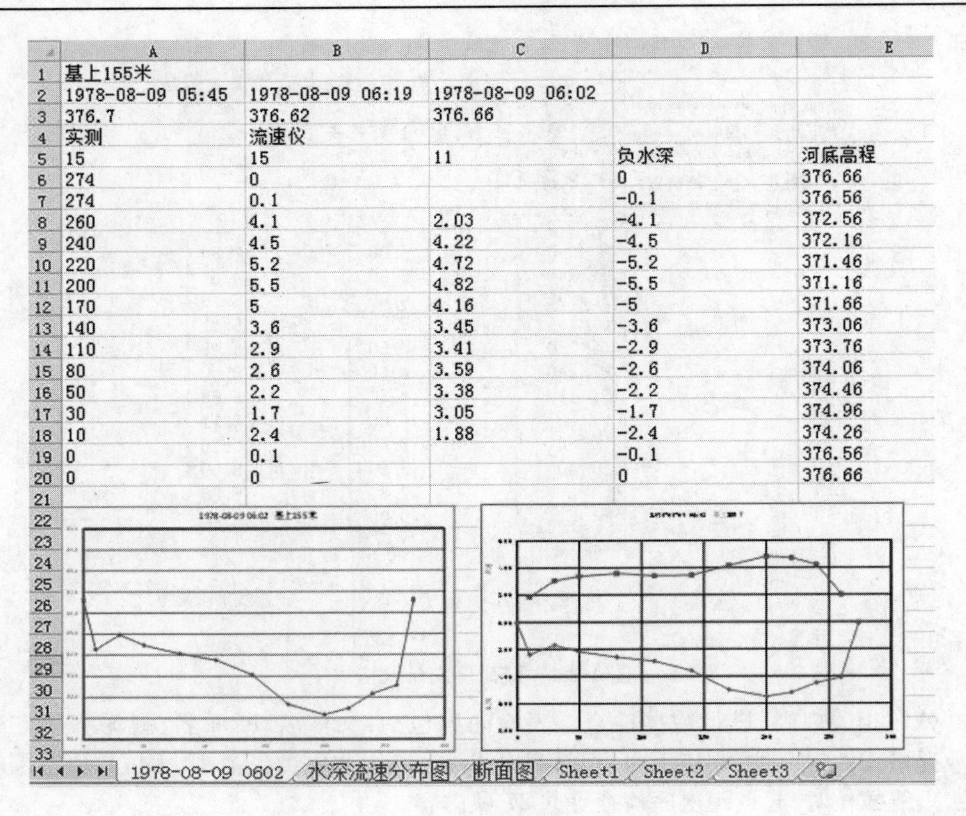

	A	B	C	D	E
1	基上155米				
2	1978-08-09 05:45	1978-08-09 06:19	1978-08-09 06:02		
3	376.7	376.62	376.66		
4	实测	流速仪			
5	15	15	11	负水深	河底高程
6	274	0		0	376.66
7	274	0.1		-0.1	376.56
8	260	4.1	2.03	-4.1	372.56
9	240	4.5	4.22	-4.5	372.16
10	220	5.2	4.72	-5.2	371.46
11	200	5.5	4.82	-5.5	371.16
12	170	5	4.16	-5	371.66
13	140	3.6	3.45	-3.6	373.06
14	110	2.9	3.41	-2.9	373.76
15	80	2.6	3.59	-2.6	374.06
16	50	2.2	3.38	-2.2	374.46
17	30	1.7	3.05	-1.7	374.96
18	10	2.4	1.88	-2.4	374.26
19	0	0.1		-0.1	376.56
20	0	0		0	376.66

图 2.2-2　标准测次文件示例

表 2.2-2　实测流量测次要素汇总计算表包含的主要内容

索引信息	实测要素	最值要素	计算要素
测次编号	开始水位	最大起点距	流量
流量数据表文件名	结束水位	最小起点距	过水面积
洪水编号	平均水位	最大水深	水面宽
断面名	断面测量方法	最大流速	湿周
测流开始时间	流速测量方法	最低河底高程	水力半径
测流结束时间			平均流速
测流平均时间			平均水深
			平均河底高程

水深流速数据的初级处理流程如图 2.2-3 所示。

这些 Excel 文件集为团队分工协作以及项目初期不同方向的数据分析处理提供了最基本的静态数据基础。

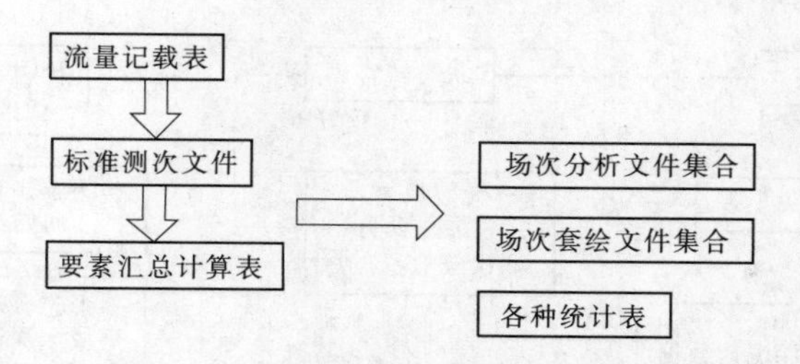

图 2.2-3　水深流速数据的初级处理流程

2.2.4　数据库表结构化数据

为完成项目后期大量数据的高效处理及深度分析，按照数据库表的建立原则设计主要数据的表结构，对数据进行进一步统一和结构化，同时将数据的主要存储格式转换为二进制格式。

涉及的数据除水深流速、要素汇总计算表、水沙过程数据之外，还包括全断面及标准断面数据、状态转移及变率数据、模型输出中间及成果数据等。

以状态转移表为例，其包含两个关联测次的关键数据，包括前后状态水流沙及变率、时段水沙量、面积变率等 27 个字段，是各种变率分析的基础（见表 2.2-3）。表结构化数据支撑了若干分析模型的实现。

表 2.2-3　表结构化数据示例——状态转移表

字段号	字段名	备注	字段号	字段名	备注
0	分组号		14	流量变率	根据拼配插值计算
1	前编号		15	含沙量变率	根据拼配插值计算
2	后编号		16	平均水位	根据拼配数据计算
3	涨落	根据流量准单调性确定	17	平均流量	根据拼配数据计算
4	前时间		18	平均含沙量	根据拼配数据计算
5	后时间		19	算均水位	根据拼配插值计算
6	前状态水位	拼配插值	20	算均流量	根据拼配插值计算
7	前状态流量	拼配插值	21	算均含沙量	根据拼配插值计算
8	前状态含沙量	拼配插值	22	前过水面积	过水面积
9	后状态水位	拼配插值	23	后过水面积	过水面积
10	后状态流量	拼配插值	24	面积变率	方法 2
11	后状态含沙量	拼配插值	25	前标准面积	标准面积
12	时段长		26	后标准面积	标准面积
13	水位变率	根据拼配插值计算			

结构化数据关系全局示意图如图 2.2-4 所示。

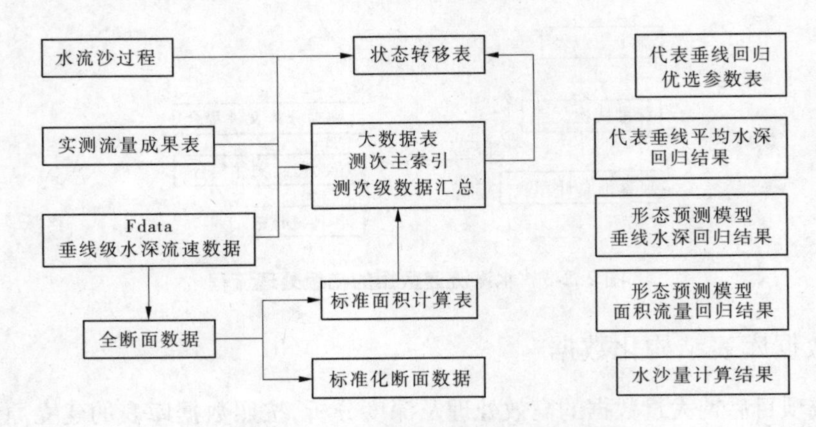

图 2.2-4　结构化数据关系全局示意图

2.2.5　数据分析支撑平台

断面冲淤涉及的各种研究分析工作由基础数据集合、图表集合、程序与算法集合和文档集合四部分共同支撑。

2.2.5.1　数据集合

数据集合由水沙过程类、流速断面类、汇总计算类三个子集构成。具体见图 2.2-5。

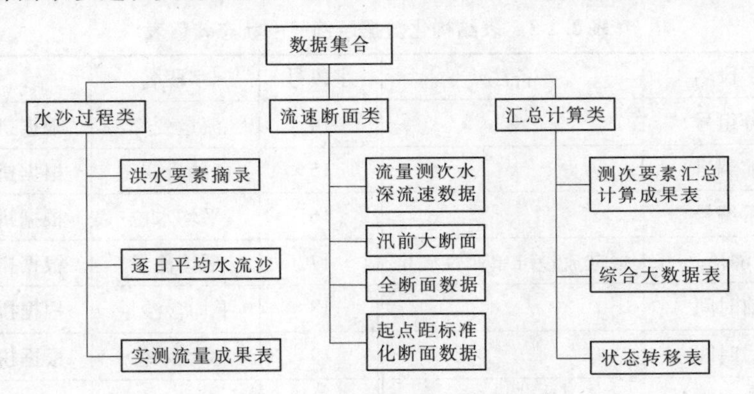

图 2.2-5　数据集合分类结构

2.2.5.2　图表集合

图表集合分为两组。第一组为标准测次文件集合、场次文件集合所提供的 Excel 图表。第二组为由程序生成的静态图表库，包括要素过程线、相邻测次断面对照与背景过程、各类统计直方图、要素相关图、模型图表输出等各类图表，约 20 万幅。建立图表库的指导思想是事先创建所有可能需要的单主题图表及综合图表，以静态图片形式存储、分门别类组织在河道云共享文件夹中，为团队分工协作及不同目的的数据分析提供快捷图表支持。图表分三类 14 种，详见图 2.2-6 及表 2.2-4。

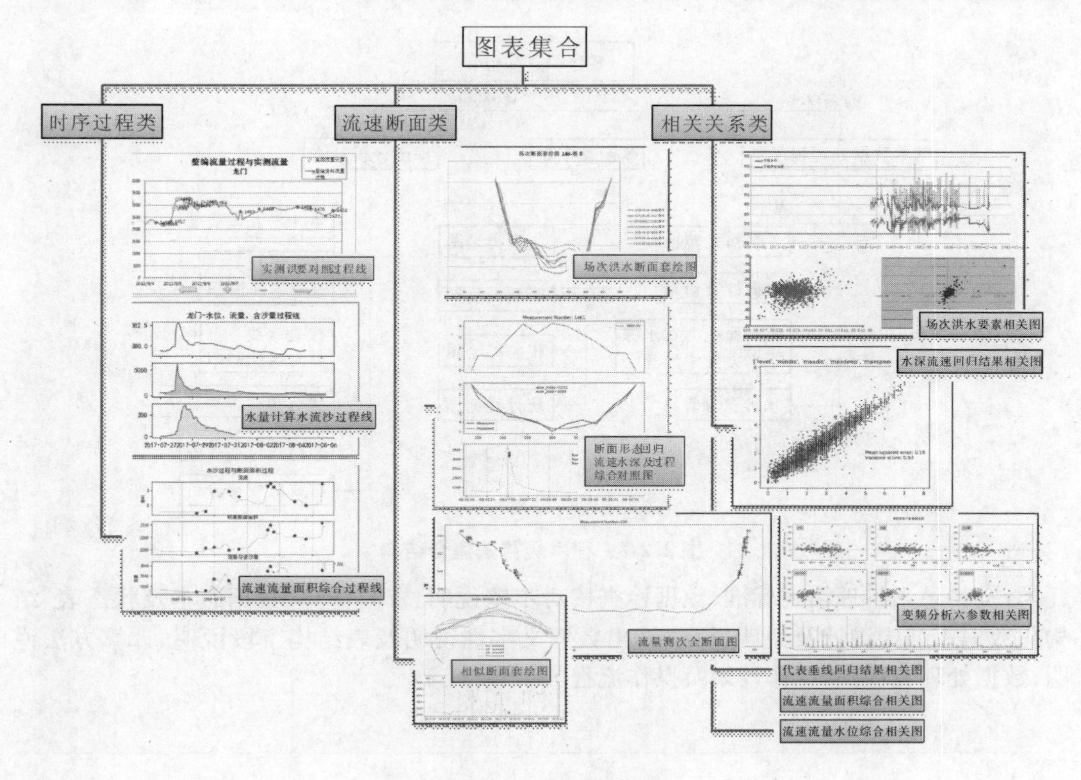

图 2.2-6　各类图分类示意图

表 2.2-4　图表分类表

时序过程类	流速断面类	相关及统计类
实测洪要对照过程线	场次洪水断面套绘图	场次洪水要素相关图
水量计算水流沙过程线	断面形态回归流速水深及过程综合对照图	水深流速回归结果相关图 面积流量误差概率分布直方图
流速流量面积综合过程线	流量测次全断面图	代表垂线回归结果相关图
	相似断面套绘图	变率分析六参数相关图
	代表垂线位置示意图	流速流量面积综合相关图
		流速流量水位综合相关图

2.2.5.3　程序与算法集合

随着项目研究的逐步推进，陆续编写基本数据处理、绘图、深度数据处理三类程序，构成程序与算法集合，完成对大量数据的快速、稳定处理、各类图表的生成、深度分析计算以及两个回归模型的建立。

程序级算法集合结构如图 2.2-7 所示。

2.2.5.4　文档集合

用于描述数据及处理流程的文档也是数据支撑平台的重要组成部分。主要包括如下

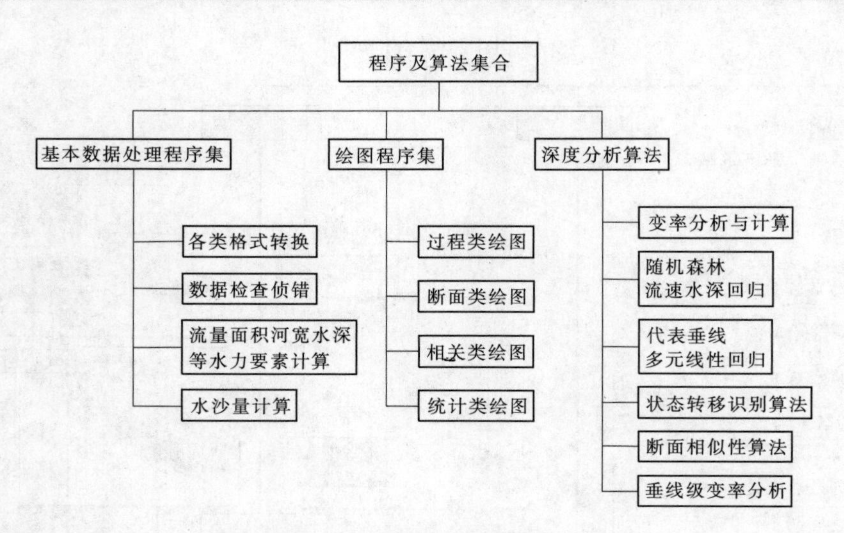

图 2.2-7 程序级算法集合结构

几类:资料录入整理格式标准、数据检查核对步骤说明、资料清单、数据版本及状态表、结构化数据表结构设计及说明、算法输出数据文字性说明及表结构字段说明、计算方法说明、数据处理流程图、工作计划及操作流程等。

第3章　吊箱和重铅鱼缆道式综合自动智能化测验平台

3.1　目标和主要内容

3.1.1　目标

吊箱、重铅鱼、测船是水文测验工作的基本渡河设施,是转子流速仪、ADCP、微波流速仪等水文测验仪器的装载、运行和工作的设备,本项目研究的对象是以重铅鱼缆道和吊箱为核心的平台,包括装载体系、运行及控制体系、水文信息采集及传输处理体系等,目标是实现综合自动智能化功能和性能,主要体现在以下几个方面:

(1)既能搭载现有常规测流仪器(如转子流速仪)进行水文测验作业,也为新仪器设备留有搭载、工作空间和控制接口,外部仪器设备只要调用此接口就可完全控制测验平台,并可实时获取测验平台的各项数据。对于无法通过接口连接的仪器设备,提供一种可编程运行模式,按预先编程设定的模式负责将仪器设备运载到预定的位置,这种模式下测验平台与仪器有简单的信息交互(启、停、完成等),也可没有任何信息交互只是按预定时间顺序控制完成。

(2)系统水平和垂直运动的平稳性和独立性,其控制通过平台或仪表实现。

(3)水文测验作业的自动化或半自动化实现。

3.1.2　主要内容

吊箱式平台研究以吴堡水文站为依托,主要内容为基于吊箱缆道的起点距、水深、流速、风速、风向测控系统研制,包括以下内容:

(1)综合测验平台结构、工作模式研究;

(2)软件开发(控制软件+测流软件);

(3)通用控制协议开发;

(4)起点距采集与计算机控制;

(5)吊箱形式确定及机械结构设计;

(6)吊箱调平机构及其控制;

(7)吊箱可拆卸式操控箱研制。

重铅鱼缆道平台以龙门水文站为依托,主要内容为基于龙门水文站的起点距、水深、流速、风速、风向测控系统研制,包括以下内容:

(1)自动智能化控制平台样机研制;

(2)铅鱼缆道改造、风速风向仪及无线传输设备选配与集成;

(3)软件改进(测控软件);

(4)串口输出协议;

(5)根据自记水位计测定水面高程,调整仪器高度;

(6)起点距、垂直位置采集与控制;

(7)铅鱼拉偏改进;

(8)系统集成测试。

3.2 吊箱式测验平台

3.2.1 系统组成

吴堡站完整的缆道测流装备由塔架、主索、循环索、水平行车架、测验仪器运载平台(吊箱)、平台悬吊索、缆道水文绞车以及其他辅助设备组成。本系统是在吊箱式缆道基础上研制而成的自动化测流系统。

图3.2-1、图3.2-2所示为本研究的吊箱缆道自动化测流系统结构图及示意图,其工作的基本过程是:水文绞车拖动循环索,通过水平行车架运行吊箱到测验断面内指定的垂线位置;由于缆道垂度的原因,吊箱的垂直高度需要随时调整,一般调整到距水面高度1 m左右位置时,再通过测流悬杆进行测深;然后通过测流悬杆携带转子流速仪到指定测点深度进行测速;根据测验规范选取多组垂线位置和测点位置按如上步骤重复测量,最后根据测得的河道断面流速分布情况计算出过水断面的总流量。

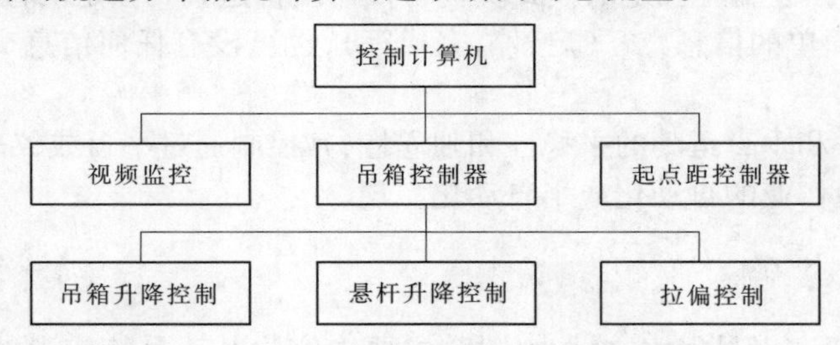

图3.2-1 吴堡吊箱式缆道测流控制系统结构框图

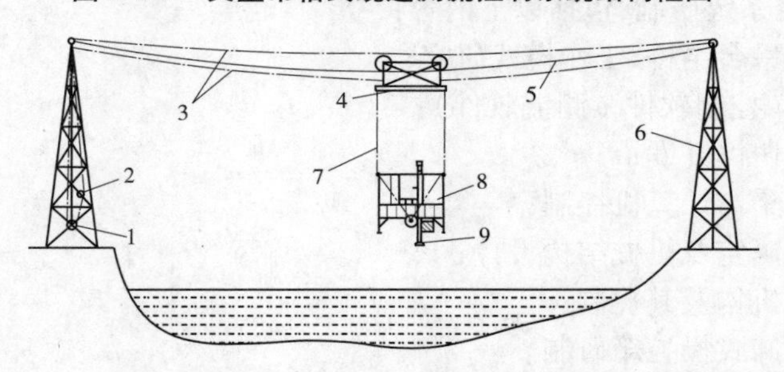

1—水文绞车;2—水平测距轮;3—循环索;4—水平行车架;5—主索;

6—塔架;7—平台悬吊索;8—测验吊箱平台;9—测流悬杆

图3.2-2 吴堡吊箱式缆道自动化测流系统示意图

吊箱的运动由四部分动作组合而成,水平运动(起点距位置)—垂直运动—测流悬杆的垂直运动—拉偏索的长短调节。

3.2.2　硬件控制系统

控制系统采用模块化设计,各部分相对独立。模块化设计可使系统结构清晰,功能完整,便于系统操作维护,更有利于系统升级、扩展,为吊箱的标准化、系列化做前期的探索和准备。

缆道自动测控系统一般包括总控计算机、运动测控模块、水下测量模块等部分,需要对水平循环机构的运行、平台升降、悬杆升降、拉偏收放以及自动测深、测速等过程进行控制。根据设备的集散程度,系统岸上的运行机构与吊箱上的运行机构应分别来控制。为了实现控制室对整个系统的集中控制与数据的集中处理,采用两级控制结构,总控演算中心为主控单元,起点距和测验平台则分别由各自的现场控制单元控制。根据中华人民共和国水利行业标准《水文缆道测验规范》(SL 443—2009),结合吴堡水文站测验需求,确定控制系统的设计方案如下:

(1)整套缆道自动化测流系统由起点距测控系统、吊箱测控系统、总控演算中心三大部分组成。

(2)起点距测控系统,采用PLC为控制核心,并配有人机界面,直观、实时的显示起点距位置及设备运行参数,通过RS232-C串行通信口与总控演算中心实时通信,接受遥控指令并返回起点距位置信息及设备运行状态。也可不受总控演算中心指挥,直接由人工操作。测验平台的水平运行速度0~60 m/min可调,由变频器控制,定位精度应达到0.1 m。

(3)吊箱测控系统,以PLC为控制核心,配有人机界面,由运动控制和测流数据采集两部分组成,具备本地手动控制测验和遥测遥控两种操作模式,并留有足够空间供人工作业。能携带ADCP、雷达波流速仪及转子流速仪进行测流,并以无线方式传输到总控演算中心。

(4)总控演算中心通过有线或无线方式向其他两个子系统发出遥控指令并接收返回的各路测流数据、设备运行状态,整理、记录并存储流量测验的原始数据。总控演算中心具备流量演算功能,以记录的原始数据为基础,能自动计算流量、实时生成曲线、记载表并存储及打印。

(5)总控演算中心能够对测验平台的水上作业情况进行视频在线监控。

结合以上设计要求,考虑到通用性以及"模块化"和"软硬件分离"的设计准则,确定控制系统主体结构如图3.2-3所示,控制系统电路图如图3.2-4所示。

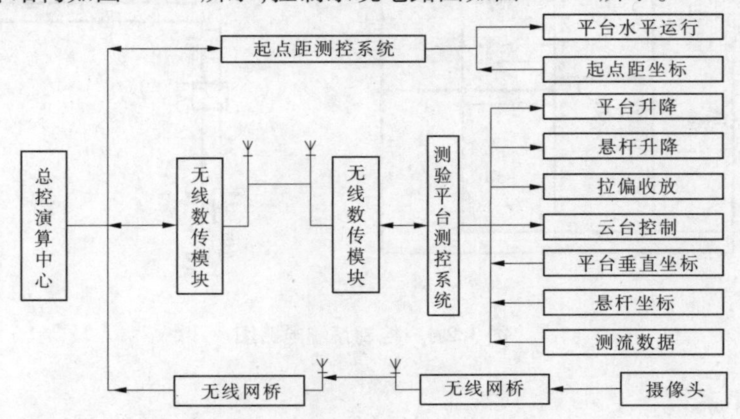

图3.2-3　控制系统主体结构

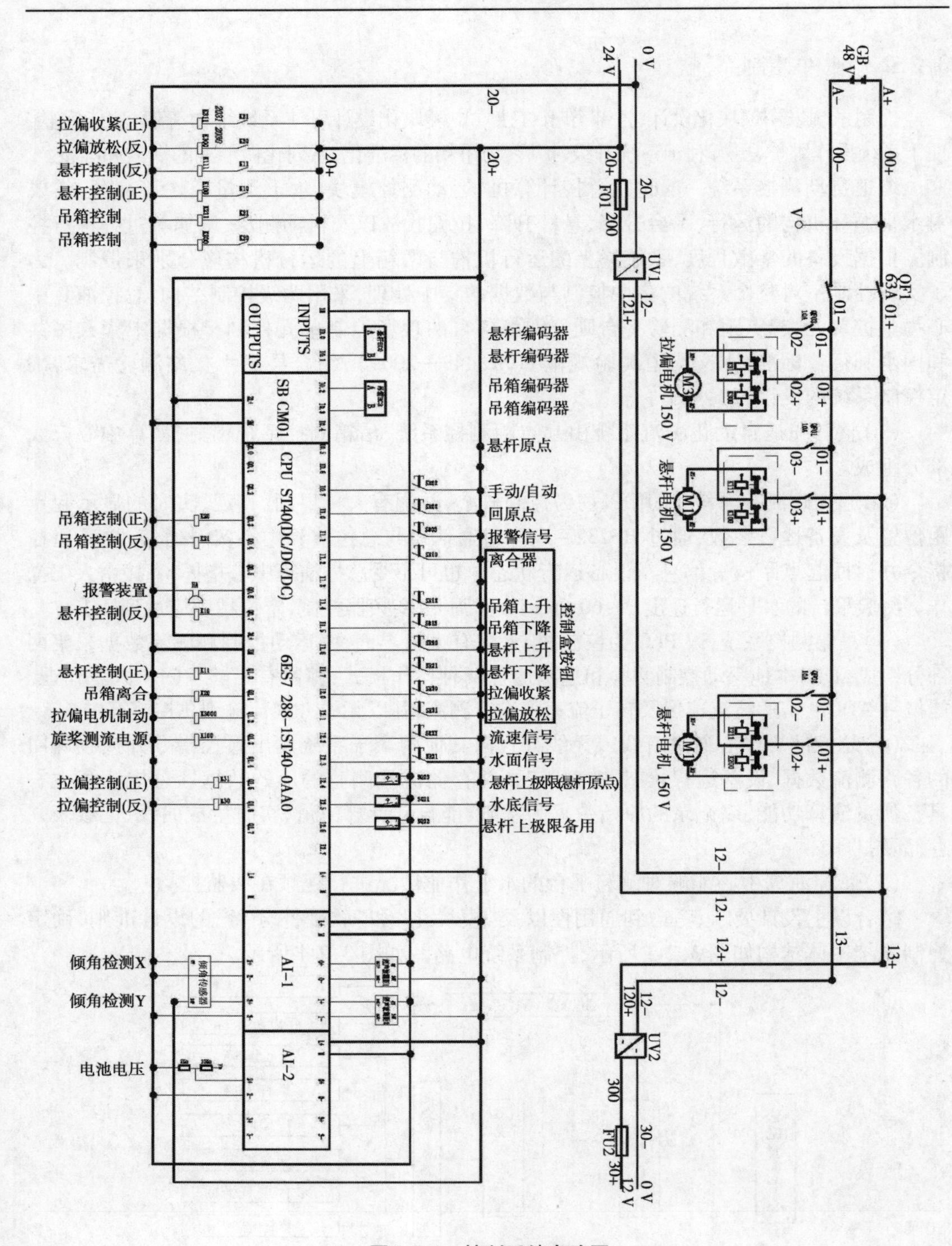

图 3.2-4　控制系统电路图

3.2.3　软件系统

测流平台的软件架构如图 3.2-5 所示。可见,整个软件系统由多个部分组成,具体包括控制程序、测流程序、调试程序、仪器程序、解释程序、运行程序、起点距 PLC 程序、吊箱 PLC 程序、相应的 HMI 组态程序以及设备数据库和测流记录数据库。

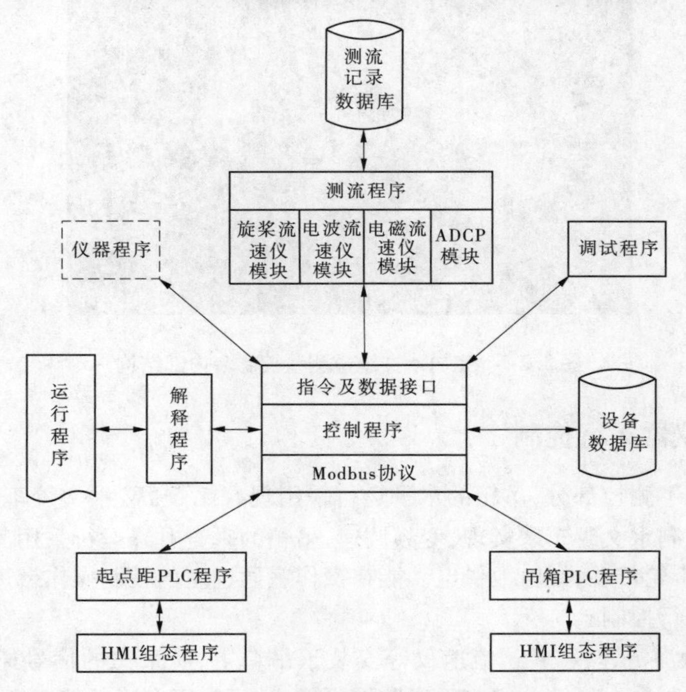

图 3.2-5　测流平台的软件架构

3.2.4　室内水文缆道测量控制台

室内水文缆道测量控制台见图 3.2-6 和图 3.2-7，主要由 PLC、编码器、无线通信模块以及变频器及其他附件组成，核心是 PLC，编码器用于起点距测量，输出为 24 V 高频脉冲信号，由 PLC 内置高速计数器测量循环索运行长度，经计算确定起点距。

同时在操作面板上可以控制吊箱水平运行、吊箱升降、悬杆升降等，可以选择工频和变频两种控制方式，在变频条件下可以使用“速度调节旋钮”调节速度大小（顺时针方向旋转速度增大）。

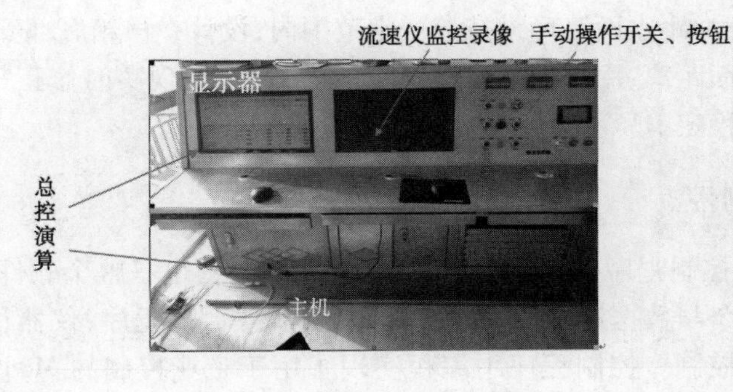

图 3.2-6　室内水文缆道测量控制台

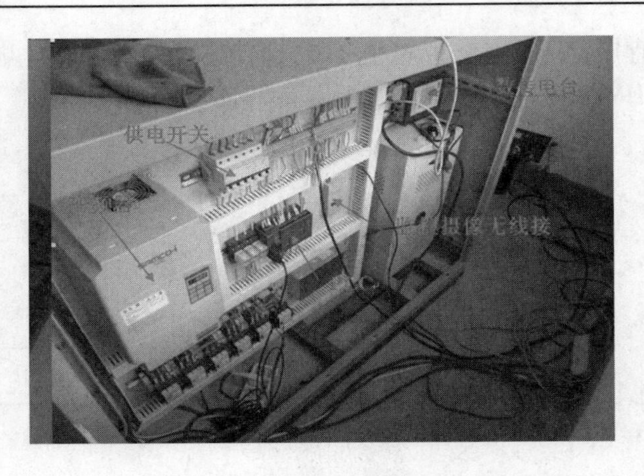

图 3.2-7　室内水文缆道测量控制台内部结构

3.2.5　测验仪器运行控制

吊箱上集成了测控部分,吊箱的水平运行采用现有 5.5 kW 水文绞车,由室内水文缆道测量控制台控制水文绞车来实现,变频调速;吊箱的垂直升降运行采用其底部自带的直流电机驱动,皮带轮传动,锂电池供电。能在操作室通过室内控制操作台遥控和吊箱上的操作手柄对其进行控制。

将 ADCP、微波流速仪、转子流速仪等安装于吊箱上,所采集的信号通过无线方式实时传输至室内控制台。吊箱上安装无线监控摄像头,可对平台运行情况和流速仪、测深杆入水情况进行监视。

所研制的吊箱结构见图 3.2-8,其主要特征如下:

(1)吊箱具有两个方向(上下游,左右岸)调平功能;

(2)传动机构下置,有效工作面积大;

(3)增加均力弹簧,悬吊索受力平衡;

(4)钢丝绳隐式布置,更简洁美观。

吊箱工作模式见图 3.2-9。

吊箱水平运行至断面不同起点距位置,主缆的垂度不同,为了保证测验仪器运行至断面不同起点距位置时,距水面高度维持在一定范围内,设计在吊箱底部安装超声波传感器测得吊箱底部距水面距离,用来控制吊箱升降电机运行,实现实时修正吊箱高度,控制测验仪器距水面距离稳定。

3.2.6　计算机测控

(1)控制程序:控制程序处于整个软件系统的中间层,也是整个软件系统的核心。控制程序向上提供指令与数据接口,上位程序(测流程序、调试程序、仪器程序)通过该接口实现对测验平台的控制。控制程序中编程实现了用于工业控制的 Modbus 协议,并以此为基础与下位控制器中的起点距 PLC 和吊箱 PLC 中的程序以通信方式传输指令和数据,实现对硬件设备的控制。控制程序界面见图 3.2-10。

图3.2-8　吊箱结构

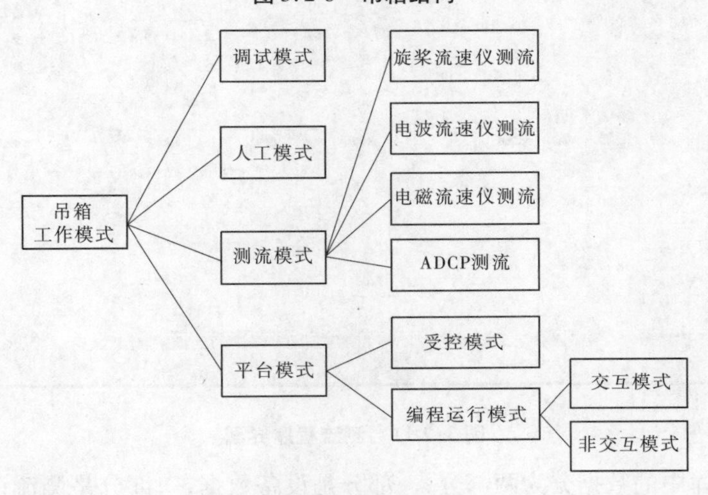

图3.2-9　吊箱工作模式

(2)测流程序:测流程序同时协调控制测速仪器和测验平台,综合采集记录各测验数据并分析、计算、校验和演算。测流程序对测验平台的控制是通过控制程序提供的指令和数据接口实现的,对测速仪器(旋桨流速仪除外)的控制是通过测速仪器提供的接口编程实现的。根据所用测速仪不同,测流程序分为旋桨流速仪、微波流速仪、ADCP等多个测流模块。测流程序界面见图3.2-11。

(3)调试程序:对应于调试模式,用于测验平台基本参数设置、率定、调试、检修、维护等工作。

(4)数据库:软件系统中需要记录的数据存储在数据库中,数据库选用SQL Server

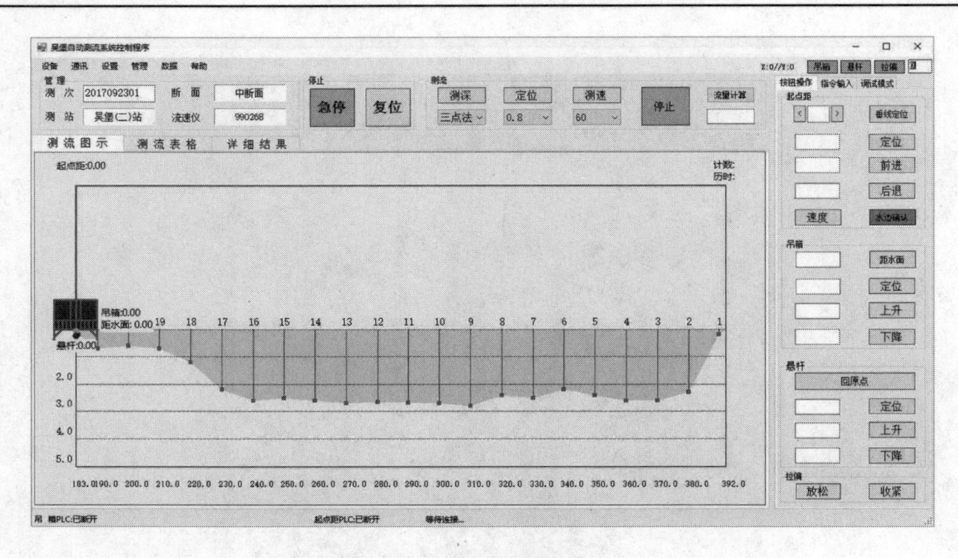

图 3.2-10　控制程序界面

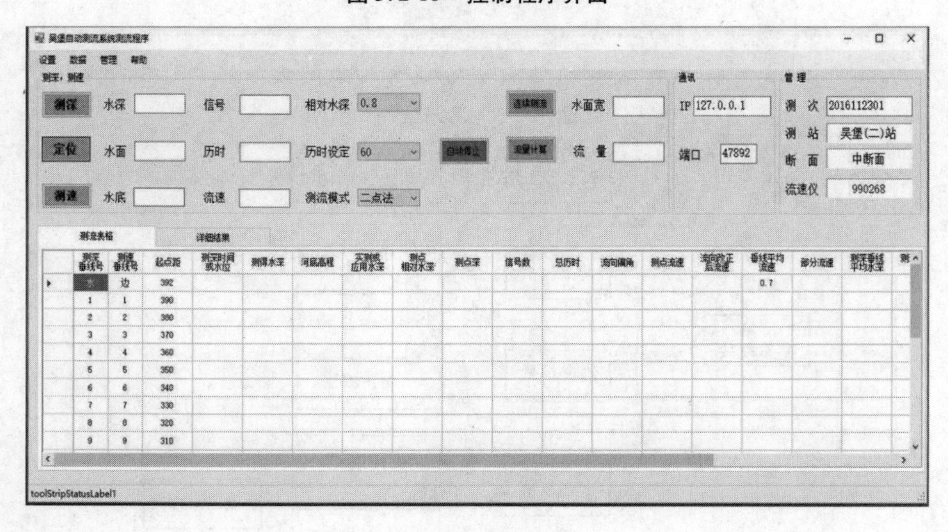

图 3.2-11　测流程序界面

Express。数据库中的数据分为两部分，一部分是设备数据，一部分是测流记录数据，设备数据由控制程序负责维护，测流记录数据由测流程序负责维护。

3.2.7　安全措施

为保证吊箱安全，采取的安全措施如下：

(1)吊箱升降软件限位。在控制程序中设置吊箱升降范围，一旦超过此范围，立即停止。在吊箱上升或下降过程中，PLC 不断地接收编码器返回的信号，在内部换算成吊箱当前悬索的长度，即吊箱的坐标。坐标过小，吊箱会上升到悬杆顶部或吊箱触到行车架以至于烧坏吊箱升降电机；坐标过大，在测流过程中吊箱会掉入河中，危及工作人员的生命和损坏测流设施。因此，吊箱应在适当的坐标范围内运动。

(2)吊箱悬吊索上设限位开关,限位开关打开,吊箱不能上升。当程序中坐标偏差较大而且工作人员疏于校准坐标时,吊箱的悬索长度与程序中的坐标不一致,从而在上升超过既定的安全范围后不会立即停止。吊箱会继续上升,有可能发生危险。因此,在吊箱上软件限位对应的悬索位置之上安装限位开关。在到达限位开关后,PLC 接收到限位开关发送的信号,停止吊箱的上升运动。

(3)用超声波测距传感器作吊箱下降下限位。当程序中坐标偏差较大而且工作人员疏于校准坐标时,吊箱的悬索长度与程序中的坐标不一致,从而在下降超过既定的安全范围后不会立即停止。吊箱会继续下降,有可能发生危险。为了防止吊箱继续下降掉入河中,用超声波测距传感器测得的距水面高度限制吊箱下降。

(4)用水面信号作吊箱下降的最终保护。一旦检测到水面信号即停止下降。当吊箱下降,软件下限位和超声波测距传感器下限位都失常时,吊箱会在下降到靠近水面的情况下继续下降,有极大的危险。因为用水面信号做吊箱下降的最终保护会在吊箱掉入河中的一瞬间停止吊箱下降运动。

(5)悬杆(铅鱼)升降软件限位。在控制程序中设置悬杆(铅鱼)升降范围,一旦超过此范围,立即停止。在悬杆上升或下降过程中,PLC 不断地接收编码器返回的信号,在内部换算成吊箱上当前悬杆的长度,即悬杆的坐标。坐标过小,悬杆会上升到悬杆悬臂卡在机架上,继续上升会烧坏悬杆升降电机;坐标过大,在悬杆下降过程中悬杆触底,继续下降会使悬索的缠绕变得无序,影响悬杆运动,或者悬杆下降到脱离机架会砸伤周围的工作人员。因此,悬杆应在适当的坐标范围内运动。

(6)设置悬杆(铅鱼)升降极限开关,一旦到达极限即停止。当程序中坐标偏差较大而且工作人员疏于校准坐标时,悬杆长度与程序中的坐标不一致,从而在上升超过既定的安全范围后不会立即停止。悬杆会继续上升,有可能烧坏。因此,在吊箱上软件限位对应的悬索位置之上安装限位开关。在到达限位开关后,PLC 接收到限位开关发送的信号,停止吊箱的上升运动。

(7)紧急停止按钮。此按钮按下,立即切断电源,电机停止工作,失电制动器制动,所有动作均停止。如要重新动作,需要手动旋转按钮,开关释放后再操作。在所有的限位都失常以后,继续工作将会大大地危及人身安全,因此加入紧急停止按钮以免造成更严重的后果。

(8)蓄电池电压检测,低于某一限值,即报警。蓄电池的电量与电压正相关,但并不是线性关系。电量越多,电压越高;电量越少,电压越低。因此,可以用电压来检测蓄电池的电量。当电量较少时,应当及时充电。如果继续使用,会对电池造成损害,如果在测流过程中蓄电池电量耗尽,测流工作无法完成,工作人员甚至无法返回。因此,加入电压检测,在电压低于某一值时,说明电量低于某一值,立即报警,提示充电。

(9)设有“心跳”检测机制,当吊箱 PLC 长时间(200 s)检测不到主控计算机的通信时,立即进入紧急模式,将悬杆及吊箱升高到预设定的位置。当 PLC 长时间检测不到主控计算机的通信时,有两种可能性:一种是通信中断,这种情况下,吊箱接收不到运动命令;另一种是测流过程中,工作人员分心。这两种情况都会使得吊箱处于固定的位置,有可能干涉其他的活动。因此,加入“心跳”检测机制,检测到 PLC 长时间接收不到主控计算机通信时,自动地运动到安全的位置。

3.3　重铅鱼缆道式测验平台

3.3.1　系统组成

完整的缆道测流装备由塔架、主索、循环索、行车架、重铅鱼、铅鱼悬吊索、缆道水文绞车以及其他辅助设备组成。铅鱼的水平和垂直运动通过 2 台变频器分别控制，其中铅鱼在垂直方向的垂度补偿通过事先测算好的主缆垂度曲线通过系统中的 PLC 控制铅鱼垂直方向上的变频器补偿实现，见图 3.3-1 和图 3.3-2。

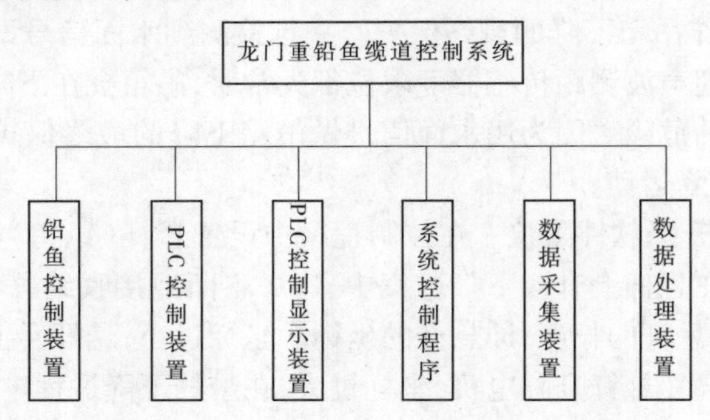

图 3.3-1　龙门铅鱼缆道自动化测流系统组成框图

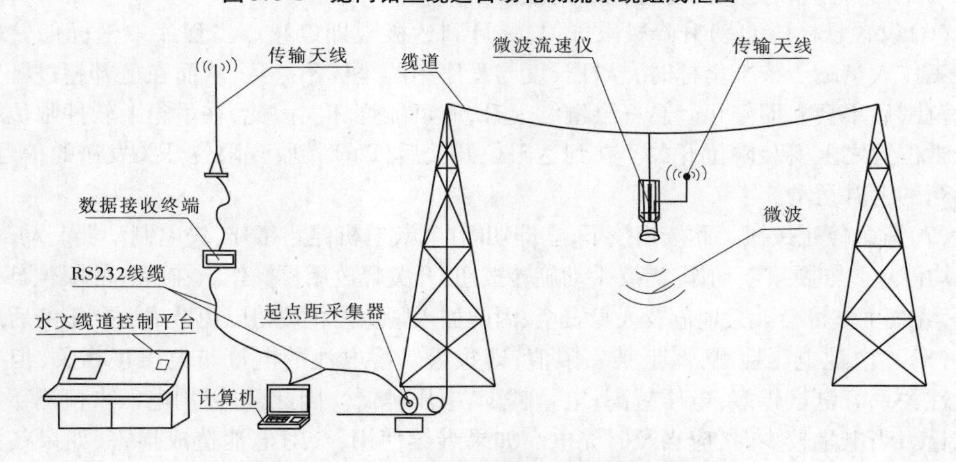

图 3.3-2　龙门铅鱼缆道自动化测流系统示意图

3.3.2　硬件控制系统

为保证系统的安全、可靠，系统有工频和变频两种运行方式。系统控制硬件组成见图 3.3-3。正常情况下使用变频器运行，当变频器出现故障时通过控制台上面的按钮选择工频运行，保证系统不会瘫痪。面板上指示灯显示运行状态。工频、变频切换控制线路见图 3.3-4、图 3.3-5。

设置远近控制转换开关预留以后实现远程控制的功能，操作台上设置手、自动开关，

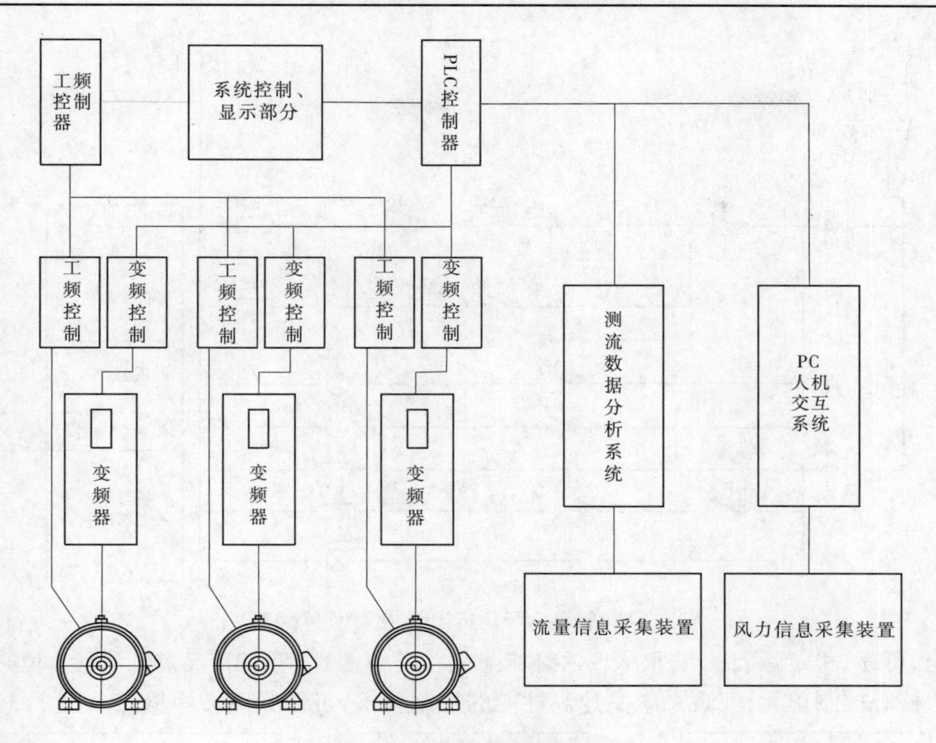

图3.3-3 系统控制硬件组成

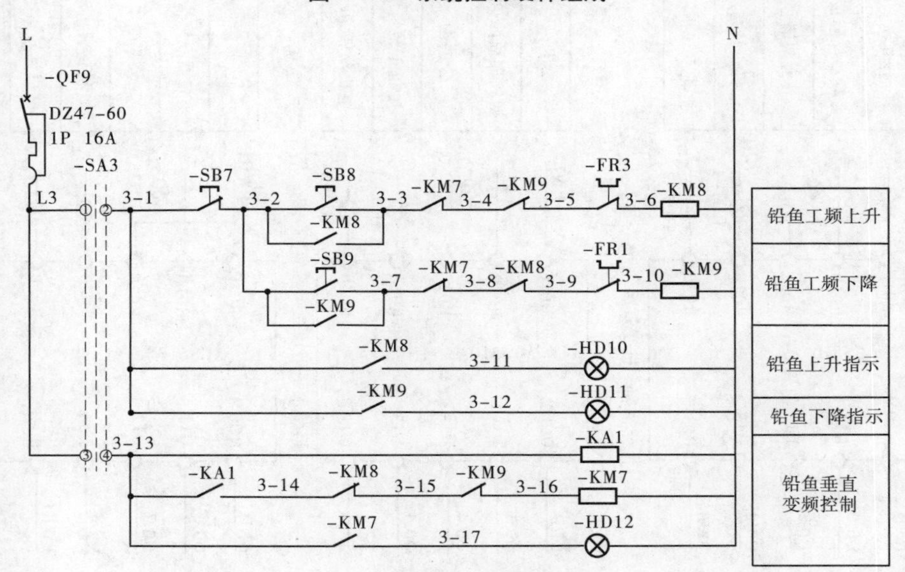

图3.3-4 铅鱼垂直运行工频、变频切换线路

选择手动状态时，可操作2个操作手柄实现铅鱼进、退、升、降等动作控制；选择自动状态时，可以直接在触摸屏上输入铅鱼水平位置和垂直位置后点击启动，系统自动控制铅鱼到达设定位置，同时可以在屏幕上观察系统的运行状态和数据信息。

龙门站铅鱼的运行控制由电机驱动、由变频器来执行，因此变频器的可靠与否对系统

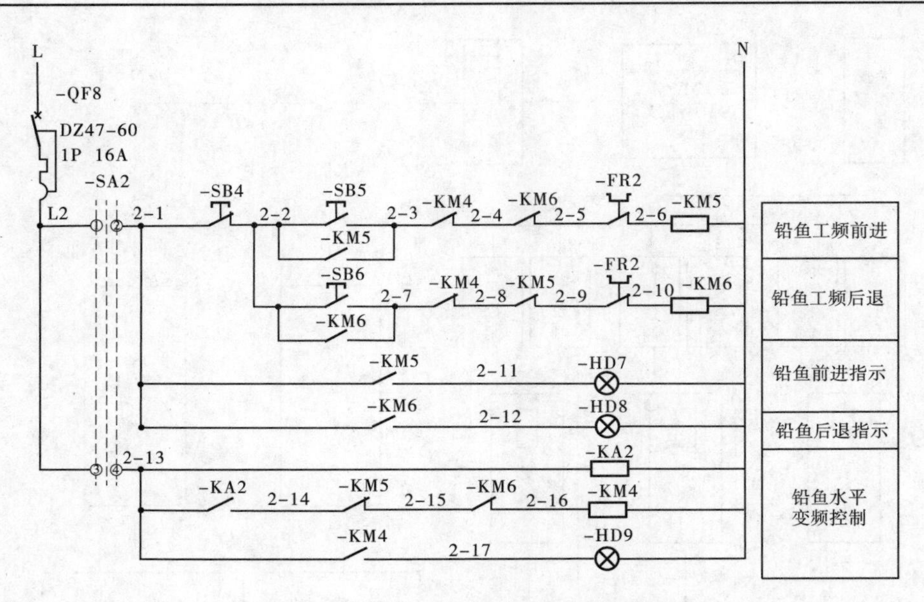

图 3.3-5　铅鱼水平运行工频、变频切换线路

的安全、可靠、稳定运行影响很大。在本系统中，变频器选用 ABB 品牌。该变频器采用 DSP 为核心控制单元，实现系统高速高性能的控制要求，可低频高转矩输出。图 3.3-6 为

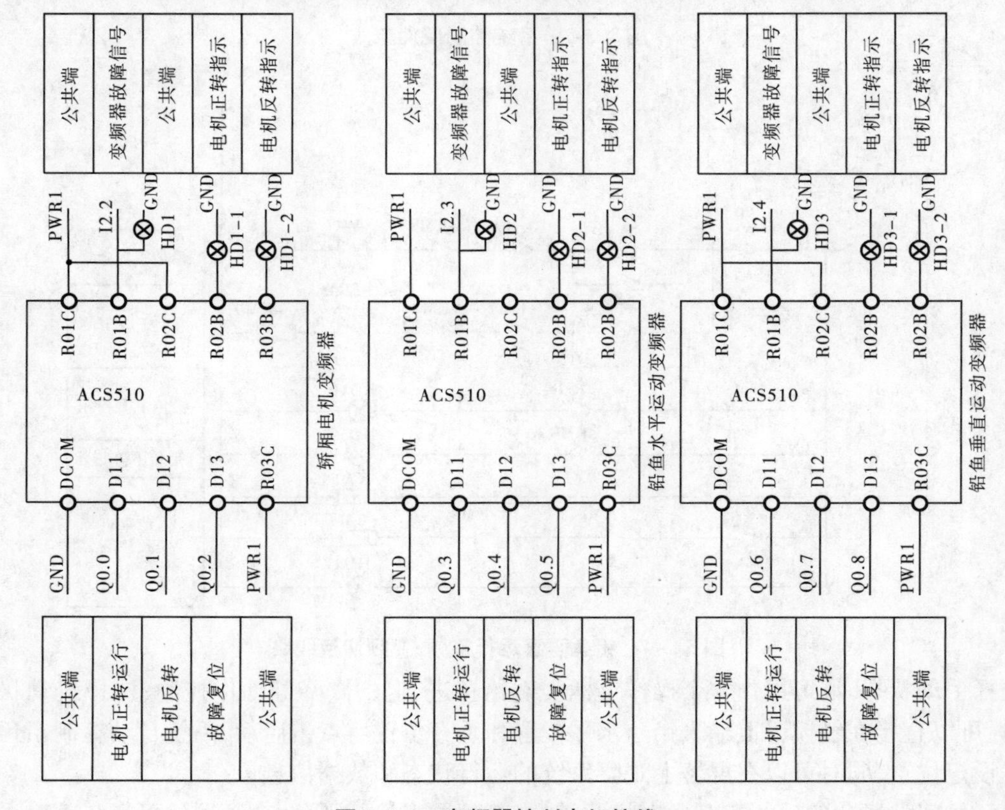

图 3.3-6　变频器控制电机接线

变频器控制电机接线图。

PLC是对铅鱼的位置状态信息数据获取和动作控制的，本套系统设立独立的铅鱼水平、铅鱼升降、吊箱水平三套PLC控制系统，均连接上位计算机，操作控制台上的上位机系统用于显示所采集的数据与设备运行状态。该系统采用西门子S7－200系列PLC，该PLC自带4路编码器输入接口，其接线图见图3.3-7。

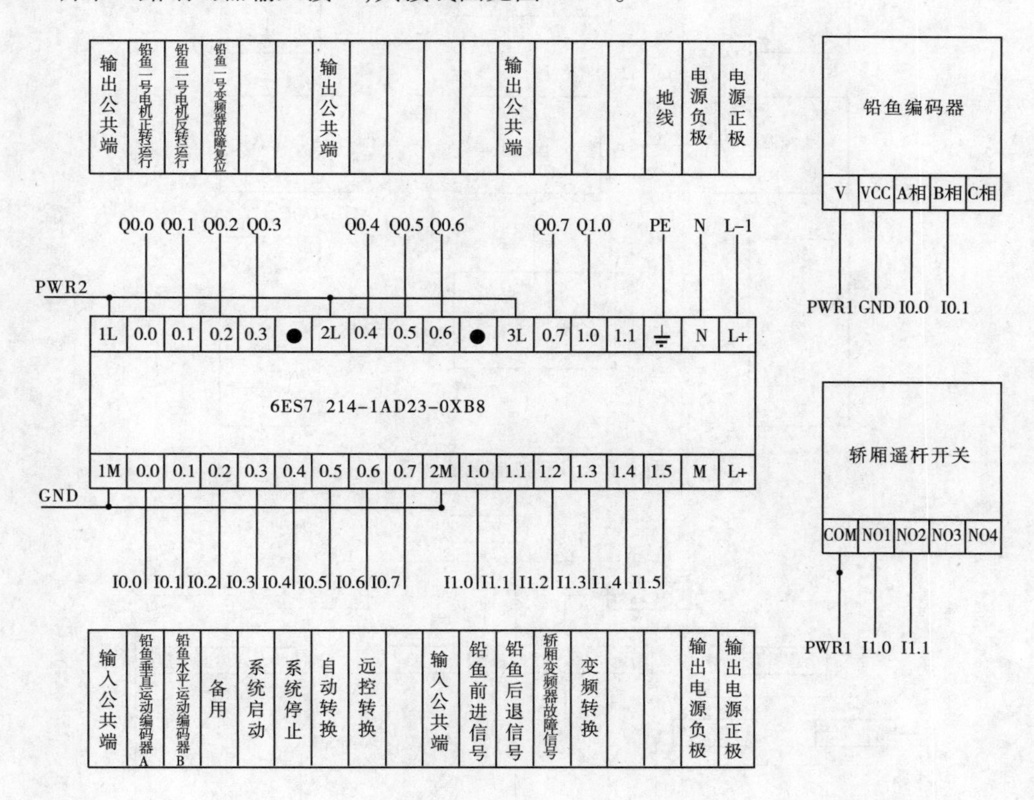

图3.3-7　PLC控制接线图

3.3.3　软件系统

系统主要由一台工业计算机及系统控制软件等组成，上位机系统运行组态王软件，用于集中显示整个系统的运行状况，数据信息存储与处理，同时参与整个系统的控制。系统信息流程图见图3.3-8。

为了实现上位计算机对微波流速仪和风速、风向仪的接收模块的数据采集，在上位计算机安装了组态王软件，该软件内置微波流速仪和风速、风向仪的驱动软件，实际使用时编程人员只需要根据厂家提供的通信协议即可实现对流速和风速、风向等数据的采集。同时该组态软件具备强大的数据存储和报表功能，系统运行中的数据可以实时显示在屏幕上并可以存储、打印输出。系统软件控制流程图见图3.3-9。

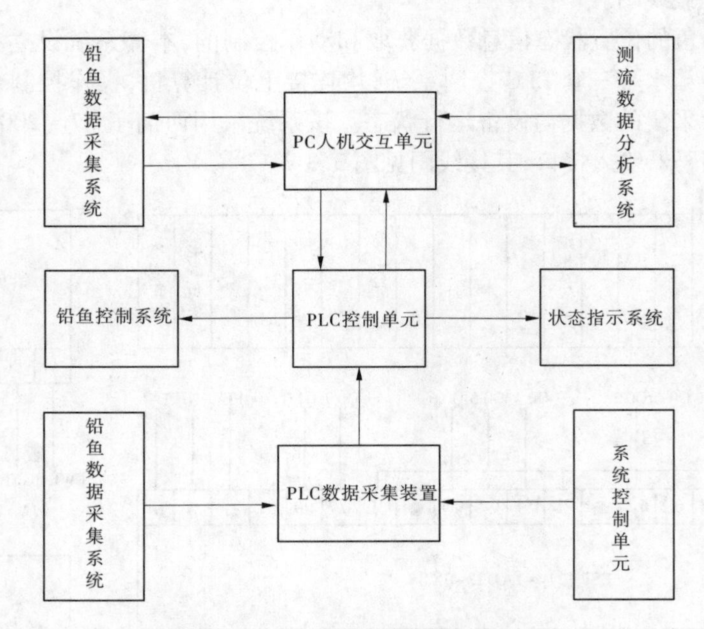

图 3.3-8 系统信息流程图

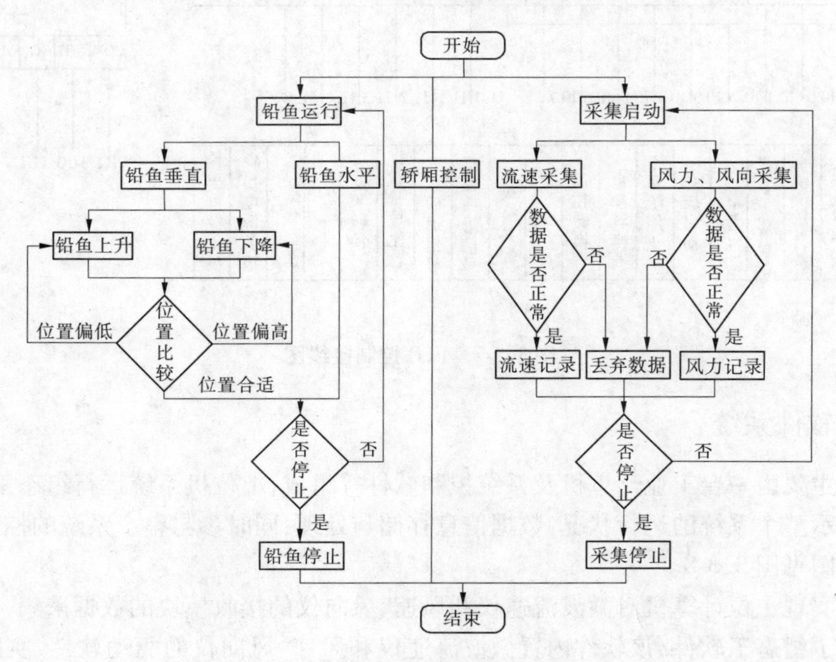

图 3.3-9 系统软件控制流程图

3.3.4 水文缆道控制台

室内水文缆道测量控制台见图 3.3-10 和图 3.3-11，主要由工控机、PLC、编码器、无线通信模块以及变频器及其他附件组成，核心是 PLC，分别控制铅鱼的垂直、水平运行及吊箱水平运行,编码器用于水深、起点距测量,由 PLC 内置高速计数器测量钢丝绳运行长度,经计算确定水深、起点距。

图 3.3-10　室内水文缆道测量控制台

图 3.3-11　室内水文缆道测量控制台内部结构

操作台上设置手、自动开关,选择手动状态时,操作 3 个操作手柄实现铅鱼进、退,升、降及吊箱水平进、退等动作控制;选择自动状态时,可以直接在触摸屏上输入铅鱼水平位置和垂直位置后点击启动,系统自动控制铅鱼到达设定位置。同时可以在屏幕上观察系统的运行状态和数据信息。

3.3.5 测验仪器运行控制

微波流速仪在实时采集流速数据的过程中要使流速仪的终端尽可能地与河流水面距离保持稳定,需进行垂度修正和铅鱼运动姿态调整。

3.3.5.1 垂度修正

由于缆道本身的自重以及铅鱼的重量等因素,在铅鱼的水平运行过程中,铅鱼的运行轨迹实际上是一条弧线,为了保证铅鱼的运行轨迹尽可能水平,必须引入垂度补偿机制。其基本实现方法是:首先建立铅鱼的垂度变化轨迹及补偿曲线,这可以通过具体的试验测算得到。其次是控制铅鱼水平运动和垂直运动的电机采用变频控制,这样铅鱼水平运行的速度可以根据需要调节,以满足测验要求。通过控制垂直方向运行的变频器实现铅鱼的垂度补偿。事先测算好的垂度补偿曲线以表格的形式存贮到上位计算机内,当铅鱼水平运行时,上位计算机读取铅鱼当前的水平位置,然后通过查表后插补得到铅鱼当前在垂直方向上需要补偿的数值并发送到 PLC 中。PLC 系统实时比较铅鱼当前的垂直位置和补偿数值,当需要补偿的数值大于所要求的差值时,PLC 系统自动启动垂直方向上的变频器控制铅鱼以设定的速度上升或下降,当铅鱼在水平方向上运行到新的位置并且垂直偏差小于要求的差值时变频器停止。在整个测量过程中,PLC 系统控制铅鱼垂直方向上的变频器根据缆道的垂度自动升、降,近似模拟出一条铅鱼在缆道上与河流水面平行的运动轨迹。由于采用 PLC + 变频器 + 编码器的运动控制方式,因此可以保证铅鱼的水平和垂直定位达到较高的精度,可以满足测验仪器的技术要求条件。

3.3.5.2 铅鱼运动姿态调整

在铅鱼的水平和垂直运行过程中,由于自重旋转和风力的作用,产生摆动和旋转偏离测流断面,为使铅鱼在运动中其纵轴线始终保持垂直断面(偏差不超过 ±10°)的姿态,采取铅鱼头部设置拉偏装置和铅鱼尾部吊接不锈钢导向浮球等措施控制。在拉偏索上设置拉偏行车,通过钢丝绳与铅鱼头部连接,使铅鱼在运动中其纵轴线始终保持垂直断面。不锈钢导向浮球漂浮于水面,在水流和自身导向板的作用下,其铅鱼纵轴线始终保持垂直断面的姿态在水面漂浮。

3.3.6 计算机测控

重铅鱼缆道计算机测控原理与实现与吊箱基本类似,这里不再赘述,控制程序界面见图 3.3-12,测流程序界面见图 3.3-13。

3.3.7 安全措施

水文缆道测量控制台上设置“应急按钮”,软件上设置有多种限位:河底限位、上限位、下限位、远限位、近限位等四个限位。

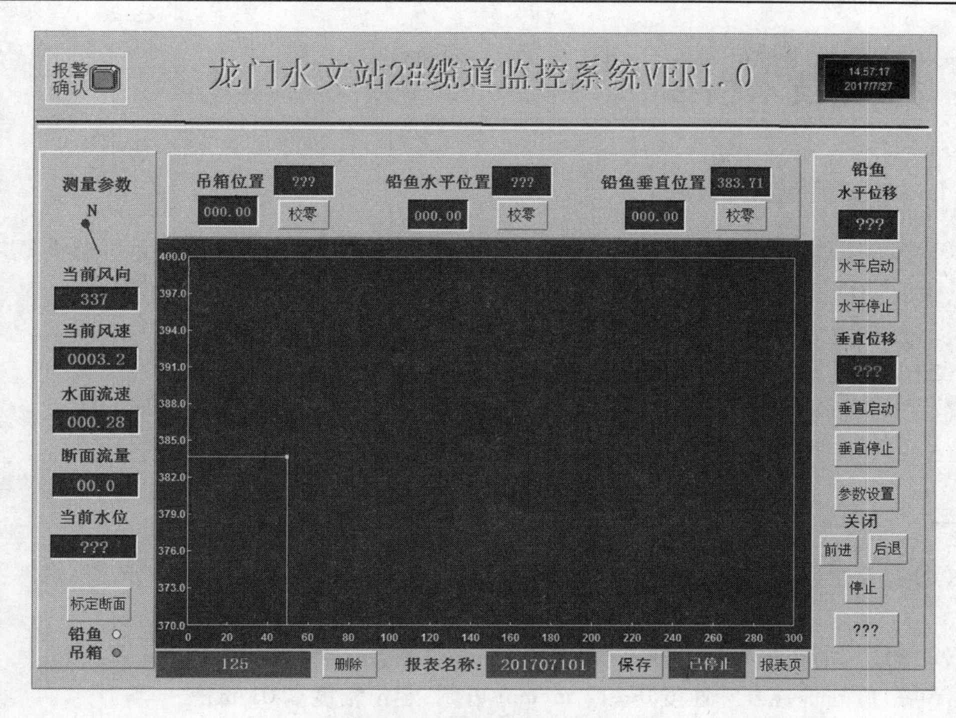

图3.3-12　控制程序界面

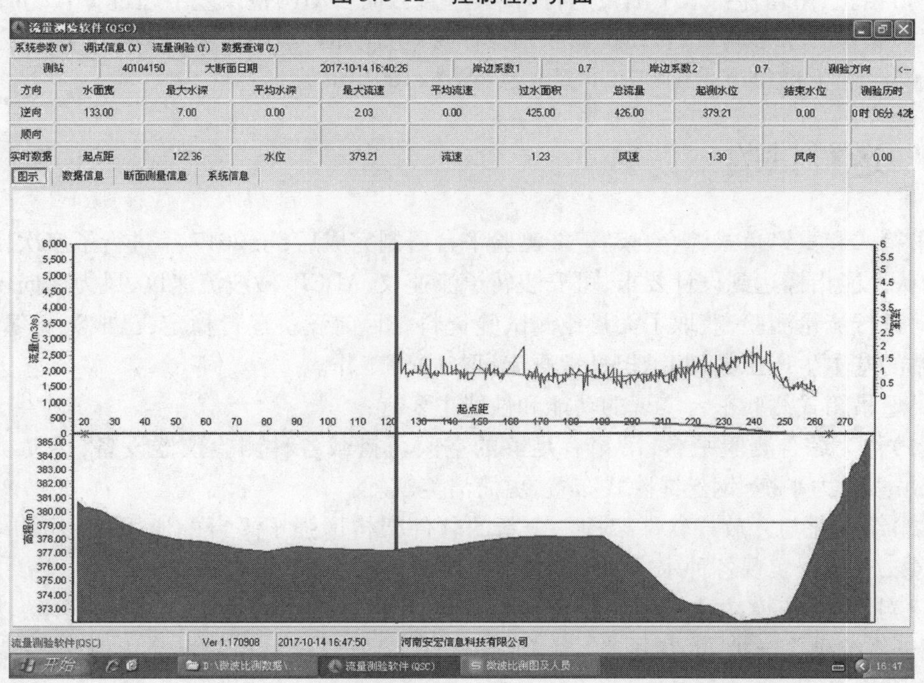

图3.3-13　测流程序界面

3.4　主要技术指标

3.4.1　水文测量控制台

(1)安装环境:温度 -10 ~ +50 ℃;相对湿度 10% ~90%,不结露,无可燃性气体或油雾,无腐蚀性气体;

(2)供电电源:380 V ±10%,50 Hz;

(3)驱动电机:5.5 kW、7.5 kW、11 kW 等三相交流电机;

(4)调频范围:0 ~50 Hz;

(5)设定垂线、测点自动停车。

3.4.2　缆道铅鱼、吊箱

(1)起点距(分段修正)光电增量编码器计数范围: -999.9 ~999.9 m, 分辨率:0.1 m;

(2)铅鱼、吊箱水平运行速度 0 ~60 m/min 可调,定位精度 0.1 m;

(3)铅鱼的垂直升降速度 0 ~12 m/min 可调,定位精度 0.01 m;

(4)铅鱼、吊箱保持水平测量运行时,其垂直方向自动调整误差不超过 ±0.2 m;

(5)铅鱼在水平测量运行时,其纵轴线保持垂直断面,偏差不超过 ±10°;

(6)吊箱上的供电采用锂离子蓄电池:48 V/100 Ah。

3.5　运行试验

吊箱式和重铅鱼式综合自动智能测验平台研制完成后,于 2017 年进行了多次比测试验,确认性能指标达到设计要求,可安装转子流速仪、ADCP、微波流速仪、风力风向仪等仪器自动进行流量测验,获取了大量比测试验资料。目前设备运行稳定,已成为吴堡、龙门水文站的基本生产工具,并承担日常测流(取沙)等工作。

吴堡吊箱式测验平台实现的功能和性能主要有:

(1)作为综合测验平台,吊箱有足够的空间可搭载各种测验仪器设备,传动机构下置,悬吊索受力平衡,钢丝绳隐式布置,更简洁美观。

(2)结构化与开放式软件架构。全新的软件架构增强了平台的通用性和可扩展性,可通过二次编程实现各种水文测验功能,便于集成新的仪器设备。

(3)控制系统模块化。模块化设计使控制系统各部分相对独立,结构清晰,功能完整,便于系统操作维护,更有利于系统升级、扩展,为下一步吊箱的标准化、系列化做前期的探索和准备。

(4)吊箱具有调平功能。全新设计的吊箱升降系统具有吊箱倾角检测调平功能,吊箱运行时一旦检测到吊箱倾角超过限定范围,即可人为控制或自动进行调整,使吊箱基本保持水平。

(5)增强的常规信号系统。流速信号采用“无线”传输方式,具体来说是将拉偏索作绝缘处理后作为一条线,将悬吊索作为另一条线。水面信号可通过三种方法取得:由流速仪信号适当处理后获得;通过安装在吊箱下部的超声波测距传感器获得;通过视频信号由人工获取。

(6)吊箱综合安全保护功能。

(7)智能校验。智能校验是将断面及缆道相关数据预先采集并存入知识库,工作时利用知识库中的数据并根据预先设定的规则进行推理(推理机),对测得数据判别其可信度,并根据可信度决定是采用、丢弃重测、报警等。

龙门重铅鱼缆道式测验平台实现的功能和性能主要有:

(1)将微波流速仪、数字风速风向仪及测量数据无线传输设备,整合在铅鱼上,测量数据可实时传至岸上数据接收处理设备。

(2)将工业计算机的友好人机交互界面和PLC的可靠、稳定的底层控制以及外部的测流、测风传感器有机的整合起来。

(3)系统预留远程控制的硬件和软件接口,未来可以实现系统的远程操作和控制。

(4)铅鱼在断面上的水平、垂直位置数据,系统可通过串口实时传送出来。

(5)系统具有实时图形和数字显示、记录、保存铅鱼在断面位置的功能。

(6)具有行程保护功能(最远、最近、最高、最低限位)。

第4章 ADCP多线积深式和微波流速仪动态积宽式流量测验技术

4.1 目标和主要内容

当前,洪水流量测验方法主要有三种:①垂线水深流速法(流速仪法);②表面点流速借用断面法(浮标法、微波流速仪法);③接触走航式水深流速分布法(ADCP)。这几种方法各有优劣,流速仪法精度较高(为其他方法的比测基准),但耗时较长,且洪水较大时难以实施。浮标法精度较低,但速度较低快,且是应对大洪水或超标准洪水的必备手段。微波流速仪法与浮标法相当。ADCP法快速精确,但含沙量较高时信号衰减剧烈,近河床高含沙水流的存在使测得流量偏小,浅水或边岸存在盲区,接触走航测流方式在大洪水时受到较大制约。

针对上述问题,本次研究的目标是,创新ADCP、微波流速仪应用技术模式,以吴堡、龙门、府谷水文站为依托,试验研究新测流方式的适应性和需解决处理的问题,根据测得的流速和水深分布研究流量测验的其他问题,以提高试验站洪水测验效率和测验精度。主要内容包括:①ADCP多线积深式测流方法研究;②微波流速仪动态积宽式测流方法研究;③断面借用技术研究;④仪器装备和控制系统;⑤比测试验及分析;⑥相关技术规定或技术规程制定。其中断面借用技术为第5章研究内容。

4.2 试验站

4.2.1 龙门

龙门水文站位于秦晋大峡谷的陕西省韩城市龙门镇禹门口,是黄河干流控制站,黄河中游第一个洪水编号站,河段顺直长度约400 m,两岸为岩石陡壁,近矩形断面,沙质河床。基本水尺断面位于禹门口公路桥上游约1 500 m处,基上约2 000 m处有石门卡口(口门宽约60 m),基下400 m为一弯道,对水流有控制作用,禹门口公路桥处为卡口(宽约130 m),冰期常形成冰桥或冰塞。枯水期易出现河心滩,时有流向偏角,中、高水一般无偏角。断面冲淤变化大,水沙条件具备时会发生急剧的揭河底冲刷现象。基上67 m和155 m两处为流速仪测流断面,兼浮标中断面,测流断面宽270~280 m,测验断面由于为沙质河床,洪水时河床冲淤变化剧烈。大流量高含沙(流量大于5 000 m^3/s)水沙条件下,有时会发生“揭河底”冲刷现象,自建站至今共发生明显“揭河底”现象7次。

龙门站洪水主要来源于晋陕峡谷间(头道拐—龙门)干流洪水和支流暴雨形成的洪水。由于区间为黄土高原,植被差,水土流失严重,所形成的洪水一般是陡涨陡落。洪水含沙量大,杂草多,给测验带来了一定困难。大洪水主要集中在主汛期7～8月。水位流量关系受洪水冲淤变化影响大,一般以顺时针绳套为主,其次是单一线和逆时针绳套曲线。单断沙关系以45°直线为主。凌汛期流冰、流冰花现象严重,冬季寒冷时全断面封冻,给水位、流量、泥沙测验带来极大困难。汛期水、沙量分别占年水、沙量的55.5%、88.5%。

实测最大流量20 900 m^3/s(1967年8月11日),建站以来最大流量21 000 m^3/s(1967年8月11日),调查最大流量31 000 m^3/s(1967年8月11日),实测最大流速11.2 m/s(1964年8月13日),实测最大水深16.0 m(1970年3月15日),实测最大含沙量1 040 kg/m^3(2002年7月5日)。

龙门水文站主要渡河测验设施设备有重铅鱼流速仪测流缆道2套,吊箱过河缆道2套,浮标投放缆道1套。重铅鱼流速仪测流缆道跨度分别为323.2 m、373.0 m,设计最高洪水位分别为388.5 m、390.5 m。

4.2.2　吴堡

吴堡水文站位于陕西省榆林市吴堡县城,测验河段顺直长约600 m,河势稳定,主流偏右。流向与断面基本垂直,洪水时主流较稳定。基本水尺断面兼流速仪测流断面。断面形态呈窄深型梯形复式,河面宽150～500 m。断面左岸为斜坡;右岸为石砌护岸。河床左侧部分为淤土,下部岩石;主槽为岩石。

该站洪水由暴雨或上游融冰开河形成。暴雨洪水主要来自上游支流窟野河、孤山川河和皇甫川;融冰洪水来自干流府谷站以上。暴雨洪水暴涨暴落,历时1～2 d,含沙量大,沙峰滞后于水峰;融冰洪水涨落缓慢,历时几天到十几天,含沙量较小。中高水水位—流量关系一般为绳套。

吴堡站是黄河中游重点报汛站,处于黄河泥沙的主要来源区之一,也是黄河的暴雨洪水主要来源区之一,设站以来出现最大流量24 000 m^3/s,实测最大含沙量888 kg/m^3,2012年以前吴堡水文站设站以来发生大于10 000 m^3/s的洪水20次。

渡河测验主要设备是2台吊箱。1号吊箱为全自动水文吊箱遥测平台,缆道跨度630 m,设计垂度1/30,电力驱动,功率5.5 kW,变频调速,用于悬杆测深、流速仪测速自动测流系统,吊箱长、宽、高分别为1.38 m、1.10 m、1.13 m。2号为普通电动吊箱。

4.2.3　府谷

府谷水文站位于陕西省榆林市府谷县,测验河段长300 m,基本顺直,测站控制稳定;河床由细沙、砂砾石组成,河道冲淤变化一般表现为涨冲落淤,高水时冲刷,低水时淤积,河槽形态呈矩形;洪水时主流有摆动,流向顺直,低水时有斜流,水位809.40 m以上右岸漫滩。基本水尺断面兼流速仪测流断面,水面宽240～340 m。洪水由暴雨或黄河干流凌汛形成,暴雨洪水主要来源于支流皇甫川。洪水暴涨暴落,历时12～24 h,含沙量大,沙峰滞后于水峰;凌汛洪水涨落缓慢,历时较长,含沙量较小。中高水水位—流量关系一般为顺时针绳套。

吊箱缆道主索跨度553 m,设计垂度1/30。吊箱尺寸1.80 m×1.10 m×1.30 m(长×

宽×高),框架不锈钢可调速电动循环、升降吊箱,功率 5.5 kW。

4.3 ADCP 多线积深式测流技术

4.3.1 测流方法

ADCP 多线积深式流量测验以采集垂线水深和垂线流速分布为核心,依托府谷、吴堡水文站,针对黄河中游的洪水泥沙特性和研究目的,涉及的主要方面包括:

(1)适宜的渡河设施设备和测验控制系统,府谷采用现有渡河设施,吴堡采用本次研究研制的吊箱式综合自动智能化测验平台;

(2)为消除随机扰动,垂线水深和流速信息采集的最优持续时间;

(3)近河底高含沙水流的影响,消除系统误差;

(4)可测深度与含沙量的关系,以分析含沙洪水的适用限制;

(5)浅层(近表层)流速与垂线平均流速的关系,以提高适用能力;

(6)垂线最优布置和代表垂线。

4.3.2 设施设备及测流控制

构成 ADCP 多线法测流的主要设施设备包括水上、岸上两部分:①水上部分有"瑞智"型 ADCP 主机、数据通信船台、船上天线、船上电源、三体船、电动吊箱及运行控制设备和 ADCP 牵引钢缆;②岸上部分有数据接收处理计算机、数据通信岸台、岸台天线、岸上电源;SXS pro 软件、吊箱运行控制软件。通过对以上设备、软件的测试、对接和联合调试,构成一套适应于河道流量测验的 ADCP 多线积深式设施设备,见图 4.3-1。

ADCP 是声学多普勒流速剖面仪的简称(Acoustic Doppler Current Profilers),是 20 世纪 80 年代初发展起来的一种测流设备。本项目使用的"瑞智"ADCP 能直接测出断面的流速剖面,具有不扰动流场、测速范围大、自动化程度高等特点。主要技术指标为:①600 kHz 相控阵平面换能器;②宽带模式和脉冲相干法同时运行,自动选择;③测速范围:0 ~ ±20 m/s;④流速分辨率:1 mm/s;⑤流速剖面应用范围 0.4 ~40 m;⑥水深测量应用范围 0.3 ~70 m。

ADCP 安装于三体船预留位置,天线、电源、电台固定于船体密封舱内。在吊箱和三体船之间采用一条钢缆柔性连接,以电动吊箱牵引三体船渡河,在水流的冲击下三体船载 ADCP 设备漂浮于吊箱下游 3.0 m 左右的位置,平稳贴在水面上,并保持换能器在水面下固定的吃水深度。

数据接收处理计算机与吊箱控制台在操作室内。计算机软件作为系统工作运行中心,一是控制吊箱的水平和垂直运动,牵引承载 ADCP 的三体船到达预定的起点距位置,控制三体船的牵引缆斜角,调整三体船的俯仰尽量保持姿态水平;二是承担向 ADCP 发送指令及接收和处理 ADCP 数据。数据通信的岸台和船台以及天线构成了 ADCP 测验的数据链,以高速率、双工模式承担数据的发送和接收。

ADCP 多线积深流量测验设备示意图如图 4.3-1 所示。

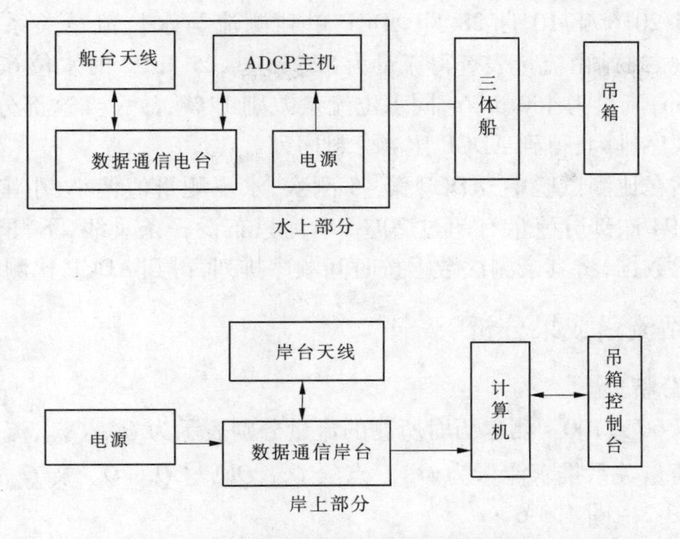

图4.3-1　ADCP多线积深流量测验设备示意图

4.3.3　观测与比测

自2016年3月22日开始至2018年3月19日，先后在吴堡和府谷两站进行了ADCP多线积深式流量观测与比测试验。ADCP垂线测速历时分100 s和60 s两类。吴堡站60 s施测成果52份，100 s施测成果103份，流速仪法同步施测成果46份。府谷站60 s施测成果123份，100 s施测成果123份，流速仪法同时施测成果51份。

比测试验分为两种情况：一是与流速仪法同步施测成果对比；二是与水位流量关系线推求的流量对比。

在这两个站的试验期间，都经过了一定量级的洪水过程，同时也有含沙量的变化过程。吴堡站施测最大流量在1 950 m^3/s，府谷为2 000 m^3/s，见表4.3-1。

表4.3-1　ADCP流量测验基本情况统计表

测站站名	项目	ADCP 60 s历时测流流量	ADCP 100 s历时测流流量	流速仪法实测流量
吴堡	次数	52	103	46
	最大值(m^3/s)	748	1 950	2 060
	最小值(m^3/s)	289	231	227
府谷	次数	123	123	51
	最大值(m^3/s)	1 850	2 000	1 930
	最小值(m^3/s)	117	115	134

在资料整理分析中，对粗差进行了处理。吴堡站2016年7月25日，ADCP第56次流量因含沙量增大，主流中一条垂线无数据，测流结果严重偏小；2017年3月29日到4月2日所有比测测次采用了不同号码的流速仪，对比资料的流量系列与前期相关趋势线偏离

较大;第98次是2016年10月28日ADCP单独测流与水位流量关系对比测次,水位637.06 m,吴堡(二)站由流量表查得流量为523 m^3/s,25日22时水位637.05 m,插补对应水位637.06 m,流量为460 m^3/s,同水位流量差别12%,故舍弃这部分数据,对其余测次数据按时间顺序排列,得到ADCP比测资料序列。

府谷水文站在比测试验中,ADCP第45测次,水深测量值偏小,小串沟没有测出,流量严重偏小;第94次部分流量有超过20%,串沟只布设一条垂线,不符合技术规定。舍弃这些流量对比数据,将其余测次数据按时间顺序排列,得到ADCP比测资料序列。

4.3.4 吴堡站流量成果分析

4.3.4.1 相关分析

将ADCP以60 s、100 s测速历时所测的流量分别表示为Q_{60}、Q_{100},流速仪法实测的流量为$Q_{实}$,水位流量关系推求流量为$Q_{线}$。点绘Q_{60}、Q_{100}与$Q_{实}$、$Q_{线}$及Q_{60}与Q_{100}之间的相关关系,见图4.3-2~图4.3-6。

从图中可以看出,几种测流成果间关系很好,Q_{60}与$Q_{线}$的R^2为0.935,Q_{60}与$Q_{实}$的R^2为0.935,其余均接近1。

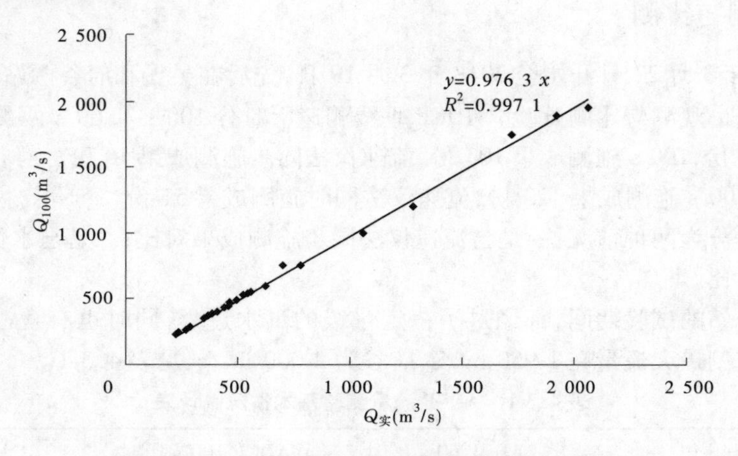

图4.3-2 ADCP 100 s流量与流速仪实测流量相关图

4.3.4.2 误差统计分析

ADCP比测试验误差统计分析按照《河流流量测验规范》(GB 50179—2015)规定进行:①比测宜在水流相对平稳时进行,并应在高中低水不同水位(或流量)级下均匀分布测次;②比测有效次数不应少于30次;③比测随机不确定度不应超过6%,比测条件较差的不应超过7%。系统误差不应超过±1%,条件较差的不应超过±2%。

相对误差均值X采用式(4.3-1)计算。

$$X = \frac{1}{n}\sum_{i=1}^{n} X_i \tag{4.3-1}$$

标准差S采用式(4.3-2)计算。

$$S = \sqrt{\frac{1}{n-1}\sum_{i=1}^{n} (X_i - X)^2} \tag{4.3-2}$$

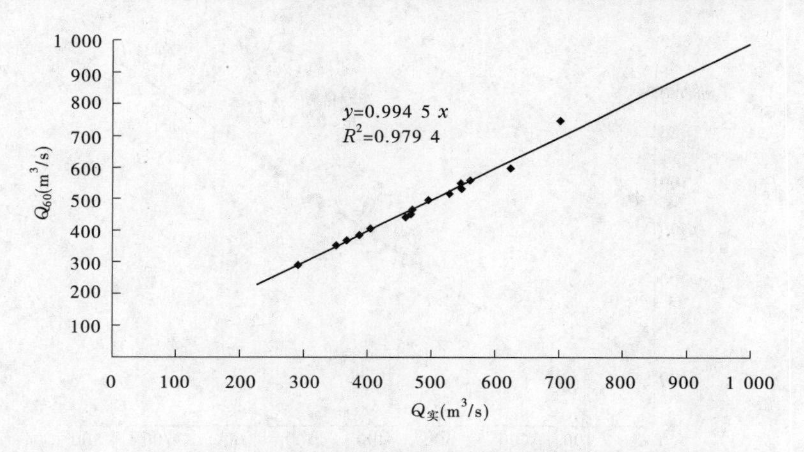

图 4.3-3　ADCP 60 s 流量与流速仪实测流量相关图

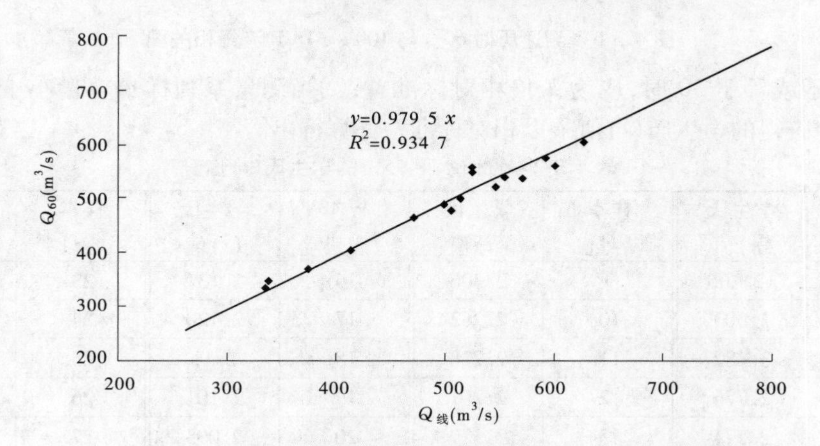

图 4.3-4　ADCP 60 s 流量与水位流量关系线推求的流量相关图

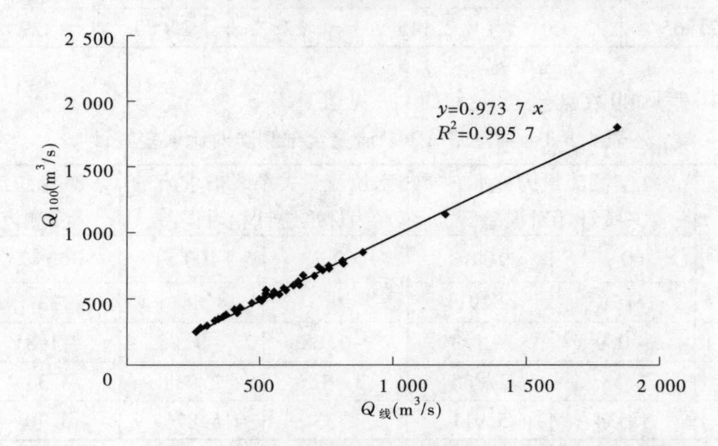

图 4.3-5　ADCP 100 s 流量与水位流量关系线推求的流量相关图

式中，n 为样本总数。

随机不确定度按照《河流流量测验规范》取置信水平 95% 进行估算：①当测量系列样

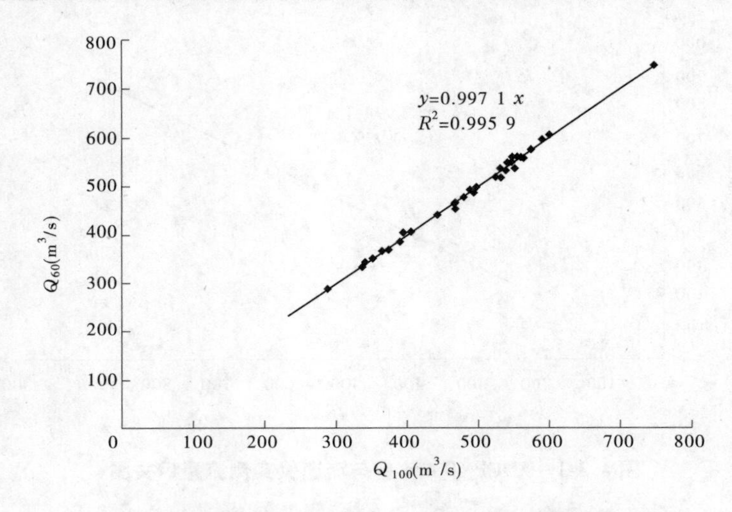

图 4.3-6 测速历时 60 s 与 100 s ADCP 流量相关图

本容量大于或等于 30 时,应为 2 倍相对标准差;②当测量系列样本容量小于 30 时,按表4.3-2中查得的学生氏(t)值乘以相对标准差计算得出。

表 4.3-2 置信水平 95% 的学生氏(t)值

样本容量	学生氏(t)值	样本容量	学生氏(t)值	样本容量	学生氏(t)值	样本容量	学生氏(t)值
2	12.706	9	2.306	16	2.131	23	2.074
3	4.303	10	2.262	17	2.120	24	2.069
4	3.182	11	2.228	18	2.11	25	2.064
5	2.776	12	2.201	19	2.101	26	2.060
6	2.571	13	2.179	20	2.093	27	2.056
7	2.447	14	2.160	21	2.086	28	2.052
8	2.365	15	2.145	22	2.080	29	2.048

采用剔除粗差后的数据进行误差统计,见表 4.3-3。

表 4.3-3 吴堡站 ADCP 流量全部测次对比误差统计

项目	实测流量为标准统计相对误差		水位流量关系线推求流量为标准统计相对误差		水位流量关系与实测流量汇总统计	
	60 s	100 s	60 s	100 s	60 s	100 s
样本数 n	15	29	18	54	33	83
系统误差 X (%)	-0.9	-1.3	-1.68	-1.98	-1.31	-1.74
标准差 S(%)	2.58	2.886	3.915	2.938	3.35	2.92
随机不确定度(%)	5.534	5.911	8.33	5.876	6.70	5.84

统计结果表明,本项目试验中,吴堡站使用 ADCP 进行流量测验,以测速历时 100 s 测验的流量,与实测流量、查线流量结果对比样本数分别是 29、54 个,系统误差符合条件较差时不应超过 ±2% 的规定,随机不确定度符合不应超过 ±6% 的规定;测速历时 60 s 的

样本数不足 30,与实测和查线对比次数分别为 15、18,与实测流量的对比误差统计指标还满足要求,但与查线流量对比随机不确定度超出了技术指标的要求范围。

吴堡站流量比测分布集中在 900 m³/s 以下,在 900 m³/s 以上测次较少,分布不均匀,并且在较大几次流量含沙量出现了垂线好呼数量较少的情况,甚至 12 号测次含沙量 16.5 kg/m³,有一条垂线仅有 1 个好呼,虽然总流量对比的误差小,但接近仪器极限,有测验质量风险。

4.3.5　府谷站流量成果分析

4.3.5.1　相关分析

Q_{60}、Q_{100} 与实测流量相关图见图 4.3-7、图 4.3-8，Q_{60}、Q_{100} 与查线流量相关图见图 4.3-9、

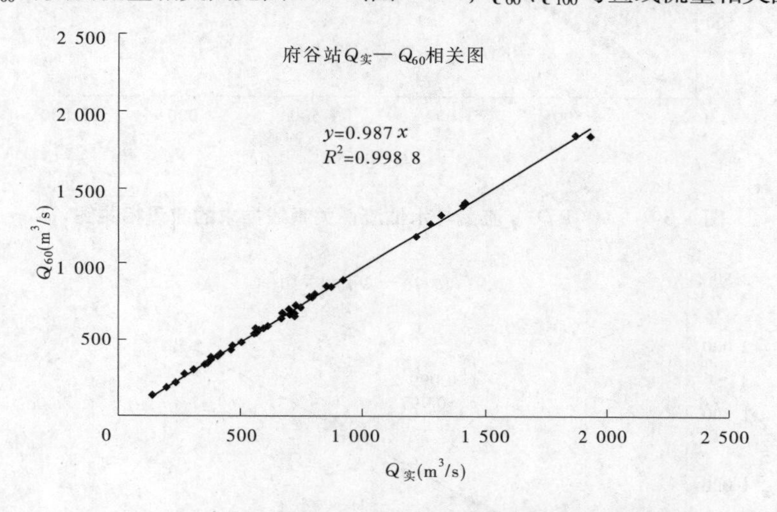

图 4.3-7　ADCP 60 s 流量与流速仪实测流量相关图

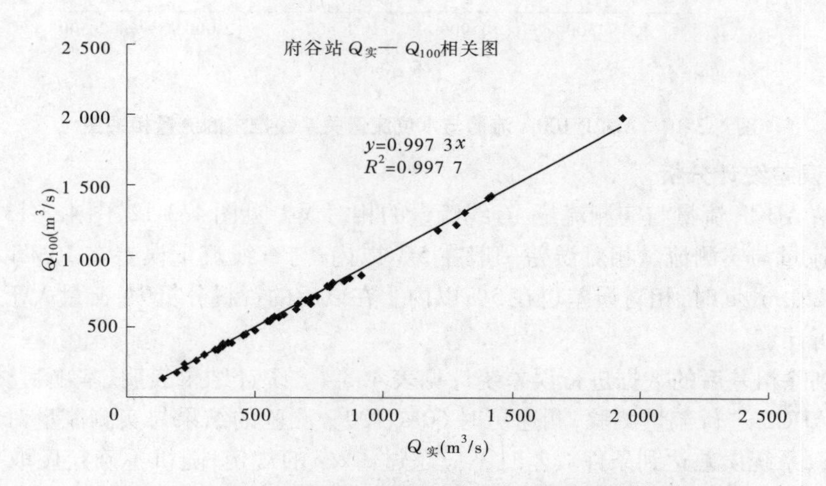

图 4.3-8　ADCP 100 s 流量与流速仪实测流量相关图

图 4.3-10,Q_{60}与 Q_{100}之间的相关图见图 4.3-11。可以看出,各流量成果间呈良好的线性相关,R^2均接近 1,ADCP 60 s、100 s 流量结果统计上几乎无差异。

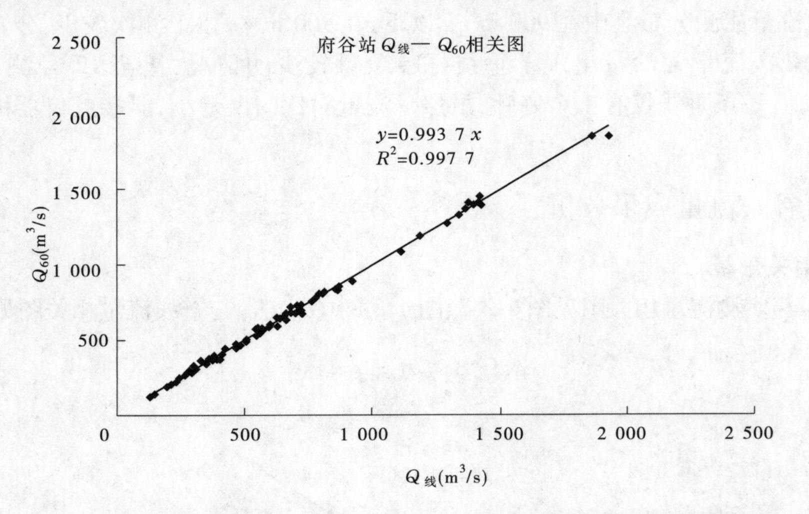

图 4.3-9 ADCP 60 s 流量与水位流量关系线推求的流量相关图

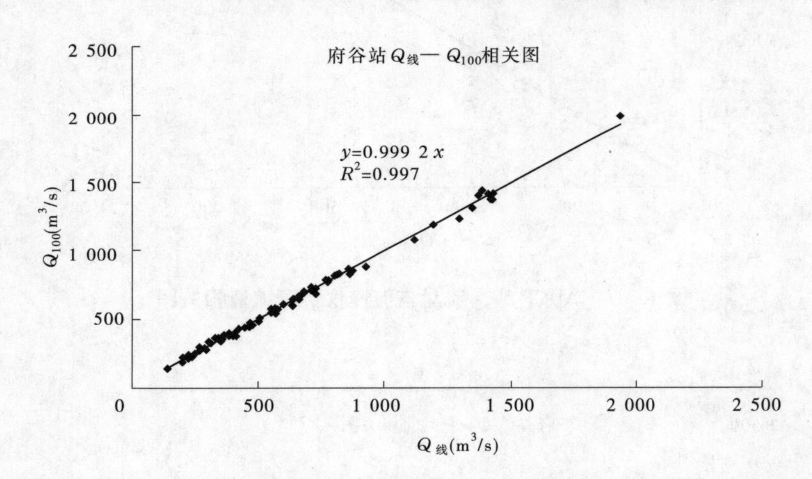

图 4.3-10 ADCP 100 s 流量与水位流量关系线推求的流量相关图

4.3.5.2 误差统计分析

府谷站 ADCP 流量与实测流量、查线流量的相对误差见图 4.3-12、图 4.3-13。可以看出,ADCP 流量与实测流量相对误差一般在 5% 以内;与查线流量误差在 10% 以内,当流量级大于 420 m³/s 时,相对误差也在 5% 以内。在以后的资料分析中,流量大于 420 m³/s 的参加分析计算。

采用剔除粗差后的数据进行误差统计见表 4.3-4。统计结果表明,本项目试验中,府谷站使用 ADCP 进行流量测验,测速历时 60 s、100 s 测验的结果与实测流量对比样本数达到 49、48,系统误差达到条件较差时不应超过 ±2% 的规定;随机不确定度取 2 倍的标准差,符合规范规定的 ±6%;与查线流量对比,测速历时 60 s、100 s 的样本数达 72、73,系

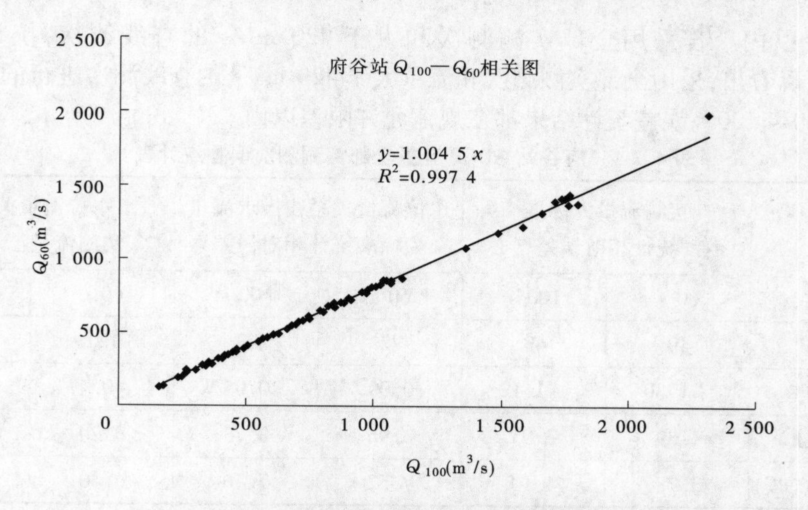

图4.3-11　ADCP 100 s、60 s流量相关图

统误差符合规定并且较小，但随机不确定度超出了规范规定范围7%。

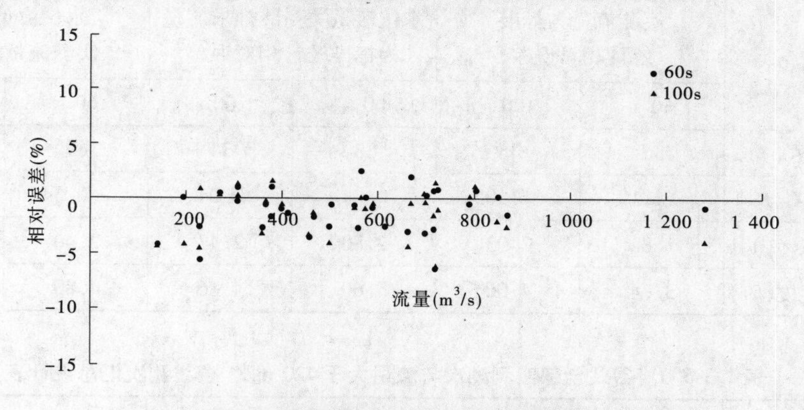

图4.3-12　府谷站实测流量与ADCP流量相对误差

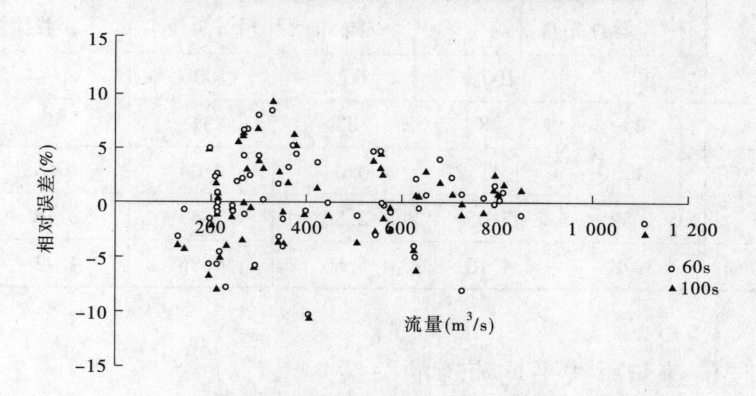

图4.3-13　府谷站查线流量与ADCP流量相对误差

流量小于420 m³/s时采用水位流量关系定线推流数据离散度大，统计420 m³/s以上的测次，结果见表4.3-5。可见，流量在420 m³/s以上时60 s、100 s误差统计结果都在规

范允许限差以内。若采用全部实测测次和大于 420 m^3/s 的查线测次，统计结果见表 4.3-6，可以看出，采用全部实测测次和流量大于 420 m^3/s 的查线测次进行的误差统计分析结果，60 s、100 s 误差统计结果都在规范允许限差以内。

表 4.3-4　府谷站 ADCP 流量全部实测测次误差统计表

项目	实测流量为标准统计相对误差		水位流量关系线推求流量为标准统计相对误差		水位流量关系与实测流量汇总统计	
	60 s	100 s	60 s	100 s	60 s	100 s
样本数 n	49	48	72	73	121	121
系统误差 X(%)	-1.30	-1.12	0.09	0.05	-0.47	-0.41
标准差 S(%)	1.89	2.05	3.96	3.73	3.20	3.21
随机不确定度(%)	3.78	4.10	7.52	7.46	6.40	6.42

表 4.3-5　府谷站流量大于 420 m^3/s 查找测次误差统计表

项目	实测流量为标准统计相对误差		水位流量关系线推求流量为标准统计相对误差		水位流量关系与实测流量汇总统计	
	60 s	100 s	60 s	100 s	60 s	100 s
样本数 n	36	35	33	34	69	69
系统误差 X (%)	-1.12	-1.05	0.04	0.04	-0.54	-0.47
标准差 S(%)	1.82	2.03	2.80	2.43	2.40	2.25
随机不确定度(%)	3.64	4.06	5.60	4.86	4.80	4.50

表 4.3-6　府谷站全部实测测次与流量大于 420 m^3/s 查线测次汇总统计表

项目	实测流量为标准统计相对误差		水位流量关系线推求流量为标准统计相对误差		水位流量关系与实测流量汇总统计	
	60 s	100 s	60 s	100 s	60 s	100 s
样本数 n	49	48	33	34	74	74
系统误差 X (%)	-1.30	-1.12	0.04	0.04	-0.82	-0.66
标准差 S(%)	1.89	2.05	2.80	2.43	2.46	2.35
随机不确定度(%)	3.78	4.10	5.60	4.86	4.92	4.70

4.3.6　浅层流速与垂线平均流速的关系

在特别水情等紧急情况下，为了争取测验时间，测量浅层流速来计算流量也是一种快速获取断面流量的方式，前提是浅层流速与垂线平均流速要存在较好的相关关系。以流速仪法垂线平均流速 $V_{均}$ 作为标准，可分析 ADCP 测速历时 100 s、60 s 浅层流速（测点深度为0.33 m）$V_{浅100}$、$V_{浅60}$的代表性。

按照以下原则选取分析垂线：①水深大于仪器要求的最小水深0.4 m；②断面上水深变化平缓；③断面上流速变化平缓；④尽量在试验的流量变化范围内，各流量级ADCP试验时有对应的实测流量测次；⑤流速仪实测流速时，所测垂线应至少为两点法，所选垂线尽量接近于主流。选取的垂线数见表4.3-7。

吴堡、府谷站$V_{浅100}$、$V_{浅60}$与$V_{均}$的关系见图4.3-14～图4.3-17和表4.3-7。从统计结果来看，R^2均在0.95以上，比例系数也较为接近，均在0.85附近，表明ADCP浅层流速对垂线平均流速有较好的代表性。

表4.3-7 浅层流速与垂线平均流速关系分析统计表

站名	吴堡		府谷	
	60 s	100 s	60 s	100 s
垂线数	30	39	58	58
比例系数	0.846	0.855	0.856	0.85

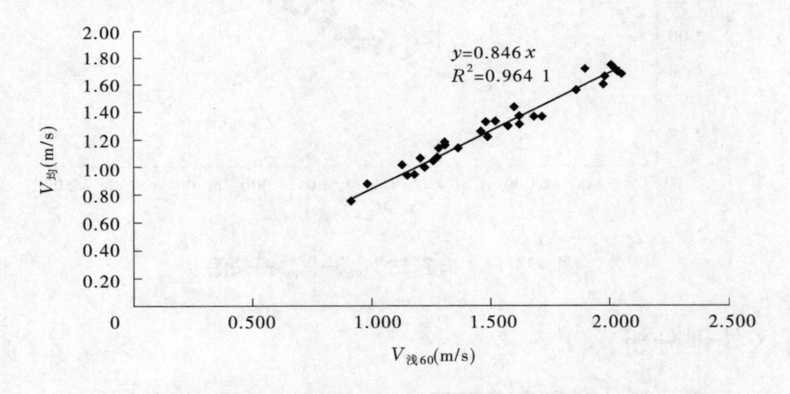

图4.3-14 吴堡站$V_{浅60}$—$V_{均}$相关图

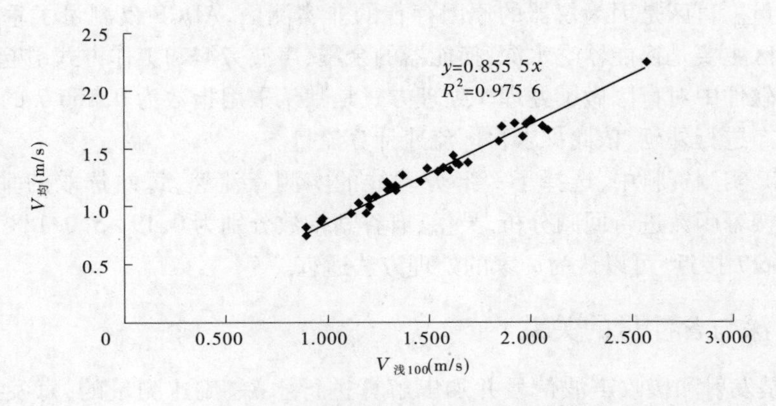

图4.3-15 吴堡站$V_{浅100}$—$V_{均}$相关图

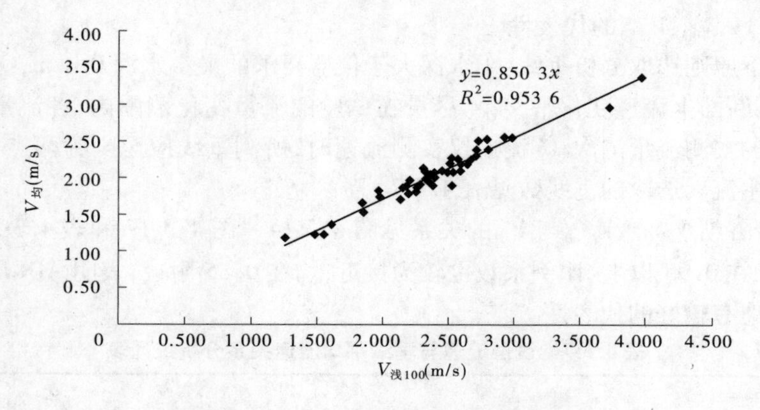

图 4.3-16 府谷站 $V_{浅100}$—$V_均$ 相关图

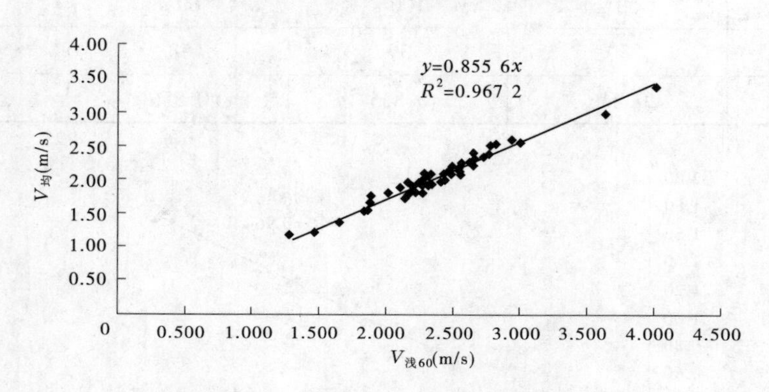

图 4.3-17 府谷站 $V_{浅60}$—$V_均$ 相关图

4.3.7 盲区处理分析

ADCP 在测量垂线流速时存在顶部盲区、底部盲区，消除或减小盲区的影响可提高测流成果的质量。盲区是因为仪器的原因存在的非实测区，ADCP 仅测量了垂线上中间部分流速。盲区主要是换能器吃水深，换能器的余震、声波旁瓣和工作方式引起的。在厂家提供的计算软件中对盲区做了处理。处理方式是默认采用指数为 0.166 7 的幂函数对盲区的流速分布进行外延，依此推求盲区流速计算流量。

在 ADCP 实测资料中，选择了一部分垂线的实测点流速，每站选取的垂线数为 34。对流速分布按幂函数进行回归分析，吴堡、府谷站指数分别为 0.193 3、0.188 3，与软件采用的值 0.166 7 接近，可以认为厂家的处理方法适宜。

4.3.8 测深与含沙量的关系

ADCP 是发射和接收声波信号并加以解算进行水深、流速测量的，每发射一次为一呼。声波能量在实际传播过程中，会遇到诸多因素的影响，而产生不同程度的衰减。超声波的衰减主要有散射、扩散和吸收三种。散射衰减是声波在传播时碰到另一种介质组成的障碍物而向不同方向发生散射的衰减；扩散衰减主要与超声波在介质中的距离有关，顾名思义,只要超声波在物体内部传播的距离越长,那么超声波就会逐渐衰减,直至消失。另外,还有一种较常见的超声波衰减形式,叫作吸收衰减,由于超声波在物体中进行传播时,或多或少地都会使物体内部产生震动,这种因接触而产生的震动会产生摩擦力,随着传播时间的增加,超声波会与物体间摩擦起热,在这种热能的阻碍下,超声波的能量就会逐渐减弱,最终被完全吸收。

ADCP 应用于测量流速,在测速垂线上存在着上述衰减。发射频率不同衰减也不同,对于一台仪器来说,发射的声波频率是固定的。所以,影响 ADCP 测量能力的因素有水深、含沙量,甚至泥沙粒度。衰减具体表现在,对于水深越深,到达的能量越弱;含沙量越大,能量消耗增大,当水越深、含沙量越大时,衰减越严重。因此,高含沙水流适用水深远小于相对低含沙水流。

比测试验中,3 月 22 ~27 日吴堡水文站有一次洪水过程,含沙量也同时有一个涨落过程,如图 4.3-18 所示,最大含沙量为 25.6 kg/m^3。

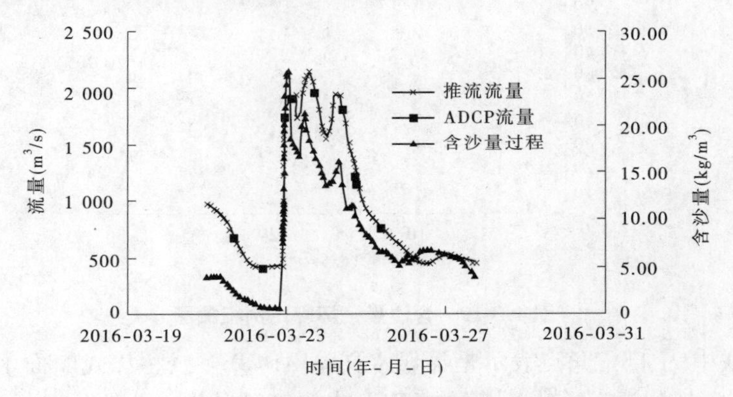

图 4.3-18　吴堡站流量、含沙量过程对照图

ADCP 在洪水过程中测流 7 次,对应编号为 11、12、15、16、17、18、19,最大含沙量 25.6 kg/m^3,流量结果与吴堡站的流量过程线基本重合。但是,第 11 ~15 次使用蓝牙通信,数据接收显示有间断,垂线测量信息显示“好/坏呼集合”数量少,坏呼多,13 号、14 号出现了垂线无数据测流无法正常进行,是通信还是含沙量的原因尚不确定。自 16 号开始换用了数传电台,保证了数据传输可靠,数据接收间断的情况消失。16 号测次,含沙量 13.7 kg/m^3,最大水深 4.6 m,相应的好/坏呼为 143/3,其他垂线坏呼更少甚至为零,数据质量较好;第 17 号,含沙量 11.1 kg/m^3,最大水深 4.2 m,全断面坏呼为零。

2016 年 7 月 20 日 39 号测次,平均含沙量 15.7 kg/m^3,水深大于 2.3 m 的垂线好呼数量远少于坏呼,低于水深 2.4 m 的 2 条垂线好/坏呼的数量为 100/0,大于 2.4 m 的垂线好/坏呼数量减小,最大水深 4.1 m,好/坏呼为 23/102。

2016 年 7 月 25 日有一定含沙量水流经过吴堡站断面,平均含沙量 19.5 kg/m^3,变化很快,流速仪法实测流量 323 m^3/s,同时 ADCP 56 号测次只测得 164 m^3/s。回放测流垂线信息,主流位置起点距 290 m 处的最大水深 3 m,没有测到水深、流速,其他垂线上,测量的单元数很少(一般垂线只有 1 个单元),测到的好的数据很少,坏的数据成倍多,垂线水深也偏小显著,流速仪法断面平均水深 1.98 m,最大 3.0 m,ADCP 平均水深 0.887 m,

最大水深 1.53 m。

府谷 9 月 19 日 94 号测次，平均含沙量 20.6 kg/m³，断面水深整体系统误差严重偏小，水深大于 1.4 ~ 1.8 m，垂线好/坏呼为 7/89、21/92。

9 月 23 日 100 号测次平均含沙量为 17.9 kg/m³，断面水深整体系统误差严重偏小，在水深 2.3 m 以上的垂线好/坏呼与 94 号测次类似。

图 4.3-19 是含沙量与 ADCP 垂线测量时的坏呼比例相关图。由图中可以看出，当含沙量在 9.83 ~ 13.7 kg/m³ 以下时，坏呼比例小，好呼比例在 70% 以上；当含沙量在 9.83 ~ 13.7 kg/m³ 以上时，关系点重心向上偏离，含沙量增大，偏离越大坏呼越大。含沙量增大不仅影响水深精度，也影响流速测量好呼数量，好呼数量少会影响到流速测量质量。在影响较轻时，好呼数量可以延长测速历时来补充，影响严重时仪器会失效，没有测量结果，流量测验只能中止。

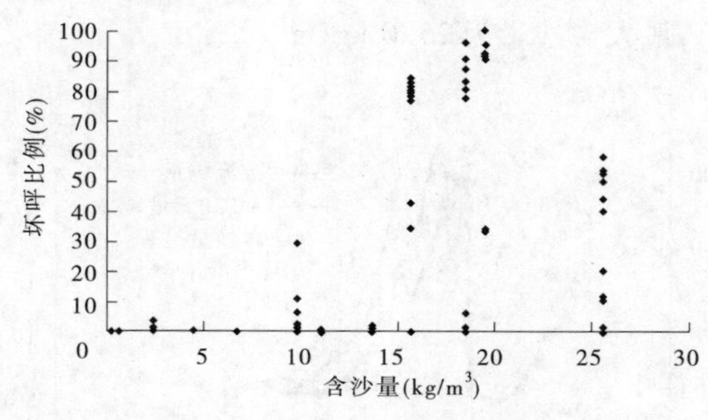

图 4.3-19 含沙量—坏呼比例相关图

图 4.3-20 中，上部三角点表示是吴堡水文站 ADCP 多线积深式断面水深，下部圆形点表示是以测深杆测深为标准，计算的 ADCP 水深绝对误差。一般误差为正态分布，从点绘的含沙量—水深误差相关图中可看出：

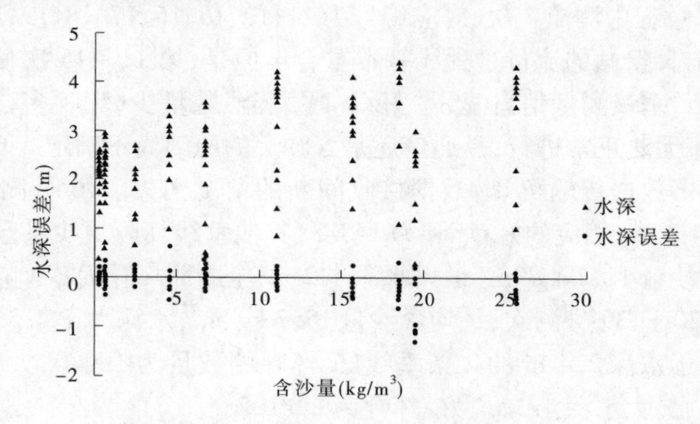

图 4.3-20 含沙量—水深误差相关图

(1) 对应的 ADCP 测深误差分布，含沙量 11.1 ~ 15.7 kg/m³ 以下，最大水深 4.1 ~ 4.2 m，相关点在误差零轴上下一定范围内基本均匀分布，相关点群重心靠近零轴；

(2) 当含沙量在 11.1 ~ 15.7 kg/m³ 以上时，相关点重心向下显著偏离，含沙量增大，误差偏离零轴越大，随含沙量增大变幅也增大，并且趋势明显。

以上资料分析已说明了含沙量对于ADCP测验流量的影响关系,且影响关系较复杂,实测资料证明,总体上在11.1~15.7 kg/m^{3}以下含沙量和4 m以下水深得到了较好的应用。

4.4 微波流速仪动态积宽式测流方法研究

4.4.1 测流方法

微波流速仪动态积宽式流量测验是非接触式流量测验,常规微波流速仪法观测定点表面流速,借用断面推算流量。本次研究以吴堡、龙门水文站为依托,改定点观测为全断面走航观测,以获取表面流速分布,涉及的主要方面包括:

(1)适宜的连续走航渡河设施设备和信号传输、测验控制系统,采用本次研究研制的吊箱式和重铅鱼缆道式综合自动智能化测验平台;

(2)随机扰动过滤;

(3)表面流速和垂线平均流速、虚流量和实流量转换系数率定;

(4)水面流速分布和断面形态分布的耦合,该部分仅进行基本分析,主要内容见第5章。

4.4.2 设施设备及测流控制

微波流速仪动态积宽式测速仪器为河南安宏信息科技有限公司研制的YMCP-1型非接触微波流速仪、通信设备和软件。YMCP-1型非接触式微波测流仪是利用雷达多普勒效应原理,非接触式测量水面流速的一种新型测流仪器,其主要技术指标为:①测量范围(V)0.3~15 m/s;②测量俯角(φ_1)60°~90°;③测量方位角(φ_2)0°~30°,必要时可达60°;④测量时段(T)以s为单位设定,连续测量或固定1 s、10 s、20 s、30 s、60 s等;⑤测量均方差≤3%;⑥流速>0.8 m/s时测量距离最远不小于20 m。

吴堡水文站完整的测量系统包括微波流速仪、水文吊箱缆道测验设施与自动智能化控制平台、数据传输设备等。龙门水文站完整的测量系统包括微波流速仪、水文重铅鱼缆道测验设施与自动智能化控制平台、风速风向仪和数据传输等设施设备,见图3.3-2。

按照各仪器设备的安装要求,在承载平台上安装微波流速仪、风速风向仪及数据传输电台设备等。吴堡水文站微波流速仪安装在吊箱上,见图4.4-1(a);龙门水文站微波流速仪安装在铅鱼上,见图4.4-1(b)。微波流速仪与垂直方向夹角可以保持在20°~25°。

微波流速仪动态积宽式测流综合软件,是吊箱及铅鱼控制、数据采集处理的核心。在系统控制下,安装有微波流速仪的运载平台(吊箱或铅鱼)匀速水平行进,与水面保持等高,实时采集流速、起点距、风力风向,通过超短波电台传输到计算机。起点距由缆道(吊箱或铅鱼)控制系统采集,通过有线传输到计算机;水位由人工输入到计算机,读入借用大断面数据。以借用大断面数据中起点距为标记,经过一个垂线起点距为开始,到下一个垂线起点距为结束,在此期间所有采集的流速数据经过中值滤波、均方差平均作为两个垂线间的平均流速,再计算两个垂线间的间距、两个垂线间的平均水深,计算出两个垂线间的过水面积，即可得出两个垂线间的部分流量。控制系统边行走、边采集、边计算、边存储，行走完断面即可计算出整个断面的虚流量。岸边系数采用水文站在用的系数值。

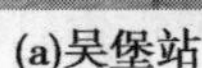

(a)吴堡站

(b)龙门站

图 4.4-1　微波流速仪安装图

4.4.3　观测与比测

在吴堡站和龙门站开展微波流速仪动态积宽式测流及其与常规方式方法的流量比测试验。

吴堡水文站观测与比测试验自 2017 年 8 月 2 日至 2017 年 9 月 18 日，历时 46 d，收集微波流速仪试验资料总次数为 100 次，与实测流量同步试验 15 次，其余 85 次为单独测流，通过在水位流量关系线上推求的流量并建立了对比系列。期间，水位最高达到 638.03 m，相应流量 1 640 m^3/s，最低水位 636.27 m，相应流量 162 m^3/s，最大流速 5.95 m/s，最大水深 4.2 m。比测资料满足分析要求。

龙门水文站观测与比测试验自 2017 年 7 月 11 日至 2017 年 10 月 14 日，历时 103 d，收集微波流速仪试验资料总次数为 102 次，与实测流量同步试验 43 次，其余 59 次为单独测流，通过在水位流量关系线上推求的流量并建立了对比系列。期间，水位最高达到 380.39 m，相应流量 1 110 m^3/s，最低水位 378.58 m，相应流量 473 m^3/s，最大流速 6.91 m/s，最大水深 8.0 m。

4.4.4　吴堡站流量成果分析

4.4.4.1　相关分析

吴堡水文站微波流速仪在试验比测期间共测流 100 次，有 42 个测次在同期同条件下可进行往测和回测平均，分别对吴堡水文站微波流速仪 100 次全样本、往测和回测均值 42 次样本进行相关分析，点绘微波流速仪实测流量 Q_{WB} 与流速仪法实测流量 Q_{LSY} 相关图，并计算相关系数，见图 4.4-2 和图 4.4-3。

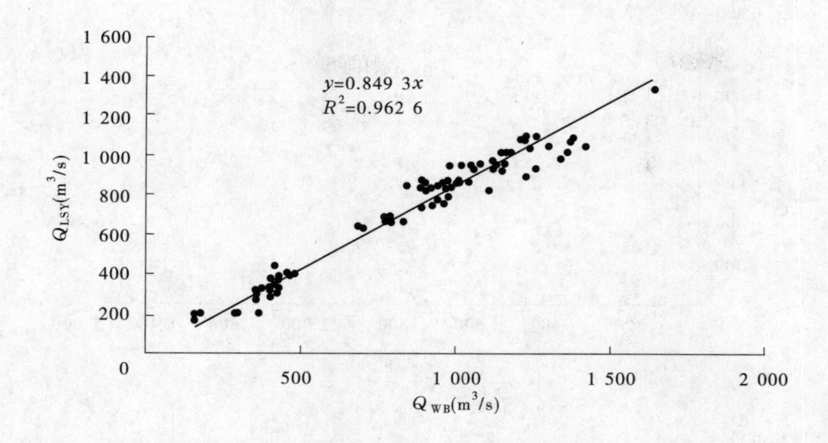

图 4.4-2　微波流速仪与流速仪法实测流量相关图

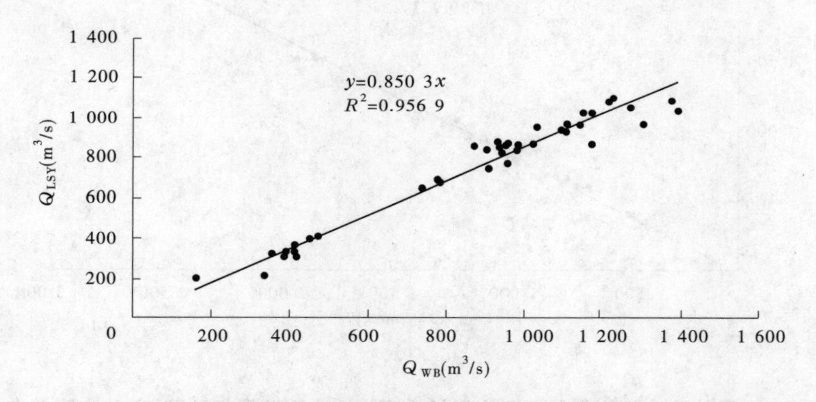

图 4.4-3　微波流速仪往测和回测均值与流速仪法实测流量相关图

根据微波流速仪使用相关规程，微波流速仪主要测量较大量级洪水。分析所测流量及流速看出，当吴堡站所测流量在 400 m^3/s 以下时，所测水面流速有一半甚至 2/3 在 1 m/s以下；当所测流量在 200 m^3/s 以下时，所测水面流速基本在 1 m/s 以下。因此，对往测和回测均值大于 390 m^3/s 的数据与实测值进行了相关分析，见图 4.4-4(a)。三种分类相关度中，R^2 值都达到了 0.93 以上。但微波流速仪测量小流量、小流速相对误差和随机不确定度较大，超过了《河流流量测验规范》(GB 50179—2015)规定的要求。

2018 年 3 月 17～20 日桃汛洪水期间，用微波流速仪又进行了 26 次与人工实测流量的比测实验，微波流速仪测得最大流量 2 500 m^3/s，最小流量 641 m^3/s。通过往测和回测平均与人工实测数据点绘在图 4.4-4(a)的相关图上，重新绘制相关线(见图 4.4-4(b))，并重新统计、计算误差(见表 4.4-2 第 5 列)。

4.4.4.2　误差统计分析

微波流速仪比测试验误差统计分析比照《河流流量测验规范》中均匀浮标法的规定，见表 4.4-1。

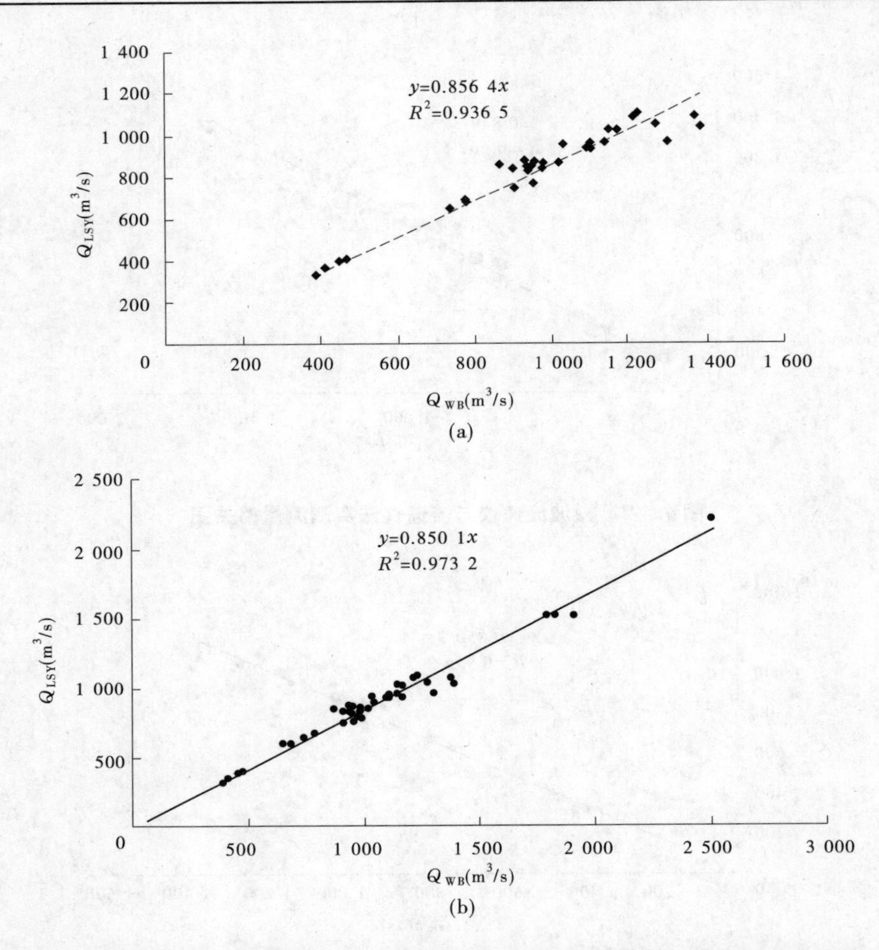

图 4.4-4　微波流速仪往测和回测均值与流速仪法实测流量相关图(剔除小流量点)

表 4.4-1　均匀浮标法单次流量测验的允许误差

站类	误差指标(%)	
	总不确定度	系统不确定度
一类精度站	10	-2 ~ 1
二类精度站	11	-2 ~ 1
三类精度站	12	-2.5 ~ 1

吴堡水文站微波流速仪流量与流速仪法实测流量误差统计分析见表 4.4-2。从表 4.4-2中可以看出,吴堡水文站微波流速仪在各种分类情况下,系统误差都较小,但是比测随机不确定度都比较大,只有“往测和回测平均(剔除小流量点)”情况下的随机不确定度满足三类精度站规范要求。

表 4.4-2　吴堡水文站微波流速仪流量与流速仪法实测流量误差统计分析

项目	全样本	往测和回测平均	往测和回测平均（剔除小流量点）	2018 年桃汛洪水增加测点后
样本数 n	100	42	35	48
相关系数 k	0.849 3	0.850 3	0.856 4	0.850 1
回归系数 R^2	0.962 6	0.956 9	0.936 5	0.973 2
系统误差（%）	-0.74	0.03	0.61	0.11
标准差（%）	11.33	10.13	5.89	5.64
比测随机不确定度（%）	22.66	20.26	11.78	11.28

4.4.5　龙门站流量成果分析

4.4.5.1　相关分析

龙门水文站在进行微波流速仪比测时，微波流速仪安装于重铅鱼上，由于微波流速仪测流必须面向来水方向且与水流方向平行，比测开始时，为了满足要求在铅鱼尾部安装一个浮子，但是经过应用及计算发现水流浮力对往返流向影响较大，单次的比测系数，往返测流变化很大，所以开始所测 20 多次流量无法应用。后改用拉偏缆来牵引铅鱼，使微波流速仪与水流方向基本平行。为了更多地揭示拉偏缆对微波流速仪测流影响，采用往测和回测进行流量测验，其中往测指系统控制微波流速仪从龙门水文站右岸向左岸自动流量测验，回测指系统控制微波流速仪从龙门水文站左岸向右岸自动流量测验。

点绘微波流速仪流量成果与流速仪法实测流量相关图，并计算相关系数，见图 4.4-5 和图 4.4-6。可以看出，微波流速仪流量成果与流速仪法实测流量成果相关关系比较差，经分析发现，微波流速仪流速信号经信号接收器接收后，有效流速信号大幅度减少，因此引起最终流量测验结果的计算不准，相关度不高，经对软件系统进行优化，使有效流速信号大幅度增加，流量测验结果稳定。系统优化后微波流速仪往测、回测流量成果与流速仪法实测流量成果相关图见图 4.4-7 和图 4.4-8。

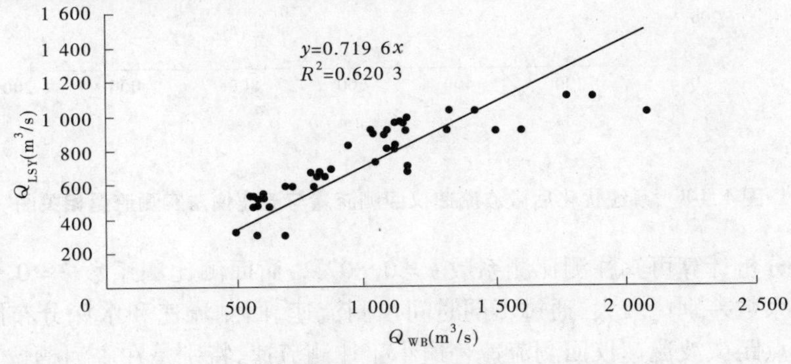

图 4.4-5　微波流速仪往测流量与流速仪法实测流量相关图

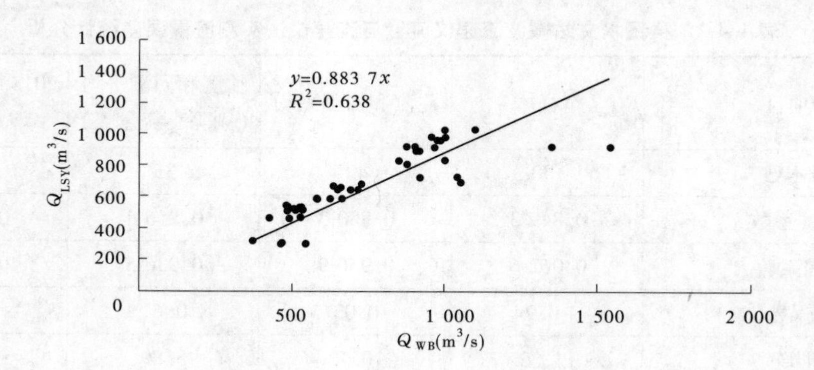

图 4.4-6　微波流速仪回测流量与流速仪法实测流量相关图

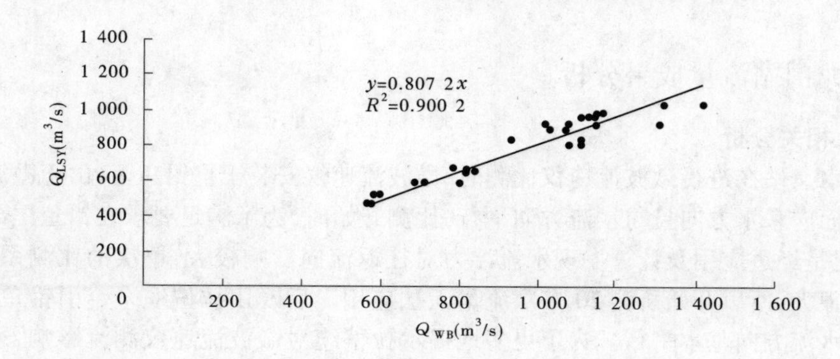

图 4.4-7　系统优化后微波流速仪往测流量成果与流速仪法实测流量成果相关图

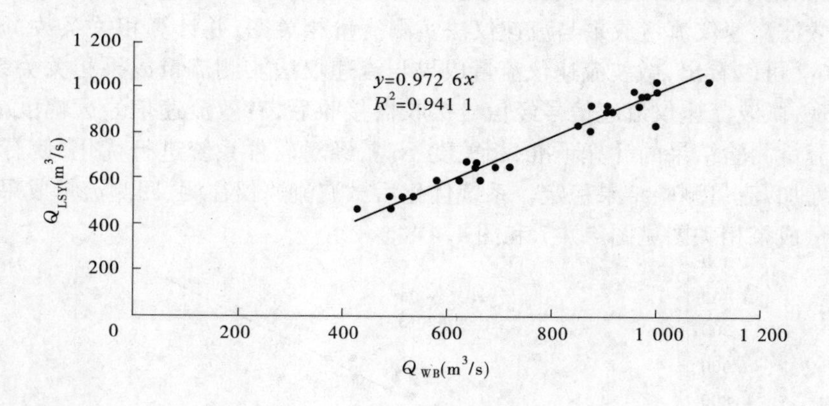

图 4.4-8　系统优化后微波流速仪回测流量与流速仪法实测流量相关图

经相关分析计算可知往测比测系数 $k=0.807\ 2$，而回测比测系数 $k=0.972\ 6$。往测和回测比测系数差别比较大，通过不同时间往测流速、回测流速和水深分布图分析，这是由于同一起点距微波流速仪回测流速普遍小于往测流速，特别是在主河槽位置。

从往测流速、回测流速和水深分布图（见图 4.4-9 ~ 图 4.4-11）可以看出，回测流速分

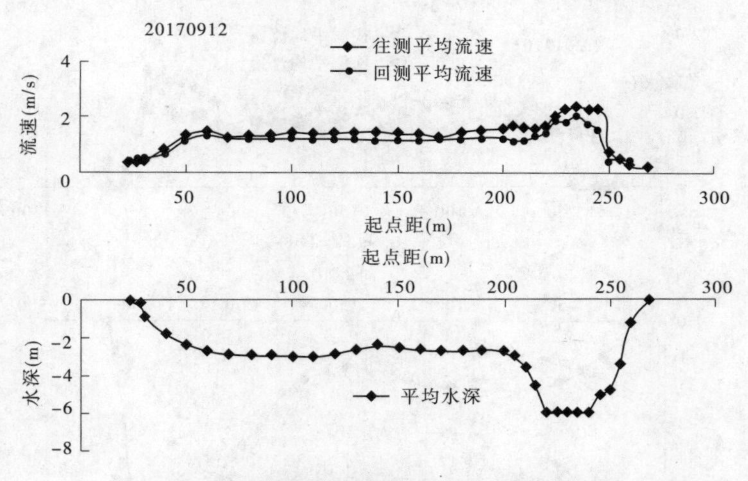

图4.4-9 往测流速、回测流速和水深分布图(一)

布比往测流速分布普遍小,特别是在右岸主河槽位置。经分析,同一起点距微波流速仪往测流速普遍比回测流速大的原因是:微波流速仪是安装在铅鱼上,悬垂在钢缆上自动运行的,同时用拉偏缆连接铅鱼来控制铅鱼角度,而钢缆两边高中间低,龙门水文站主河槽在右岸。在往测时,微波流速仪是从右岸高处往低处自动运行的,这时拉偏缆也是从高处往低处自由滑动的,拉偏缆和铅鱼作用力不大,微波流速仪基本和水流流向接近平行,这时微波流速仪所测流速为 $u_{往} = u_{水面}\cos\theta = u_{水面}$。当回测时,微波流速仪是从左岸低处往高处自动运行,这时拉偏缆也是从低处被铅鱼牵引往高处滑动,拉偏缆有反作用力,使铅鱼和水面流向形成一个夹角($\theta > 0°$),微波流速仪和水流流向也形成夹角,这时微波流速仪所测流速为 $u_{回} = u_{水面}\cos\theta < u_{水面} < u_{往}$。

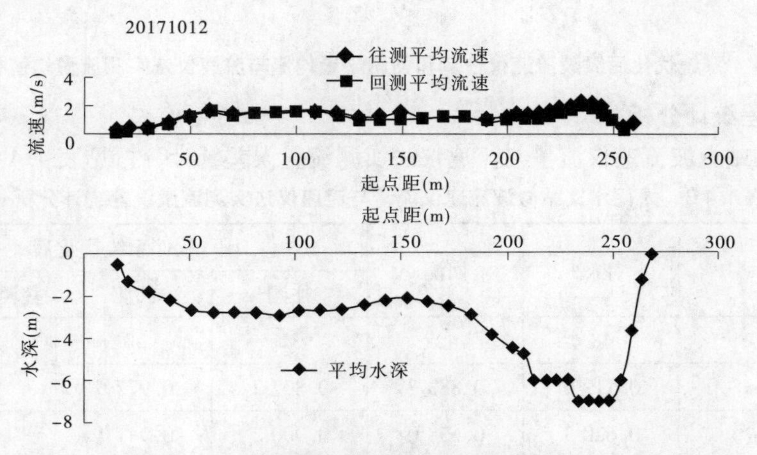

图4.4-10 往测流速、回测流速和水深分布图(二)

为了消除往测和回测拉偏缆不确定误差,把微波流速仪往测值和回测值取平均和流速仪法实测流量进行相关分析计算,见图4.4-12。

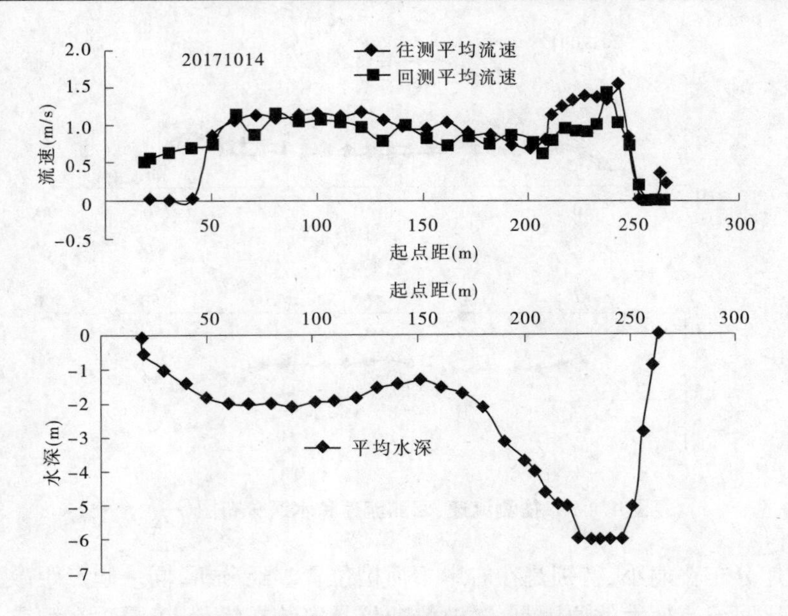

图 4.4-11　往测流速、回测流速和水深分布图(三)

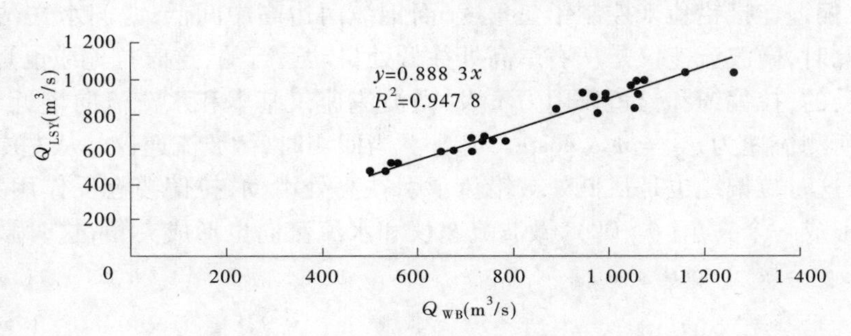

图 4.4-12　系统优化后微波流速仪往测和回测流量均值与流速仪法实测流量均值相关图

4.4.5.2　误差统计分析

龙门水文站微波流速仪流量与流速仪法实测流量误差统计分析见表 4.4-3。

表 4.4-3　龙门水文站微波流速仪流量与流速仪法实测流量误差统计分析

项目	往测	回测	软件系统优化后		
			往测	回测	往测和回测平均
样本数 n	48	42	31	30	28
相关系数 k	0.719 6	0.883 7	0.807 2	0.972 6	0.888 3
回归系数 R^2	0.620 3	0.638 0	0.900 2	0.941 1	0.947 8
系统误差(%)	-3.61	-1.59	-0.80	-0.38	-0.39
标准差(%)	18.8	18.5	6.94	6.27	5.42
比测随机不确定度(%)	37.6	37	13.88	12.34	11.12

从表4.4-3中可以看出，龙门水文站微波流速仪比测在软件系统优化前往测和回测比测试验效果不好。软件系统优化无论是往测还是回测，单次测量指标都不符合规范要求，经往测和回测平均后满足规范对三类精度站的要求（样本数为28时，按照《河流流量测验规范》（GB 50179—2015）规定随机不确定度乘以系数2.052，见表4.4-4）。

表4.4-4　龙门水文站往测和回测均值与计算值误差计算表

序号	微波平均 (m^3/s)	实测平均 (m^3/s)	计算值 (m^3/s)	相对误差 X_i	$X_i-\overline{X}$	$(X_i-\overline{X})^2$
1	1 059	916	940.3	0.026 490 78	0.030 373 852	0.000 922 571
2	977	808	867.9	0.074 095 42	0.077 978 497	0.006 080 646
3	994	893	883.0	-0.011 231 58	-0.007 348 502	0.000 054 000
4	968	893	859.9	-0.037 094 74	-0.033 211 660	0.001 103 014
5	1 059	983	940.3	-0.043 473 50	-0.039 590 423	0.001 567 402
6	1 075	983	954.9	-0.028 563 07	-0.024 679 996	0.000 609 102
7	993	920	881.6	-0.041 698 10	-0.037 815 021	0.001 429 976
8	948	920	841.7	-0.085 147 55	-0.081 264 478	0.006 603 915
9	1 055	830	936.7	0.128 569 10	0.132 452 173	0.017 543 578
10	890	830	790.6	-0.047 485 54	-0.043 602 466	0.001 901 175
11	1 260	1 030	1 119.3	0.086 658 25	0.090 541 329	0.008 197 732
12	1 160	1 030	1 030.4	0.000 415 53	0.004 298 611	0.000 018 478
13	1 046	960	929.2	-0.032 123 13	-0.028 240 048	0.000 797 500
14	1 058	960	939.8	-0.021 019 38	-0.017 136 298	0.000 293 653
15	675	590	599.6	0.016 275 42	0.020 158 500	0.000 406 365
16	647	590	574.3	-0.026 633 98	-0.022 750 906	0.000 517 604
17	712	590	632.5	0.071 982 37	0.075 865 450	0.005 755 566
18	552	520	489.9	-0.057 889 52	-0.054 006 443	0.002 916 696
19	559	520	496.6	-0.045 077 50	-0.041 194 423	0.001 696 981
20	547	520	485.5	-0.066 430 87	-0.062 547 789	0.003 912 226
21	536	470	475.7	0.012 095 00	0.015 978 077	0.000 255 299
22	497	470	441.5	-0.060 670 00	-0.056 786 923	0.003 224 755
23	738	670	655.6	-0.021 544 18	-0.017 661 102	0.000 311 915
24	711	670	631.6	-0.057 341 34	-0.053 458 267	0.002 857 786
25	780	652	692.4	0.062 008 97	0.065 892 049	0.004 341 762
26	735	652	652.5	0.000 699 92	0.004 583 000	0.000 021 004

续表 4.4-4

序号	微波平均 (m^3/s)	实测平均 (m^3/s)	计算值 (m^3/s)	相对误差 X_i	$X_i - \bar{X}$	$(X_i - \bar{X})^2$
27	782	652	694.7	0.065 415 03	0.069 298 107	0.004 802 228
28	756	652	671.6	0.029 992 02	0.033 875 101	0.001 147 522
			$\sum_{i=1}^{n} X_i$	−0.108 7	$\sum_{i=1}^{n} (X_i - \bar{X})^2$	0.079 29
			$\bar{X}$	0.003 883	S	0.054 19

从吴堡水文站和龙门水文站微波流速仪相关分析及统计误差分析的结果可以看出，两站在“往测和回测平均”分类情况下，比测结果满足规范三类精度站的要求，也就是在微波流速仪实际应用中，应取往测和回测的均值作为一次测量结果。

4.4.6　微波流速仪流速数据滤波处理

中值滤波法是一种非线性平滑技术，它将每一像素点的灰度值设置为该点某邻域窗口内的所有像素点灰度值的中值。

中值滤波是基于排序统计理论的一种能有效抑制噪声的非线性信号处理技术，中值滤波的基本原理是把数字图像或数字序列中一点的值用该点的一个邻域中各点值的中值代替，让周围的像素值接近的真实值，从而消除孤立的噪声点。方法是用某种结构的二维滑动模板，将板内像素按照像素值的大小进行排序，生成单调上升（或下降）的二维数据序列。二维中值滤波输出为 $g(x,y) = \mathrm{med}\{f(x-k, y-l), (k, l \in W)\}$，其中，$f(x,y)$，$g(x,y)$ 分别为原始图像和处理后图像。W 为二维模板，通常为 3×3、5×5 区域，也可以是不同的形状，如线状、圆形、十字形、圆环形等。

中值滤波对脉冲噪声有良好的滤除作用，特别是在滤除噪声的同时，能够保护信号的边缘，使之不被模糊。这些优良特性是线性滤波方法所不具有的。此外，中值滤波的算法比较简单，也易于用硬件实现。所以，中值滤波方法一经提出，便在数字信号处理领域得到重要的应用。

YMCP－1 型非接触式微波测流仪就是运用这一方法，过滤掉非正常信号，比如由于拉偏缆的摆动引起的流速跳跃，得到有效流速信号。有效流速数据经过算术平均数计算后作为两个垂线间的平均流速，见图 4.4-13。

4.4.7　水面流速与垂线平均流速相关分析

选取吴堡水文站比测试验中有与实测流量同时进行对比的测次中的部分测速垂线，用这些垂线的平均流速与对应垂线的微波流速仪所测水面流速点绘相关关系，由于左右岸流速较小，微波流速仪对小流速不敏感，因此剔除掉左右岸垂线流速小于 0.5 m/s 的值后相关图如图 4.4-14 所示。

经计算，相关系数 $k = 0.836$，相关度 $R^2 = 0.969\ 3$，系统误差为 0.74%，均方差为

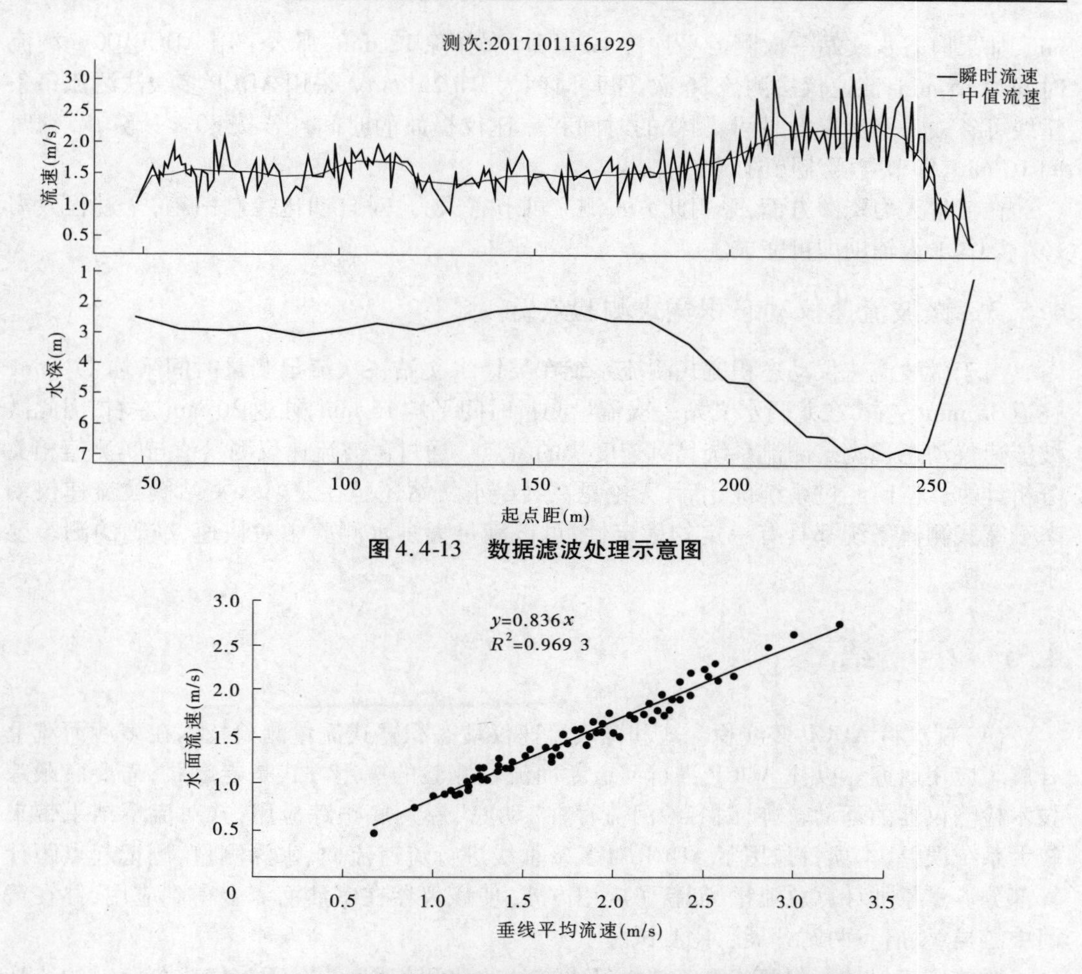

图 4.4-13　数据滤波处理示意图

图 4.4-14　微波流速仪所测水面流速与垂线平均流速相关图

5.84%，不确定度为 11.68%。从分析结果可以看出，微波流速仪所测水面流速与垂线平均流速相关性较好，系统误差符合规范要求，不确定度按二类精度站超限，符合三类精度站要求。

4.5　时效分析

4.5.1　吴堡水文站应用 ADCP 多线积深式测验效益

本项目试验中吴堡站采用 ADCP 测速历时 100 s 测流 37 次，平均时间 36 min；采用 ADCP 测速历时 60 s 加 100 s(同一垂线测了 100 s，接着测 60 s)单独测流 18 次，平均时间 50 min；而流速仪法测流 29 次，平均时间 1 h 10 min。采用 ADCP 测流，节省时间近 1/2。

4.5.2　府谷水文站应用 ADCP 多线积深式测验效益

60 s 加 100 s(同一垂线测了 100 s，接着测 60 s)单独测流 64 次，平均测流时间为 47

min,如果府谷水文站一次测流平均按 12 条垂线,扣除 12 min,那么采用 ADCP100 s 测流时间为 35 min;流速仪法测流 36 次,平均时间为 1 h 25 min。采用 ADCP 多线法测流每条垂线可省去一个测点的时间、测深的时间和流速仪提放的时间。若按 80 s 计算,节约时间 16 min,即节省测流历时 60%。

在节省人力资源方面,采用此方式测流可节省人力,对自动化控制吊箱,全过程只需 1 人操作,1 人辅助即可完成。

4.5.3 微波流速仪动态积宽式测验效益

由于微波流速仪动态积宽式测流系统在吴堡水文站一次流量测量时间平均 17 min,往返 35 min 左右,在龙门水文站一次流量测量时间平均 15 min,往返 30 min 左右,因此微波流速仪动态积宽式测流系统具有速度快的特点。通过微波流速仪测量值与实测值相关分析计算、统计,经过系统优化后,无论是在吴堡水文站还是在龙门水文站微波流速仪动态积宽式测流系统都具有一定的稳定性,可以满足大洪水测验中对快速、准确的测验要求。

4.6 小 结

(1)首次将 ADCP 多线积深式和微波流速仪动态积宽式流量测验技术在多沙河流上开展了应用研究。以往 ADCP 进行河道断面流量测验的应用方式是走航式,需要底跟踪技术检测仪器的运动轨迹,因多沙河流存在"动底"影响底跟踪应用,并对流量结果带来较大系统误差,本项目采用了 ADCP 对多条垂线进行流速流向、水深测量,测记起点距计算部分流量累加计算总流量,创新了应用方式,使该仪器在多沙河流上得到应用,并在黄河中游吴堡、府谷两站开展了比测试验。

微波流速仪动态积宽式测流技术经水文站的比测应用,并对所收集比测资料的统计分析,微波流速仪动态积宽式测流技术在多沙河流上应用效果显著。

(2)优化设备配置与组合应用,取代了外业人员水上作业,提高了流量测验自动化水平。以 ADCP、三体船、数据通信设备等与水文缆道吊箱设备联合应用,克服测验人员需上吊箱进行水上作业的不安全因素,提高了流量测验自动化水平,实现了一人在室内即可操作、完成流量测验。

与浮标法流量测验技术比较,项目研发了微波流速仪动态积宽式测流软件,应用微波流速仪动态积宽式测流,对减少人力及提高测验成果的计算、存储、输出等自动化水平都起到较好的作用。

(3)与传统的流量测验方式相比,缩短测流历时达 1/2 以上。传统的流量测验方式为流速仪法,在每条垂线上先测深,再根据水深大小布置多个测点依次测速,测流时间长;ADCP 多线积深法同时测量垂线流速、流向、水深,可缩短测流历时,省时、省力,提高流量成果的时效。微波流速仪一次往返测验 35 min。经对比测试验资料统计,ADCP 多线积深式和微波流速仪动态积宽式流量测验可缩短测流历时 1/2,显著提高测验工作效率。

(4)本项目以发射频率 600 kHz 的 ADCP,突破了以往 ADCP 适用含沙量 5 kg/m^3 以下的认识，总体上在 11.1 ~ 15.7 kg/m^3 以下含沙量、4 m 以下水深得到了正常的应用。本项试验取得了一定量级含沙量 ADCP 流量测验数据，并分析了含沙量对 ADCP 测量水深的影响，为多沙河流进一步应用该仪器进行了探索。

(5)编制了《ADCP 多线积深式流量测验技术操作规程》，全文分五章，就使用 ADCP 开展多线积深式流量测验，从总则、一般规定、安装仪器、流量测验、检查与保养五个方面做了规定。编制了《微波流速仪动态积宽式流量测验技术操作规程》，全文分六章，就使用微波流速仪开展流量测验，从总则、一般规定、仪器安装、准备工作、流速流量测验、误差分析控制等六个方面做了规定，并将微波流速仪的保养、系数率定、试验报告编写以附录形式提供。规程的编制使得 ADCP 多线积深式和微波流速仪动态积宽式测流技术应用有章可循、有规可依，指导和规范应用。

(6)黄河中游河道来水来沙时间集中，一年中大部分时间含沙量小，基本符合 ADCP 的适用条件。ADCP、微波流速仪在多沙河流上的应用方式研究，拓展了新技术应用思路、设备配置、组合和应用方式，对提升水文测报能力有较好的示范作用，成果具有进一步推广使用价值和应用前景。

(7)吴堡、府谷两站河道断面不稳定，比测试验期间有一定的冲淤变化，我们可认为比测条件较差，试验资料分析成果表明，吴堡、府谷站 ADCP 以 60 s、100 s 测速历时测得流量，与流速仪法实测流量和查线流量汇总的对比误差统计结果，均符合规范规定的限差。吴堡站 231 ~ 900 m^3/s、府谷站 420 ~ 2 000 m^3/s 流量的资料分析证明，误差在规范允许范围以内。微波流速仪与流速仪法以及查线流量比测也取得较好的成果。

(8)试验研究期间，受水流条件限制，吴堡站流量在 900 m^3/s 以上 ADCP 数据较少，微波流速仪在大流量的测次较少，建议以后继续进行流量比测，对 ADCP 比测还要注意收集悬移质含沙量、泥沙粒度等资料。

本项目 ADCP 多线积深式和微波流速仪动态积宽式流量测验技术应用研究，经过应用方式、试验技术设计、仪器设备优化配置组合，比测试验与分析、编制规程等工作的开展，已全面完成项目研究内容与任务。

第5章 断面借用技术

5.1 目 标

面积-流速法是流量测验的主要方法之一,其特点是:按一定原则,沿河宽取若干垂线,在各垂线上施测流速,计算垂线平均流速,再与部分面积相乘,得部分流量。各部分流量之和,即为全断面流量。

河龙区间河段特殊的洪水来源和河道特性,使得洪水峰高浪急,流速大,含沙量高,漂浮物多,施测水深极为困难,不得不“借用”断面,将上一个测次的断面用于当前洪水。断面借用的基本假定是两个测次间断面无变化,这显然与断面复杂多变、冲淤频繁的实际不符。据该河段有关测站历史资料统计分析,断面借用时机的不同,对流量成果影响超过30%。

本次研究的目的就是分析断面变化及其主要影响因素,分析断面变化对流量的影响,研究适用的断面变化模拟预测技术,探讨生产中解决断面借用的有效途径,进而提高流量测验的精度和时效。

5.2 断面基本形态

本次研究的目标站是吴堡和龙门。吴堡站测验河段基本顺直,河势稳定,主流偏右。流向与断面基本垂直,夹角较小。基上2 300 m有急弯;基下230 m右岸有一小支沟,流域面积约30 km^2,最大山洪流量约200 m^3/s。主槽较稳定,主流一般在起点距320 m左右,大水时略向右移。下游小支沟涨水时,若黄河干流流量小于1 000 m^3/s,对水面比降有影响,大于1 000 m^3/s时,没有影响。吴堡站断面基本形态见图5.2-1。

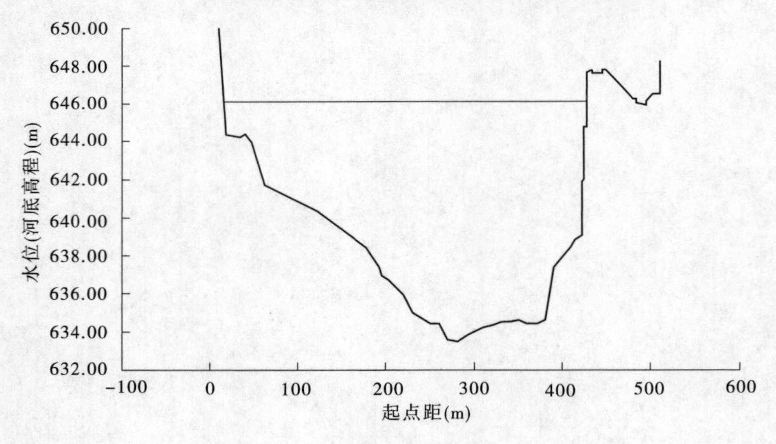

图5.2-1 吴堡站断面基本形态

龙门站测验河段顺直长约400 m,上游2 000 m处有石门卡口,下游400 m处为一弯道,下游1 450 m处为禹门口卡口,宽约130 m,弯道和卡口分别构成低水河槽控制和高水断面控制。测验断面两岸为岩石陡壁,矩形断面,中、高水河面宽270~280 m,沙质河床,洪水时断面冲淤变化剧烈。枯水期易出现河心滩,时有流向偏角,中高水一般流向顺直。龙门站断面基本形态见图5.2-2。

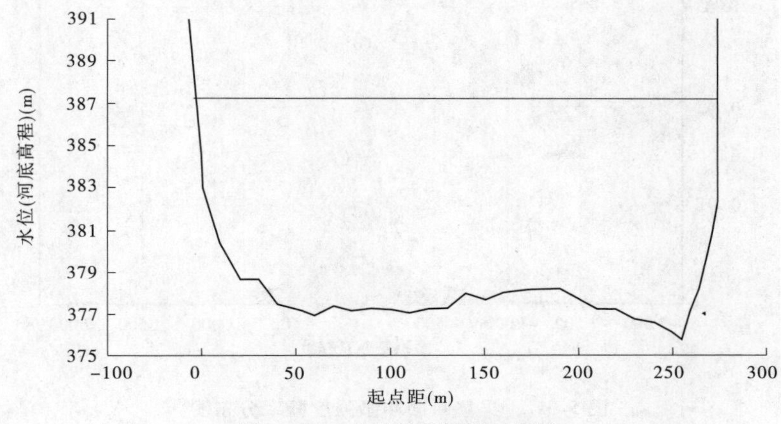

图5.2-2　龙门站断面基本形态

5.3　断面面积变化统计学分析

5.3.1　原理

马尔科夫随机过程中,在给定当前知识或信息的情况下,其中某个变量各以多大的概率取什么值,完全由它前面的一个变量来决定,而与它更前面的那些变量无关。

本次研究中,将断面面积(或表征断面形态的其他参数)的变化处理为马尔科夫过程。一个状态转移过程定义为从前一个实测流量测次的断面状态转变到相邻的后一个测次的断面状态。选择时段面积变率(面积冲淤强度)作为研究的随机变量,具体解释为相邻实测流量测次间单位时间面积变化量。与之对应的相关变量有平均河底高程变率、时段水位变率、时段平均水位、平均流量、时段水量、时段输沙率、时段平均含沙量等,选择其中的时段水位变率、平均流量、平均含沙量三个要素作为主要的影响因素。

相邻实测流量的选择条件有两个:①流量测次在整编成果中洪水要素摘录表的洪水场次时间范围内,以保证所选测次处于洪水期;②前后测次的时间间隔不大于3 d,实际上,吴堡站有84%(986/1 174)的变率记录,其时段长不大于1 d。

5.3.2　吴堡站断面冲淤强度的概率分布

对吴堡站1 174个"状态转移"的冲淤强度进行概率分析,不同冲淤强度的概率分布见图5.3-1。可以看出此分布类似正态分布,但比正态分布更加尖瘦。面积变率高频度集中在零值附近,左右对称,说明断面微小冲淤变动与剧烈冲淤变动相比概率更大,冲淤概率相当。

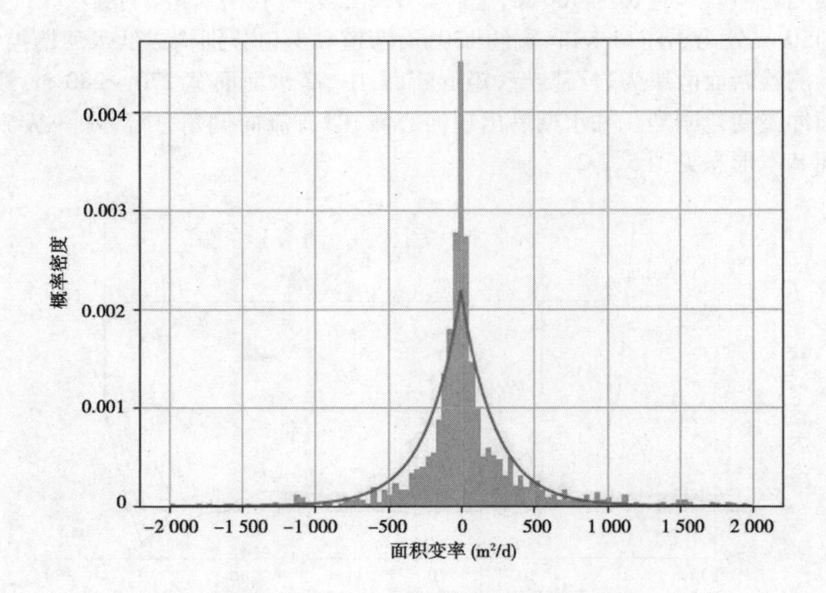

图 5.3-1　吴堡断面冲淤强度概率分布图

5.3.3　水位变率对面积变率的影响

水位作为表征流量的参数之一,是最直观也是最易得到的,因此通过分析水位变率对断面冲淤变率的影响,试图找出其两者间的相关关系,如图 5.3-2 所示。可以看出水位变率与面积变率之间存在一定的关联,点主要集中在零点附近,呈左下至右上分布,少量点分布在第三、四象限,其中落冲占 19%(第二象限),涨冲占 32%(第一象限),涨淤占 17%(第四象限),落淤占 32%(第三象限)。这说明在该断面涨冲落淤情况下发生的概率大于涨淤落冲情况下,这也与实际结论相符。

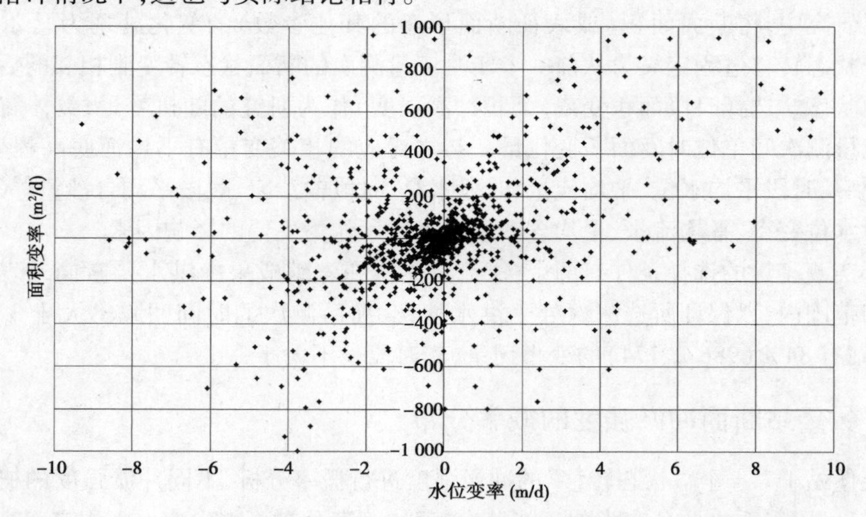

图 5.3-2　面积变率与水位变率相关关系图

5.3.4　平均流量对面积变率的影响分析

在自然河道中,变动河床断面形态的变化有多种影响因素,流量的大小对断面形态的塑造则有着非常重要的影响作用,因此通过找寻流量与断面冲淤变化的关系,以另一种角度展现断面冲淤变化规律。如图5.3-3为面积变率与平均流量相关图。

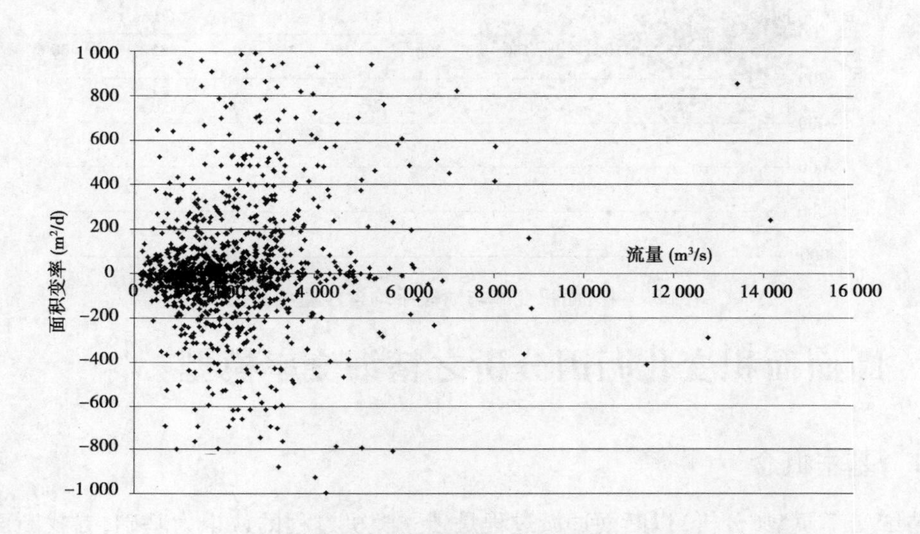

图5.3-3　面积变率与时段平均流量相关图

可以看出,各点呈花束状分布,小流量情况下冲淤发生少,大流量情况下冲淤发生次数增多,且剧烈冲淤情况也伴随着出现,但仍然是轻微冲淤的情况居多,也就是说断面保持原有状态不变的趋势更强。

5.3.5　平均含沙量对断面变率影响分析

不同的水沙组合条件下,冲淤变化特性完全不同。因此,将含沙量作为另一项主要影响因素,分析不同含沙量条件下,河道断面的冲淤变化与含沙量间的影响关系,探求不同含沙量条件下断面冲淤变化规律。图5.3-4为面积变率与时段平均含沙量(相邻状态间)相关图。

从图5.3-4中可以看出,断面冲淤在任何含沙量级均有发生的可能,剧烈冲淤情况也一样,冲淤强度的大小与含沙量大小无明显正向关系。任何含沙量情况下断面冲淤一致表现为,变化幅度小的占比较高,大冲大淤情况相对较少。

图5.3-5为不同量级含沙量条件下的冲淤分布。可以看出,含沙量越小,断面冲淤分布越稳定。大含沙量情况下,从现有资料来看,断面冲淤分布较分散,冲淤幅度变化较大。各级含沙量条件下,较强峰值始终保持在零附近,说明轻微冲淤的情况仍多,断面同样存在保持原有状态不变的趋势。

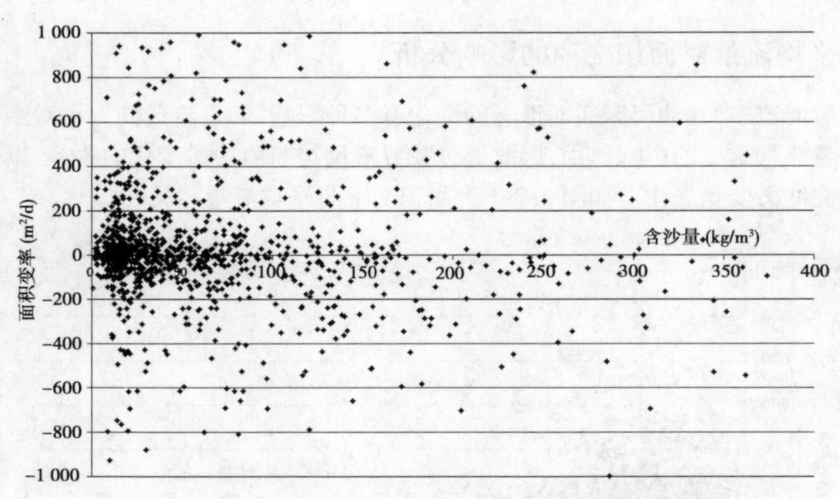

图 5.3-4　面积变率与时段平均含沙量相关图

5.4　断面面积变化归因分析之精细变率模型

5.4.1　基本概念

精细变率模型(分析)以断面冲淤过程是独立随机过程的认识为基础,寻找断面变化与水沙过程的关联。选择满足特定条件的邻近实测流量测次,构成有效状态转移集合,分析集合总体以及洪水场次或时段内断面变化率与水沙要素的相关性。深入研究断面面积冲淤(以面积变率为指标)与水沙因素的关系,探索断面形态和流速分布在洪水过程中的变化特征及规律。

有效状态转移指符合特定条件(例如流量级别、时间间隔、涨落相位)的邻近实测流量测次对。对水文站测流断面,选取一个高于历年最高洪水位的高程作为标准高程,以该高程下的断面面积作为考量断面状态的综合性指标。两个测次之间(一个状态转移)标准断面面积的差值即为冲淤面积。

5.4.2　断面冲淤过程性分析

测站流速、标准断面面积、流量、含沙量过程见图 5.4-1。流速、标准断面面积与流量相关图见图 5.4-2。

由图 5.4-1 和图 5.4-2 可以看出:①涨冲落淤是基本规律;②快冲缓淤,落水阶段回淤的速度往往比流速降的慢;③断面回淤迟滞,流量的短暂下降通常不会立刻引起断面回淤;④面积峰顶有滞后的倾向;⑤多数洪水会造成标准面积增大(河底降低);⑥在平水期断面有缓慢淤积的倾向。

5.4.3　断面冲淤相关性分析

高水单调相邻状态转移集合是指间隔较短，同处于高洪期的涨坡或者落坡的流量测次对。这个集合与需要进行断面借用或估测的实际生产条件相吻合，因此作为研究的重

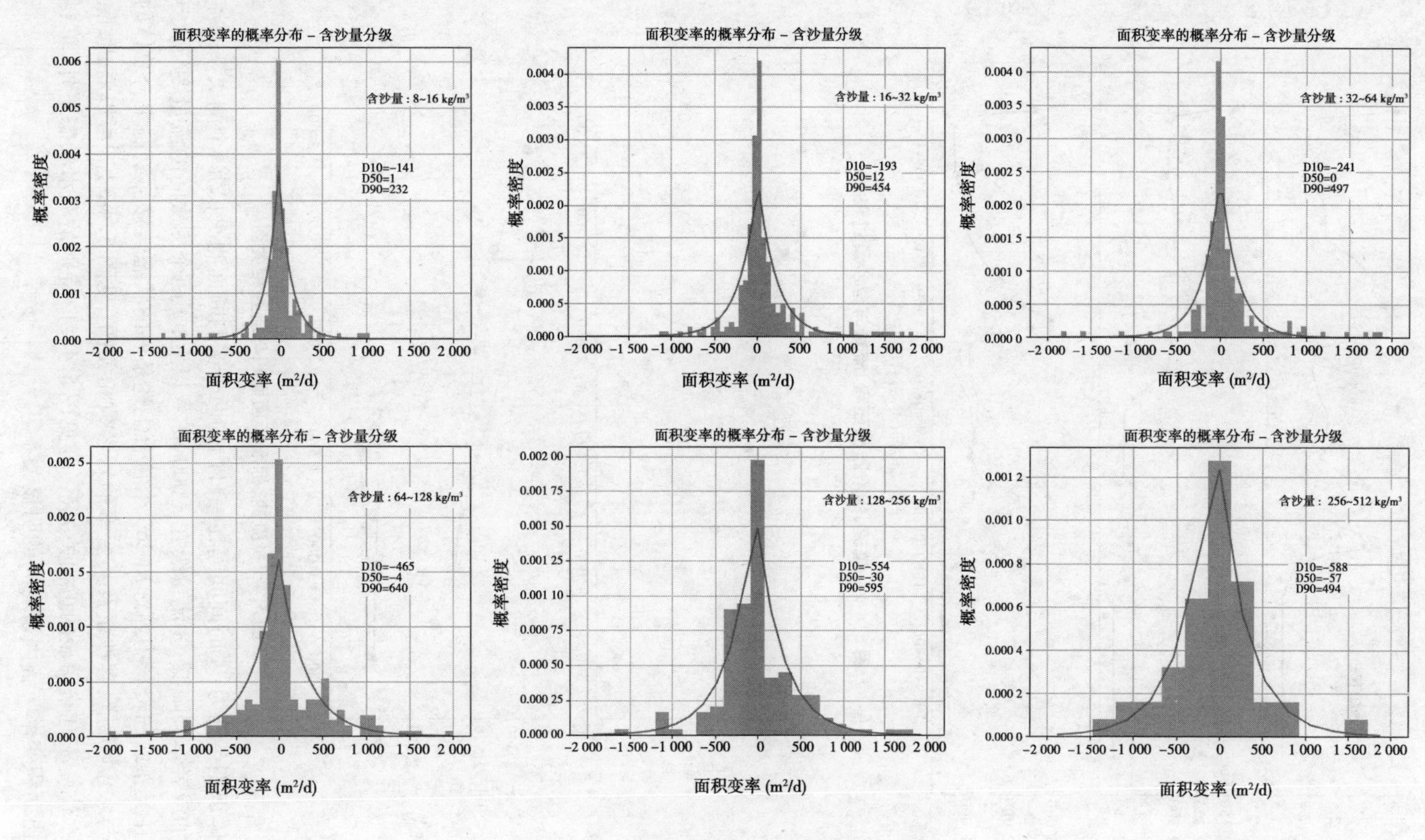

图 5.3-5　不同量级含沙量条件下的冲淤分布

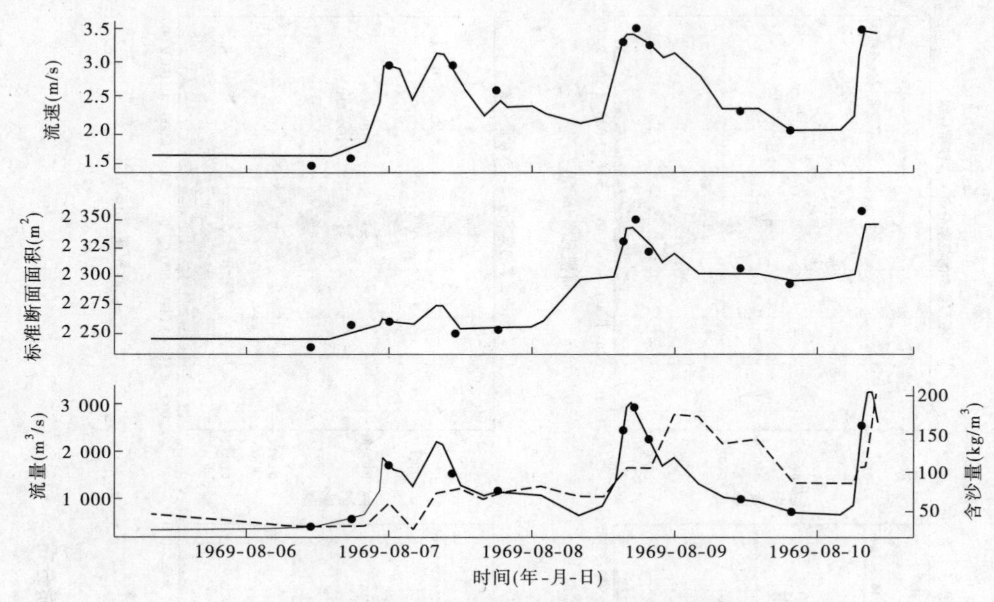

图 5.4-1　流速、标准断面面积、流量与含沙量过程

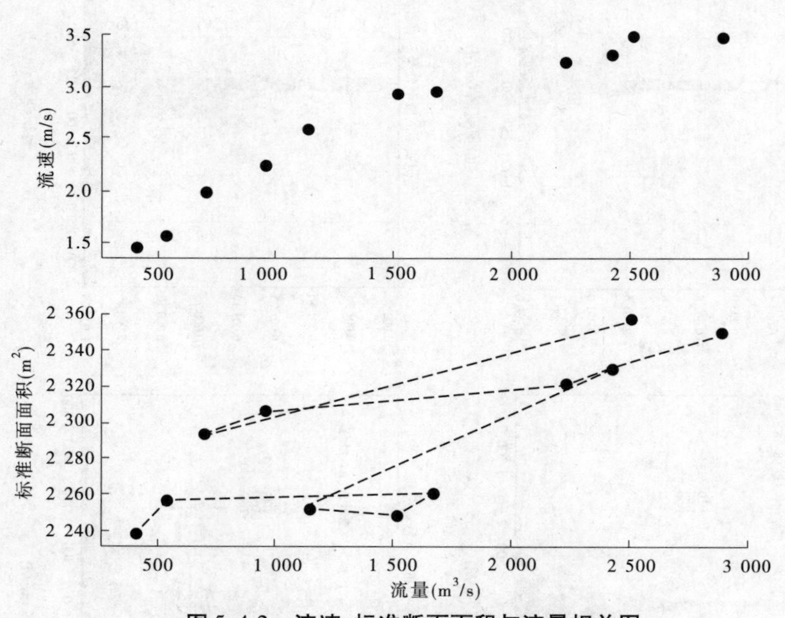

图 5.4-2　流速、标准断面面积与流量相关图

点。具体识别条件为:①时间间隔在一日内的两个实测断面测次;②两个测次期间流量呈单调增加或者单调降低;③流量级在 3 000 m^3/s 以上;④两个测次间的流量变幅大于 500 m^3/s。在吴堡站的资料中甄选出 260 个符合上述条件的状态转移。绘制集合总体的面积冲淤率与水位、流量、含沙量及其变率的六参数相关图(见图 5.4-3)。可以看出,除面积变率与水位变率有略明显的正相关关系(详见图 5.4-4),特别是涨水状态下外,单要素分析得不出面积变率与各因素之间的明显关系。

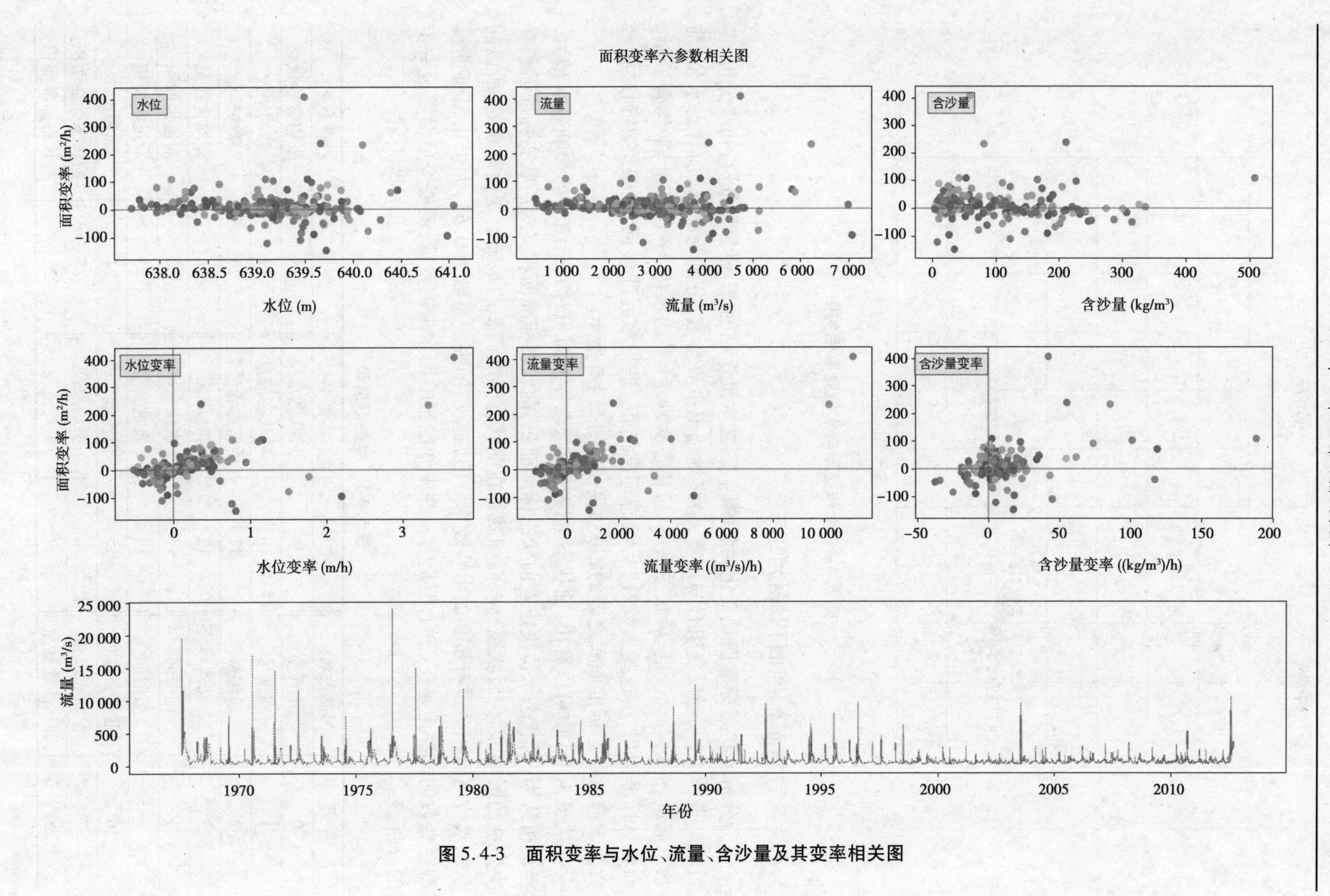

图 5.4-3　面积变率与水位、流量、含沙量及其变率相关图

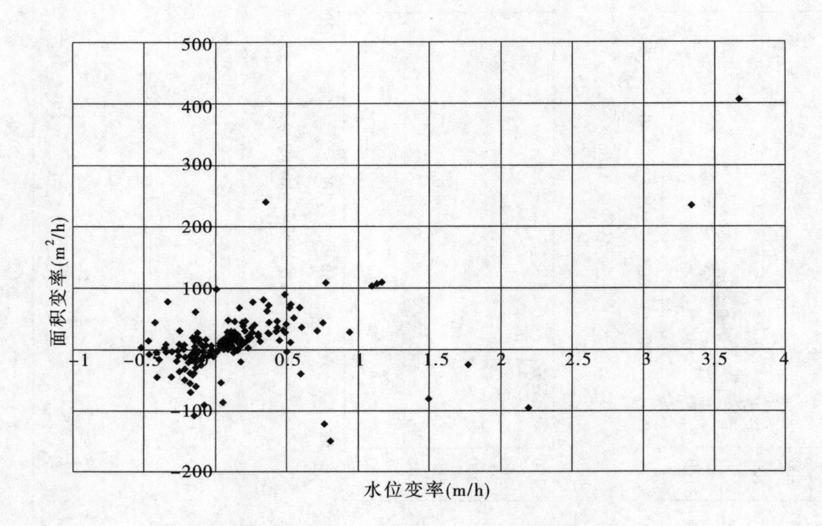

图 5.4-4　面积变率与水位变率相关图

5.4.4　后状态标准面积线性回归

为分析后状态标准面积变化的影响因素，选取吴堡站的 27 种参数，进行初步分析，参数集见表 5.4-1。经反复组合与计算，最终挑选出主要参数，分别为涨落、前状态水位、前状态流量、前状态含沙量、后状态水位、后状态含沙量、平均水位、平均流量、平均含沙量、前状态标准面积，用这些参数对“后状态标准面积”进行多元线性回归，最终得到这些参数关于前后状态标准面积之差的相关关系，如图 5.4-5 所示。

从图 5.4-5 中可以看出，前状态水位与前状态标准面积对回归结果的影响效率最大，经分析认为，前状态水位决定着前状态标准面积，前状态标准面积又对后状态标准面积有决定性的影响，因为后状态标准面积就是在前状态标准面积的基础上变化得来的，所以前状态水位与面积会具有最高的影响效率。回归模型的决定系数为 0.65，大于 0.5，证明模型在参数的选择上是正确的，但仍有一些未知的影响因素未被发现，需要今后做更进一步的分析。

表 5.4-1　参数汇总表

序号	参数名	序号	参数名	序号	参数名
0	分组号	9	后状态水位	18	平均含沙量
1	前编号	10	后状态流量	19	算均水位
2	后编号	11	后状态含沙量	20	算均流量
3	涨落	12	时段长	21	算均含沙量
4	前时间	13	水位变率	22	前过水面积
5	后时间	14	流量变率	23	后过水面积
6	前状态水位	15	含沙量变率	24	面积变率
7	前状态流量	16	平均水位	25	前状态标准面积
8	前状态含沙量	17	平均流量	26	后状态标准面积

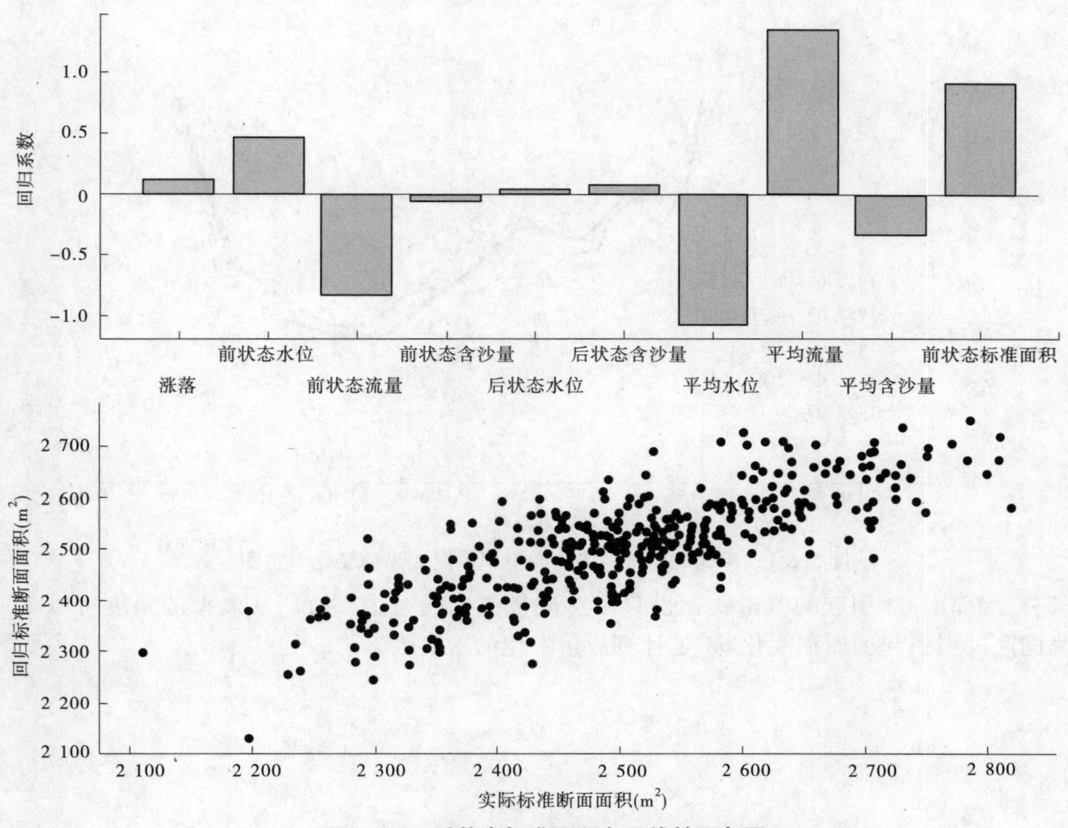

图 5.4-5　后状态标准面积多元线性回归图

5.5　流量变化主因素影响分析

流量等于流速乘以过水面积。因此,从流量计算的角度来看,流量计算结果的变化取决于流速和过水面积的变化。本节使用两种方法确定计算流量变化的主要因素:一是分析冲淤面积占过水面积比例;二是通过回归分析确定影响流量变化的三个因素的相对重要性。

在变动河床的测流断面上,过水面积可分解为水位对应的平均水平面积 $A(z)$ 以及河底冲淤引起的面积波动 $\mathrm{d}A$ 两部分,流量计算公式 $Q = VA$ 可表达为:

$$Q = V[A_0 + \mathrm{d}A(z) + \mathrm{d}A] \tag{5.5-1}$$

式中,A_0 代表某个研究时段的起始面积,如图 5.5-1 所示,平均河底代表 A_0所对应的河底情况;$\mathrm{d}A(z)$为水位变化引起的面积变化,是水面宽和水位函数,对特定断面该函数已确定且可以直接计算得到;$\mathrm{d}A$ 为河底冲淤引起的面积变化量,也是本项目研究的基本内容。

对实测资料进行以 2 为周期的滑动平均分析,得到面积变化 $\mathrm{d}A$ 占平均过水面积比例累计频率曲线如图 5.5-2 所示,统计表明,面积变化 $\mathrm{d}A$ 的相对比例在 -10% ~10% 内的概率约为 85%。即在绝大多数情况下,河底冲淤引起的面积变化占整个过水面积的一小

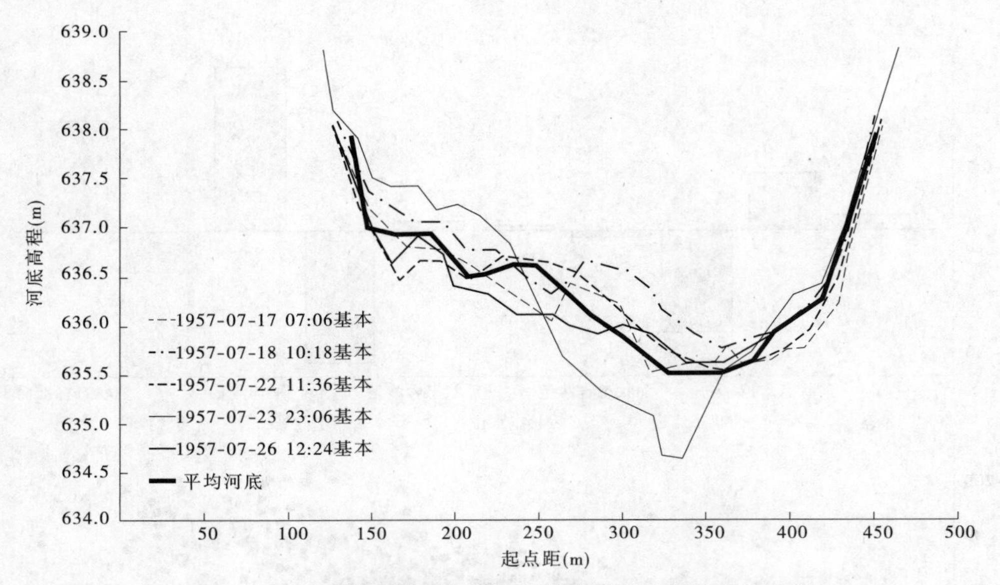

图 5.5-1　平均河底与河底冲淤引起的河底高程变化示意图

部分,因而由 dA 引起的流量变化也只占总流量变化的一小部分。从概率的角度可以认为河底冲淤引起的面积变化 dA 是计算流量变化的次要因素。

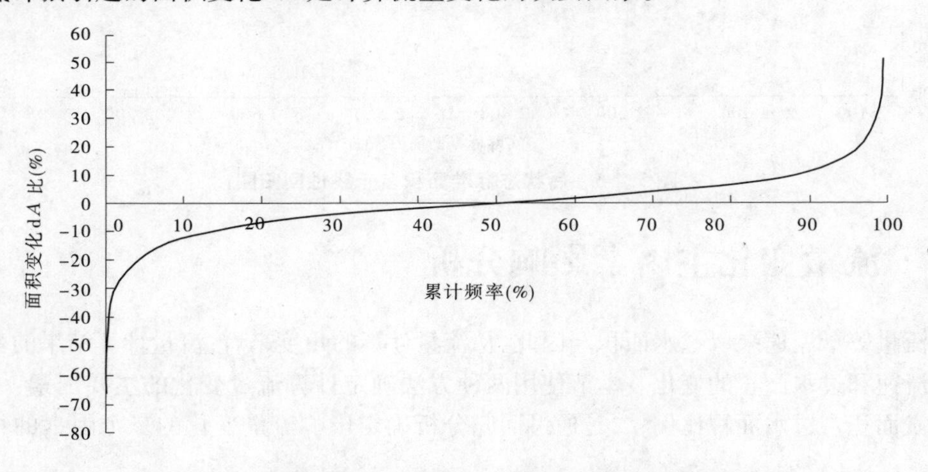

图 5.5-2　面积变化 dA 占平均过水面积比例的累计频率曲线

根据式(5.5-1)可知,流量变化量 ΔQ 有三个影响因素:水位变化量 Δz、冲淤面积 ΔA 和流速变化量 ΔV,表达为:

$$\Delta Q = f(\Delta z, \Delta A, \Delta V) \tag{5.5-2}$$

对吴堡站 1 400 对相邻测次的变差数据进行回归分析,确定三个因素的重要性分配,如图 5.5-3 所示。可见水位变化(所引起的过流断面面积变化)是远大于断面冲淤和流速变化的流量影响因素。

图 5.5-4 为随机抽取的一些吴堡(二)断面水深、流速分布图,可以看出水深分布与流速分布具有良好的对应相关性。因此,可以考虑以流速分布作为基本自变量,加上水位等

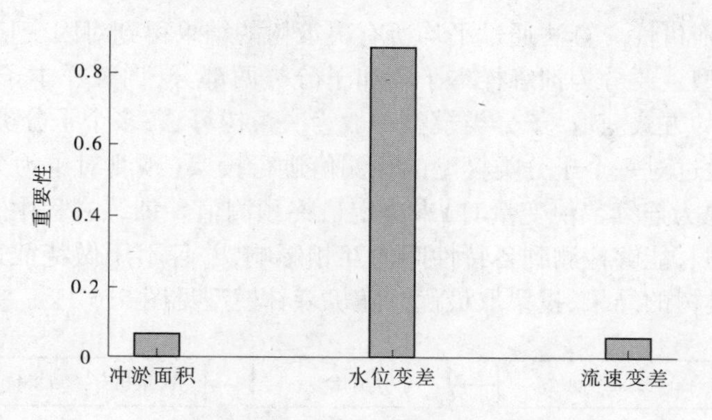

图5.5-3　三因素重要性分配

若干相关参数,可实现对水深分布(过流断面形态)的预测模拟,进而实现流量的推算。

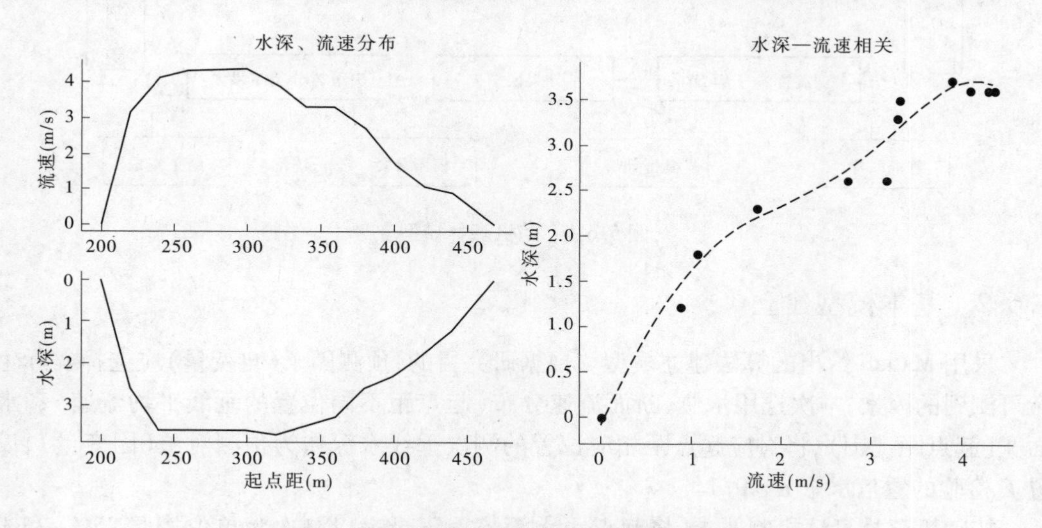

图5.5-4　吴堡(二)断面水深、流速分布图

5.6　断面形态预测随机森林模型

上述分析表明,很难通过成因分析的方法建立断面变化与影响因素之间的关系,本次研究进而尝试利用多元线性回归、支持向量机、随机森林模型等算法探索水深与流速分布的关系,进而预测过流断面形态模型。经大量分析对比,选定随机森林模型作为基本算法。

5.6.1　原理

随机森林模型是一个 Bagging 集成学习理论与随机子空间相结合的一种分类器组合方法,其算法基础是决策树。决策树算法是通过对参数数值(自变量)进行不断划分直到确定因变量数值,从而建立一个自变量—因变量映射。随机森林由一组(例如100棵)决策树构成,在每棵决策树中,其分支处参数的选择和划分都是随机的,因此得到的因变量数值也具有一定随机性。算法通过平均所有决策树的结果得到对因变量的最终预测值。

随机森林模型主要分为训练样本子集和子分类两部分,训练样本子集从原始训练集中通过随机抽样的方式获取,子分类模型一般为决策树算法;多个子分类模型可得到多个分类结果,然后通过对每个子分类模型的预测值进行投票(预测对象为分类变量时)或取平均值(预测对象为连续数值变量时)来决定最终预测值。训练过程中,通过反复二分数据进行分类或回归,能够检测到各特性间的互相影响,并且不用做特征选择,生成很多分类树,再汇总分类树的结果,投票取最优。随机森林模型见图5.6-1。

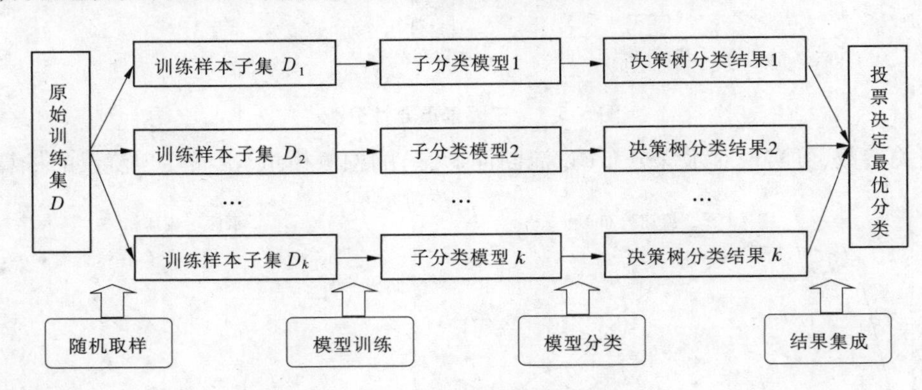

图5.6-1 随机森林模型

5.6.2 基本模型建立

采用Matlab给出的算法建立模型。根据研究目的,预测因子(自变量)应选择实际生产可测到的因素,本次选用水位、断面流速分布(起点距不同位置的垂线平均流速)和水面宽(起点距范围),将对应起点距相应位置的测次垂线水深作为预测对象(因变量),设置F检验的置信水平$\alpha=0.1$。

按随机森林算法机制要求,将起点距水深流速记录表以测次为单位按照75%:25%随机分成两组,第一组用于建立回归模型,第二组用于检验回归模型。吴堡站1956~2012年共有1 735个实测断面的流量测次,28 625条测深垂线。按以上分组比例,第一组训练集包含1 300个测次、21 546条垂线,用于建立回归模型;第二组验证集包含435个测次、7 079条垂线,用于检验回归模型。

随机森林模型预测水深与实测水深检验结果,如图5.6-2所示,二者分布明显呈线性关系。预测断面形态图,见图5.6-3。从图形观察,预测断面形态基本与实测近似,预测效果较好。

5.6.3 模型改进

洪水期间,虽然施测断面水深分布较为困难,但还是可以抢测数条垂线水深或特征水深。因此,平均水深、最大水深、固定起点距水深等因素可望加入模型以改进。

5.6.3.1 最大水深影响分析

将建模参数分成两种类型进行,一种为包含最大水深的数据集合,一种为不含最大水深的数据集合,分别进行预测和评估。结果见图5.6-4。可以看出,增加最大水深参数后,

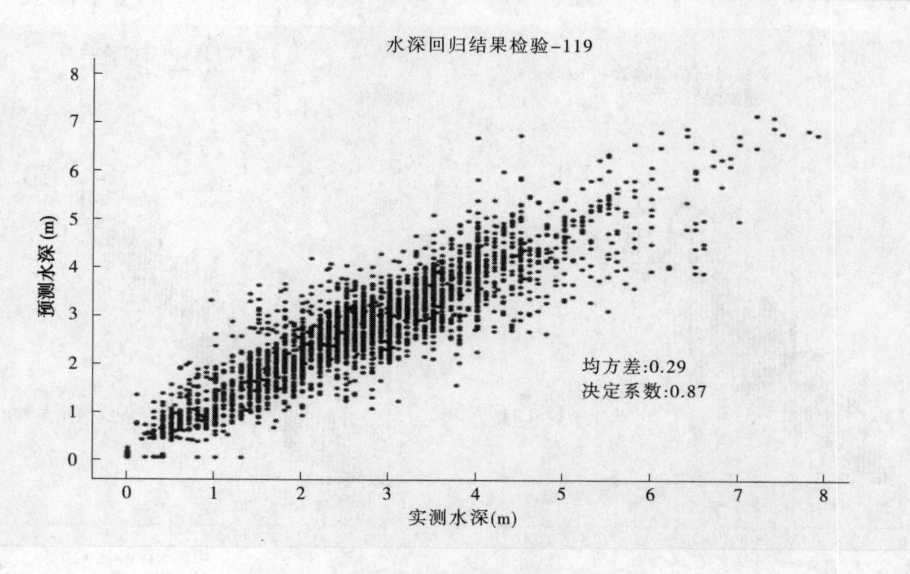

图 5.6-2　预测水深与实测水深关系图

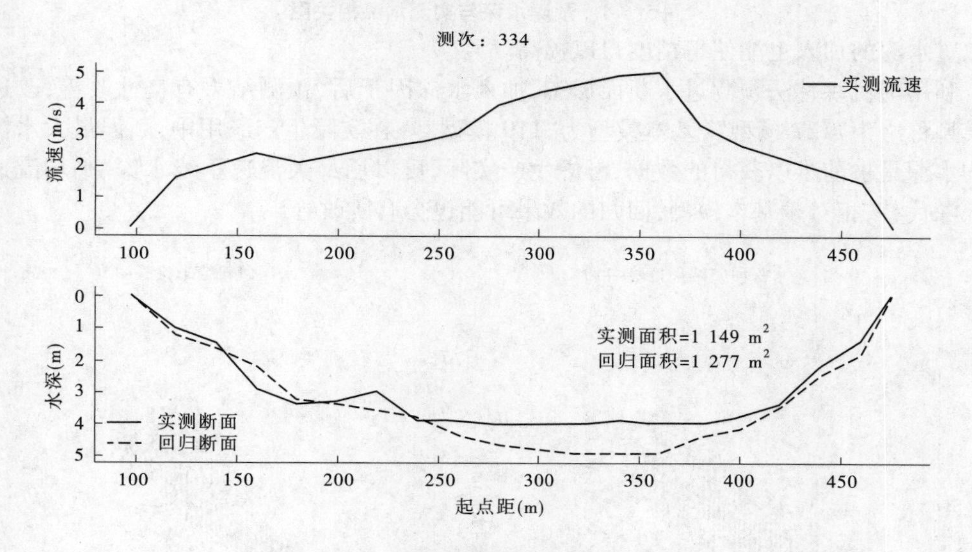

图 5.6-3　随机森林预测断面形态图

通过随机森林模型得到的预测水深与实测水深线相关性更好,点子带束更集中,决定系数由原来的0.86提高到0.93,均方差由原来的0.29降到0.16。

5.6.3.2　平均水深影响分析

在模型中用平均水深替代最大水深,模型的回归精度不变。平均水深与最大水深在模型中对断面形态预测所起的作用是等同的,见图5.6-5。

5.6.3.3　固定起点距水深作用

图5.6-6是吴堡站用已知固定起点距水深回归预测效果的关系图。可以看出,不同起点距的水深加入模型所起的改善作用有区别。但起点距280 m或者300 m处的实测水深,对预测作用和最大水深几乎是一样的,该区域内二者均方差0.15,决定系数0.93。其

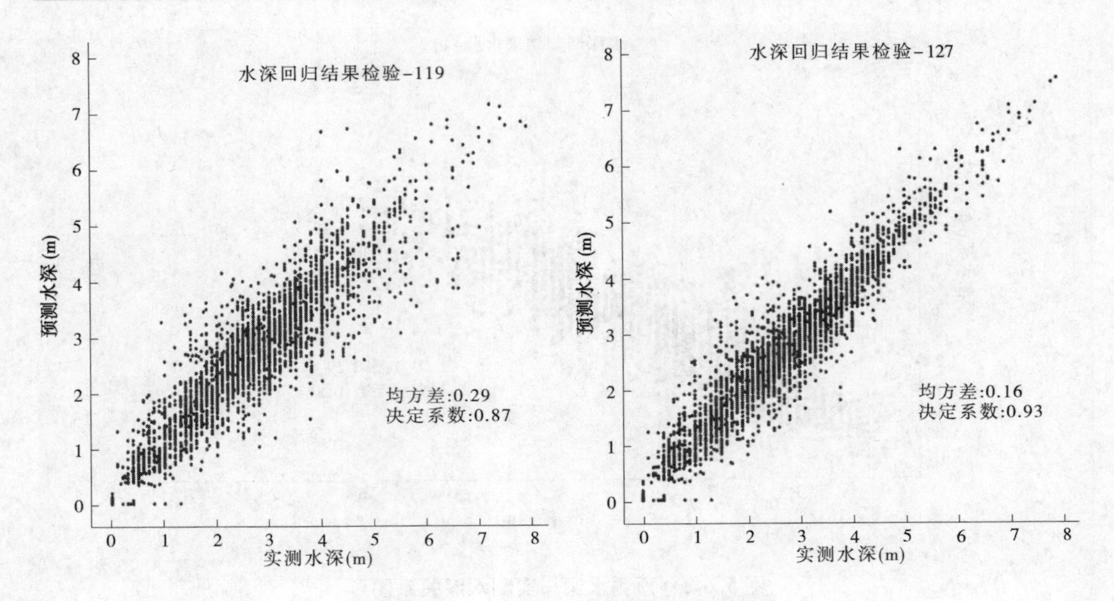

图 5.6-4　预测水深与实测水深相关图

他位置水深的加入也能使得精度得以提高。

利用随机森林法预测过水断面形态,加入水深因子后,预测结果有良性改善,改进后的模型称之为“127 模型”,基本模型为“119 模型”。在实际生产应用中,断面最大水深和平均水深是事前难以获得的数据,考虑生产实际,可以用最大流速垂线水深、平均流速相应水深代替,相对于基本模型,回归的效果可能也会有所改善。

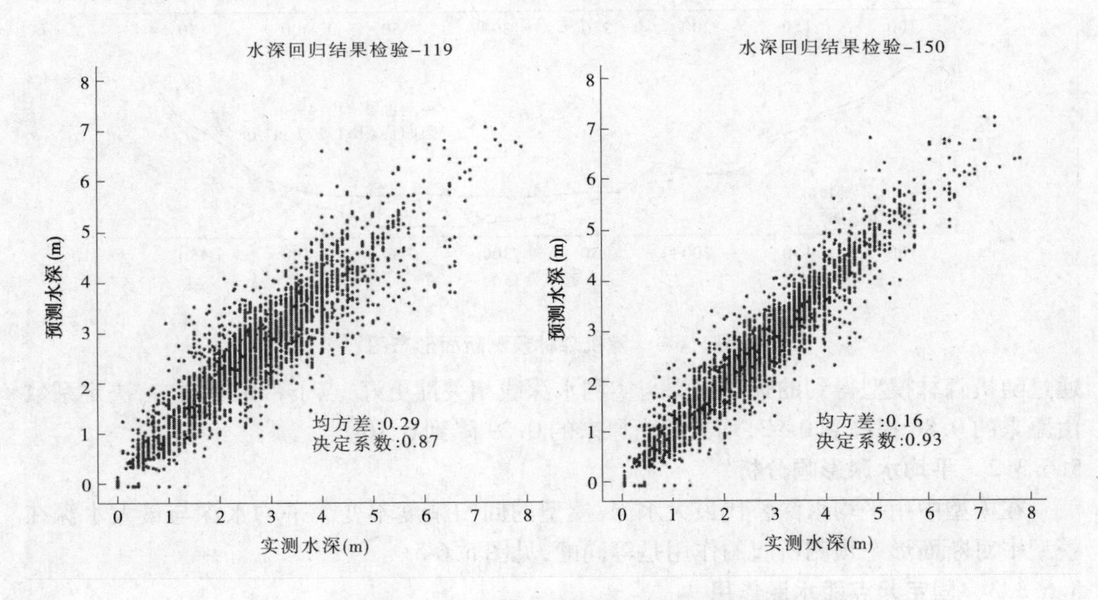

图 5.6-5　加入平均水深与基础模型预测结果相关对比图

对两个模型分别计算预测面积和预测流量值,同实测值对比。加入最大水深筛选因子后预测的 435 个测次预测计算结果见图 5.6-7。

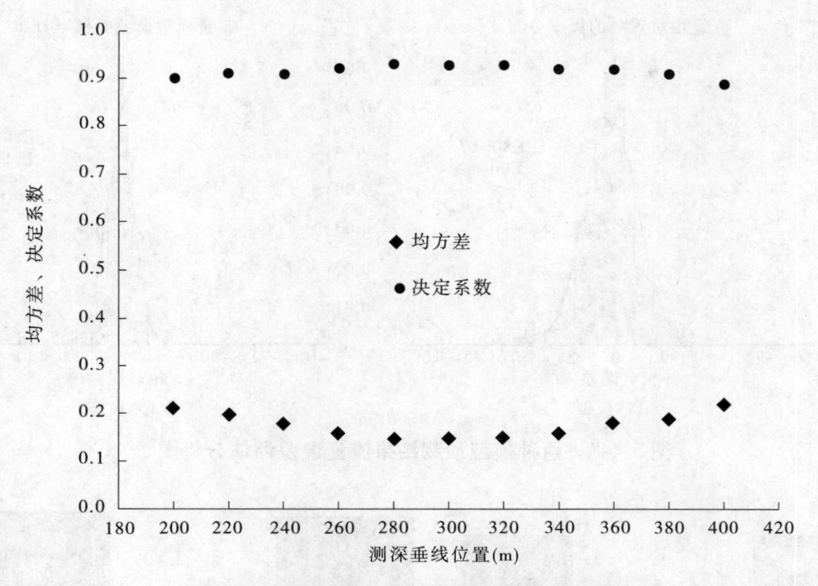

图5.6-6　吴堡固定起点距预测水深结果评估图

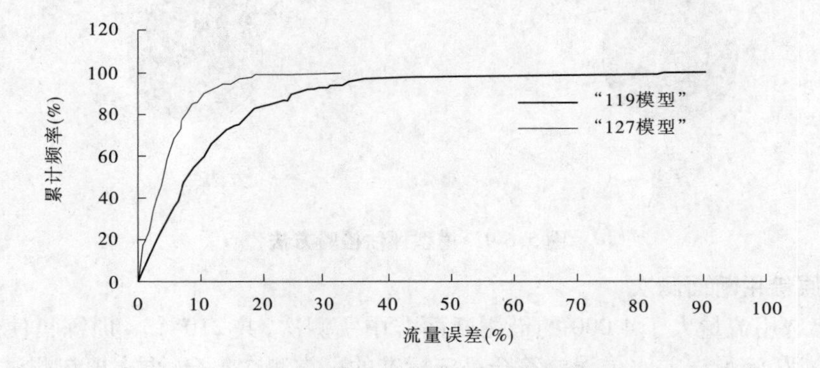

图5.6-7　加入最大水深的流量预测值误差分析

分析显示,无最大水深("119模型")参与情况下的流量计算误差在-30%~30%之间的测次比为94%(409/435),流量计算误差在-5%~5%之间的测次比为32%。

而加入最大水深筛选因子后,流量误差在-5%~5%之间的测次比提高到59%,误差在-10%~10%之间的测次约占88%;二者面积误差在-5%~5%之间的测次占56%,误差在-10%~10%之间的测次约占80%。

两种模型预测结果流量误差评估结果详见图5.6-8。

5.6.4　模型评估

流速—水深回归完全是基于流速分布与断面形态的相似性得到的,考虑到对传统方法的改善作用,采用如下两项进行更严密的检验:对原本为借用断面的高水测次,评估回归模型预测断面的计算流量与整编结果误差;对原本为实测断面的高水测次,对比邻近借用断面模型预测断面计算流量与整编结果的误差情况,详见图5.6-9。

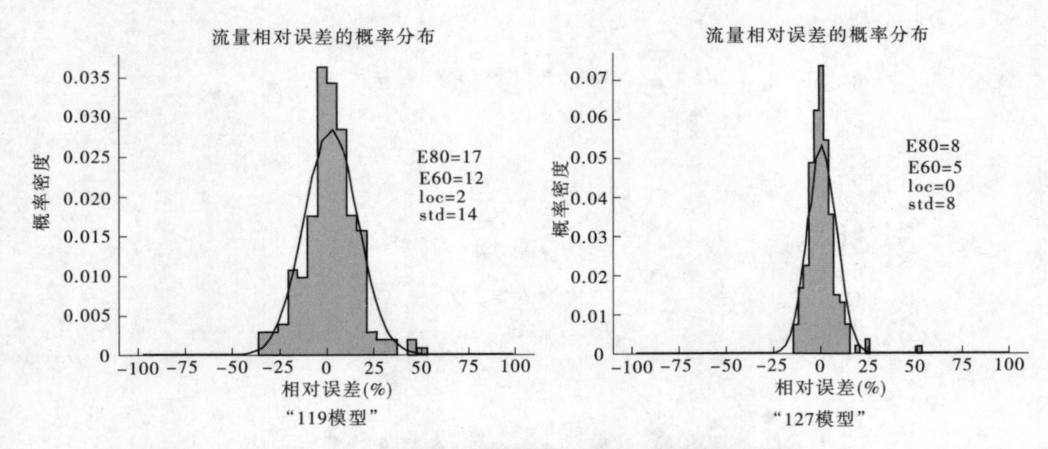

图 5.6-8　两种模型预测结果流量误差评估分析图

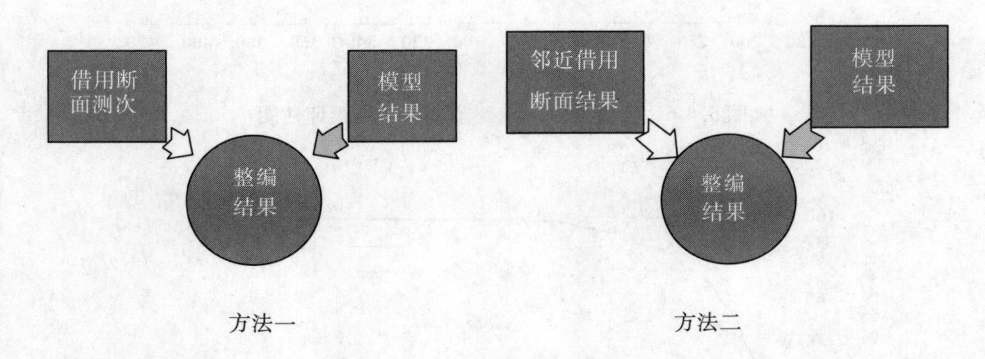

图 5.6-9　模型评估检验方法

5.6.4.1　原借用断面测次

测试集选用流量大于 4 000 的借用断面非中泓测次，共 210 个。训练集使用全部实测断面非中泓，流量误差水位误差符合一定标准的可靠测次集合，再去掉与测试集重合的测次作为训练集，共 1 408 个。

采用相邻借用策略，借用前(后)一个测次的实测断面，计算流量，称为借用流量(传统法结果)。使用随机森林模型回归预测断面，计算流量，称为预测流量($Q_{预i}$)。

以整编流量作为真值流量($Q_{真i}$)，分别与上述流量之间的误差情况组成误差样本，进行比较评估。即：

$$\Delta Q_{借i} = Q_{借i} - Q_{真i} \quad (i = 1,2,\cdots,210) \tag{5.6-1}$$

$$\Delta Q_{预i} = Q_{预i} - Q_{真i} \quad (i = 1,2,\cdots,210) \tag{5.6-2}$$

评估结果见图 5.6-10，左图为传统法错位断面借用计算结果，右图为预测断面计算结果。对比分析显示：采用传统法中邻近借用策略，借用上一个实测断面测次的断面，计算流量均方差为 9，E80 = 19%，即：传统法借用上个实测断面可以保证 80% 的情况下，计算流量误差不大于 19%。

随机森林回归模型预测断面形态，计算流量均方差为 10，E80 = 13%，用模型法(“127 模型”)来预测断面，在保证率 80% 的情况下，流量计算误差不大于 13%。相较于传统方

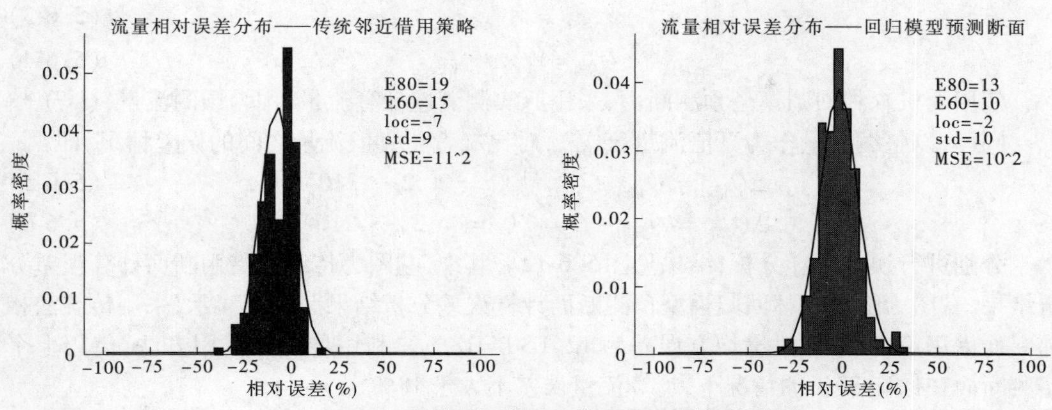

图 5.6-10　传统法与模型法借用结果评估分析图

法，在同样保证率的情况下，精度提高约 6%。两种方法的流量计算误差对比图见图 5.6-11。由此可得，采用随机森林回归模型预测断面形态计算流量较传统法精度高。

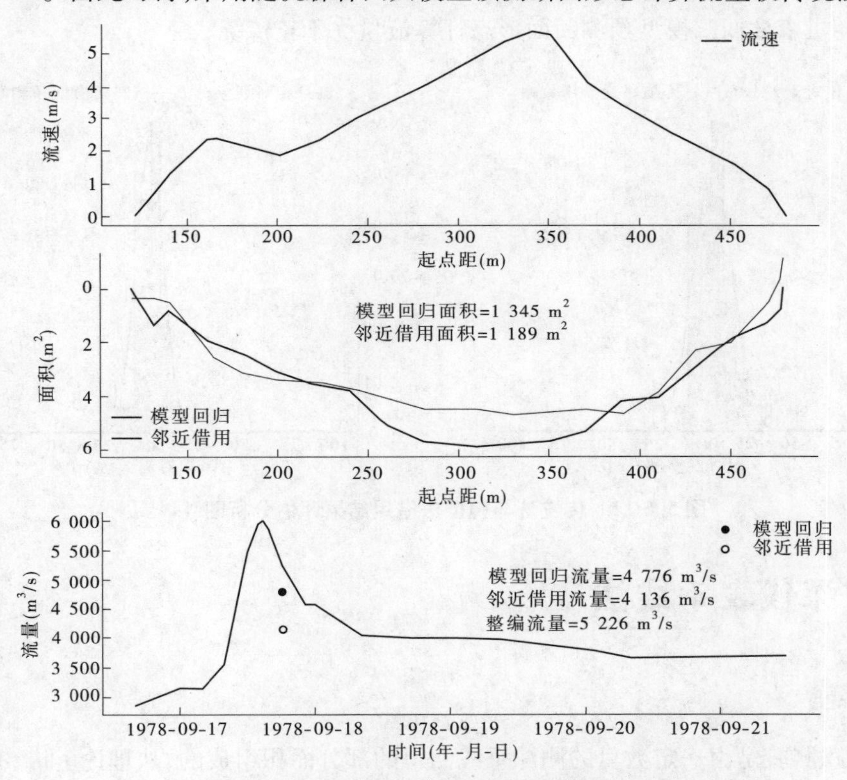

图 5.6-11　传统法与模型法流量计算误差对比图

5.6.4.2　原实测断面测次

测试集选用流量大于 3 500 的 420 个测次，训练集用实测断面非中泓，流量误差水位误差符合一定标准的可靠测次集合，再去掉与测试集重合的测次得到训练集，共 1 369 个。

采用邻近借用策略，在实测断面资料中采用错位借用断面，即用某一次流速成果借用前（后）一个实测测次的断面，计算流量，称为借用流量（传统法流量）。即令：

$$A_i = A_{i-1} \tag{5.6-3}$$

则：

$$Q_{借i} = \overline{V}_i \times A_{i-1} \tag{5.6-4}$$

使用随机森林回归模型预测断面，采用原实测流速计算流量，称为预测流量（$Q_{预i}$）。

同样，以整编流量作为真值流量（$Q_{真i}$），对比二者与真值流量之间的误差情况，即：

$$\Delta Q_{借i} = Q_{借i} - Q_{真i} \quad (i = 1,2\cdots,210) \tag{5.6-5}$$

$$\Delta Q_{预i} = Q_{预i} - Q_{真i} \quad (i = 1,2,\cdots,210) \tag{5.6-6}$$

分别进行误差统计分析，结果见图5.6-12。其中，左图为传统法借用断面计算误差分析结果，右图为随机森林回归模型预测断面计算误差分析结果。分析显示，采用传统法相邻断面借用策略，计算流量均方误差为12，E80 = 18%。利用传统法借用方法，借用上个实测断面在保证80%的情况下，计算流量误差不大于18%。

采用随机森林回归模型预测断面，计算流量均方误差为7，E80 = 9%。即：用随机森林回归模型（加入水深因子后）来预测断面，在保证80%的情况下，计算流量计算误差不大于9%，且样本均方误差由12降至7。两种方法的流量计算误差对比图见图5.6-13。由此可得，随机森林回归模型预测断面形态计算流量优于较传统法。

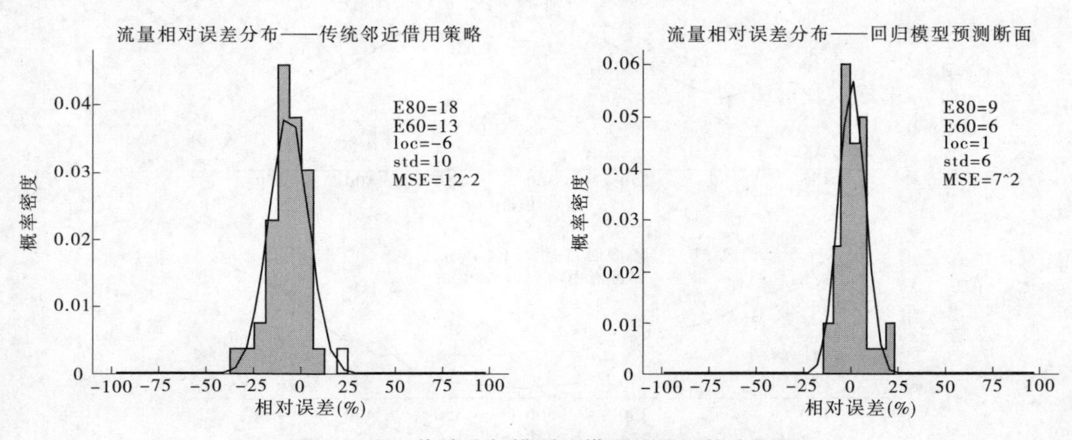

图5.6-12　传统法与模型法借用结果评估分析图

5.7　水深代表垂线法

5.7.1　原理

水道面积测验是由一定数目的测深垂线测得的部分面积组成的，从理论上讲，必定存在某一位置（或几个位置平均）的水深与断面平均水深具有较好的等效函数关系，那么这一水深我们称其为代表垂线水深。水深代表垂线法是指用少量垂线（1～3条）测量值与全断面测量结果（平均水深）建立回归关系，在常规测量时只对这些垂线进行实测，通过回归公式计算目标值，从而保证在一定测量结果准确性的条件下，达到减少测量工作量和提高测验效率的目的。

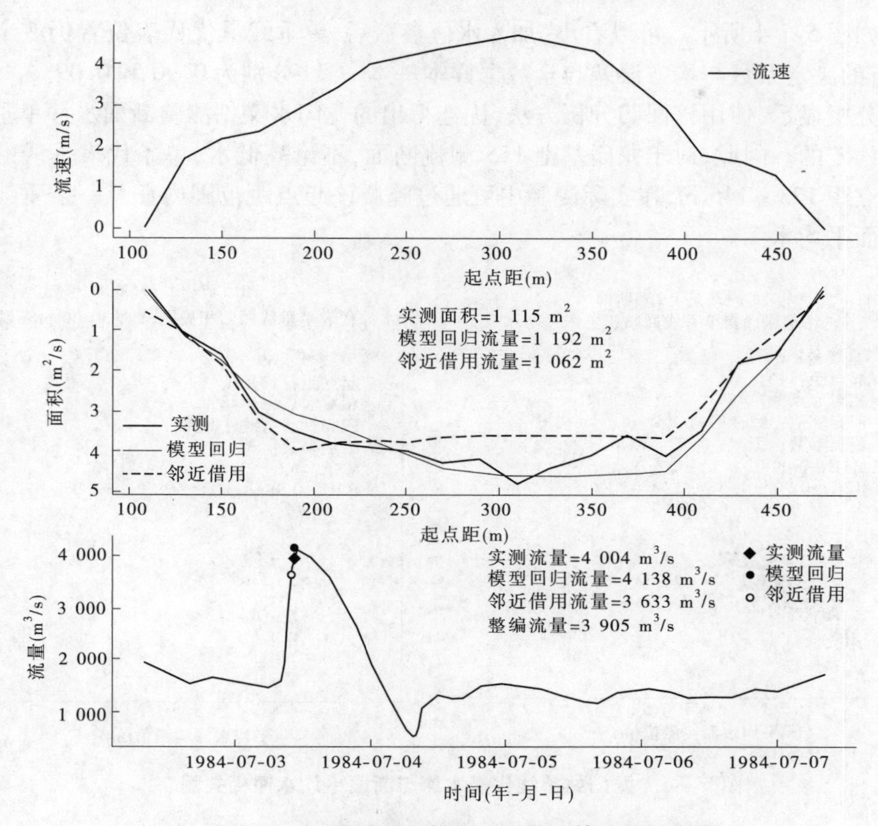

图5.6-13　传统法与模型法流量计算误差对比图

5.7.2　单垂线代表水深回归分析

选取龙门站基上155断面(常规测流断面)1974～2012年约640个实测断面流量测次作为回归数据集。实测断面起点距每隔2 mm选取一条垂线插补水深等数据标准化处理。考虑到不同流量级的最优代表垂线位置变化的可能性,而本项目研究目标是洪水断面借用技术,又以3 000 m^3/s流量为节点,分别对全数据集和流量3 000 m^3/s以上洪水测次,进行垂线水深和断面平均水深回归分析。

图5.7-1所示为起点距131 m处(相对位置编号69)水深与同测次断面平均水深的相关分析结果。图5.7-2、图5.7-3分别为全数据集和3 000 m^3/s流量以上的洪水过程实测断面资料单垂线回归决定系数和均方误差对照图。

对比显示,沿河宽分布,同一起点距位置,全数据系列的决定系数和均方差均比3 000 m^3/s流量以上实测断面资料系数稍有偏大,单垂线的代表性随洪水量级增加会有所下降,这与实际情况是一致的。但从两条线沿河宽分布来看,最佳垂线代表位置并未改变,其最优代表位置依然处于同一区域范围。即:编号65～77间,相应起点距123～146 m处,只有评价指标有稍许差别,全数据集决定系数为0.89～0.90,3 000 m^3/s流量以上决定系数为0.86～0.89,二者均方差在此区域内均为0.09～0.10。

将水位作为影响参数进行单垂线回归分析,可考虑水面变化带来的不确定性。相关分析结果如图 5.7-4 所示。可以看出,加入水位参数后,单垂线最优代表位置仍然未发生变动,相应的决定系数与均方误差与全数据样本基本一致,分别为 0.90 和 0.09。

综合分析显示,使用该回归分析方法,优选得出的龙门水文站测验断面水深单垂线代表位置是稳定的。因此,对于龙门基上 155 测流断面,不论高低水,单条代表垂线的优选位置为起点距 123 ~ 146 m,在实际测验中可通过施测该起点距范围内任意一条垂线水深代表全断面平均水深。

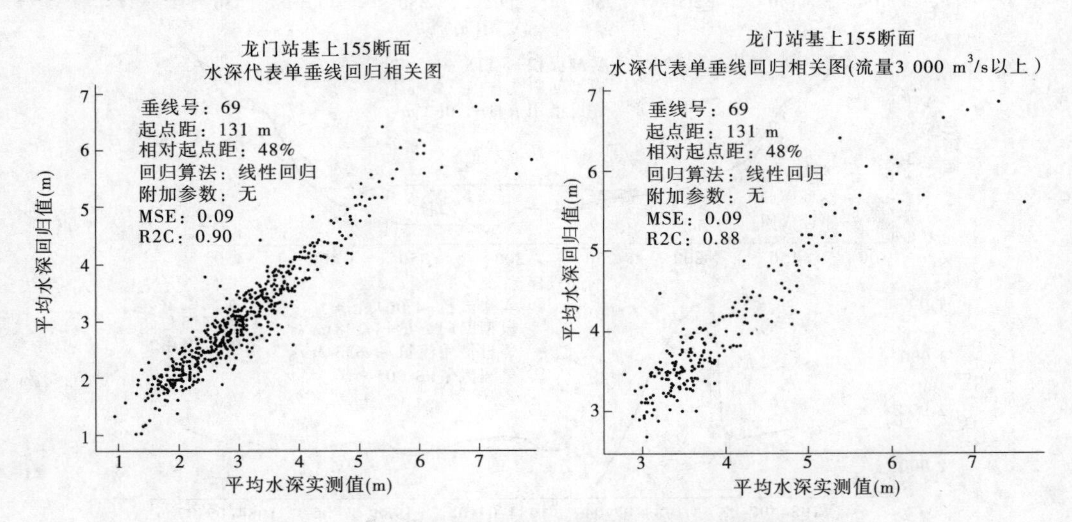

图 5.7-1　龙门站单线代表水深与断面平均水深相关图

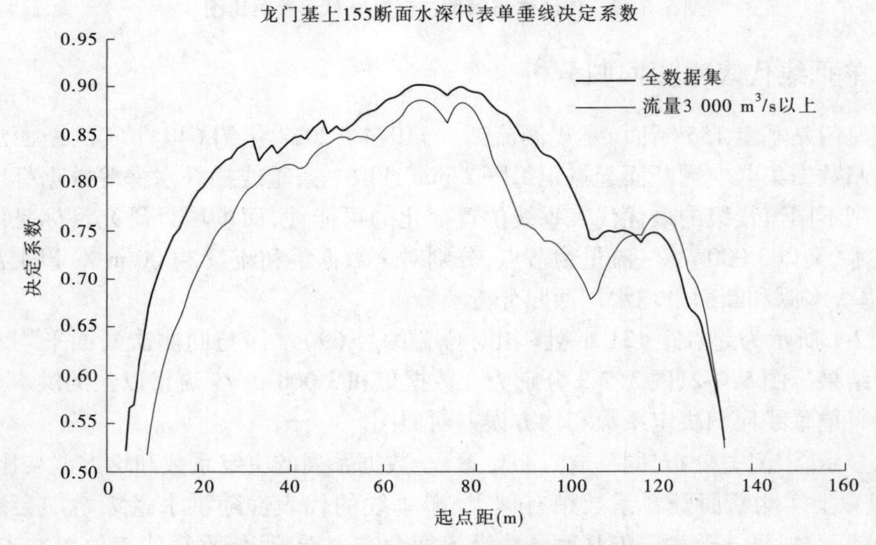

图 5.7-2　龙门站单线代表精度评估图(一)

5.7.3　双垂线代表水深回归分析

双垂线代表水深使用两条实测垂线水深来回归计算断面平均水深。通过对全部双垂

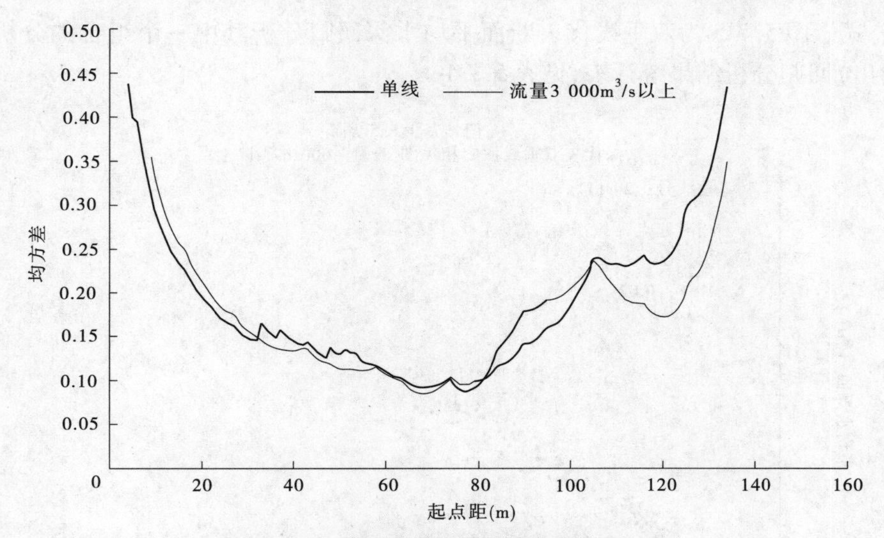

图 5.7-3　龙门站单线代表精度评估图(二)

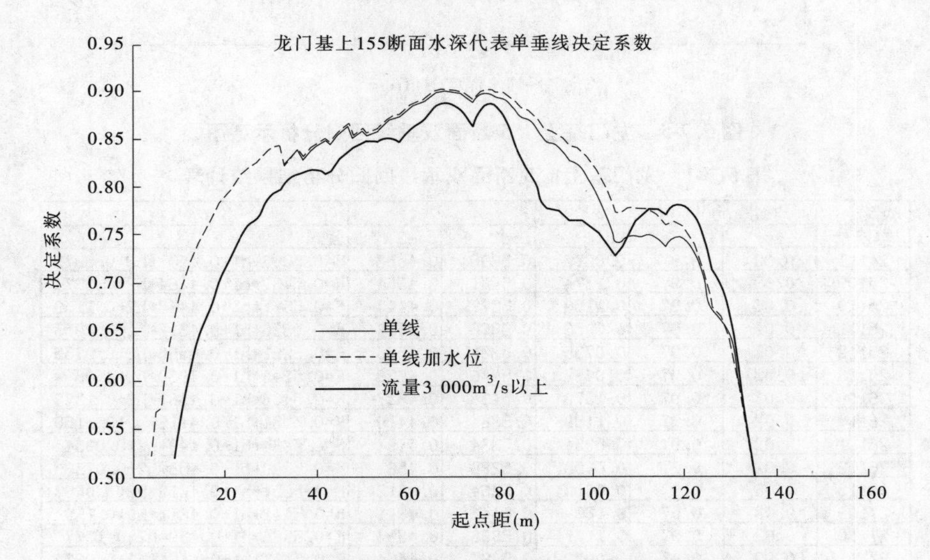

图 5.7-4　龙门站单线代表精度评估图(加水位参数)

线组合的回归分析,分别计算决定系数和均方差,同样以决定系数作为评价指标,分析不同程度代表垂线组合的拟合度,筛选拟合度(决策系数大)较好的垂线水深组合,确定最优代表垂线所在位置及分布区域。

双垂线回归分析同样分为全数据集和流量 3 000 m^3/s 以上分别进行,对所有测次实测垂线(按编号)水深进行两两组合(145 条线组合约 2 万个),进行双垂线组合水深与断面平均水深回归分析。

应用二元线性回归模型 $y = ax_1 + bx_2 + c$,将各个组合的垂线水深代入公式,令 y 等于该垂线组合所对应测次的平均水深,求出参数 a、b 和 c 的值,从中挑选出结果符合要求的 a、b、c 三个值,得出计算公式。将各公式的计算结果与实际数据进行比较,筛选出决定系数高的公式。图 5.7-5 为双垂线代表断面平均水深回归分析其中一个组合的分析结果。整理(输出)回归分析结果统计表,见表 5.7-1。

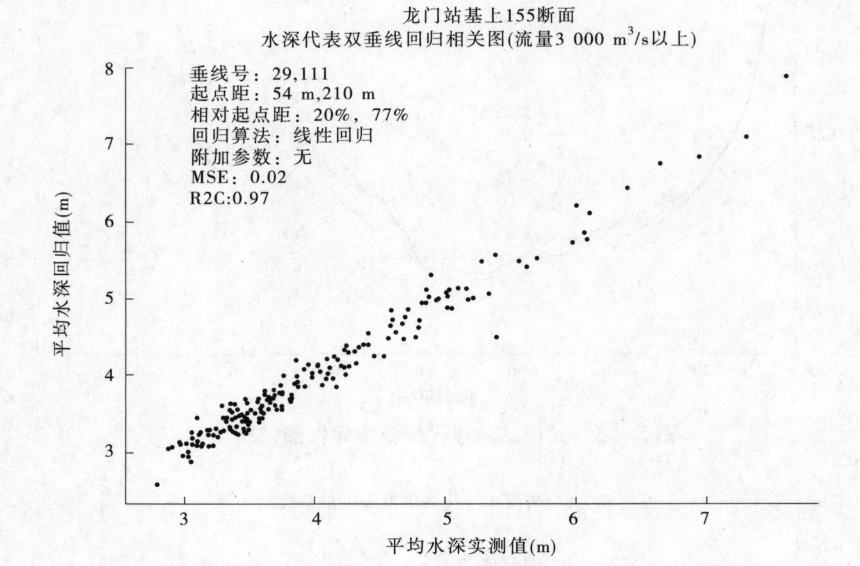

图 5.7-5　龙门基上 155 断面双垂线回归分析示意图

表 5.7-1　龙门基上 155 断面双垂线回归分析结果统计表

名称:	双线3000以上					
垂线号	mse	r2c	inte	coe1	coe2	公式
24111	0.03	0.97	0.0975	0.5298	0.4553	H=0.5298*h1+0.4553*h2+0.0975
25109	0.03	0.97	0.1374	0.5431	0.4364	H=0.5431*h1+0.4364*h2+0.1374
25110	0.03	0.97	0.1159	0.5377	0.4443	H=0.5377*h1+0.4443*h2+0.1159
25111	0.02	0.97	0.0953	0.5326	0.4517	H=0.5326*h1+0.4517*h2+0.0953
25112	0.02	0.97	0.0755	0.5281	0.4586	H=0.5281*h1+0.4586*h2+0.0755
25113	0.03	0.97	0.06	0.5246	0.4639	H=0.5246*h1+0.4639*h2+0.06
26109	0.03	0.97	0.1373	0.5438	0.4337	H=0.5438*h1+0.4337*h2+0.1373
26110	0.02	0.97	0.1159	0.5384	0.4416	H=0.5384*h1+0.4416*h2+0.1159
26111	0.02	0.97	0.0954	0.5334	0.449	H=0.5334*h1+0.449*h2+0.0954
26112	0.02	0.97	0.0758	0.5289	0.456	H=0.5289*h1+0.456*h2+0.0758
26113	0.03	0.97	0.0603	0.5254	0.4612	H=0.5254*h1+0.4612*h2+0.0603
27109	0.03	0.97	0.139	0.5441	0.4311	H=0.5441*h1+0.4311*h2+0.139
27110	0.02	0.97	0.1177	0.5386	0.439	H=0.5386*h1+0.439*h2+0.1177
27111	0.02	0.97	0.0972	0.5337	0.4464	H=0.5337*h1+0.4464*h2+0.0972
27112	0.02	0.97	0.0776	0.5292	0.4533	H=0.5292*h1+0.4533*h2+0.0776
27113	0.03	0.97	0.0622	0.5258	0.4585	H=0.5258*h1+0.4585*h2+0.0622
28098	0.03	0.97	0.3896	0.5387	0.3907	H=0.5387*h1+0.3907*h2+0.3896
28099	0.03	0.97	0.3647	0.5425	0.3919	H=0.5425*h1+0.3919*h2+0.3647
28100	0.03	0.97	0.3421	0.5471	0.3919	H=0.5471*h1+0.3919*h2+0.3421
28101	0.03	0.97	0.3167	0.551	0.3932	H=0.551*h1+0.3932*h2+0.3167
28108	0.03	0.97	0.1626	0.5563	0.4153	H=0.5563*h1+0.4153*h2+0.1626
28109	0.02	0.97	0.1388	0.5502	0.4243	H=0.5502*h1+0.4243*h2+0.1388
28110	0.02	0.97	0.1177	0.5449	0.4322	H=0.5449*h1+0.4322*h2+0.1177
28111	0.02	0.97	0.0974	0.5399	0.4395	H=0.5399*h1+0.4395*h2+0.0974
28112	0.02	0.97	0.078	0.5355	0.4464	H=0.5355*h1+0.4464*h2+0.078
28113	0.02	0.97	0.0626	0.5322	0.4516	H=0.5322*h1+0.4516*h2+0.0626
28114	0.03	0.97	0.0519	0.53	0.4548	H=0.53*h1+0.4548*h2+0.0519
29097	0.03	0.97	0.4143	0.5406	0.383	H=0.5406*h1+0.383*h2+0.4143
29098	0.02	0.97	0.3877	0.5435	0.3853	H=0.5435*h1+0.3853*h2+0.3877
29099	0.02	0.97	0.3632	0.5472	0.3864	H=0.5472*h1+0.3864*h2+0.3632
29100	0.03	0.97	0.341	0.5518	0.3863	H=0.5518*h1+0.3863*h2+0.341

图5.7-6为龙门站基上155测流断面双垂线决定系数分布图,以45°线分割的两个区域(左上三角区、右下三角区)完全相同,是同两条垂线间不同顺序的组合。图中横、纵坐标分别为第一、第二条垂线的相对起点距位置(相对与全断面宽的百分比),决定系数用颜色过渡表示,即深蓝色—绿色—黄色,表示决定系数由小到大增加,颜色越黄表示拟合度越好。

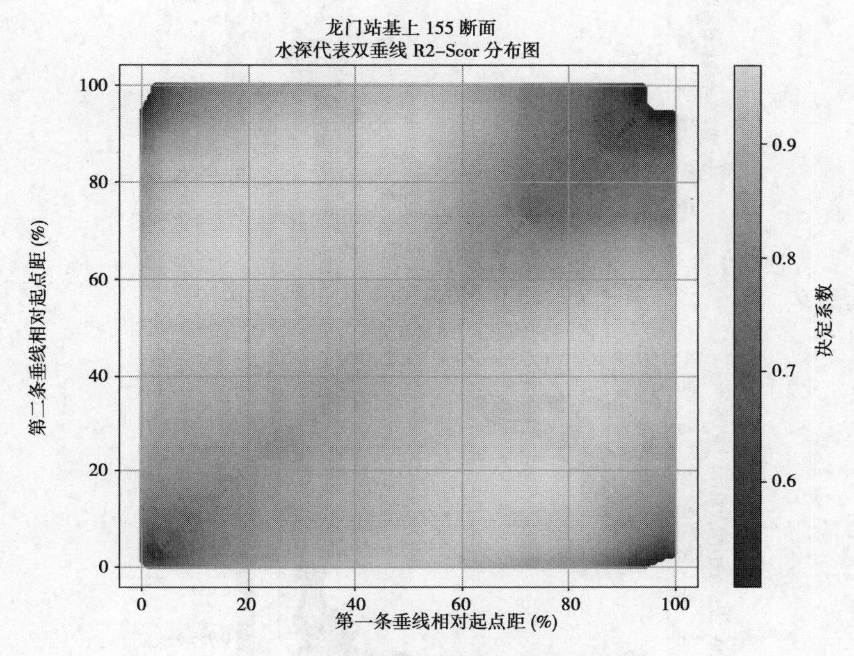

图5.7-6 龙门站双垂线代表精度评估图

从图5.7-6中可见,决定系数的最大值出现在空间左上偏中或右下对称部位,也就是双垂线代表性较好的可能选择部位。全数据集和流量3 000 m^3/s以上双垂线回归分析决定系数0.95以上分布图见图5.7-7、图5.7-8。

经统计分析,决定系数0.97、均方差0.02~0.03为拟合度最好的双垂线组合,共有95个组合结果。而决定系数0.95以上的组合约有1 580种,其均方差为0.03~0.05。

5.7.4 模型评估

通过龙门单、双垂线代表水深与全断面平均水深相关性分析以及优选分析得出,双垂线决定系数最高可达0.97,相应均方差为0.02,单垂线同流量级决定系数最大为0.88,相应均方差为0.09,从拟合结果来看,双垂线明显优于单垂线水深。

在实际应用中,从水深施测选择范围来看,单垂线最优位置为起点距129 m处,优选范围为起点距120~150 m之间仅30 m的河宽内,对于龙门站最大河宽约275 m的"U"形河槽而言,此位置基本处于水流中泓区,大洪水过程中施测相对困难。双垂线最优代表线位置分别为54 m和210 m处,两条代表线的优选范围分别为起点距40~70 m、170~230 m,可选代表线均位于水流边流部位,大洪水过程有利于水深施测。具体位置见图5.7-9。

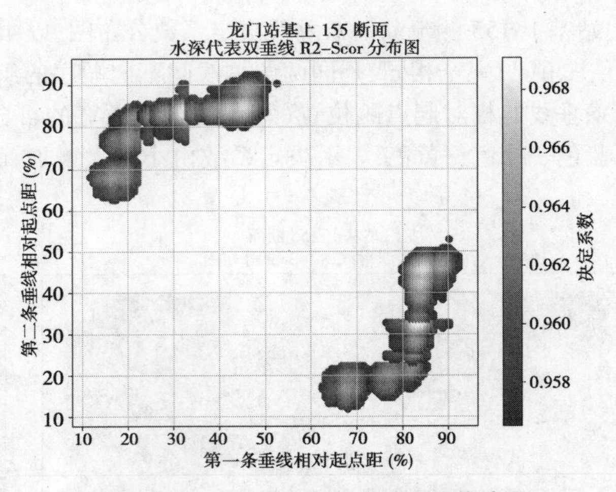

图 5.7-7　龙门站全数据集双垂线优选图

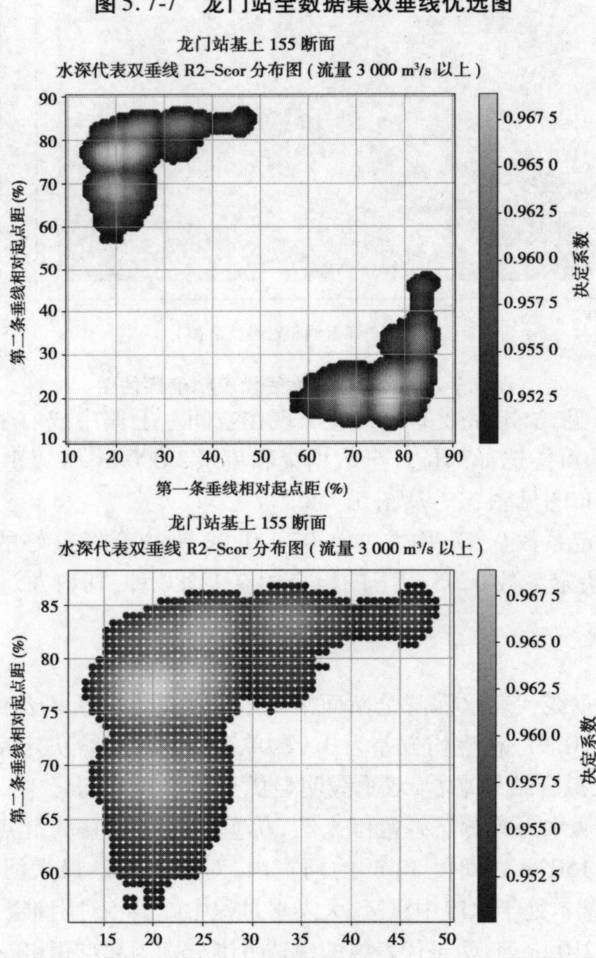

图 5.7-8　龙门站流量 3 000 m^3/s 以上双垂线优选图

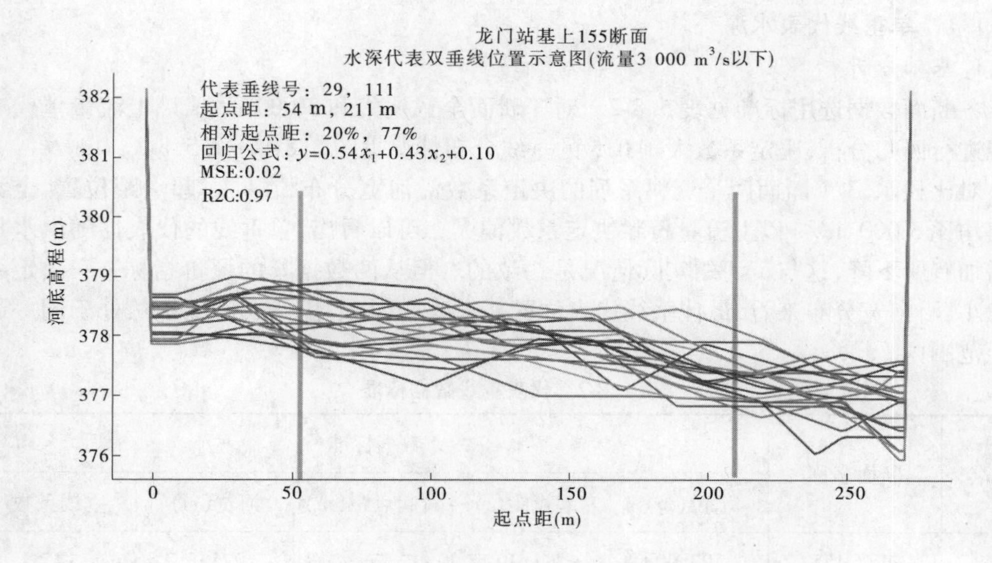

图5.7-9　龙门站双垂线水深代表位置图

5.8　生产性方案的技术准备

前面章节探讨了断面借用技术的基本途径并进行了基本评估，本节在此基础上进一步梳理规整，为形成生产性方案进行技术准备。

5.8.1　水深代表垂线法

由于龙门站频繁迁移断面位置，基上155断面自1974年启用至今，基上67断面自1988年启用至今，因此选择该二断面为对象，资料系列也选择1974～2012年间实测资料。吴堡站自1956年以来无大变化，因此选择所有适用资料。

因项目研究目标是为洪水期提供断面借用技术支撑，故将资料样本分为洪水期全数据集（简称"全集"）和3 000 m^3/s以上流量（简称"3 000以上"）两个数据集，分别对两站3个断面的两种数据集合进行单代表垂线和双代表垂线回归分析研究。各断面所用资料情况统计，详见表5.8-1。

表5.8-1　代表垂线法资料情况统计表

断面名称	资料系列	全集		3 000以上	
		场次数	垂线数	场次数	垂线数
龙门基上67	1988～2012年	212	30 740	69	10 005
龙门基上155	1974～2012年	647	93 815	218	31 610
吴堡基本	1956～2012年	1 735	251 575	321	46 545

5.8.1.1 单垂线代表水深

1. 基础分析

各断面数据选用标准见表5.8-2。对3断面全数据集和3 000 m^3/s以上流量单代表垂线进行回归分析,决定系数大于0.5的垂线分布情况见图5.8-1~图5.8-3。

对比显示,3个断面两个资料系列的决定系数沿河宽分布,在同一起点距位置,全数据集均比3 000 m^3/s以上流量资料决定系数偏大。可以看出,单垂线的代表性随洪水量级增加有所下降,这与黄河的实际情况是一致的。但从两数据集的评价指标——决定系数大小,沿河宽分布来看,最佳垂线代表位置并未改变,其最优代表区域依然处于同一起点距范围内。

表5.8-2 代表垂线数据标准

站名	断面名称	数据标准				
		水位(m)	左起点距(m)	右起点距(m)	河宽(m)	垂线条数
龙门	基上155	392.00	-1.30	274	275.3	145
	基上67	392.00	12.0	300	288	145
吴堡	基本	643.00	14.0	488	474	145

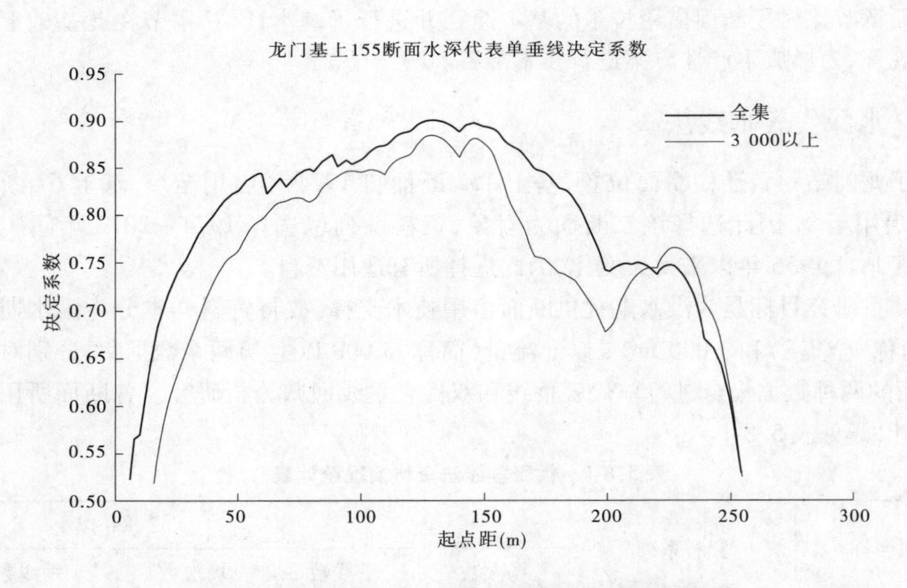

图5.8-1 龙门基上155断面单垂线代表精度评估图

2. 最优代表垂线

各断面在一定拟合度条件下的最优代表垂线位置,见表5.8-3。

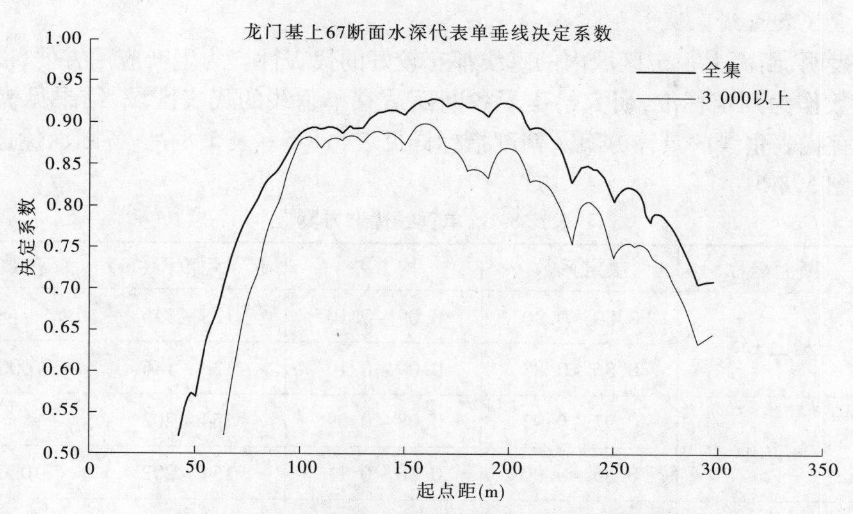

图 5.8-2　龙门基上 67 断面单垂线代表精度评估图

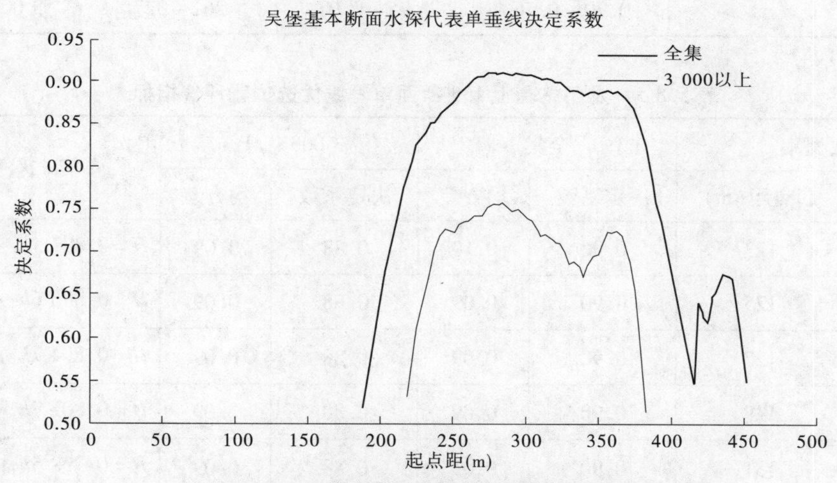

图 5.8-3　吴堡基本断面单垂线代表精度评估图

表 5.8-3　最优代表垂线位置分析结果

站名	断面名称	最优位置(3 000 以上)				
		单垂线				
		垂线编号	起点距(m)	决定系数	均方差	回归公式
龙门	基上 155	68	129	0.88	0.09	$H=0.78h_1+0.91$
	基上 67	74	160	0.90	0.08	$H=0.72h_1+1.07$
吴堡	基本	82	284	0.76	0.05	$H=0.43h_1+1.27$

3.适宜代表垂线区域

分析表明，断面上一定区域内的垂线都有较好的代表性。为生产应用方便，以拟合度的决定系数作为判定标准，研究给出了各断面适宜单垂线的代表区域，结果见表5.8-4。各断面适宜代表垂线的具体方案及精度指标详见表5.8-5～表5.8-7。各断面优选位置见图5.8-4、图5.8-5。

表5.8-4　单垂线优选方案

站名	断面名称	决定系数	均方差	起点距范围(m)	参数条件
龙门	基上155	0.89～0.90	0.09～0.10	123～146	全集
		0.86～0.88	0.09～0.10	123～146	3 000以上
	基上67	0.92～0.93	0.08～0.09	154～202	全集
		0.85～0.90	0.08～0.11	154～202	3 000以上
吴堡	基本	0.90～0.91	0.05～0.06	261～327	全集
		0.70～0.76	0.05～0.07	261～327	3 000以上

表5.8-5　龙门站基上155断面单垂线优选位置评价指标

数据集		全集		3 000以上		回归公式
垂线号	起点距(m)	决定系数	均方差	决定系数	均方差	
65	123	0.90	0.10	0.88	0.09	$H=0.8074h_1+0.7747$
66	125	0.90	0.09	0.88	0.09	$H=0.8066h_1+0.7709$
67	127	0.90	0.09	0.88	0.09	$H=0.8047h_1+0.7707$
68	129	0.90	0.09	0.88	0.09	$H=0.8017h_1+0.7734$
69	131	0.90	0.09	0.88	0.09	$H=0.7985h_1+0.7764$
70	133	0.90	0.09	0.88	0.09	$H=0.7956h_1+0.7772$
71	134	0.90	0.09	0.88	0.09	$H=0.7917h_1+0.781$
72	136	0.90	0.10	0.87	0.09	$H=0.7869h_1+0.7873$
73	138	0.89	0.10	0.87	0.10	$H=0.7812h_1+0.7962$
74	140	0.89	0.10	0.86	0.10	$H=0.7737h_1+0.8109$
75	142	0.89	0.10	0.87	0.09	$H=0.7763h_1+0.7919$
76	144	0.90	0.10	0.88	0.09	$H=0.7772h_1+0.7778$
77	146	0.90	0.09	0.88	0.09	$H=0.7762h_1+0.7689$

表 5.8-6　龙门站基上 67 断面单垂线优选位置评价指标

数据集		全集		3 000 以上		回归公式
垂线号	起点距(m)	决定系数	均方差	决定系数	均方差	
71	154	0.92	0.09	0.89	0.09	$H=0.805\,9h_1+0.673\,6$
72	156	0.92	0.08	0.90	0.08	$H=0.807\,5h_1+0.659\,3$
73	158	0.93	0.08	0.90	0.08	$H=0.807\,8h_1+0.648\,4$
74	160	0.93	0.08	0.90	0.08	$H=0.806\,8h_1+0.641$
75	162	0.93	0.08	0.90	0.08	$H=0.807\,2h_1+0.631$
76	164	0.93	0.08	0.90	0.08	$H=0.806h_1+0.625\,3$
77	166	0.93	0.08	0.89	0.09	$H=0.800\,4h_1+0.633\,2$
78	168	0.92	0.08	0.88	0.09	$H=0.796\,3h_1+0.635\,3$
80	172	0.92	0.08	0.87	0.10	$H=0.794\,7h_1+0.619\,6$
81	174	0.92	0.08	0.87	0.10	$H=0.797\,2h_1+0.601\,5$
82	176	0.92	0.08	0.86	0.11	$H=0.798\,2h_1+0.587\,3$
83	178	0.92	0.08	0.85	0.11	$H=0.797\,9h_1+0.577$
91	194	0.92	0.09	0.86	0.11	$H=0.778\,2h_1+0.524$
92	196	0.92	0.08	0.87	0.10	$H=0.776\,7h_1+0.510\,8$
93	198	0.92	0.08	0.87	0.10	$H=0.773\,3h_1+0.503\,2$
94	200	0.92	0.08	0.87	0.10	$H=0.768\,1h_1+0.501$
95	202	0.92	0.09	0.87	0.10	$H=0.764\,1h_1+0.492\,3$

表 5.8-7　吴堡站基本断面单垂线优选位置评价指标

数据集		全集		3 000 以上		回归公式
垂线号	起点距(m)	决定系数	均方差	决定系数	均方差	
75	261	0.90	0.06	0.74	0.06	$H=0.626\,4h_1+0.533\,1$
76	264	0.90	0.06	0.74	0.06	$H=0.621\,4h_1+0.520\,6$
77	267	0.91	0.05	0.74	0.06	$H=0.614\,5h_1+0.514\,2$
78	271	0.91	0.05	0.74	0.06	$H=0.606\,7h_1+0.512\,7$
79	274	0.91	0.05	0.75	0.05	$H=0.601\,8h_1+0.506\,3$
80	277	0.91	0.05	0.76	0.05	$H=0.594\,7h_1+0.507\,1$
81	280	0.91	0.05	0.76	0.05	$H=0.587h_1+0.511\,2$
82	284	0.91	0.05	0.76	0.05	$H=0.582\,7h_1+0.508\,7$
83	287	0.91	0.05	0.75	0.05	$H=0.576\,5h_1+0.512\,2$

续表 5.8-7

数据集		全集		3 000 以上		回归公式
垂线号	起点距(m)	决定系数	均方差	决定系数	均方差	
84	290	0.91	0.05	0.75	0.06	$H=0.569\,9h_1+0.518\,6$
85	294	0.91	0.05	0.75	0.06	$H=0.568\,5h_1+0.514\,2$
86	297	0.91	0.05	0.75	0.06	$H=0.565\,5h_1+0.515\,6$
87	300	0.91	0.05	0.74	0.06	$H=0.561\,4h_1+0.521$
88	304	0.91	0.05	0.74	0.06	$H=0.56h_1+0.523$
89	307	0.91	0.05	0.73	0.06	$H=0.557\,1h_1+0.530\,1$
90	310	0.90	0.06	0.72	0.06	$H=0.553\,3h_1+0.540\,9$
91	313	0.90	0.05	0.72	0.06	$H=0.554\,7h_1+0.538\,5$
92	317	0.90	0.06	0.72	0.06	$H=0.554\,6h_1+0.541\,6$
93	320	0.90	0.06	0.71	0.06	$H=0.553h_1+0.549\,5$
94	323	0.90	0.06	0.71	0.06	$H=0.554\,5h_1+0.550\,1$
95	327	0.90	0.06	0.70	0.07	$H=0.554\,2h_1+0.557$

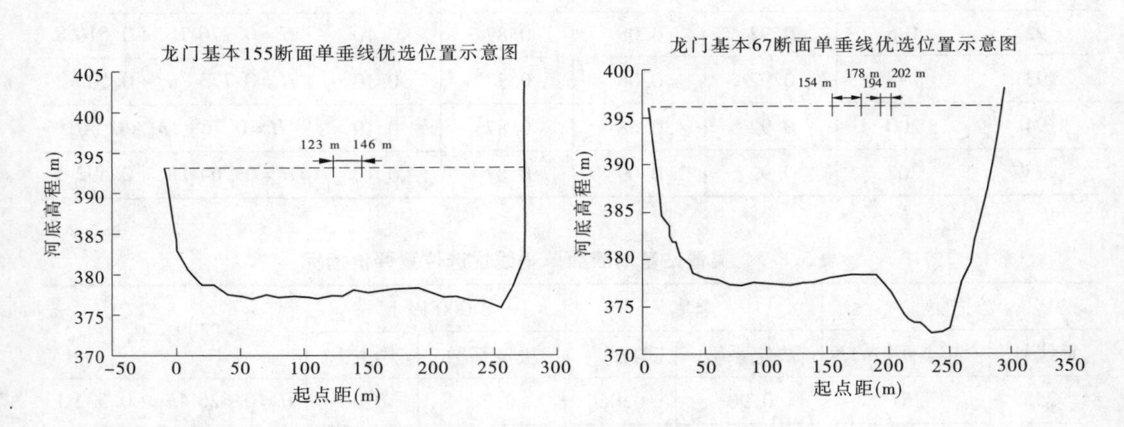

图 5.8-4 龙门两测流断面单垂线代表优选位置

5.8.1.2 双垂线水深代表分析结果

双垂线是在由两条垂线起点距构成的二维空间里进行计算和优选，具体算法采用穷举策略，进行双垂线组合水深与相应测次断面平均水深回归分析，最后得出相应结果。双垂线水深代表分析所用数据、评价指标、研究测站断面范围同单垂线。

吴堡站测验断面为“V”形断面，不同水位级下左右水边距变化较大(左右移动)，单纯用两条垂线进行回归效果不理想。因而，该站双垂线回归分析中增加了水位和左、右水边起点距影响。两站回归模型分别为：

龙门 $$\bar{h}=ah_1+bh_2+c \tag{5.8-1}$$

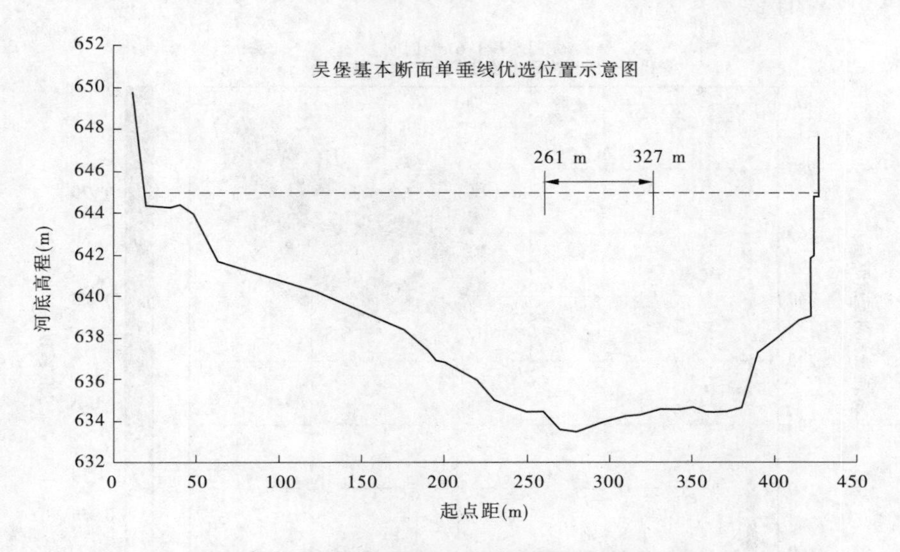

图 5.8-5　吴堡测流断面单垂线代表优选位置

吴堡　$$\bar{h} = a_1h_1 + a_2h_2 + a_3z + a_4b_{左} + a_5b_{右} + c \tag{5.8-2}$$

对各断面双垂线组合的计算结果与实际数据进行比较，筛选决定系数大的断面组合，绘制拟合度较好的双垂线组合分布（龙门0.95，吴堡0.90），如图5.8-6～图5.8-8所示。

根据决定系数大小确定各断面双垂线代表最佳垂线位置，见表5.8-8。各断面适宜双单垂线的区域见表5.8-9。各断面优选位置见图5.8-9、图5.8-10。

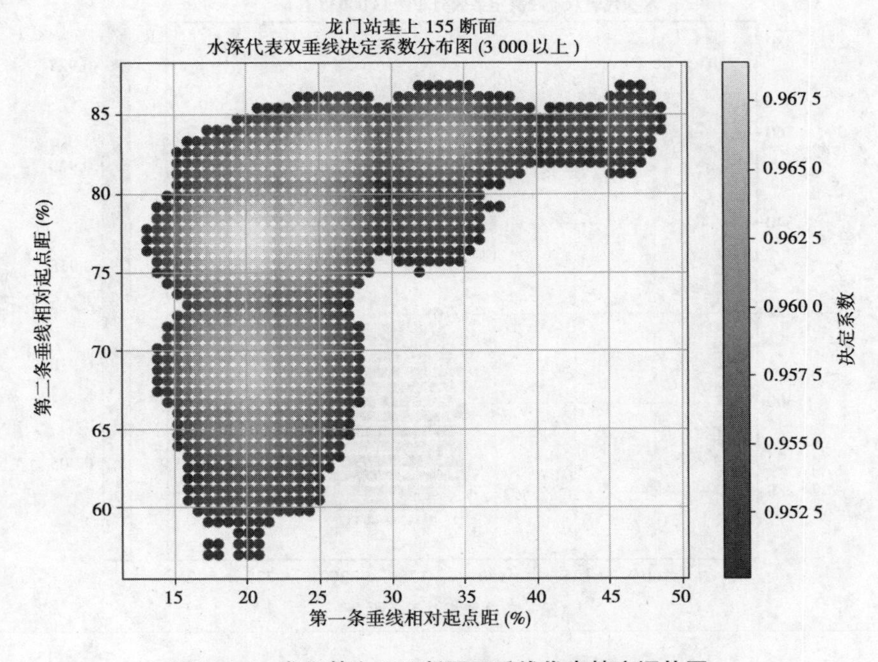

图 5.8-6　龙门基上155断面双垂线代表精度评估图

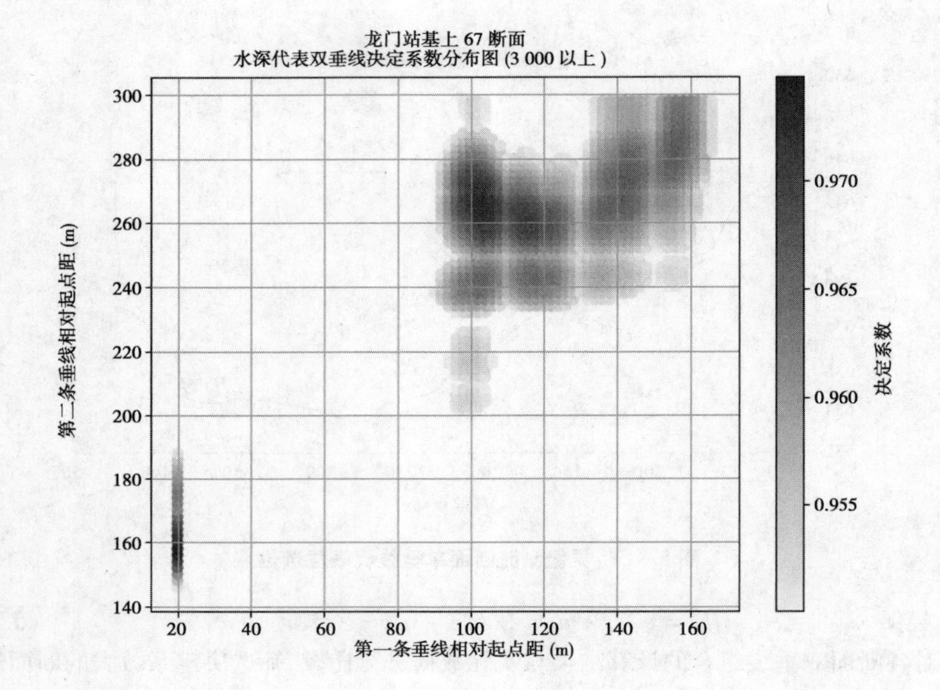

图 5.8-7　龙门基上 67 断面双垂线代表精度评估图

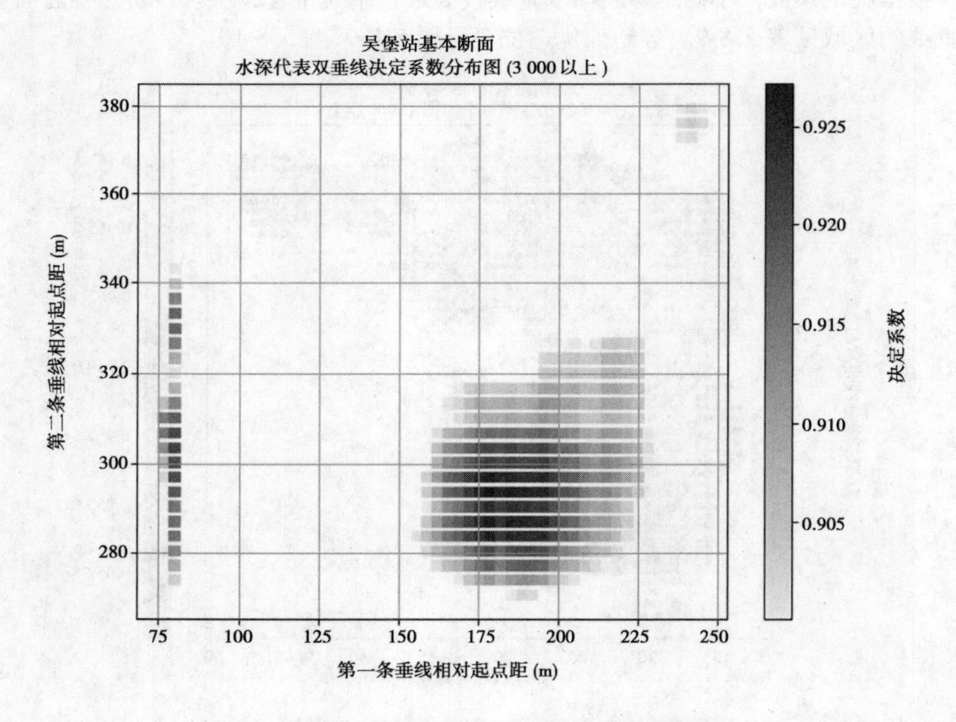

图 5.8-8　吴堡基本断面双垂线代表精度评估图

表 5.8-8　双垂线代表水深最优分析结果

站名	断面名称	最优位置(3 000 以上)				
		垂线编号	起点距(m)	决定系数	均方差	回归公式
龙门	基上 155	29、111	54、210	0.97	0.02	$H = 0.54h_1 + 0.43h_2 + 0.10$
	基上 67	46、126	104、264	0.97	0.02	$H = 0.59h_1 + 0.29h_2 + 0.33$
吴堡	基本	50、85	179、294	0.93	0.02	$H = 0.21h_1 + 0.38h_2 + 0.32z + 0.01b_1 - 0.00b_2 - 201.08$

表 5.8-9　双垂线优选方案

站名	断面名称	决定系数	均方差	双垂线组合数	起点距范围(m)		参数条件
					第一条	第二条	
龙门	基上 155	>0.95	<0.07	1 403	33 ~ 134	152 ~ 243	3 000 以上
		0.97	<0.05	87	46 ~ 69	184 ~ 192 205 ~ 216	3 000 以上
	基上 67	>0.95	<0.07	1 326	66 ~ 146	174 ~ 272	3 000 以上
		0.97	<0.05	174	96 ~ 124 136 ~ 146	254 ~ 288	3 000 以上
吴堡	基本	>0.90	<0.02	429	152 ~ 198 218 ~ 234	412 ~ 468	3 000 以上、水位及左、右起点距
		>0.92	<0.02	107	165 ~ 205	277 ~ 310	>3 000 以上、水位及左、右起点距

5.8.1.3　结论及评价

(1)从分析结果看,垂线数量由一条增加到两条,龙门两断面决定系数均由 0.88 左右提高至 0.97,均方差均由 0.09 左右降低至 0.02,吴堡站决定系数由 0.76 提高至 0.93,均方差均由 0.05 左右降低至 0.02(见表 5.8-10),双垂线结果明显优于单垂线。若继续增加垂线数量,理论上应该可以进一步提高结果的准确度,但两项指标改善幅度有限,双垂线法是快速与准确获得代表水深的最佳方案。

(2)从施测水深选择范围来看,单垂线最佳位置均位于断面的中泓或主流附近,而双垂线的两条线基本断面位于水流边流部位,更利于实际操作。

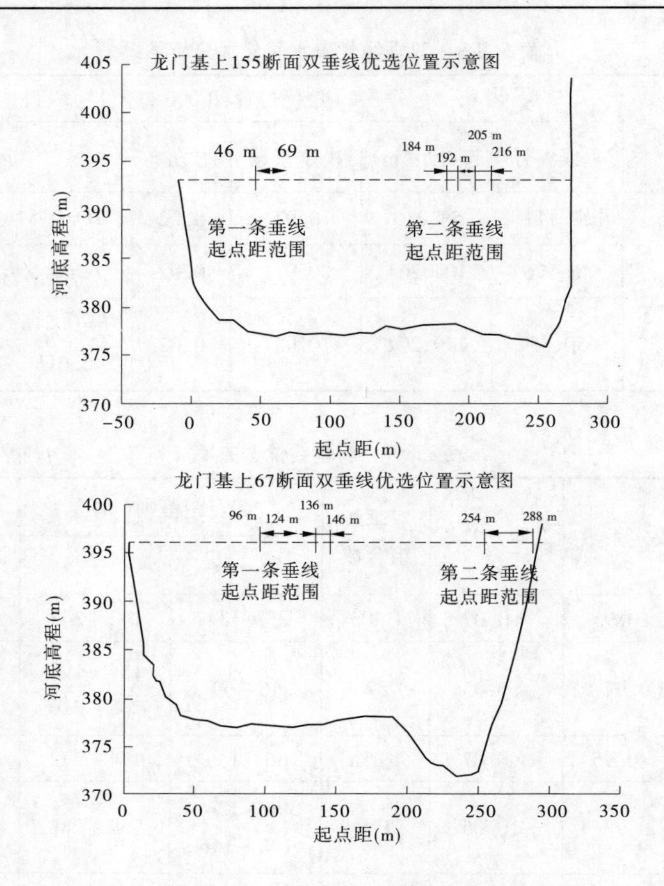

图 5.8-9　龙门两测流断面双垂线代表优选位置

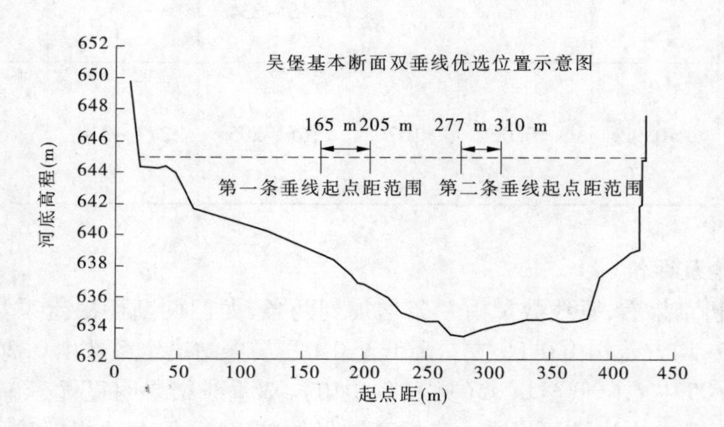

图 5.8-10　吴堡基本测流断面双垂线代表优选位置

(3)该方法可以为任何类型测站在多种测验条件下提供断面面积回归预测结果。但需要进行具体断面的回归分析和优选,包括代表垂线数目的确定。

表 5.8-10　单双垂线最优评价指标对照表

站名	断面名称	单垂线			双垂线		
		起点距(m)	决定系数	均方差	起点距(m)	决定系数	均方差
龙门	基上 155	129	0.88	0.09	54、210	0.97	0.02
	基上 67	160	0.90	0.08	104、264	0.97	0.02
吴堡	基本	284	0.76	0.05	179、294	0.93	

5.8.2　随机森林模型

龙门水文站基上 155 和基上 67 断面、吴堡站测流断面随机森林模型模拟分析所用资料见表 5.8-11。

表 5.8-11　随机森林模型

断面名称	资料系列	全集		训练集		测试集	
		场次数	垂线数	场次数	垂线数	场次数	垂线数
龙门基上 67	1988 ~ 2012 年	207	2 898	155	2 170	52	728
龙门基上 155	1974 ~ 2012 年	638	8 932	478	6 692	160	2 240
吴堡基本	1956 ~ 2012 年	1 735	28 625	1 300	21 546	435	7 079

5.8.2.1　龙门基上 155 断面

该断面“127 模型”中所用特征水深参数为双垂线法最佳代表位置水深，即起点距 54 m 和 210 m 两处水深。两种模型预测水深与实测水深检验结果见图 5.8-11。

“127 模型”中相关点分布明显集中，点带密集且带束变窄。两种模型预测结果决定系数分别为 0.87 和 0.94，均方差分别为 0.53 和 0.25，加入特征水深影响因子后，随机森林模型预测结果决定系数增加 0.06，均方差减小 0.27。面积和流量预测统计结果见表 5.8-12。可以看出，在同样保证率(80%)的情况下，“127 模型”比“119 模型”预测误差均减小了 9 个百分点，均方差均减小 8。

两模型流量预测结果误差累积曲线如图 5.8-12 所示。两种模型(同一测次)预测断面形态及流量结果对比，如图 5.8-13 所示。图 5.8-13 中上部为流速分布；中间为实测与预测断面套绘图，深色为模型预测形态结果，浅色为实测断面；下部为洪水过程中相应测次预测结果计算流量、实测流量与整编成果的对比结果。可以看出，两种模型预测断面形态结果均与实测近似，只在局部稍有差异，预测效果较好。

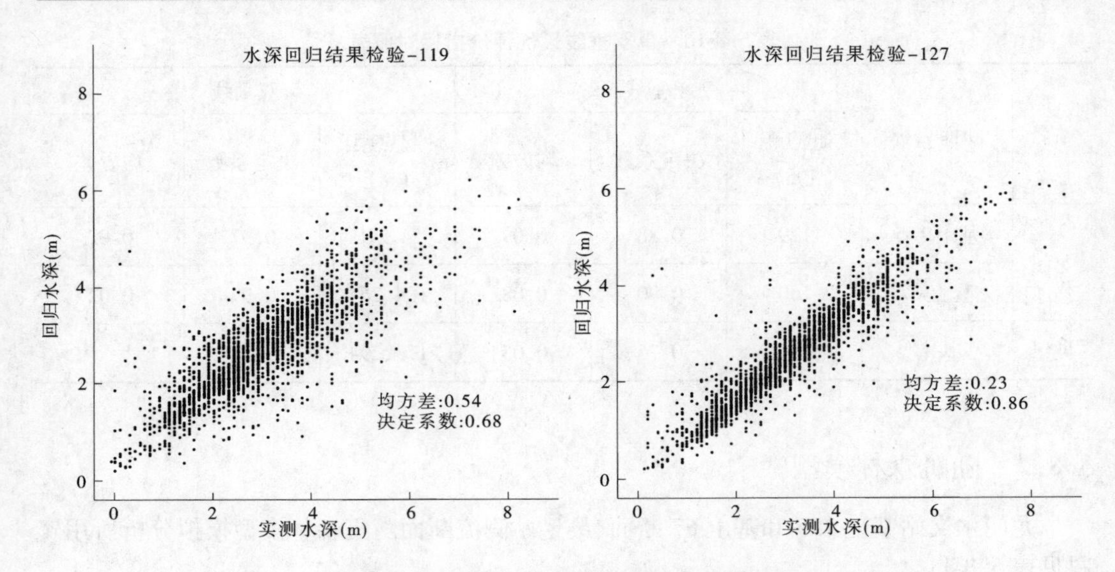

图 5.8-11 龙门基上 155 断面相关分析图

表 5.8-12 两种模型预测断面形态及流量结果对比

模型	"119 模型"		"127 模型"	
指标	E80	均方差	E80	均方差
面积	15%	13	6%	5
流量	16%	13	7%	5

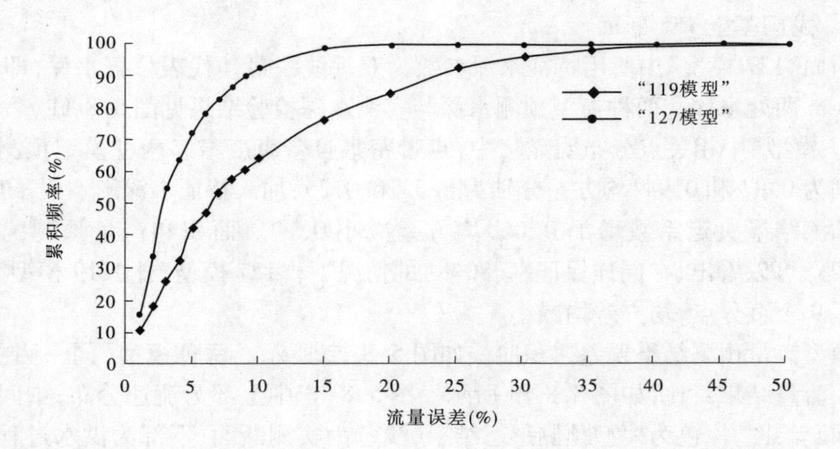

图 5.8-12 龙门基上 155 断面模型预测流量计算结果误差分析

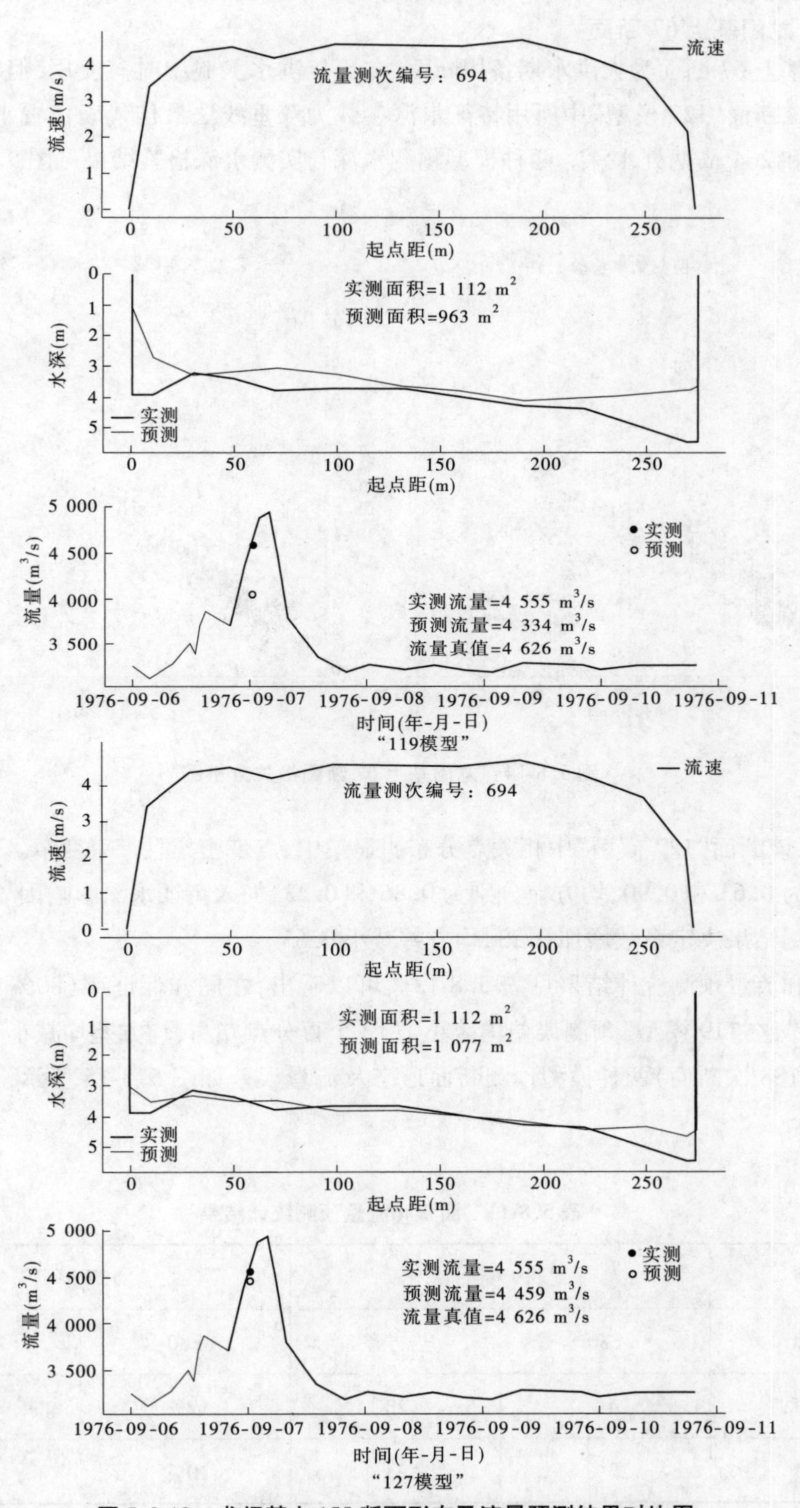

图5.8-13 龙门基上155断面形态及流量预测结果对比图

5.8.2.2　龙门基上 67 断面

龙门基上 67 断面为大洪水期备用断面，在历年洪水测验中时有使用，但实测资料相对较少。该断面“127 模型”中所用特征水深参数为双垂线法最佳代表位置水深，即起点距 104 m 和 264 m 两处水深。两种模型预测水深与实测水深检验结果见图 5.8-14。

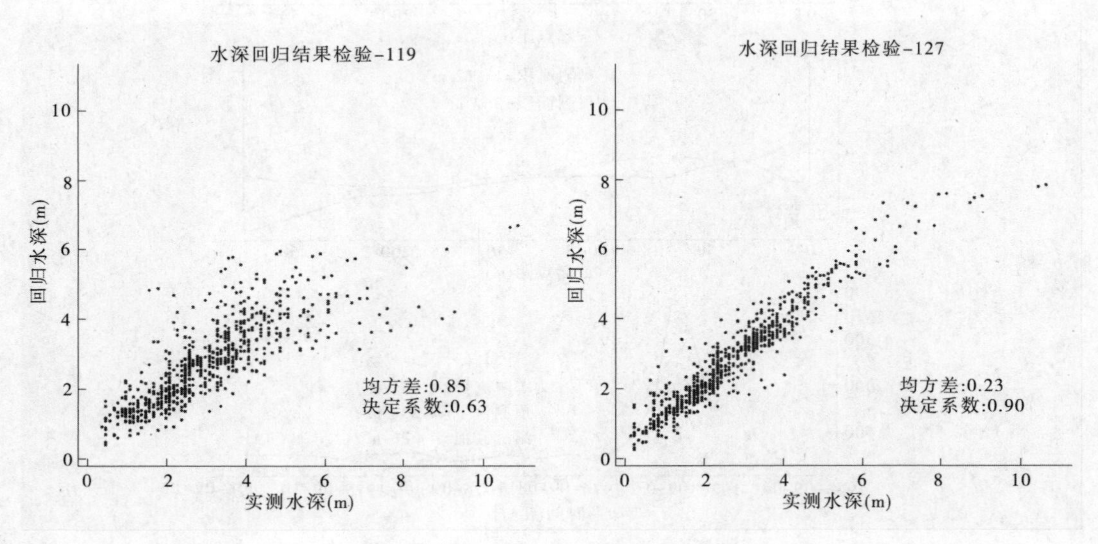

图 5.8-14　龙门基上 67 断面相关分析图

同样，该断面“127 模型”中相关点分布明显集中，点带密集且带束变窄。两模型决定系数分别为 0.63 和 0.90，均方差分别为 0.86 和 0.23，加入特征水深影响因子后，随机森林模型预测结果决定系数增加 0.23，均方差减小 0.63。

面积和流量预测统计结果见表 5.8-13。可以看出，在同样保证率（80%）的情况下，“127 模型”比“119 模型”预测误差均减小了 12 个百分点左右，均方差均减小 14。同一测次（编号 1188 次断面）两种模型预测断面形态及流量误差如图 5.8-15 所示，模拟对比见图 5.8-16。

表 5.8-13　面积和流量预测统计结果

模型	“119 模型”		“127 模型”	
指标	E80	均方差	E80	均方差
面积	24%	23	12%	9
流量	23%	23	10%	9

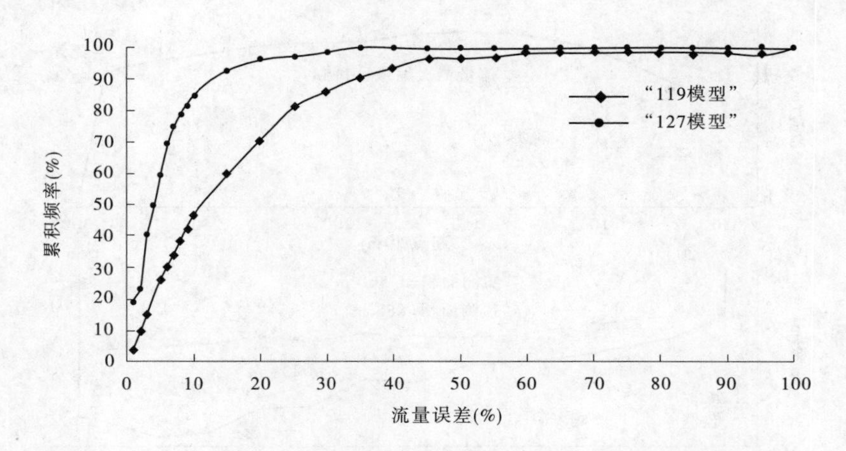

图 5.8-15　龙门基上 67 断面模型预测流量计算结果误差分析

图 5.8-16 中上部为流速分布;中间为实测与预测断面套绘图,深色为模型预测形态结果,浅色为实测断面;下部为洪水过程中相应测次预测结果计算流量、实测流量与整编成果的对比结果。可以看出,两种模型预测断面形态结果均与实测近似,只在局部稍有差异,体现在流量结果中,"127 模型"效果更好。

5.8.2.3　吴堡站

吴堡站测流断面与基本断面在同一断面上。测站自 20 世纪 50 年代一直固定断面测流,因而资料序列相对较长。在"127 模型"中所用特征水深分别为最大水深、平均水深和全断面固定垂线水深,通过对各种特征水深预测结果的对比分析,确定了项目研究模型影响因子的选择。该断面两种模型预测水深与实测水深检验结果见图 5.8-17。

同样,该断面"127 模型"中相关点分布明显集中,点带密集且带束变窄。两模型决定系数分别为 0.87 和 0.93,均方差分别为 0.27 和 0.15,加入特征水深影响因子后,随机森林模型预测结果决定系数增加 0.06,均方差减小 0.12。该断面两种模型结果,精度评价指标相差幅度均比龙门站两断面偏小,说明随机森林断面形态预测模型更适用于该站的断面特点。

面积和流量预测统计结果见表 5.8-14。可以看出,在同样保证率(80%)的情况下,吴堡断面"127 模型"比"119 模型"面积和流量预测误差均减小约 11 个百分点,均方差均减小 10 左右。

"127 模型"预测结果中,两个要素预测结果精度误差一致,说明吴堡断面流速—水深分布的良好对称性,通过断面流速分布预测断面形态对流量计算结果是稳定的。

吴堡站同一测次两种模型预测断面形态及流量误差累积频率见图 5.8-18,模拟对比见图 5.8-19。同样可以看出,两种模型预测断面形态结果均与实测近似,在流量计算结果中,"127 模型"效果更好。

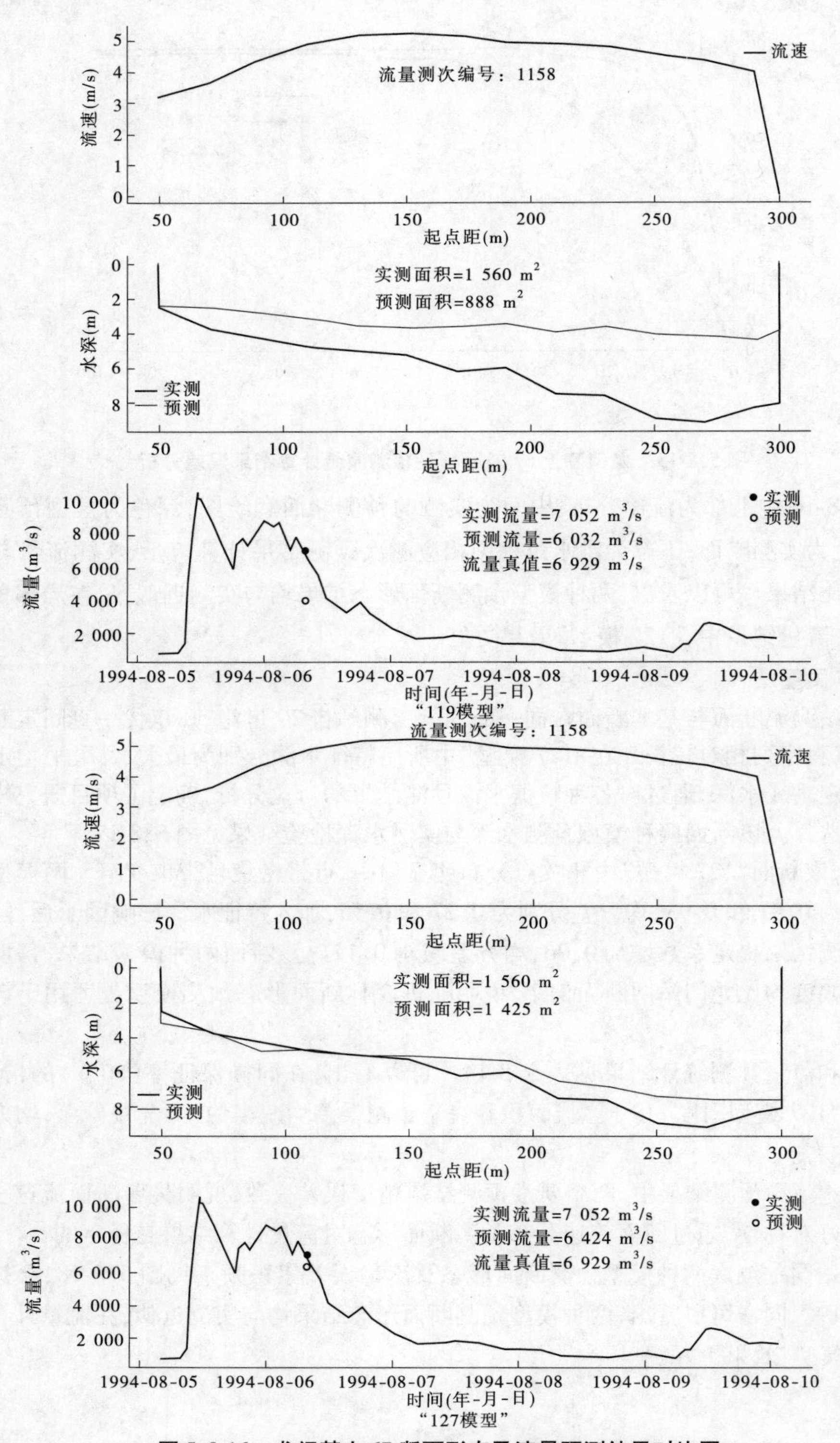

图 5.8-16　龙门基上 67 断面形态及流量预测结果对比图

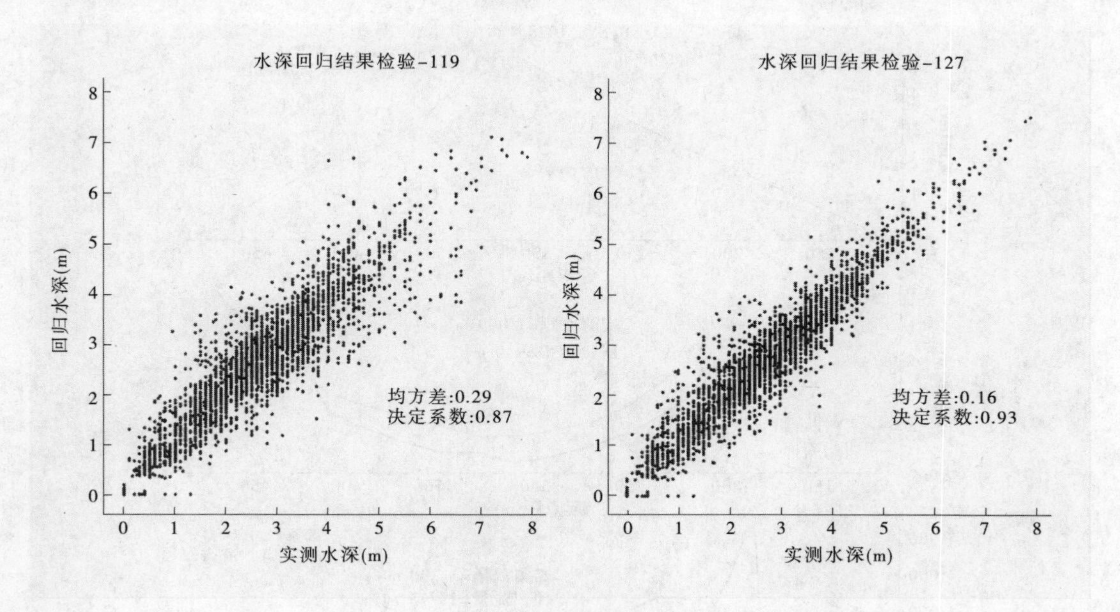

图 5.8-17　吴堡基本断面相关分析图

表 5.8-14　面积和流量预测统计结果

模型	"119 模型"		"127 模型"	
指标	E80	均方差	E80	均方差
面积	19%	16	9%	7
流量	20%	17	9%	7

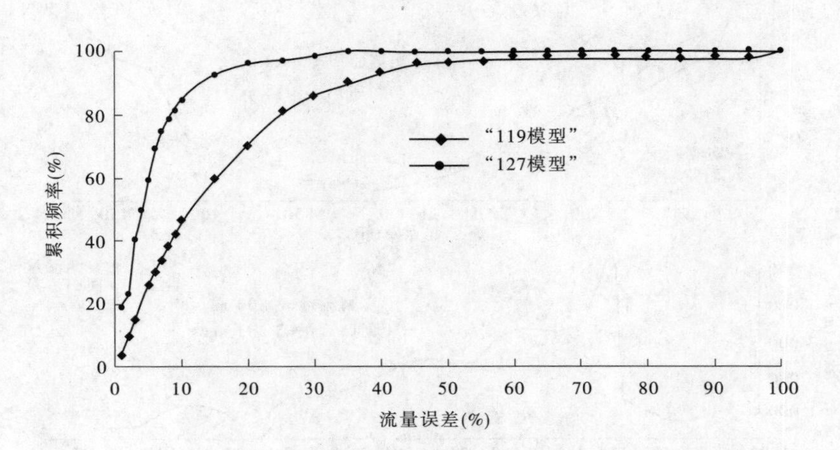

图 5.8-18　吴堡(二)流量误差累计频率曲线

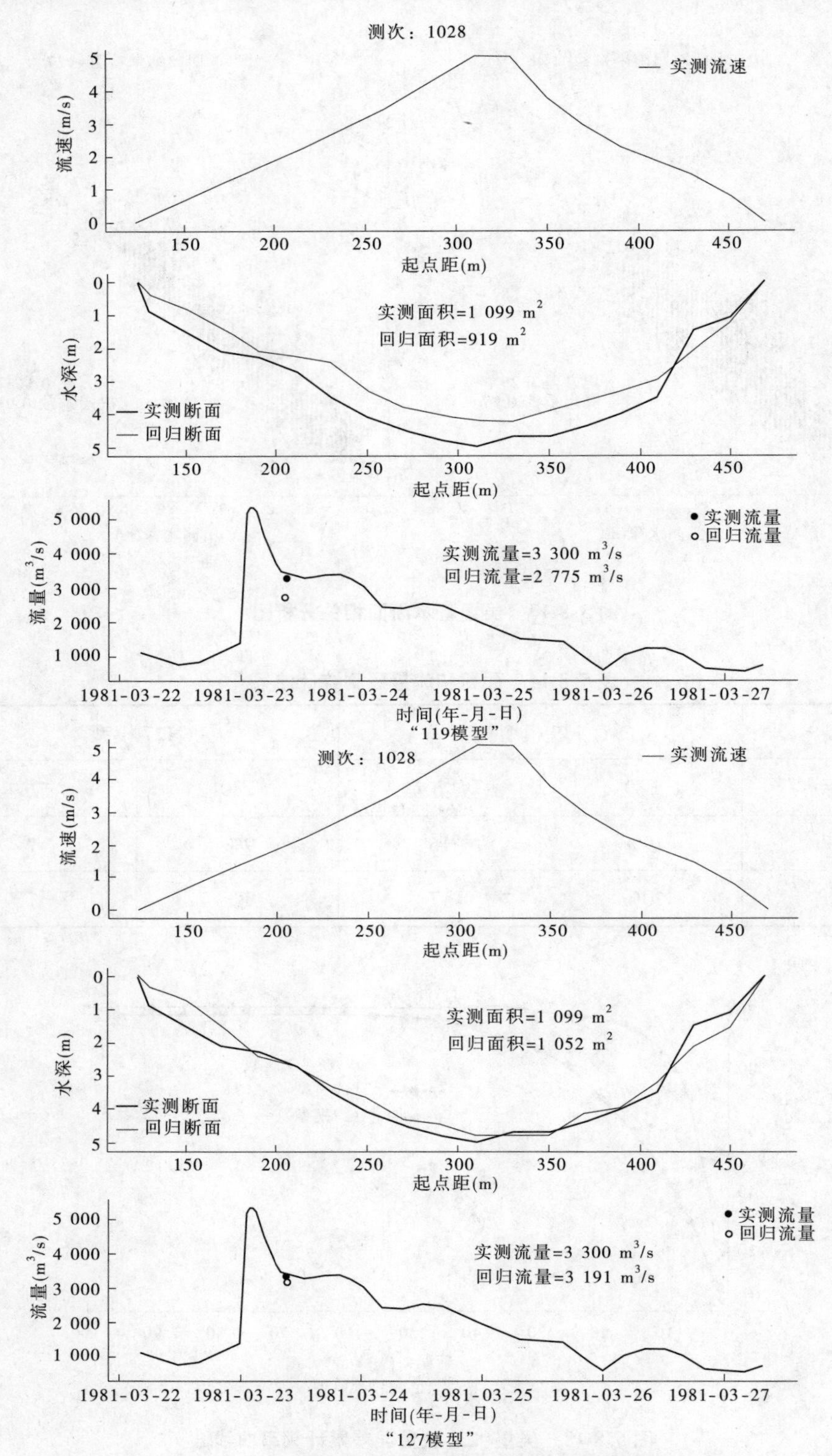

图 5.8-19　吴堡基本断面形态及流量预测结果对比图

5.8.2.4　结论及评价

(1)水深因子为随机森林断面形态预测模型的一个显著影响因子。龙门(基上155)、龙门(基上67)及吴堡3个断面的对比分析结果一致显示,增加水深影响参数后,预测结果决定系数均增大,相应的均方差均减小。各断面两种模型参数优选精度评估统计结果详见表5.8-15。

表 5.8-15　水深对随机森林模型精度影响评估统计表

模型	决定系数			均方差		
断面	龙门(基上155)	龙门(基上67)	吴堡	龙门(基上155)	龙门(基上67)	吴堡
“119 模型”	0.68	0.63	0.86	0.53	0.86	0.3
“127 模型”	0.86	0.90	0.92	0.23	0.23	0.18

图5.8-20为有无水深因子加入情况下,两种模型预测结果计算的流量误差对比图。可见,加入水深因子后预测流量计算误差明显减小且趋于稳定。

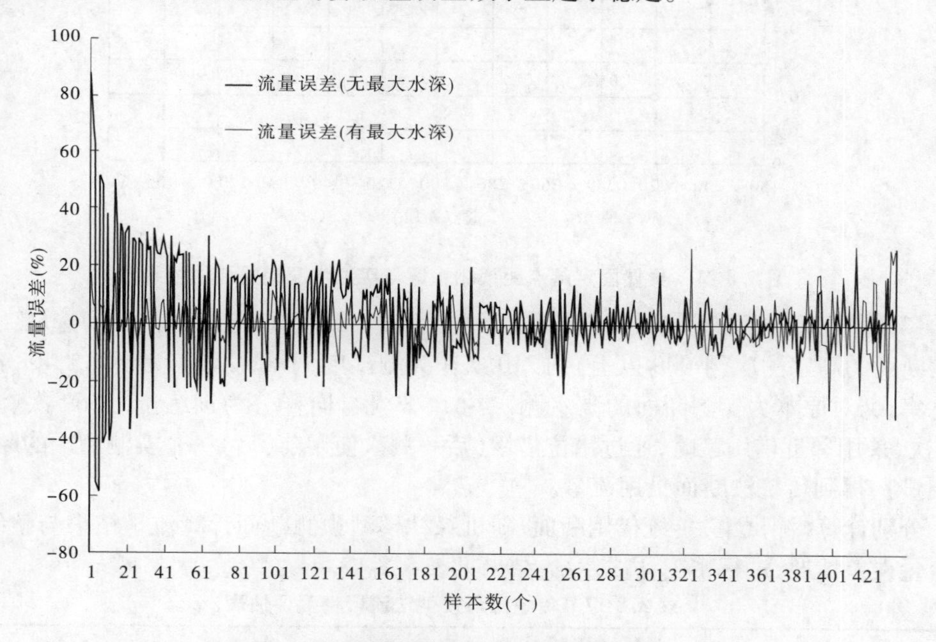

图 5.8-20　流量误差对比图(有无水深因子)

(2)断面不同位置水深对模型预测结果的影响程度不同,但差别较小。平均水深、最大水深以及断面固定起点距水深在断面形态预测模型中所起的作用几乎是等同的,但不一定是最佳水深。各水文断面均存在一定的分布区域,此区域内的垂线水深或较好水深代表垂线组合(龙门站最优双垂线)对模型预测效果最好。各种特征水深对比分析结果见表5.8-16。

表 5.8-16　不同水深随机森林模型参数优选评估表

模型	"119 模型"	"127 模型"	平均水深(m)	固定起点距水深(m)
决定系数	0.86	0.92	0.92	0.89～0.93
均方差	0.3	0.18	0.17	0.15

图 5.8-21 为吴堡固定起点距预测水深与实测水深相关评估结果。可以看出,吴堡站起点距 280～320 m 间,固定垂线水深对随机森林预测模型影响结果最佳且等效。其余位置虽有所降低,但变化较小。

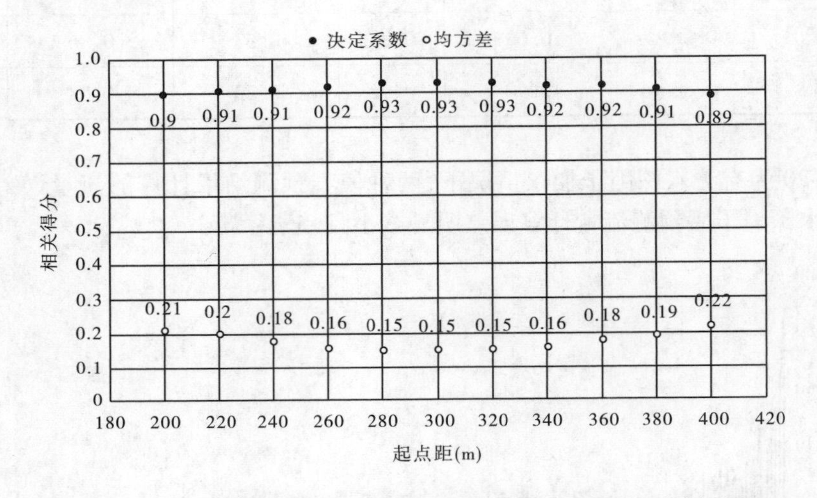

图 5.8-21　吴堡固定起点距预测水深与实测水深相关评估结果图

(3)随机森林模型预测效果较传统断面借用方法精度高,效果好。分别选取:①原本借用断面的高水测次(4 000 以上)约 210 次作为测试集,全部可靠实测断面 1 408 次作为训练集;②对原本为实测断面的高水测次约 1 789 次,同样分为训练集 1 369 次、测试集 420 次,采用邻近借用策略,通过错位借用(后一测次使用前(后)一个实测测次的断面,计算流量),得到传统法断面借用流量。

分别计算(测试集)传统借用断面、随机森林模型预测断面计算流量结果与整编成果的流量误差情况,进行精度评估,对比结果见表 5.8-17。

表 5.8-17　传统法与模型法流量精度评估表

评价指标	原借用断面(%)		原实测断面错位借用(%)	
	传统法	模型法	传统法	模型法
E80	19	13	18	9
均方差	9	10	10	6

分析显示,同一资料系列,两种传统法的相邻断面借用策略,流量计算 E80 误差分别为 18% 和 19%,模型法 E80 误差分别为 13% 和 9%,相应的均方差则接近和减小。即:采

用模型法预测断面形态，在同一保证率（80%）的情况下，计算流量误差较传统法分别降低6%和9%，且样本均方差也有所减小或接近。

由此得出，随机森林模型预测断面形态计算结果比传统方法精度高，效果更好。

5.9 断面借用体系应用指导性意见

本项目研究的是洪水过程断面借用技术，对黄河干流吴堡、龙门两站，从实际情况和目前的设备来看，以3 000 m^3/s 作为洪水指标考虑断面借用。考虑设备和时间限制，无法全面实测断面水深时，可按下面的方案进行处理。

5.9.1 吴堡站断面方案选择

（1）吴堡站首选形态回归模型。如果能够测得起点距280～320 m之间的某个水深时，使用"127模型"组中的相应模型，输入测时水位、河宽（左右水边起点距）、流速分布（起点距流速数组）、最大流速、固定起点距水深等5类参数，预测断面形态。如果无法获得有效的水深数据，采用"119模型"预测断面。

（2）在中泓浮标测流条件下，如果可以获得一个有效水深，则使用"126模型"，否则使用"118模型"，这两个模型不需要流速分布，只需要水位、河宽、起点距数组及最大流速4类参数。但由于流速分布是断面形态回归的最关键参数，水深流速分布对称性是断面形态回归的基石，因此在此条件下，回归模型预测结果应与其他方法进行对照验证。首先应与邻近借用策略所借的邻近测次断面进行对比，然后参考水位面积变率相关性。

（3）吴堡站中泓测流条件下，备选水深代表垂线法。如果可以实测本研究所率定位置的水深代表单垂线或者双垂线，就可以使用相应的回归公式计算断面面积。

在使用断面形态回归模型时，对于浮标测流和电波流速仪测流，需使用流速系数统一将表面流速换算为垂线平均流速供模型使用。

5.9.2 龙门站断面方案选择

（1）首选代表水深垂线法。

该方法要求必须实测1～2个水深，起点距按照龙门站水深代表单垂线及双垂线最优率定位置范围确定。然后使用相应回归公式计算断面面积。

（2）随机森林模型只建议用"127模型"，模型中的水深参数，首选双垂线最优位置水深。

（3）在代表垂线无法获得有效水深数据时，采用邻近借用策略，并参考水位面积变率相关性进行改正。

5.9.3 应用随机森林模型和水深代表垂线法确定变动河床洪水断面技术指南

以本次研究为基础，编制了《应用随机森林模型和水深代表垂线法确定变动河床洪水断面技术指南（送审稿）》（简称指南）。指南分为总则、一般规定、精度评价指标、资料的搜集与整理、模型使用方法、模型使用范围等章，共37条。详见相关附件。

5.10　小　结

(1)分析资料系列长、项目全、代表性好,资料处理方法科学,能够有效支撑项目研究资料分析,保障预测结果可靠。

本项目收集了研究目标站——吴堡、龙门两站以及河龙区间重要支流把口站(其中吴堡以上有高石崖、桥头、温家川、兴县、高家川、申家湾、杨家坡、林家坪8个;吴龙区间有后大成、裴沟、白家川、延川、大宁、新市河、吉县、大村、甘谷驿9个),1950～2013年洪峰流量为3 000 m^3/s以上的历史洪水场次相关水文资料成果、实测断面原始资料等多种资料,资料收集范围广、数量大、类型多,尤其是吴堡、龙门两站实测断面原始资料,系列长、项目全、代表性好。

为保障资料分析和数学模型建立的科学性和准确性,将确保使用资料的正确作为第一要求。为此,在资料处理过程中投入了大量人力和时间(历时一年半,有30多人参与)进行原始资料电子化转换和校准,同时以历史水文数据库表结构为基准,建立标准化资料数据表式,编制资料合理性、一致性、正确性诊错软件,对批量数据进行多次重复校准确认,编制多种要素过程套绘、对照图绘制软件,更直观地对数据进行检验,为项目研究提供了可靠的资料保障。

(2)将随机森林算法应用到变动河床测验断面形态预测概化模型中,预测效果良好,结果稳定可靠,有效解决了多沙河流变动河床洪水期断面变化剧烈、施测困难这一技术难题,推动了多沙河流流量测验的现代化进程。

引入机器学习算法随机森林算法,并应用到变动河床测验断面形态预测分析中。通过对预测结果影响因子的逐步筛选,率定出了影响模型精度的关键性参数,建立了适用性强的随机森林断面形态预测模型,能够根据流速分布精准预测过水断面形态,预测效果良好,结果稳定可靠,完全满足变动河床冲淤变化剧烈、洪水过程河底形态复杂多变情况下断面形态预测分析需要。

通过对黄河中游几个测站(典型河道断面形态和冲淤特性)的预测结果进行精度评估,结果明显优于传统断面借用方法,较好地实现了本项目的研究目标,有效解决了变动河床洪水期断面变化剧烈、施测困难这一技术难题,也为多沙河流实现流量测验自动化、快速化提供了技术支撑,推动了流量测验的现代化进程。

(3)采用科学算法,实现河道断面代表垂线法分析,做到代表性最优。所选位置准确、结果可靠,优选结果取值范围大、精度高,利于实际操作。

水深代表垂线法常应用在河道较稳定的河流上,在变动河床的水文测验中,也做过相关分析研究,但由于受资料和技术手段限制,并没有得出令人满意的成果。此次分析研究突破了资料不足和技术手段的限制,算法科学,成果可靠。

双垂线代表水深回归分析中,充分利用历史数据系列,采用穷举法,编制分析计算软件,对所有双垂线进行组合(每断面均有2万多组),与断面平均水深进行回归分析,分别建立数学回归公式,按一定精度指标进行科学评估,优选范围极大增加,利于实际生产应用。

回归模型建立充分考虑影响因子,实现选择结果最优化。对多沙河流而言,断面的平均水深与初始状态和水位、流速、含沙量以及断面形态等多种因素有关，且时刻处于变化中。项目研究中，考虑不同测验断面条件下的敏感影响因子（如吴堡断面分析中增加了水位、左右水边线起点距等影响因素），筛选影响参数，建立回归模型，通过对不同洪水量级结果进行评估，优选结果稳定可靠，代表性好。

（4）项目成果超预期，建立了适用性强的水文断面借用技术规程，能够为多种类型的断面借用提供技术服务；模型及应用程序集能更广泛地应用到日常测报工作中，为测验位置选取、新型水面流速仪应用、水文监测技术优化分析等提供资料分析平台，应用前景好。

项目从断面形态预测、水深代表垂线法的引入和优选分析、精细变率模型方法的探索性分析以及断面面积变率统计学分析等方面取得了较好的研究成果，研究取得重大突破。

各种分析方法中充分考虑了不同断面环境条件下的影响因素，并做到结果最优化，成果结论均能有效应用于生产实际，并形成了一套不同模型应用技术规程，不仅适用于各类水文站的断面借用技术，而且能够更大范围地应用于测报日常工作中的监测位置选取、新型水面监测仪器使用、断面资料分析、水文监测技术优化分析等，应用前景广泛，精度高，效果可靠。

（5）以本次研究为基础，编制了《应用随机森林模型和水深代表垂线法确定变动河床洪水断面技术指南（送审稿）》。指南分为总则、一般规定、精度评价指标、资料的搜集与整理、模型使用方法、模型使用范围等章，共37条。详见相关附件。

第6章 暴雨洪水诊断指标与情势预警评价体系

6.1 概 述

一般地,洪水泥沙预警预报包括超前预警与临近预报两种类型。本次研究主要侧重于河龙区间干支流的超前预警问题。黄河中游河龙区间洪水泥沙预警预报是一项难度很大、研究问题极为复杂的挑战性课题,目前国内外尚无成熟的经验和方法。做好暴雨洪水泥沙诊断指标分析,不仅是识别关键致洪致沙因子的需要,也是黄河中游多沙粗沙区特别是粗泥沙集中来源区产汇流基本规律研究和洪水泥沙预警预报模型或方案构建的需要。因此,本次研究从场次暴雨洪水泥沙诊断角度出发,分析河龙区间降水、洪水和泥沙三类诊断指标,为洪水泥沙预警预报模型或方案的构建提供支持。

河龙区间剧烈的人类活动(如水土保持工程建设等)加速下垫面的改变,而下垫面的改变又必然影响暴雨的产洪产沙。河龙区间属于黄河中游典型多沙粗沙区,暴雨产洪产沙过程非常复杂,再加之下垫面的坡面工程和沟道工程对洪水泥沙的拦截作用机制尚不明确,给河龙区间洪水泥沙预警预报带来极大挑战。根据黄河水利委员会多年作业预报的实践经验,准确预报出洪水泥沙的趋势、量级,就能够在河龙区间防洪、下游调水调沙、小北干流放淤等治黄工作中发挥重大的技术支撑作用。从防洪调度角度来讲,洪水泥沙预警预报主要目的是实现超前预警、延长预见期。因此,开展趋势或量级预报是黄河中游洪水泥沙作业预警预报的特点,也是当前解决河龙区间洪水泥沙预警预报这一挑战性课题的务实手段。目前,在洪水泥沙趋势、量级预报及可靠度评价方面还缺乏有效的评价指标体系。从河龙区间洪水泥沙预警预报实际情况出发,河海大学提出了一套实用的洪水泥沙预警评价指标体系(见6.3节),满足作业预警预报的需求。

6.2 场次暴雨洪水泥沙诊断指标

6.2.1 降水类指标

6.2.1.1 面平均雨量

面平均雨量是整个区域内单位面积上的平均降雨量,能较客观地反映整个区域的降雨情况。常用方法有三种。

1. 算术平均法

将流域内各雨量站的雨量算术平均,即得流域平均雨量。此法计算简便,适用于流域内地形变化不大、雨量站分布较均匀的情况。

2. 加权平均法

加权平均法又称垂直平分法或泰森多边形法。将相邻雨量站用直线相连,对各连线作垂直平分线,由这些垂直平分线连成许多多边形,每个多边形内有一个雨量站。流域边界处的多边形以流域边界为界。假定每个多边形内雨量站测得的雨量代表该多边形面积上的降雨量,则流域平均雨量可按面积加权平均求得。面积加权平均法应用比较广泛,适用于雨量站分布不均匀的情况。

3. 等雨量线法

在较大流域内,地形变化比较显著,若有一定数量的雨量站,可根据地形等因素的作用考虑降雨分布特性绘制等雨量线图。用求积仪量得各等雨量线间的面积,该面积上的雨量以相邻两等雨量线的平均值代表,然后按面积加权计算流域平均雨量。

本研究使用的是第一、二种方法。

6.2.1.2　降雨历时

一次降雨过程中以一时刻到另一时刻的降雨时间,单位为 min、h 或 d,特别的,从降雨开始至降雨结束所经历的时间称为次降雨历时。

6.2.1.3　最大点雨量

最大点雨量是指某一地点在一定时间内降雨达到或超过暴雨标准的降雨量,单位为 mm。

6.2.1.4　最大点(暴雨中心站点)雨强

最大点(暴雨中心站点)雨强指某一地点一定面积上单位时段内的最大降雨量,单位为 mm/min 或 mm/h。

6.2.1.5　最大面平均雨强

最大面平均雨强是指一定面积上单位时段内的最大降雨量,单位为 mm/min 或 mm/h。

6.2.1.6　暴雨中心位置(L_c)

暴雨中心位置为各雨量站中降雨量最大的站点到流域出口断面的流程长度。各雨量站到流域出口断面的流程长度可事先利用 GIS 软件和 DEM 数据确定。

6.2.1.7　前期影响雨量(P_a)

$$P_{a,t+1} = K(P_t + P_{a,t}) \tag{6.2-1}$$

式中,K 为前期影响雨量削减系数,由流域蒸散发能力(E_m)和流域最大蓄水量(I_m)确定。

1. 流域蒸散发能力(E_m)的确定

一般是将取得的蒸发皿实测值资料,乘以蒸发皿折算系数和水陆换算系数,作为流域蒸散发能力的近似值。目前常用的 E-601 蒸发皿折算系数与水陆换算系数,略可互相补偿,其各月两系数的乘积粗略地等于 1,因此可直接采用 E-601 蒸发皿观测值作为流域蒸散发能力的近似值。

受气象因素影响,流域蒸散发能力每月、每日不同,可逐日采用实测值,但蒸发日变化太大,为减小跳动,也可取历年各月蒸发量的统计均值。

2. 流域最大蓄水量(I_m)的确定

I_m 值是流域的综合指标,一般直接从水文资料中获取。

挑选前期久晴不雨,本次雨量或雨强较大,但不产流或产流较小的降雨资料,可以认

为它接近或达到流域最大蓄失量 I_m 值,按水量平衡方程式计算:

$$I_m = P + P_a - R - F_c - E \tag{6.2-2}$$

式中,P_a 为前期影响雨量,mm,久晴不雨时趋近于零;R 为产流量,mm,不产流时为零;F_c 为稳渗量,mm,在包气带较薄地区,作为地下径流排出,包括在径流总量 R 值中,此时该项约为零;E 为雨期蒸发量,mm。

3. 消退系数(K)的确定

土壤含水量的消退系数(K)值有两种确定方法:一是由实测土壤含水量本身变化规律确定;二是由气象因子来确定。现常用的是后一种方法。

设流域 t 日的蒸发量为 E_t,则:

$$E_t = P_{a,t} - P_{a,t+1} = (1 - K)P_{a,t} \tag{6.2-3}$$

因 E_t 值与 P_a 成正比,也与日蒸发能力 E_m 成正比,则:

$$E_t = K'E_mP_{a,t} \tag{6.2-4}$$

当 $P_{a,t} = I_m$ 时,$E_t = E_m$,则 $K' = 1/I_m$,代入上式,则:

$$E_t = \frac{1}{I_m}E_mP_{a,t} \tag{6.2-5}$$

联解上述两式可得:

$$K = 1 - \frac{E_m}{I_m} \tag{6.2-6}$$

4. 前期影响雨量(P_a)的计算

前期影响雨量是影响降雨形成径流过程的一个重要因素,因土壤含水量的实测资料有限,且是“点”的,只能间接通过前期影响雨量(P_a)的指标法来表示。

如天气晴朗无雨时,前期影响雨量计算公式为:

$$P_{a,t+1} = KP_{a,t} \tag{6.2-7}$$

式中,$P_{a,t}$ 为 t 时的前期影响雨量,mm;$P_{a,t+1}$ 为 t 时一日后的前期影响雨量,mm;K 为土壤含水量的日消退系数或折减系数。

如果在 t 日有降雨 P_t,但未产流,则:

$$P_{a,t+1} = K(P_t + P_{a,t}) \tag{6.2-8}$$

如果在 t 日有降雨 P_t,并产生径流量 R_t,则:

$$P_{a,t+1} = K(P_{a,t} + P_t - R_t) \tag{6.2-9}$$

5. 前期影响雨量(P_a)的修正

使用上述方法计算 P_a 时,日分隔点为每天上午 8 时,K 为日消退系数。而对于预报时刻不在 8 时的情况,这显然是有误差的,因此需对前期影响雨量进行修正。修正的方法为 8 时之后的降雨以 Δt 为时间步长再进行计算,此时的消退系数要用以 Δt 为时间步长的时段消退系数。不同时段的消退系数换算公式如下:

$$K_{\Delta t} = K^{\Delta t/24} \tag{6.2-10}$$

6.2.1.8　降雨笼罩面积占比

降雨笼罩面积占比指大于等于某一量级雨量笼罩面积占流域面积的比例(%);本研

究选用25 mm、50 mm、100 mm 等雨量级,分别用P_{25}、P_{50}、P_{100}降雨笼罩面积占比来表示。

6.2.2　洪水类指标

6.2.2.1　雨洪滞时(τ)

雨洪滞时是指净雨质心到洪峰出现时间的时距,或者是主雨结束到洪峰出现时间的时距,单位为 h。

6.2.2.2　洪水历时

洪水历时是指一次洪水自基流起涨至最大流量并回落到基流所经历的时间,或在多峰型洪水过程中两马鞍形谷点之间的历时,单位为 h 或 min。

6.2.2.3　洪峰流量

当流域大部分高强度的径流汇入时,河水流量增至最大值,称此时流量为洪峰流量,单位为 m^3/s。

6.2.2.4　次洪径流量

次洪径流量是指一次洪水过程中通过某一过水断面的水量,单位为万 m^3、百万 m^3或亿 m^3。

6.2.2.5　次洪径流模数

次洪径流模数是指一次洪水过程中单位流域面积上单位时间所产生的径流量,单位为 $m^3/(s \cdot km^2)$。

6.2.2.6　洪峰模数

洪峰模数是指控制断面的洪峰流量与该控制断面集水面积的比值,单位为 $m^3/(s \cdot km^2)$。

6.2.2.7　次洪径流系数

次洪径流系数是指一定集水面积内次洪总径流量与降水量的比值。

6.2.2.8　平均损失强度(f_a)与产流历时(t_c)

针对每一场暴雨洪水,采用平割法,得到场次洪水的平均损失强度 f_a 和产流历时 t_c,如图 6.2-1 所示。

6.2.3　泥沙类指标

6.2.3.1　最大含沙量

最大含沙量是指次洪过程中单位体积内所含泥沙的最大值,单位为 kg/m^3。

6.2.3.2　输沙率

输沙率是指在一定水流和床沙组成条件下,单位时间内水流能够输移的泥沙量,单位为 kg/s。

6.2.3.3　输沙量

输沙量是指一定时段内通过河流某一断面的泥沙量,单位为 t、万 t、百万 t、亿 t。

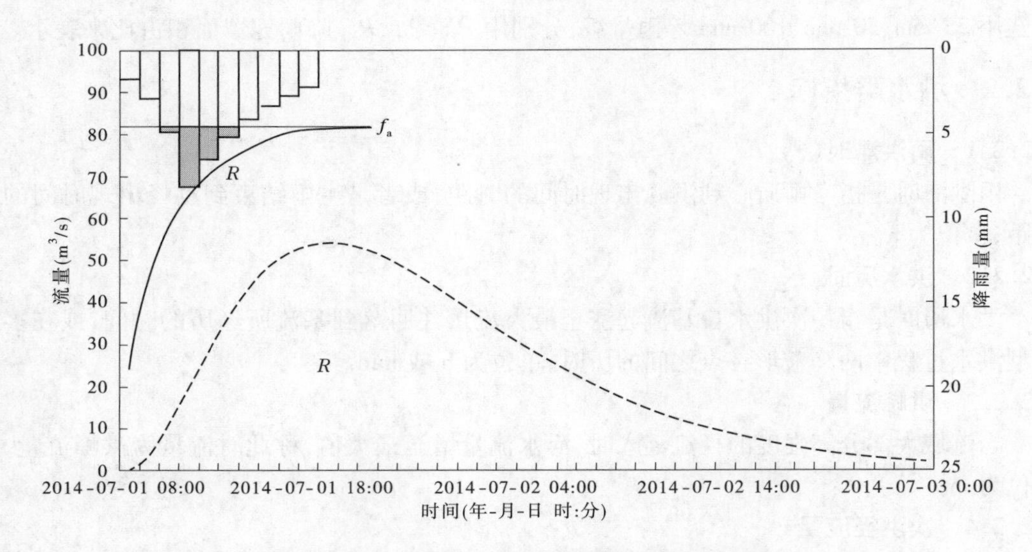

图 6.2-1　平割法确定平均损失强度示意图

6.2.3.4　输沙模数

输沙模数是指一次洪水过程中单位流域面积上单位时间所产生的泥沙量，单位为 $t/(s \cdot km^2)$。

6.2.3.5　沙峰滞时

次洪过程中沙峰出现时间与洪峰出现时间之差为沙峰滞时，正值表示沙峰滞后，负值表示沙峰提前，单位为 h。

6.3　洪水泥沙预警评价体系

6.3.1　现行的洪水预警预报指标体系

6.3.1.1　预警指标分类

目前，常用洪水预警指标主要包括以下三类。

1. 临界雨量

一个地区或者流域引发的洪水有可能会导致灾害的发生时，降雨达到或者超过的强度或者量级称为临界雨量。根据预警指标的具体内容分析，降雨频率、前期降雨量、有效雨量和累积雨量等要素均为临界雨量预警指标，并且是在降雨要素二维或者三维组合基础上而得出的雨量复合指标。

2. 临界水位

在洪水发生时，其流域内的主要水塘、水库、河道等含指标性以及代表性地点的特征水位称为临界水位。

3. 临界流量

在洪水发生时，其流域内含指示性和代表性的河道断面处的流量值称之为临界流量。

一般在地形和河道断面特征等要素的基础上,临界水位和临界流量是可以互换的。

在流域水文模型的洪水预警等系统或方法的基础上,可借用临界水位或临界流量为预警指标。

6.3.1.2 指标分级及阈值

为了建立具有科学性、本地化、指标数量适度、适于量化的反映洪水大小的预警指标,就需要对选定的洪水预警指标进行分级。首先需要确定对每个指标进行不同等级划分的阈值。

一个流域或区域的雨量或雨强达到或超过某一量级或强度时,就会诱发该流域或区域的洪水灾害。临界雨量(或动态临界雨量)是洪水预警预报以及制定防汛调度方案的关键依据,临界雨量方法对于判断区域内有无洪水发生行之有效,但无法判别洪水的量级,更不能够识别区域内洪涝灾害的风险。

在洪水分级方法方面,可以采用以下方法:采用年最大值法对洪峰流量资料进行独立选样,再采用P-Ⅲ频率分析法得出年最大流量频率曲线。洪水流量按重现期划分等级,即小洪水(重现期小于5年)、中洪水(重现期5~20年)、大洪水(重现期20~50年)、特大洪水(重现期达到或超过50年)。

此外,在山洪灾害气象风险预警指标研究方面,针对前期土壤含水量饱和度也有分位数法的等级指标划分方法(叶金印等,2016)。

6.3.1.3 预报方案精度评价指标

根据《水文情报预报规范》,洪水预报精度评定的项目应包括洪峰流量(水位)、洪峰出现时间、洪量(径流量)和洪水过程等。可根据预报方案的类型和作业预报发布需要确定。洪水预报误差可采用绝对误差、相对误差和确定性系数3种指标。许可误差是依据预报成果的使用要求和实际预报技术水平等综合确定的误差允许范围。根据洪水预报方法和预报要素的不同,对洪峰预报、洪峰出现时间预报、径流深预报及过程预报等4种预报要素的许可误差做不同的规定。在对预报项目的精度评定时,若一次预报的误差小于许可误差,则为合格预报。合格预报次数与预报总次数之比的百分数为合格率,表示多次预报总体的精度水平。在此基础上,预报项目的精度按合格率或确定性系数的大小分为甲、乙、丙3个等级。

6.3.2 河龙区间洪水预警预报精度评价方法

黄河河龙区间半干旱半湿润地区场次洪水预警预报难度大,结果往往精度不高,对防洪减灾工作缺乏精确指导。因此,提出面向预警预报目的的等级评价标准,评定预警预报精度,再采用预报不确定性分析方法对预警预报结果的可靠度进行评估,以此构建一种新的预警预报精度评价方法。

鉴于黄河河龙区间水文预警预报,特别是小时级别的场次洪水预警预报精度不高的现状,本次研究主要目的是面向洪峰流量的预警预报,因此从务实角度出发,提出了一种“等级-可靠度”的预警精度两步评估指标体系,以满足防洪预警预报的实际需求:第一步指标是洪水量级合格率指标,第二步指标是概率预报置信区间合格率指标。在第一步指标的构建中,先将所有实测场次洪峰样本由大到小排序,以第25%序位的洪峰值作为大洪水与中等洪水的分界，以第75%序位的洪峰值作为中等洪水与小洪水的分界，据此将场次洪水分为大洪水、中等洪水及小洪水3类，作为洪水量级评定指标；考虑到该分类方法在分界处具有一定的模糊性，再以洪峰流量允许误差±20%为限，与洪水量级评定指标相结合，形成“等级”评估指标。这样就创建了一种新的洪水预警预报精度评价方法，方法示意图如图6.3-1所示。

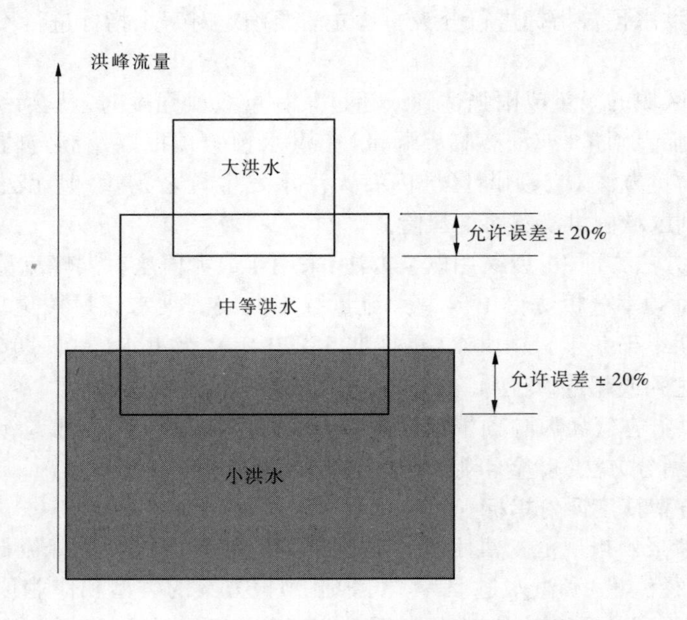

图6.3-1 洪水预警预报精度评价方法示意图

根据研究流域洪水特性及防洪要求，以洪峰表征洪水量级大小，对暴雨洪水模型预警预报的场次洪峰进行量级合格率评定。将所有实测场次洪峰样本由大到小进行排序，以排序在第25%序位的洪峰值作为大洪水与中等洪水的分界，以排序在第75%序位的洪峰值作为中等洪水与小洪水的分界，据此可以根据洪峰值将场次洪水分为大洪水、中等洪水及小洪水3类。若模型预报场次洪水的量级与实测洪水的量级相同，则认为预报合格，进而统计暴雨洪水模型的预报合格率，以合格百分率统计。

上述以单一流量阈值作为分界划分洪水量级存在一定弊端，即虽然实测洪峰与预报洪峰相对误差较小，但正好落在流量阈值两端时则会被人为界定为不同洪水量级，最终做出预警预报洪水量级不合格的错误判断。因此，为解决这种阈值划分中存在的问题，再加入洪峰预报相对误差这一指标，进行精度评定。洪水量级合格率的评定流程如下：

步骤一：以洪峰相对误差不超过±20%为指标评定本场次洪水量级预报合格。

步骤二：若以步骤一中相对误差界定预警预报不合格，则进一步按照大洪水、中等洪水及小洪水分级流量阈值评定预报洪峰的等级；预报洪峰与实测洪峰等级一致，则评定本场次洪水量级预报合格。

步骤三：统计上述两种指标综合评定作用下的洪水量级预报合格率。

在本次项目研究中，将典型流域水文站1980年至今所有等级场次洪水洪峰流量资料从大到小进行排序,得到第25%序位的大洪水、中等洪水的等级分界流量值,以及第75%序位的中等洪水、小洪水的等级分界流量值,结果见表6.3-1。以洪水量级预报合格率作为洪水预报诊断分析指标,可为当前河龙区间防洪工作提供重要参考。

表6.3-1　河龙区间主要水文站不同等级洪水分界流量值

流域	水文站	小洪水/中等洪水分界流量 (m^3/s)	中等洪水/大洪水分界流量 (m^3/s)
黄河	吴堡	2 780	6 230
	龙门	2 570	5 740
湫水河	林家坪	523	975
窟野河	新庙	402	1 050
	王道恒塔	478	2 690
	温家川	452	2 330
秃尾河	高家川	398	994
清涧河	延川	411	1 130

在河龙区间干流洪水作业预警预报中,习惯上将龙门水文站5 000 m^3/s 流量作为开始预警或预报的阈值,即小于5 000 m^3/s 的洪水可认定为小洪水。为保持与预报部分对洪水量级界定的一致性,本次研究在干流吴堡、龙门站同时采用下述第二种洪水等级分界流量值(见表6.3-2):

(1)小洪水:洪峰流量小于5 000 m^3/s 的场次洪水;

(2)中等洪水:洪峰流量介于5 000 m^3/s 至8 000 m^3/s 的场次洪水;

(3)大洪水:洪峰流量介于8 000 m^3/s 至12 000 m^3/s 的场次洪水;

(4)特大洪水:洪峰流量大于12 000 m^3/s 的场次洪水。

表6.3-2　河龙区间吴堡站与龙门站不同等级洪水分界流量值(第二种)

水文站	小洪水/中等洪水分界流量 (m^3/s)	中等洪水/大洪水分界流量 (m^3/s)	大洪水/特大洪水分界流量 (m^3/s)
吴堡	5 000	8 000	12 000
龙门	5 000	8 000	12 000

6.3.3　河龙区间泥沙预警预报评价方法

本次研究在评价河龙区间泥沙预警预报精度时,采用与洪水预警类似的分位点法评价指标构建方法。具体做法为:将所有实测场次沙峰样本由大到小进行排序,以排序在第25%序位的沙峰值作为大沙峰与中等沙峰的分界,以排序在第75%序位的沙峰值作为中等沙峰与小沙峰的分界,据此可以根据沙峰值将泥沙场次分为大沙峰、中等沙峰及小沙峰3类。若模型预报泥沙场次的量级与实测泥沙过程的量级相同,则认为预报合格,进而统计含沙量预报模型的预报合格率,以合格百分率统计。

与洪水预警中量级预报合格率类似,上述以单一流量阈值作为分界划分含沙量等级存在一定弊端,即实测沙峰与预报沙峰相对误差很小,但正好落在含沙量阈值两端时则会被人为界定为不同含沙量等级,最终做出预报含沙量等级预报不合格的错误判断。因此,需要再加以相对误差指标进行精度评定。

在本研究中,将典型流域水文站1980年至今所有等级次洪最大含沙量(沙峰)样本资料从大到小进行排序,得到第25%序位的大沙峰、中等沙峰的等级分界阈值,以及第75%序位的中等沙峰、小沙峰的等级分界阈值,结果见表6.3-3。以次洪最大含沙量量级预报合格率作为含沙量预警预报指标,可为当前河龙区间泥沙预报工作提供重要参考。

表6.3-3 河龙区间主要水文站不同等级次洪最大含沙量分界阈值

流域	水文站	小沙峰/中等沙峰 分界含沙量(kg/m^3)	中等沙峰/大沙峰 分界含沙量(kg/m^3)
黄河干流	龙门	230	380
湫水河	林家坪	454	596
窟野河	温家川	336	896
秃尾河	高家川	287	1 050
清涧河	延川	558	709

第 7 章　变化环境下暴雨洪水规律及其定量关系解析

7.1　概　述

河龙区间是黄河暴雨洪水主要来源区，也是黄河泥沙的重要来源地。河龙区间处于黄土高原区，地域广袤，支流众多，地貌形态千差万别，加之 20 世纪 80 年代以来大规模的水利水保工程建设、煤炭资源开发等人类剧烈活动的影响，流域地形地貌、土地利用、植被覆盖度等下垫面条件发生了很大变化，降雨径流关系也随之发生变化且更加复杂。为此，本研究采用水文统计方法，利用 1980 年以来资料系列，选取场次暴雨洪水泥沙指标，对典型流域（见表 7.1-1、图 7.1-1）降雨产流、降雨产沙及洪水泥沙等关系及府谷至吴堡未控区间降雨径流关系进行分析，在此基础上分析降雨产流阈值及其时空变异性，为河龙区间暴雨洪水情势诊断方法研究提供技术支撑。

考虑到资料的代表性、完整性，以及流域人类活动影响引起的下垫面条件变化等因素，本研究均选取 1980 年以来的暴雨洪水进行分析。本章节中如未说明具体时间，则均指 1980 年以来的资料系列。

表 7.1-1　河龙区间典型流域基本情况

序号	河名	河长（km）	流域面积（km²）	水文站	控制面积（km²）	至河口距离（km）	区间	岸别
1	湫水河	121.9	1 989	林家坪	1 873	13	府谷—吴堡	左岸
2	皇甫川	137	3 246	皇甫	3 175	14	河口镇—府谷	右岸
3	窟野河	241.8	8 706	温家川	8 645	6.9	府谷—吴堡	右岸
4	秃尾河	139.6	3 294	高家川	3 253	10	府谷—吴堡	右岸
5	无定河小理河	69	820.8	李家河	807	3.3	吴堡—龙门	右岸
6	清涧河	167.8	4 080	延川	3 468	38	吴堡—龙门	右岸
7	汾川河	119.8	1 785	新市河	1 662	23	吴堡—龙门	右岸

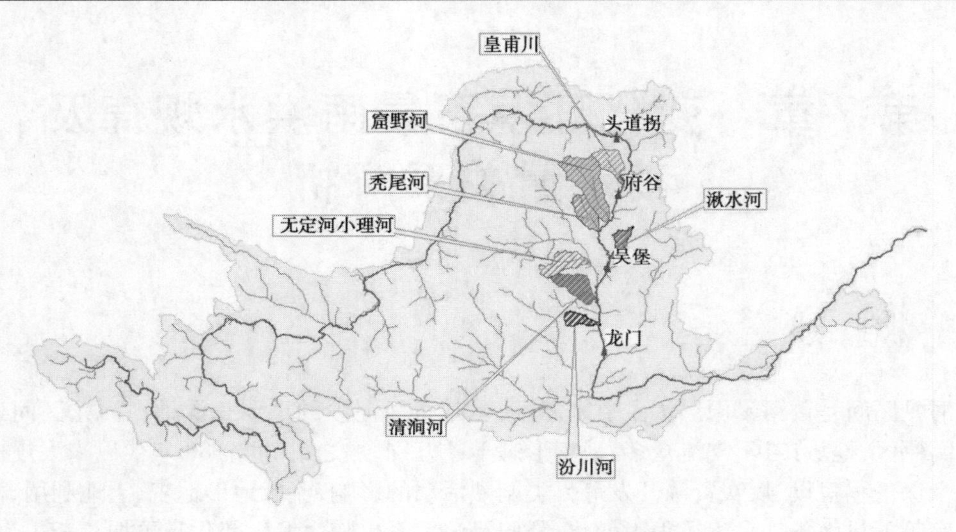

图 7.1-1　河龙区间典型流域示意图

7.2　湫水河流域

7.2.1　流域概况

湫水河流域位于黄河山陕区间中部左岸，为黄河一级支流，流域面积 1 989 km^2。流域内较大的支沟（流域面积大于 10 km^2）20 多条，呈不对称羽状汇入，主要支沟有太平沟、城庄沟、榆林沟、车赶沟、安业沟、大峪沟、招贤沟等。湫水河控制站林家坪水文站位于入黄口上游 13 km 处，控制面积 1 873 km^2。

湫水河流域图如图 7.2-1 所示。

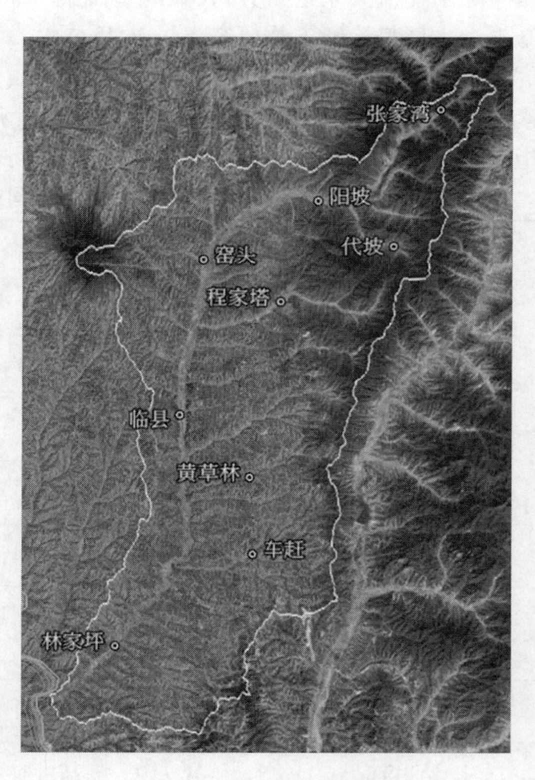

图 7.2-1　湫水河流域图

流域内除东北部为石山林区外，大部分地区为黄土丘陵沟壑区，植被覆盖较差，水蚀面积 1 949 km^2，缓坡地带多梯田。

据有关资料和谷歌地球卫星图片，湫水河流域较大的中小型水库有阳坡、太平、曹家岭、胡家峪、玉坪、薛家圪台、刘王沟等 7 座，控制面积合计 437.2 km^2，其中胡家峪水库处于曹家岭水库控制面积中（见表 7.2-1）。

表 7.2-1　湫水河流域水库情况统计表

水库名称	水库类型	所在河流	坝体坐标(°)		控制面积(km^2)	总库容(万 m^3)	竣工年份
			东经	北纬			
阳坡	中型	湫水河	111.203 9	38.171 7	251	1 756.8	1957
太平	小(1)	太平沟	111.008 6	38.067 8	40	536	1975
曹家岭	小(1)	城庄沟	111.191 1	38.057 0	67	550	1981
胡家峪	小(1)	城庄沟	111.210 2	38.059 9	15	88	1971
玉坪	小(1)	安业沟	111.109 9	37.945 1	60	104	1975
薛家圪台	小(1)	薛家圪台沟	110.898 9	37.736 2	11.6	120	1975
刘王沟	小(1)	刘王沟	111.007 6	37.794 9	7.6	114	1974
合计					437.2	3 268.8	

更多的是大量分布在小的支沟、毛沟河道内的淤地坝。大部分每条沟道中的淤地坝都首尾相连形成坝系，坝间距几十米至百米不等，截至2011年，林家坪以上中小型淤地坝共计251座。

湫水河流域水系及站网分布图如图7.2-2所示。

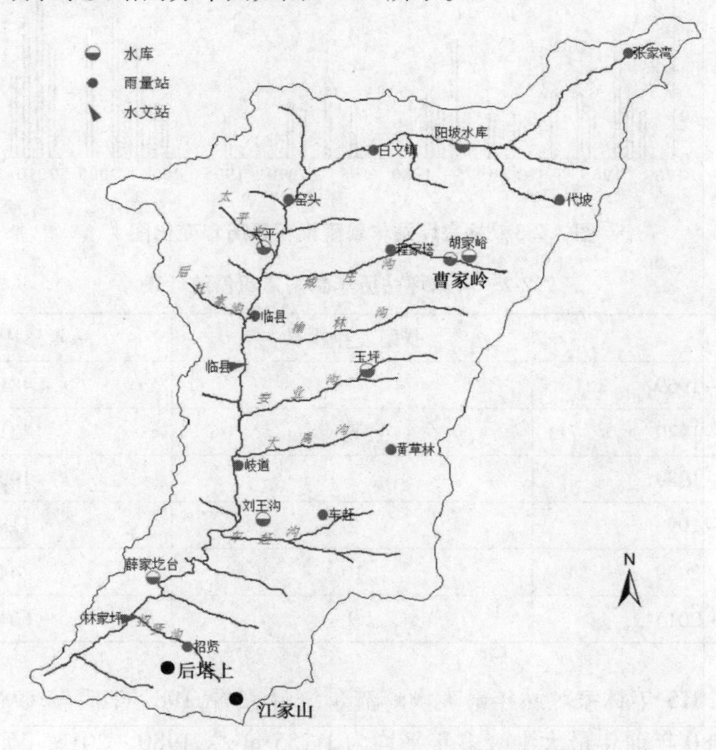

图 7.2-2　湫水河流域水系及站网分布图

湫水河流域现有9处雨量站，分别为张家湾、代坡、阳坡、窑头、程家塔、临县、黄草林、车赶和林家坪,站网密度为 208 km^2/站。其中张家湾和代坡雨量站在阳坡水库上游,本书只采用其余 7 站雨量资料进行分析。

7.2.2　暴雨洪水关系分析

淅水河流域属暴雨洪水多发区,20 世纪 60 年代和 70 年代,多次发生大洪水,超过 1 000 m^3/s的大洪水就有 20 次之多。据史料记载,1875 年曾发生 7 700 m^3/s 的特大洪水,是 1967 年实测大洪水 3 670 m^3/s 的两倍多。但是 20 世纪 80 年代后暴雨和洪水产生的频次和量级都发生了显著变化,1980 年以来发生的最大洪水是 2010 年 9 月 19 日的 2 200 m^3/s。

7.2.2.1　暴雨洪水的年代年际变化

从林家坪站年暴雨累积量历年变化图(见图 7.2-3)来看,2000 年后较之前明显增大增多,而 1980 ~ 2000 年,仅有 5 次暴雨,暴雨累积量 318.1 mm,2000 ~ 2015 年则共发生有 19 次暴雨,暴雨累积量 1 406.7 mm,是前者的 4 倍以上。流域内其他站也有类似现象,不过变化幅度有所不同(见表 7.2-2)。

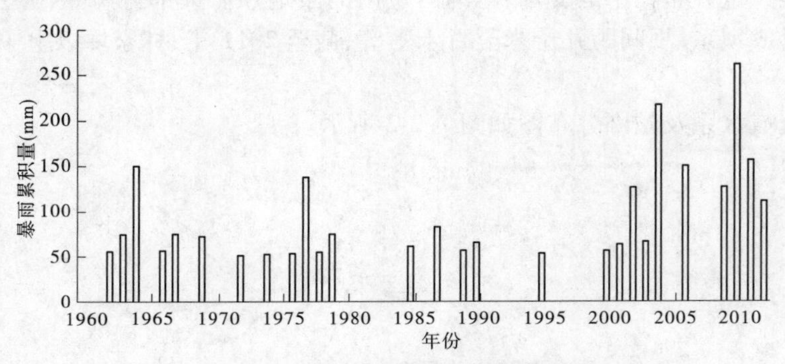

图 7.2-3　林家坪站年暴雨累积量历年变化图

表 7.2-2　林家坪站历年暴雨累积量统计表

年份	暴雨发生次数	暴雨累积量(mm)
1960 ~ 1969	7	481.5
1970 ~ 1979	6	421.7
1980 ~ 1989	3	199.8
1990 ~ 1999	2	118.3
2000 ~ 2009	10	744.9
2010 ~ 2015	9	661.8

从 1953 ~ 2015 年林家坪站年最大洪峰流量统计来看,1980 年后较 1980 年前洪峰量级明显减小,1980 年前年最大洪峰多年平均为 1 255 m^3/s,1980 ~ 2015 年则为 607 m^3/s,其中,2001 ~ 2009 年连续 9 年未发生 800 m^3/s 以上量级的洪水(见图 7.2-4)。

暴雨洪水发生的次数和量级年代及年际间有着明显变化(见表 7.2-3)。从 1960 ~

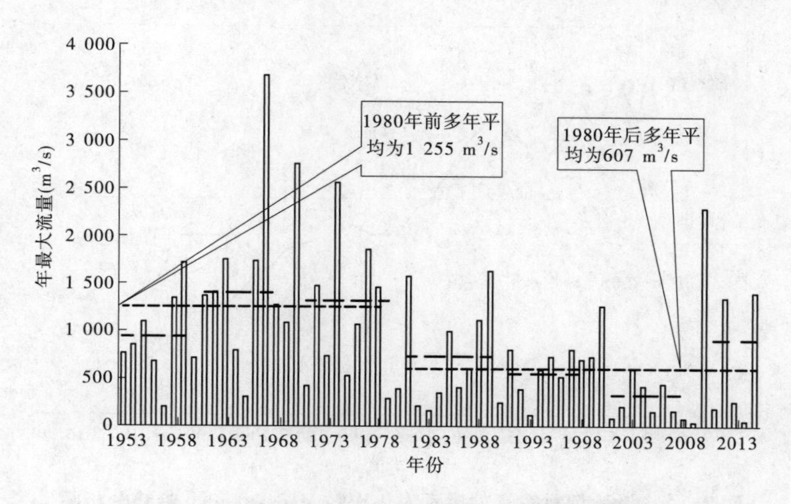

图7.2-4　湫水河林家坪站历年最大洪峰流量变化图

2015年大于100 m^3/s洪峰统计来看，各年代间有着较大差别，总的趋势是次数减少，量级减小。虽然2000～2009年仅发生11次洪水，且量级也最小，但2010～2015年又有所增大，其原因是这期间暴雨次数和量级有所增大。

表7.2-3　林家坪站各时期洪水(≥100 m^3/s)统计表

年份	洪水发生次数	平均洪峰流量(m^3/s)	最大洪峰流量(m^3/s)
1960～1969	70	573	3 670
1970～1979	59	486	2 760
1980～1989	26	512	1 630
1990～1999	38	301	804
2000～2009	11	379	1 260
2010～2015	10	626	2 200

采用Mann-Kendall趋势分析法计算，无论洪水量级还是发生频次，减小和减少趋势明显。根据Mann-Kendall突变检测，突变点在1983年前后(见图7.2-5、图7.2-6)。

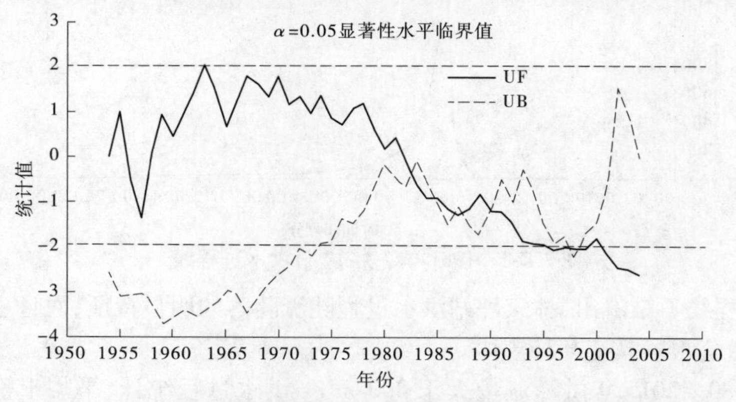

图7.2-5　湫水河林家坪站年最大流量Mann-Kendall趋势分析图

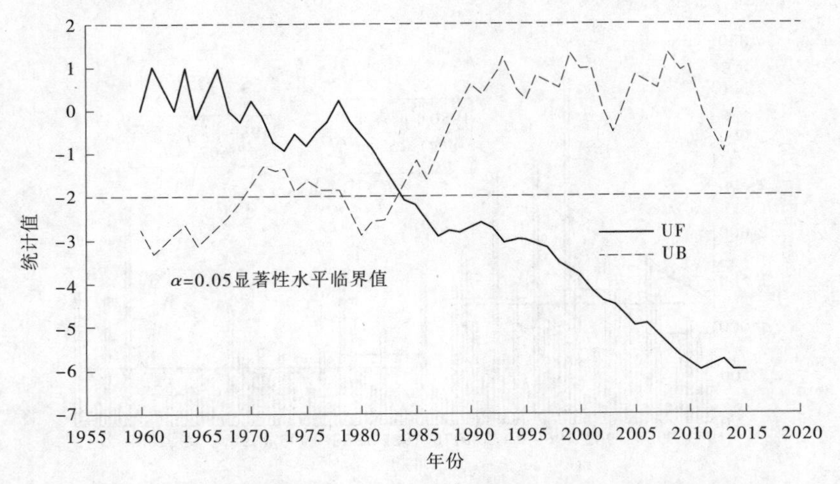

图 7.2-6　湫水河林家坪站洪水发生次数 Mann-Kendall 趋势分析图

因此,本次研究主要分析 1980 年以来湫水河流域林家坪站洪峰流量大于 800 m^3/s 的暴雨洪水,尝试用水文统计方法找出暴雨与洪水之间的关系。

7.2.2.2　场次洪水统计(1980 年以来各年代场次、不同洪峰量级场次)

与河龙区间其他支流一样,湫水河流域较大的暴雨洪水基本上集中发生在 7 ~ 8 月。根据统计 1980 ~ 2016 年洪峰流量 12 次 800 m^3/s 以上洪水中,11 次都发生在 7 ~ 8 月,并且有 8 次发生在 7 月 15 日 ~ 8 月 15 日之间(黄河的主汛期"七下八上"),只有 1 次发生在 9 月中旬(2010 年)。

7.2.2.3　典型洪水过程形态

由于湫水河流域黄土丘陵沟壑区,流域面积不大,仅 1 873 km^2,暴雨历时短,产汇流速度快,因此暴雨洪水过程多呈陡涨陡落形态,并以单峰为主。图 7.2-7 ~ 图 7.2-11 是 5 次较为典型的单峰型洪水过程线(横坐标时间长度均取 48 h)。

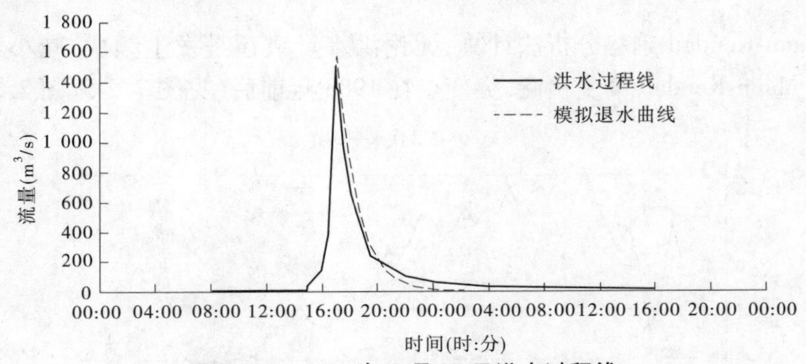

图 7.2-7　1981 年 7 月 17 日洪水过程线

从洪水过程线不难看出,林家坪站洪水过程陡涨陡落的明显特征,而且主要洪水段历时不超过 12 h,落水段具有某种规律。

根据对 1980 ~ 2015 年洪峰流量大于 800 m^3/s 洪水过程统计,平均上涨历时为 1.1 h,洪水历时 17.6 h。

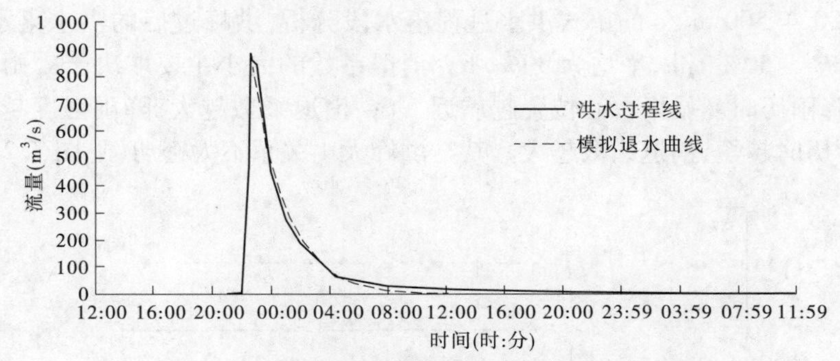

图7.2-8　1985年8月5日洪水过程线

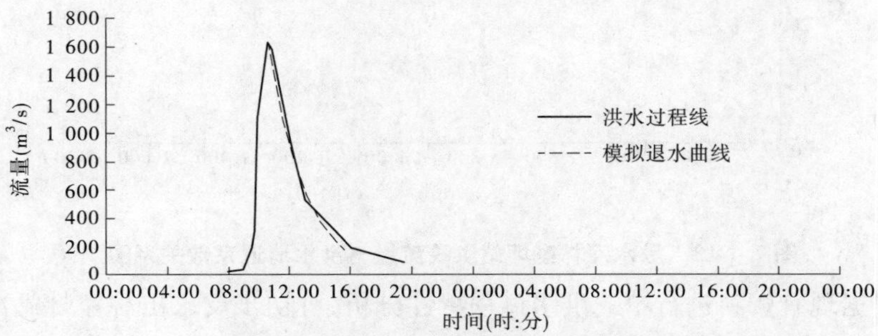

图7.2-9　1989年7月22日洪水过程线

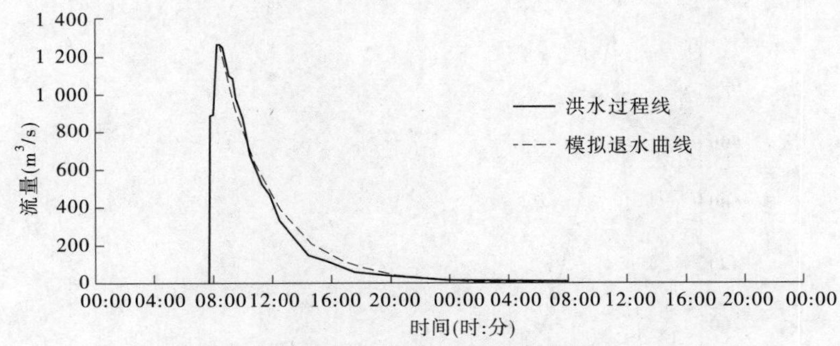

图7.2-10　2000年7月8日洪水过程线

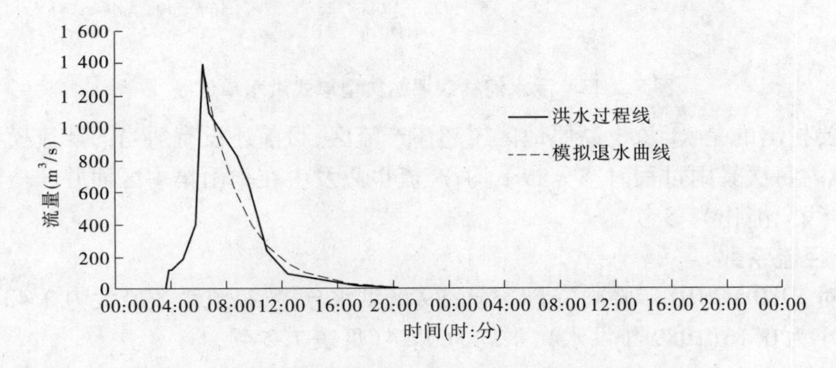

图7.2-11　2015年8月2日洪水过程线

根据1980年500 m^3/s的单式洪水过程落水段分析，洪峰过后的洪水落水段消退系数一般为(30% ~50%)/h，平均为39%/h。消退系数的大小主要取决于暴雨中心位置、降雨强度和降雨历时。暴雨中心位置越靠近下游，消退系数越大；降雨强度越大，消退系数越大；降雨历时越短，消退系数越大。其与洪峰大小关系不太密切(见图7.2-12)。

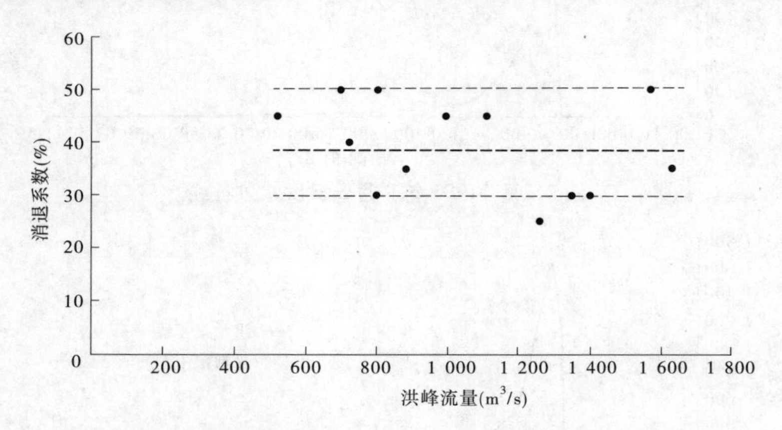

图7.2-12　湫水河林家坪站洪峰流量与洪水消退系数关系图

因此，根据现有资料进行单式洪水过程特性分析，可初步反求出林家坪站净雨(径流深)为10 mm的洪水单位线(见图7.2-13)。

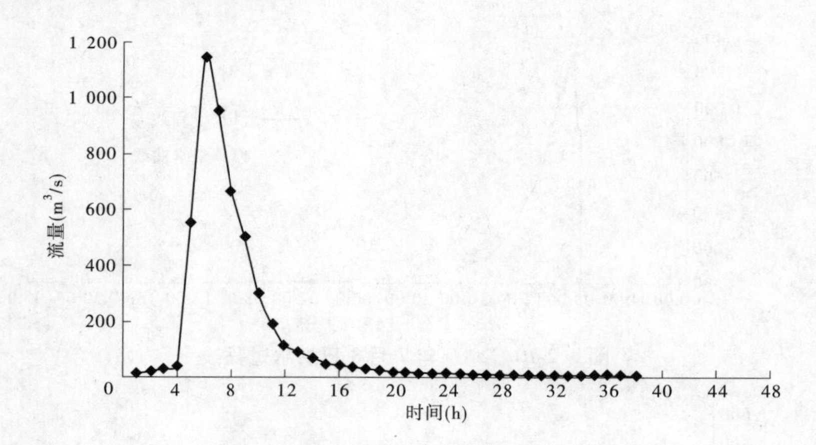

图7.2-13　湫水河林家坪站典型单式洪水单位线

但需要指出的是：①黄土高原地区属超渗产流区，目前还没有适当的产流模型求出净雨；②流域内每次暴雨过程时空分布不均，产流也只发生在暴雨集中区而并非全流域。因此，该单位线只能作为参考。

7.2.2.4　径流系数

通过对1980~2010年降雨资料齐全的9场洪水分析，径流系数最大为0.43(1988年洪水)，最小为0.16(1989年洪水)，平均为0.24(见表7.2-4)。

表 7.2-4　淅水河流域次洪水径流系数计算表

序号	时间 (年-月-日 时:分)	洪峰流量 (m^3/s)	面平均雨量 (mm)	次洪水量 (万 m^3)	径流深 (mm)	径流系数
1	1981-07-07 17:03	1 570	27.8	1 260	7.7	0.28
2	1985-08-05 22:36	883	29.3	896	5.5	0.19
3	1985-08-13 17:30	996	12.6	700	4.3	0.34
4	1988-07-18 16:48	1 110	15.0	1 070	6.5	0.43
5	1989-07-22 10:36	1 630	77.9	2 050	12.5	0.16
6	1991-07-27 23:12	804	22.9	689	4.2	0.18
7	1997-07-31 12:48	800	35.9	1 080	6.6	0.18
8	2000-07-08 08:18	1 260	58.1	1 760	10.7	0.18
9	2010-09-19 08:12	2 200	78.7	3 100	18.9	0.24
平均						0.24

注:流域面积按 1 643 km^2 计算(不计阳坡水库控制面积)。

通过点绘场次洪水次洪径流量与径流系数关系(见图 7.2-14)发现,两者关系点距较为分散,说明由降雨和径流系数推求次洪径流量有一定困难。但作为对一般较大洪水的预估而言,径流系数基本在 0.24 左右,同时,可根据降雨量、降雨强度等因素进行适当调整。

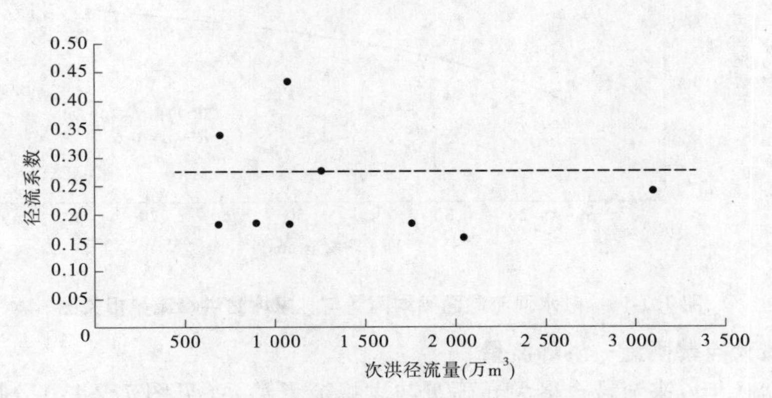

图 7.2-14　淅水河流域次洪径流量与径流系数关系

7.2.3　暴雨洪水关系

7.2.3.1　洪峰流量—次洪径流量

从洪峰与洪量关系看,根据林家坪站 1960 ~ 2016 年洪峰流量大于 800 m^3/s 次洪径流量与洪峰流量关系(见图 7.2-15)分析,其相关系数达 0.89。这说明对于场次洪水而言,洪峰流量与次洪径流量有着较好的正相关关系。这与该流域的产汇流特性相一致。

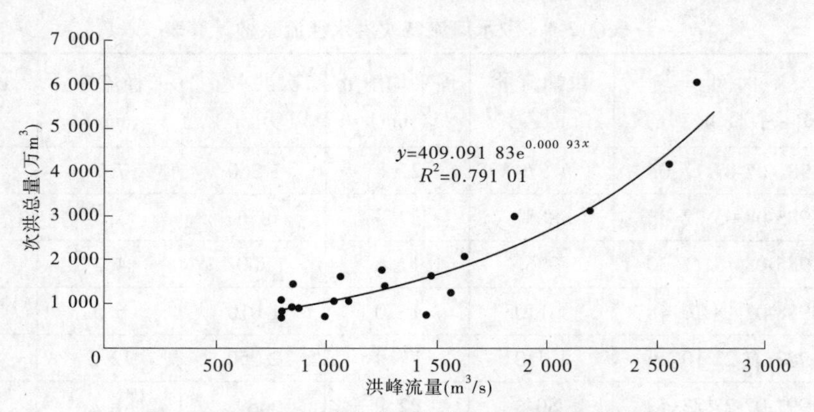

图 7.2-15 林家坪站次洪总量与洪峰流量相关关系

7.2.3.2 面平均雨量—洪峰流量

根据1980年以来流域面平均雨量与洪峰流量关系(见图7.2-16)分析,两者之间存在正相关关系,相关系数为0.65。

但是从图7.2-16中可以看出,相同的雨量产生的洪峰流量可能相差较大,比如,假如降雨量为50 mm时,洪峰流量有可能不到1 000 m^3/s,也有可能达到1 500 m^3/s左右。这取决于降雨的时空分布。

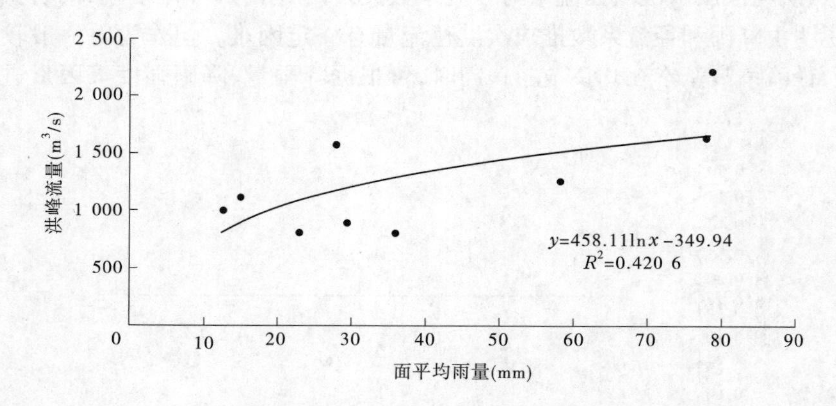

图 7.2-16 湫水河流域面平均雨量与林家坪站洪峰流量相关图

7.2.3.3 最大点暴雨量—洪峰流量

根据1980年以来流域点最大暴雨量与洪峰流量关系(见图7.2-17)分析,两者之间亦存在正相关关系,并且相关系数有所提高,为0.78。

由此可以看出,洪峰流量与暴雨中心雨量有着更为密切的关系。

7.2.3.4 面平均雨量+前期影响雨量—洪峰流量

考虑到前期影响雨量(P_a)的影响,根据1980年以来暴雨洪水资料,分别建立面平均雨量+P_a与洪峰流量相关关系,其相关系数为0.79(见图7.2-18)。

7.2.3.5 面平均雨量—次洪径流量

根据1980年以来流域面平均雨量与次洪水量关系分析,两者之间存在正相关关系,相关系数为0.84(见图7.2-19)。

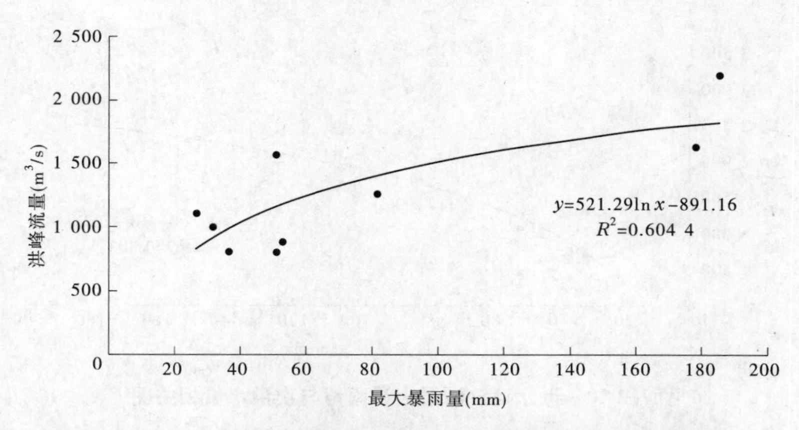

图7.2-17　湫水河流域最大暴雨量与林家坪站洪峰流量相关图

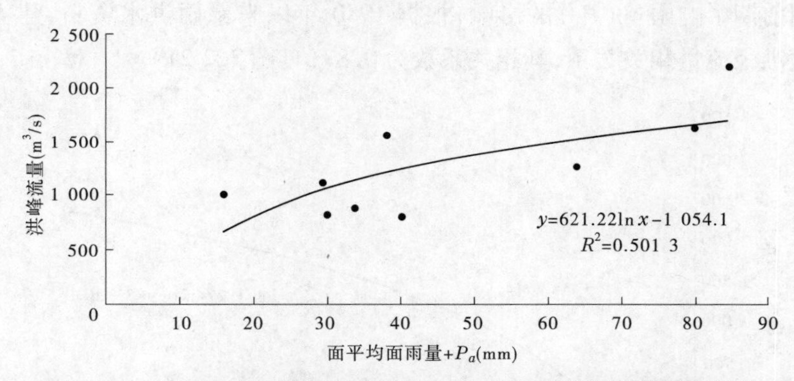

图7.2-18　湫水河流域面平均雨量$+P_a$与林家坪站洪峰流量相关图

由此可以看出，面平均雨量与次洪总量相关关系较好，相关系数大于其与洪峰流量相关系数。

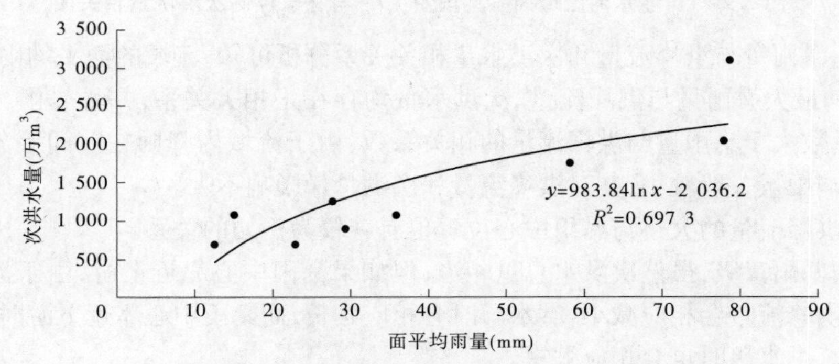

图7.2-19　湫水河流域面平均雨量与林家坪站次洪水量相关图

7.2.3.6　最大点暴雨量—次洪径流量

根据1980年以来流域最大暴雨量与次洪水量关系分析，两者之间存在正相关关系，相关系数为0.89(见图7.2-20)。

由此可以看出，最大暴雨量与次洪总量相关关系亦较好，且相关系数大于其与洪峰流量相关系数。

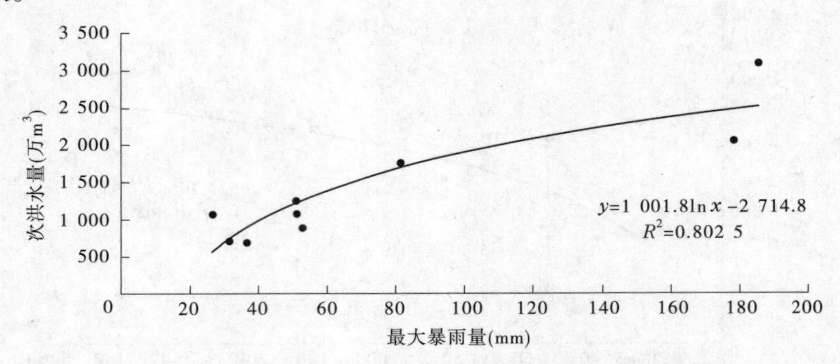

图 7.2-20　洮水河流域最大暴雨量与次洪水量相关图

7.2.3.7　面平均雨量 + 前期影响雨量—次洪径流量

考虑到前期影响雨量(P_a)的影响,根据 1980 年以来暴雨洪水资料,建立面平均雨量 + P_a 与次洪径流量相关关系,其相关系数为 0.87(见图 7.2-21)。

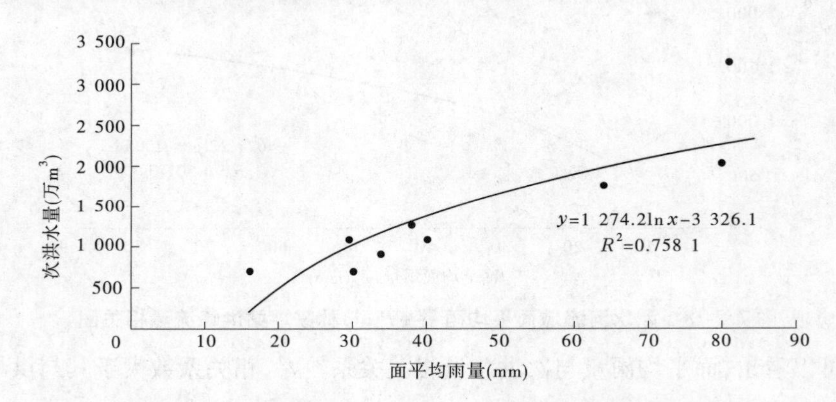

图 7.2-21　洮水河流域面平均雨量 + P_a 与林家坪站次洪水量相关图

由以上暴雨量与洪峰流量和次洪水量相关关系分析可知,流域的面平均雨量、面平均雨量 + P_a 和最大暴雨量与洪峰流量、次洪水量均存在正相关关系,并且暴雨量与次洪总量的相关系数大于暴雨量与洪峰流量的相关系数,由于流域内降雨在时间上分布较为集中,前期影响雨量一般较小,其对洪峰流量和次洪总量影响不大。

此外,洪峰流量的大小与暴雨中心位置也有着较为密切的关系。

同样的暴雨量级,虽然次洪水总量相当,但如果暴雨中心靠近上游,由于流域调蓄作用的影响,洪峰流量会相应减小,洪水历时会相应延长,而暴雨中心靠近下游时,洪峰流量会有所增大,洪水历时也会相应缩短。

比如 2012 年和 2010 年两场洪水,面平均雨量分别为 69.8 mm 和 67.3 mm,而洪峰流量则分别为 1 350 m^3/s 和 2 200 m^3/s,这是因为前者点最大雨量 119.6 mm 发生在中游的程家塔,而后者最大雨量 185.4 mm 发生在下游的林家坪。

由于影响降雨与洪峰流量关系的因素较为复杂,除了降雨时空分布差异较大和下垫面变化的影响外,加之资料量有限,以上分析只是定性的。

7.2.3.8　暴雨中心位置—雨洪滞时

雨洪滞时是流域内暴雨中心主雨结束至出口断面出现洪峰所用的时间。它由两部分组成：一是流域产汇流时间；二是河道汇流时间，即洪峰在主河道内的传播时间，它取决于暴雨中心—出口断面的流程及河道特性。因此，雨洪滞时可由下式表示：

$$T = T_0 + \frac{L}{U} \tag{7.2-1}$$

式中，T 为雨洪滞时，h；T_0 为流域产汇流时间，h；L 为流程长度，km；U 为洪峰传播速度，km/h。

对于湫水河流域而言，2010 年 9 月 19 日林家坪站出现洪峰流量是在 8 时 12 分，暴雨中心位于林家坪站，主雨结束在 19 日 6 时左右，属局部强降雨，对于每个雨量站而言，可以大致认为该流域产汇流时间 T_0 约为 2 h。湫水河干支流均属山区性河道，比降大、流速快。据统计，当洪峰流量为 500 m^3/s、1 000 m^3/s、1 500 m^3/s 和 2 000 m^3/s 时，其传播速度 U 分别为 15 km/h 、18 km/h、21 km/h 和 23 km/h。由此可得出表 7.2-5 及图 7.2-22。

表 7.2-5　湫水河流域暴雨中心位置与雨洪滞时关系

雨量站	流程(km)	雨洪滞时(h)			
		500 m^3/s	1 000 m^3/s	1 500 m^3/s	2 000 m^3/s
阳坡	76	7.1	6.2	5.6	5.3
窑头	62	6.1	5.4	5.0	4.7
程家塔	58	5.9	5.2	4.8	4.5
临县	38	4.5	4.1	3.8	3.7
黄草林	38	4.5	4.1	3.8	3.7
车赶	30	4.0	3.7	3.4	3.3
林家坪	0	2.0	2.0	2.0	2.0

例如，2012 年 7 月 27 日 12 时 36 分林家坪站洪峰流量为 1 350 m^3/s，暴雨中心位于程家塔站，流程为 62 km，按表 7.2-5 查得雨洪滞时为 5.0 h，实际主雨结束在 27 日 7 时，雨洪滞时为 5.6 h。两者基本一致。

7.2.4　产流阈值分析

据统计，1980 年以前无洪水的暴雨日数仅占总暴雨日数不足 10%，几乎一遇暴雨就会产生洪水，而 1980 ~ 1999 年无洪水次数的暴雨日数占总暴雨日数的 35%，2000 年以后更是达到 61%，即当某站或多站发生暴雨时，流域产生洪水的概率降低了 6 成，说明流域的产洪能力下降（见表 7.2-6）。

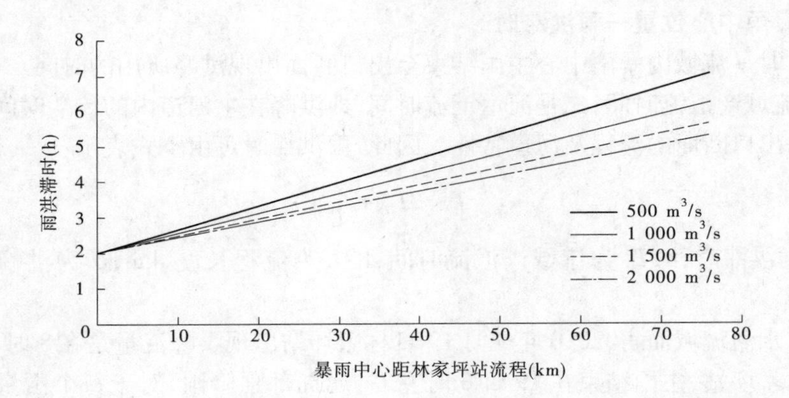

图 7.2-22 湫水河流域暴雨中心位置与雨洪滞时关系图

表 7.2-6 湫水河流域各雨量站无洪水暴雨天数统计表

站名	1980 年前			1980~1999 年			2000 年后		
	暴雨天数(d)	无洪水暴雨*天数(d)	比例(%)	暴雨天数(d)	无洪水暴雨天数(d)	比例(%)	暴雨天数(d)	无洪水暴雨天数(d)	比例(%)
阳坡	11	1	9	10	4	40	14	11	79
窑头	11	1	9	11	5	45	10	6	60
临县	23	1	4	10	3	30	10	5	50
程家塔	18	1	6	10	1	10	8	6	75
黄草林	—	—	—	4	2	50	16	8	50
车赶	10	1	10	8	3	38	14	6	43
林家坪	14	1	5	5	1	20	20	14	70

注:* 无洪水暴雨指林家坪站未发生洪峰流量 100 m^3/s 以上洪水的暴雨,包括单站或多站。

通过 2000~2014 年 15 年间暴雨资料统计,发现共有 30 次流域内单站或多站发生暴雨时,林家坪站仅产生小于 100 m^3/s 的洪水,有的甚至未产生洪水。

如 2010 年 8 月 20 日流域内 7 个雨量站共有 5 个雨量站日雨量超过 50 mm(见表 7.2-7),但相应林家坪站洪峰流量仅为 47.3 m^3/s。

表 7.2-7 2010 年 8 月 20 日暴雨统计表

站名	暴雨量(mm)
阳坡水库	62.5
窑头	55.3
程家塔	54.6
车赶	56
林家坪	75.6

由此可以说明,目前的下垫面条件,在降雨强度不大的情况下,即使降雨达到暴雨量级,流域产流阈值较之前,特别是与1980年以前相比也有了大幅度下降。可以初步认为,流域内降雨强度小于20 mm/h,次雨量小于50 mm时,一般不会产生明显的洪水过程。然而根据现有资料统计,若流域内某一雨量站发生100 mm以上短历时强降雨,林家坪站出现明显洪水过程的概率较大。

7.2.5　水沙关系分析

本节选取1980~2016年23场洪峰流量大于500 m^3/s的洪水,分析最大含沙量、次洪沙量与洪峰流量、次洪水量之间的相关关系,同时分析次洪过程中输沙率过程特性及其与流量过程的相应关系。

7.2.5.1　历年次洪最大含沙量变化

1980年以来,次洪最大含沙量虽随年份有逐步减小趋势,特别是2005年以来,次洪最大含沙量一般在400~500 kg/m^3之间(见图7.2-23)。

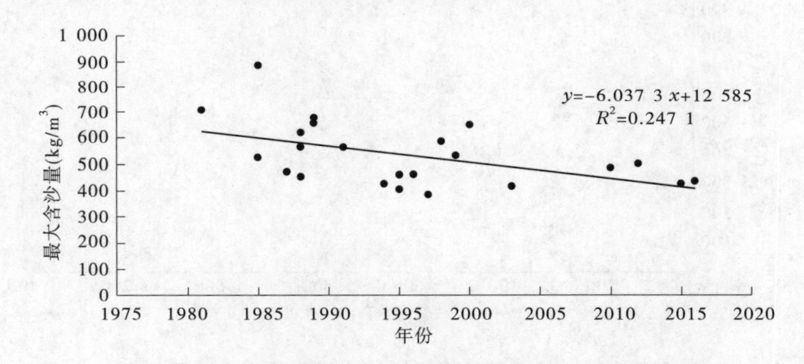

图7.2-23　林家坪站历年次洪过程最大含沙量变化

7.2.5.2　次洪最大含沙量与洪峰流量、次洪水量、次洪沙量关系

根据1980~2012年洪峰流量大于500 m^3/s的23场次洪水统计分析,次洪最大含沙量与洪峰流量、水量、沙量三者关系较为散乱,均没有明显的相关关系(见图7.2-24~图7.2-26)。

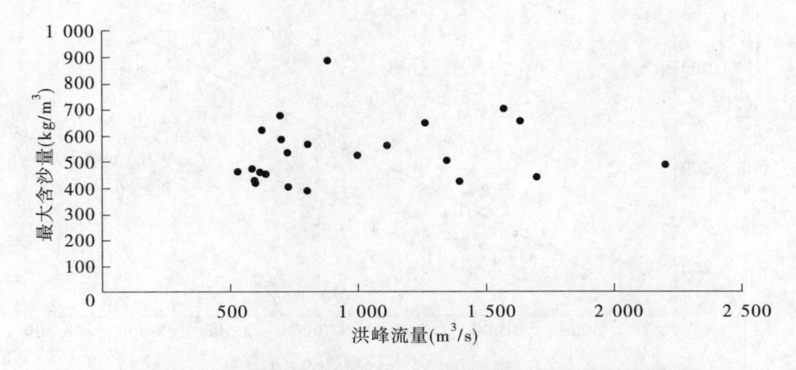

图7.2-24　林家坪站次洪过程洪峰流量与最大含沙量关系

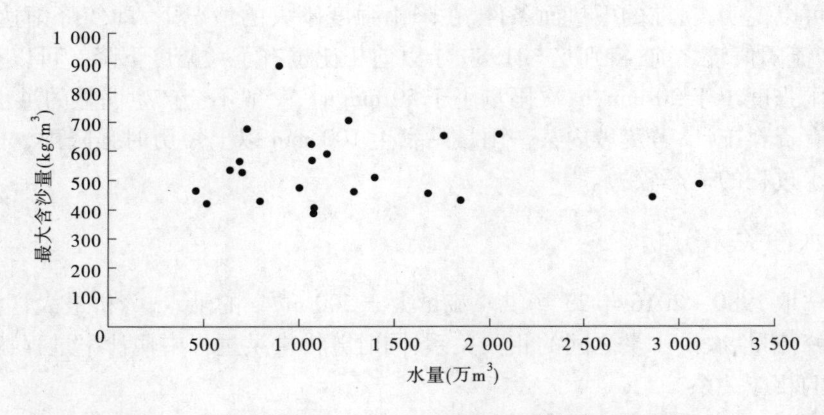

图 7.2-25 林家坪站次洪过程水量与最大含沙量关系

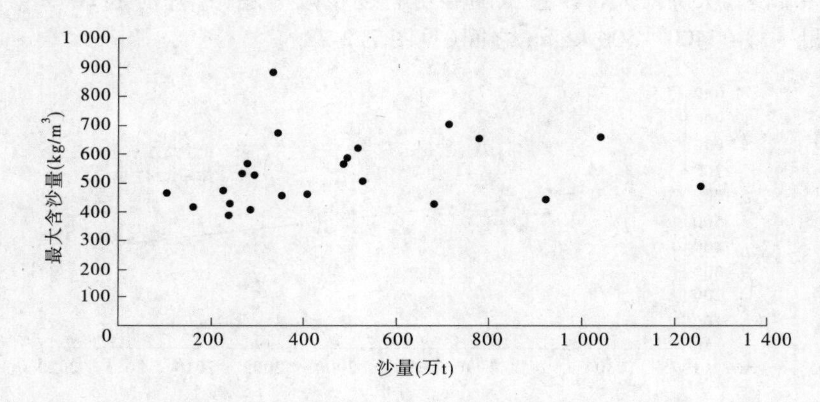

图 7.2-26 林家坪站次洪过程沙量与最大含沙量关系

7.2.5.3 次洪沙量与次洪水量关系

次洪沙量与次洪水量有着较为密切的正相关关系，相关系数达 0.9 以上(见图 7.2-27)。因此，可以从次洪水量大致推估次洪沙量。

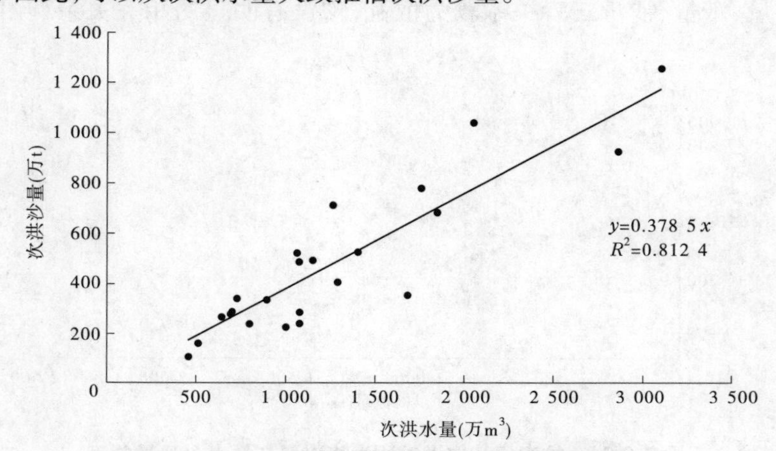

图 7.2-27 林家坪站次洪水量与次洪沙量关系

作为对次洪沙量的估算，可以设置一个区间，在相关关系表达式中表现为其截距，本关系中取截距为 200，因此次洪水沙相关方程表示如下：

$$W_S = 0.378 \times W \pm 200 \quad (7.2\text{-}2)$$

式中，W_S 为次洪沙量，万 t；W 为次洪水量，万 m^3。

7.2.5.4　次洪过程洪峰流量与最大含沙量出现时间

根据林家坪站场次洪水洪峰流量与最大含沙量出现时间统计分析，两者基本一致，即在一次洪水过程中洪峰流量与最大含沙量同时出现的概率较大，22 场洪水最大含沙量较洪峰流量平均滞后仅为 0.2 h（不计 2010 年 9 月洪水），见表 7.2-8。

表 7.2-8　林家坪站洪峰流量与最大含沙量出现时间统计表

序号	洪峰流量		最大含沙量		时差(h)
	出现时间（年-月-日 时:分）	量值（m^3/s）	出现时间（年-月-日 时:分）	量值（kg/m^3）	
1	1981-07-07 17:03	1 570	1981-07-07 17:03	625	0.0
2	1985-08-05 22:36	883	1985-08-05 22:42	886	0.1
3	1985-08-13 17:30	996	1985-08-13 17:30	525	0.0
4	1987-08-26 07:07	583	1987-08-26 06:00	474	−1.1
5	1988-07-15 05:24	623	1988-07-15 06:00	621	0.6
6	1988-07-18 16:48	1 110	1988-07-18 16:48	459	0.0
7	1988-08-06 00:42	638	1988-08-06 00:00	454	−0.7
8	1989-07-17 00:48	698	1989-07-17 00:48	675	0.0
9	1989-07-22 10:36	1 630	1989-07-22 10:36	658	0.0
10	1991-07-27 23:12	804	1991-07-27 23:00	566	−0.2
11	1994-08-05 10:30	594	1994-08-05 11:00	429	0.5
12	1995-08-01 10:06	617	1995-08-01 10:00	462	−0.1
13	1995-08-05 11:00	724	1995-08-05 11:00	407	0.0
14	1996-08-09 21:00	523	1996-08-09 21:06	463	0.1
15	1997-07-31 12:48	800	1997-07-31 13:00	389	0.2
16	1998-07-13 04:42	700	1998-07-13 05:00	587	0.3
17	1999-07-14 08:06	726	1999-07-14 08:06	532	0.0
18	2000-07-08 08:18	1 260	2000-07-08 08:24	650	0.1
19	2003-07-21 23:00	600	2003-07-22 00:30	419	1.5
20	2010-09-19 08:12	2 300	2010-09-19 13:18	487	5.1
21	2012-07-27 12:36	1 400	2012-07-27 12:48	507	0.2
22	2015-08-02 06:24	1 400	2015-08-02 06:54	428	0.5
23	2016-08-14 15:18	1 700	2016-08-14 17:00	442	1.7
平均					0.4

注：如果不计 2010 年洪水，最大含沙量较洪峰流量滞后 0.2 h。

仅2010年9月洪水最大含沙量出现时间较洪峰流量滞后较多,达5.1 h。从流量、含沙量和输沙率过程线(见图7.2-28)来看,其流量和输沙率过程线为单峰形态,含沙量过程呈双峰形态。本次次洪主峰过后仍有后续来水,最大含沙量出现时间与后续来水相应。从降雨分布来看,本次洪水强降雨形成,并有林家坪和车赶两站降雨量超过100 mm。林家坪站次暴雨量达185.4 mm,形成本次洪水主峰,同时也相应出现较大含沙量。距林家坪站流程为30 km、雨洪滞时约4.0 h的车赶站暴雨量为104.0 mm,形成本次洪水的后续来水和最大含沙量。而流量与输沙率过程对应关系较为吻合,说明最大含沙量何时出现对次洪水量与次洪沙量关系影响不大。

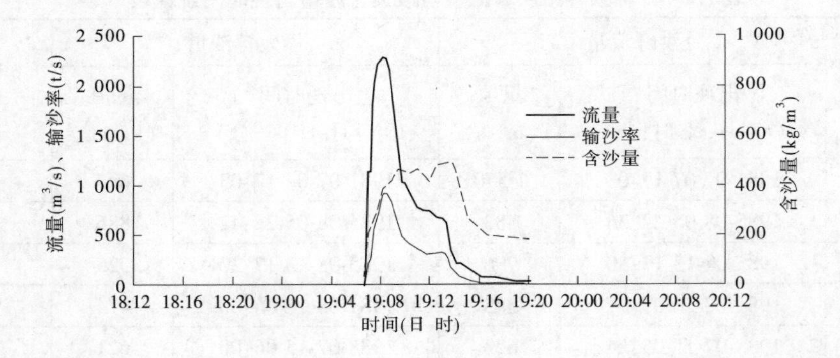

图7.2-28 林家坪站2010年9月洪水流量、含沙量、输沙率过程线

从本次洪水流量与输沙率关系(见图7.2-29)看,同流量情况下洪水上涨段输沙率较落水段偏小,但流量与输沙率的正相关关系依然明显,因此若当估算出次洪水量后,可以在一定程度上估算次洪沙量。

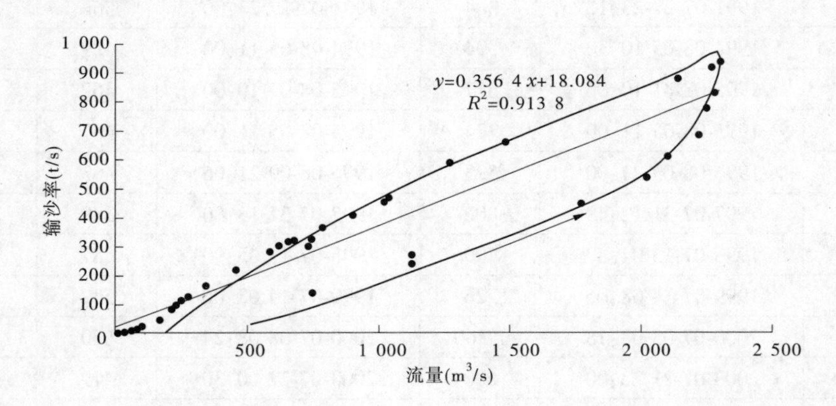

图7.2-29 林家坪站2010年9月洪水流量与输沙率关系

7.2.5.5 次洪流量与输沙率关系分析

图7.2-30～图7.2-37是1981年、1997年、2000年和2012年4场洪水的流量、输沙率过程线和流量与输沙率关系线。从中可以看出:①流量过程线与输沙率过程线基本相应;②场次洪水中,流量与输沙率有着较好的正相关关系,其相关系数均在0.9以上。

整体而言,从1980年以来次洪过程流量与输沙率过程线(见图7.2-38)来看,两者有

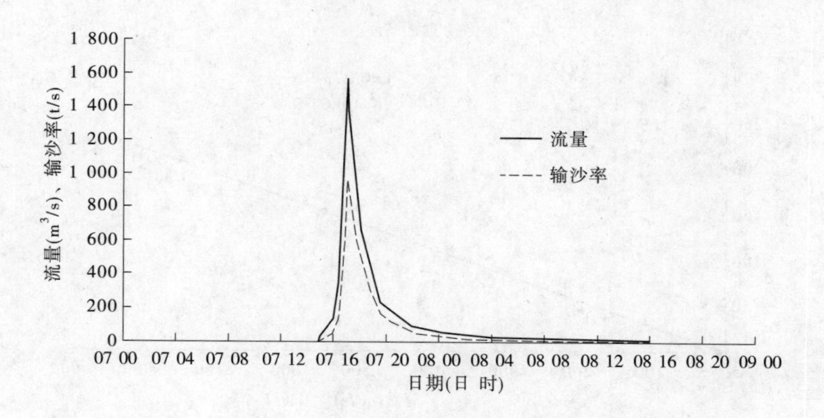

图7.2-30　林家坪站1981年7月流量与输沙率过程线

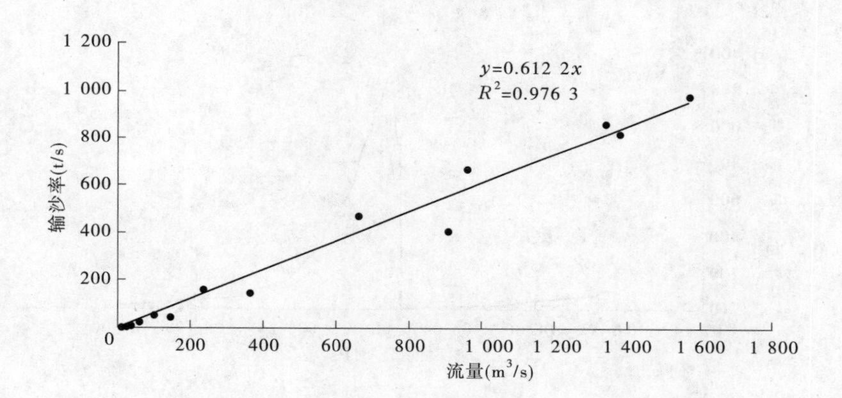

图7.2-31　林家坪站1981年7月流量与输沙率关系

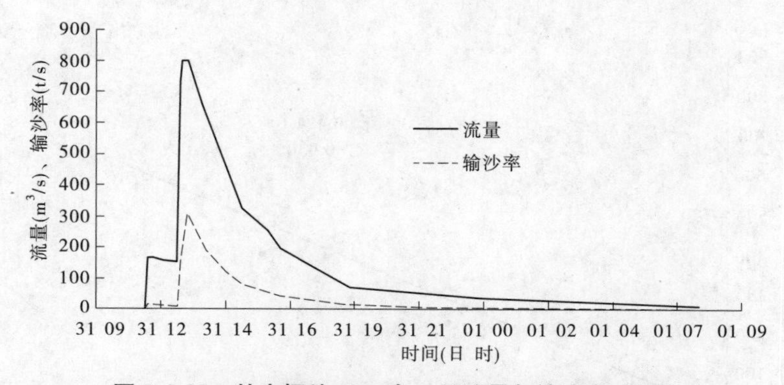

图7.2-32　林家坪站1997年7月流量与输沙率过程线

着一定的正相关关系。若按年份划分，2005年以后和2005年以前相比，相同流量情况下，输沙率后者较前者偏小，特别是流量较大（1 000 m^3/s流量以上）时，这种情况愈加明显。这与2005年以后次洪最大含沙量减小至400～500 kg/m^3相一致。

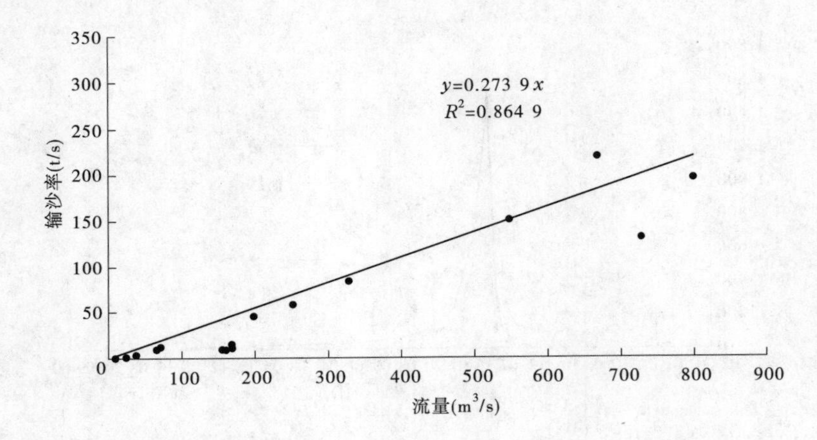

图7.2-33 林家坪站1997年7月流量与输沙率关系

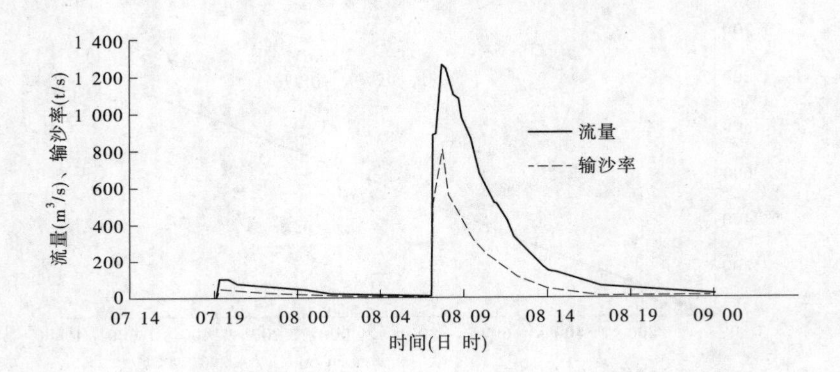

图7.2-34 林家坪站2000年7月流量与输沙率过程线

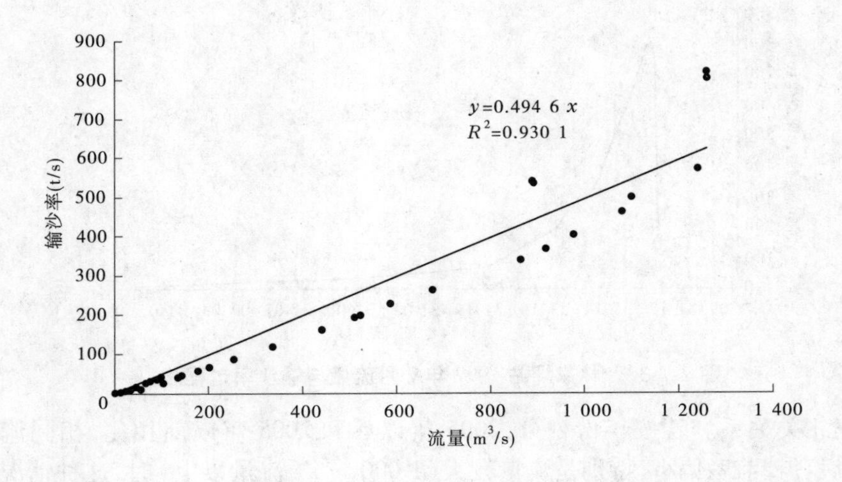

图7.2-35 林家坪站2000年7月流量与输沙率关系

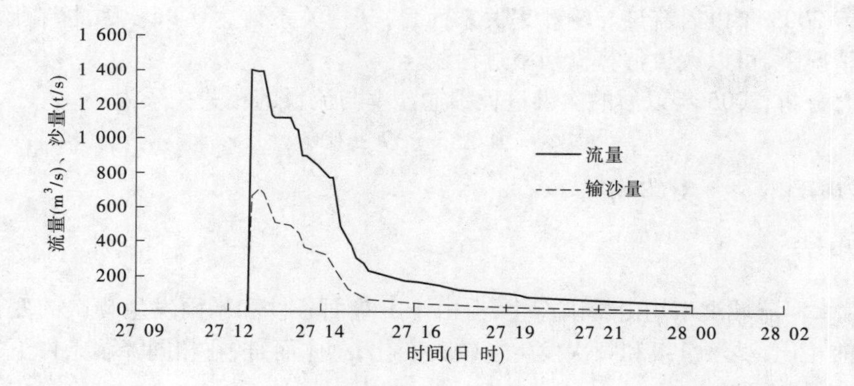

图7.2-36　林家坪站2012年7月流量与输沙率过程线

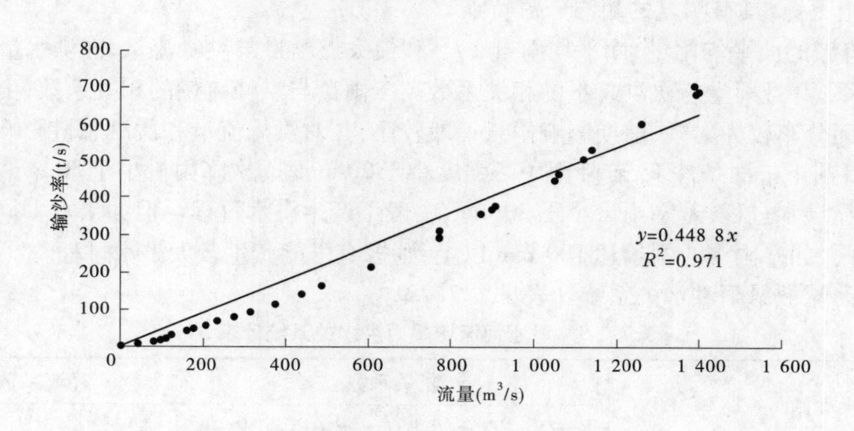

图7.2-37　林家坪站2012年7月流量与输沙率关系

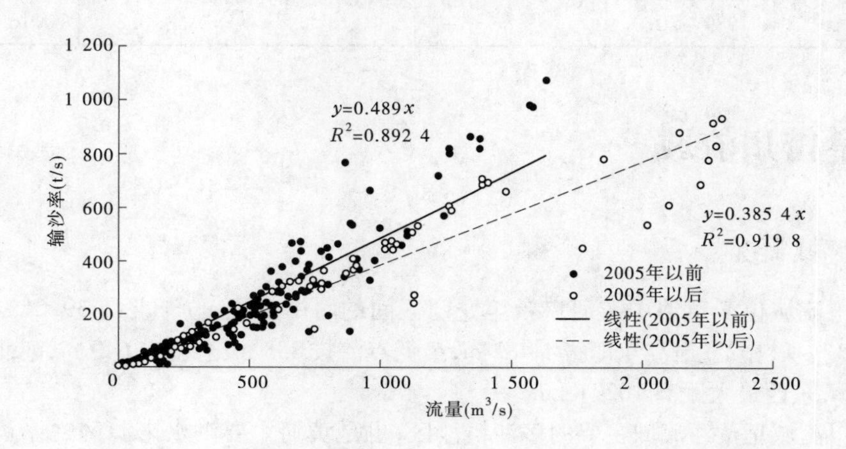

图7.2-38　林家坪站次洪过程流量与输沙率关系

不过就2005年以后流量与输沙率关系而言，其相关系数达0.96。因此，在已知次洪流量过程情况下，可以大致估算输沙率过程线。

经综合分析，2005年以后的次洪过程中输沙率与流量的相关关系为：

$$Q_S = 0.385 \times Q \pm 100 \tag{7.2-3}$$

式中，Q_S 为输沙率，t/s；Q 为流量，m^3/s。

7.2.6 小结

(1)湫水河流域洪水均由暴雨产生，但由于下垫面条件和暴雨发生频次的变化，1980年后与之前相比，洪水量级和频次发生了较大变化，总体而言，在相同降雨条件下，洪水量级减小，发生频次降低。

(2)洪水过程特性为陡涨陡落型，一般情况下洪水历时不超过24 h，而涨洪历时为1~3 h甚至更短，具有明显的超渗产流特点。

(3)流域的面平均雨量、面平均雨量 $+P_a$ 和最大点雨量与洪峰流量、次洪水量均存在正相关关系，并且雨量与次洪总量的相关系数高于雨量与洪峰流量的相关系数，由于流域内降雨时间分布较为集中，前期影响雨量一般较小，其对洪峰流量和次洪总量影响不大。

(4)目前下垫面条件下，若降雨中心强度小于20 mm/h，次降雨量小于50 mm，有可能不产生明显洪水过程，若降雨量小于20 mm，一般不产生洪水过程。但如果发生局地或流域性强降雨，如暴雨中心雨量达100 mm以上，则极有可能产生较大洪水过程。

湫水河流域暴雨洪水关系统计表见表7.2-9。

表7.2-9 湫水河流域暴雨洪水关系统计表

流域	水文站	年份	相关系数				径流系数		
			$R—Q_m$	$Q_m—P$	$Q_m—P+P_a$	$R—P$	最大	最小	平均
湫水河	林家坪	1980~1988	0.89	0.65	0.78	0.84	0.43	0.19	0.31
		1989~2010					0.24	0.16	0.19

7.3 皇甫川流域

7.3.1 流域概况

皇甫川流域位于黄河中游河口镇至龙门区间的右岸上段，位于北纬39.2°~39.9°，东经110.3°~111.2°；最高点海拔1 482 m，最低点海拔833 m，总落差649 m；南北最大距离85.9 km，东西最大距离102.1 km。

皇甫川流域是黄河流域主要的多沙粗沙区，也是黄河主要洪水来源区之一。皇甫川发源于内蒙古自治区达拉特旗南部敖包梁和准格尔旗西北部的点畔沟一带，在陕西省府谷县巴兔坪汇入黄河，干流长137 km，河道平均比降2.7‰；流域面积3 246 km^2，其中水土流失面积3 215 km^2，占流域总面积的99.0%。

流域内先后设有皇甫、沙圪堵两处水文站。设置在干流上段纳林川的沙圪堵水文站，始测于 1960 年，控制面积 1 351 km^2，控制区内有较大支流干察板沟、圪秋沟、尔架麻沟；川东有乌拉素沟、速鸡沟和布尔洞沟。设置于下游出口控制站皇甫水文站，始测于 1954 年，控制面积 3 175 km^2，区内川西有较大支流虎石沟，川东有忽鸡兔沟和特拉沟。1954 年开始仅有皇甫雨量站，以后雨量站逐步增加，到目前已有 12 个站。皇甫川流域水系及站网分布图见图 7.3-1。

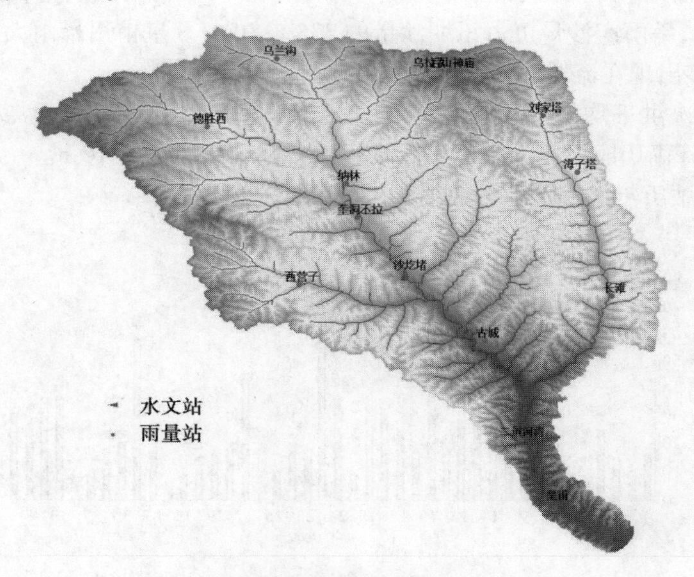

图 7.3-1　皇甫川流域水系及站网分布图

7.3.2　场次洪水选取

根据皇甫川流域水文资料的实际情况，共选取乌兰沟、乌拉素、德胜西、纳林、奎洞不拉、沙圪堵、西营子、古城、后山神庙、刘家塔、海子塔、长滩、二道河湾和皇甫等雨量站，并利用统计学方法对部分站缺测资料进行插补延长。最后选取 1980～2016 年 1 000 m^3/s 以上洪峰水文资料进行分析计算。

7.3.3　暴雨洪水特性

7.3.3.1　场次洪水选取

根据皇甫川流域水文资料的实际情况，共选取乌兰沟、乌拉素、德胜西、纳林、奎洞不拉、沙圪堵、西营子、古城、后山神庙、刘家塔、海子塔、长滩、二道河湾和皇甫等雨量站，并利用统计学方法对部分站缺测资料进行插补延长。最后选取 1980～2016 年 1 000 m^3/s 以上洪峰水文资料进行分析计算。

7.3.3.2　暴雨特性

皇甫川流域多年平均降水量 389.5 mm，皇甫川流域（沙圪堵以上）多年平均降水量 359 mm，降水分布总的趋势是由东南向西北递减。皇甫川流域降水量空间分布变化不大，在 310～380 mm 之间，且从西北到东南逐渐增大。乌兰沟站多年平均降水量为 310

mm,沙圪堵站多年平均降水量为380 mm。最大降水月份一般出现在7月,最小降水月份出现在11月,连续四个月最大降水均出现在汛期,汛期降水量占年降水量的78%以上,50%～60%的降水量集中在7～8月。

皇甫川流域和窟野河一带又是河龙区间的暴雨中心之一。通过对致洪暴雨的分析发现,该流域致洪暴雨最明显的特征是历时短,笼罩面积小,强度大。一次降雨过程的洪水、泥沙特征很大方面依赖于暴雨,暴雨是产洪产沙的原动力。暴雨产洪量一般可占汛期水量的24%～77%,暴雨产沙量可占汛期沙量的37%～95%。皇甫川暴雨大多数降落在纳林川,暴雨中心多出现在流域的西北部。

皇甫川流域次洪平均降雨历时8.7 h,最长23 h(2012年的2次小洪水过程),最短2 h,大多数洪水降雨历时不足10 h,仅有10场洪水降雨历时大于10 h。

皇甫川皇甫站历年次洪降雨量如图7.3-2所示。

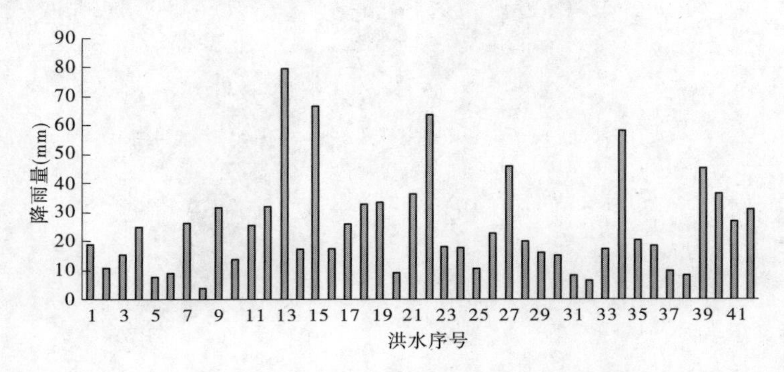

图7.3-2　皇甫川皇甫站历年次洪降雨量

7.3.3.3　洪峰流量

统计了1980年以来42场所有大于1 000 m^3/s皇甫站洪水过程(见图7.3-3),并对各年代场次和洪水洪峰量级分布进行分析(见表7.3-1),可以看出:1980～1989年发生洪水17场次,1990～1999年12次,2000～2009年9次,2010～2015年4次。同时,可以看出所有1 000 m^3/s以上洪水均出现在7～8月,仅有个别场次小洪水(小于1 000 m^3/s)发生在6月、9月。20世纪80年代至今洪水场次有逐年代减少趋势,但各年代洪水量级没有明显的变化趋势。

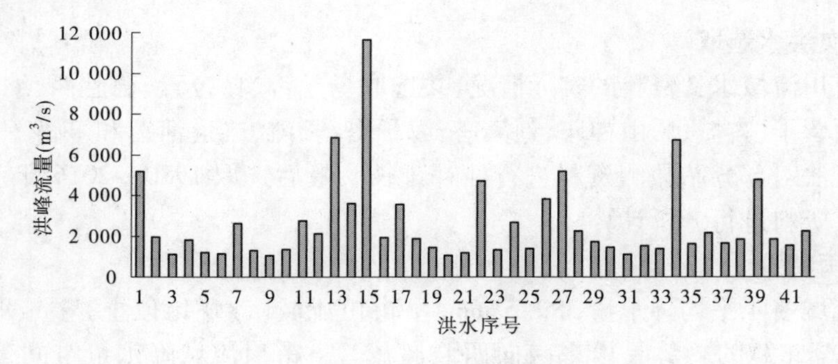

图7.3-3　皇甫川皇甫站历年次洪洪峰量

表 7.3-1　皇甫川皇甫水文站洪峰流量大于 1 000 m^3/s 的场次洪水统计表

年份	分级流量(m^3/s)场次			场次合计	洪峰流量(m^3/s)		
	1 000 ~ 1 500	1 500 ~ 4 000	>4 000		平均	最小	最大
1980 ~ 1989	6	8	3	17	2 960	1 010	11 600
1990 ~ 1999	5	5	2	12	2 250	1 010	5 110
2000 ~ 2009	4	4	1	9	2 130	1 120	6 700
2010 ~ 2016	0	3	1	4	2 560	1 520	4 720
1980 ~ 2016	15	20	7	42	2 540	1 010	11 600

7.3.3.4　洪水历时

皇甫站洪水历时一般为 10 ~ 20 h，3 次洪水历时小于 10 h，大于 20 h 的洪水场次有 13 次，最短洪水历时只有 7.5 h，最长历时达 51 h。洪水涨洪历时大多不足 1 h，最长 14 h（1992 年双峰），最短 0.1 h（2002 年），如图 7.3-4 所示。

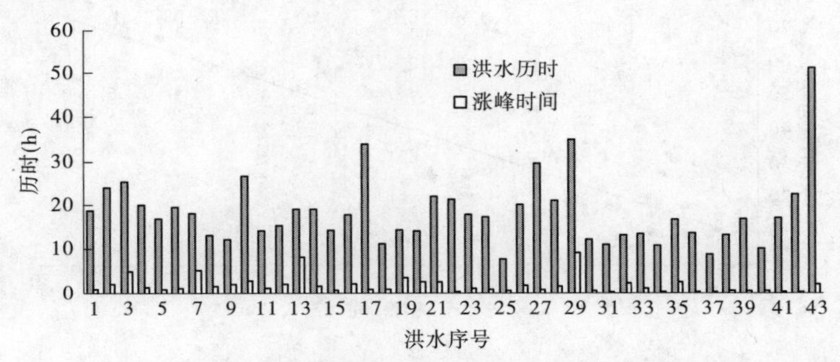

图 7.3-4　皇甫站次洪洪水历时、涨洪历时比较图

7.3.3.5　径流

皇甫水文站多年平均径流量 15 360 万 m^3，径流深 48.0 mm。皇甫川流域径流的特点是：蒸发旺盛，径流量小，产流不均匀，年际变化大，年内分配很不均匀。径流泥沙不仅集中在汛期，而且多集中在几次大洪水。多年平均汛期径流量占年径流量的 82.6%，洪水径流量占 74.9%，纳林川沙圪堵站以上流域一场占年均雨量 38.6% 的暴雨可产生占年均径流量 66% 的径流，极易形成较大的洪水灾害。皇甫川流域地面径流发育良好，沙圪堵以上的砒砂岩区地下径流占年径流的比例仅为 18.7%。

皇甫站次洪降雨径流系数如图 7.3-5 所示。

7.3.4　暴雨洪水关系

皇甫川流域洪水由暴雨引起，形成的洪水来势迅猛，陡涨陡落，且洪峰多为尖瘦型单峰。径流洪峰是降雨的直接产物，其是通过下垫面的汇集而最终于沟、河道形成的水流，泥沙（沙峰沙量）则是通过降雨对下垫面表层的侵蚀并由地表径流的冲刷挟带至沟、河道出口的沙量。所以，无论是径流还是泥沙，均与降雨密切相关。其相关关系的分析归纳是进行洪水预报的客观有效途径。

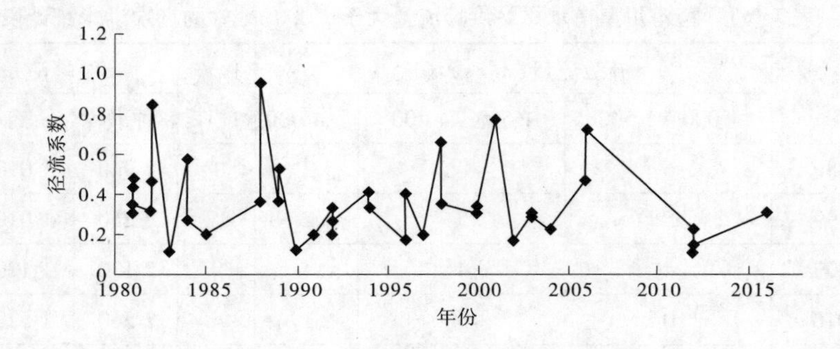

图 7.3-5　皇甫站次洪降雨径流系数

7.3.4.1　降雨量与径流量关系

从图 7.3-6、图 7.3-7 可以看出，降雨量与径流量的关系还是相当密切的，相关系数达到 0.792。

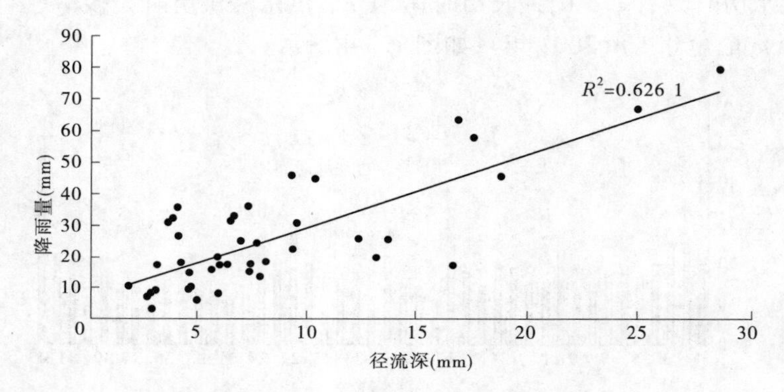

图 7.3-6　降雨量—径流深相关图

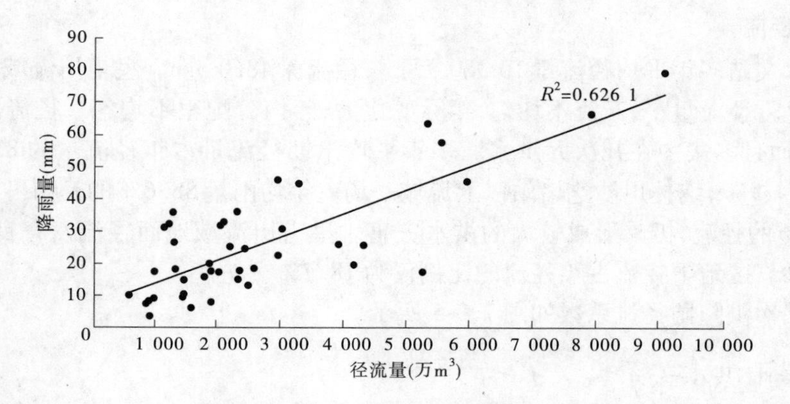

图 7.3-7　降雨量—洪量相关图

7.3.4.2　降雨量与洪峰洪量关系

图 7.3-8、图 7.3-9 显示面平均雨量与洪峰流量相关程度比较高，单站最大雨量及面平均最大时段雨量对洪峰的影响要低一些。

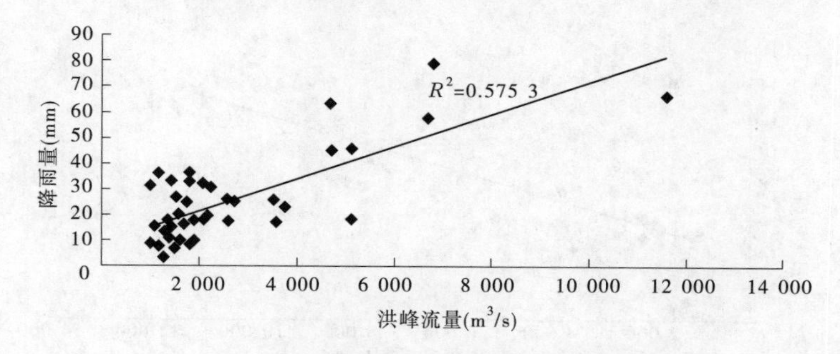

图7.3-8　降雨量—洪峰流量相关图

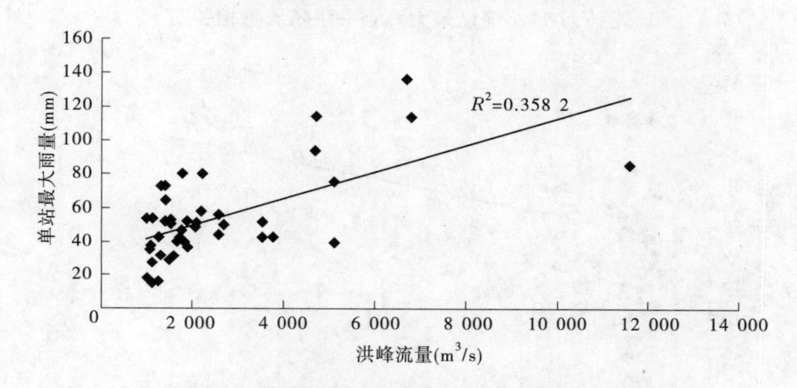

图7.3-9　单站最大降雨量—洪峰流量相关图

7.3.4.3　次洪雨强和洪峰洪量关系

图7.3-10～图7.3-12显示出面平均雨强及其最大时段雨强和单站最大雨强和洪峰流量相关程度比较低,其对洪峰的影响比降雨量对洪峰的影响程度要低很多。

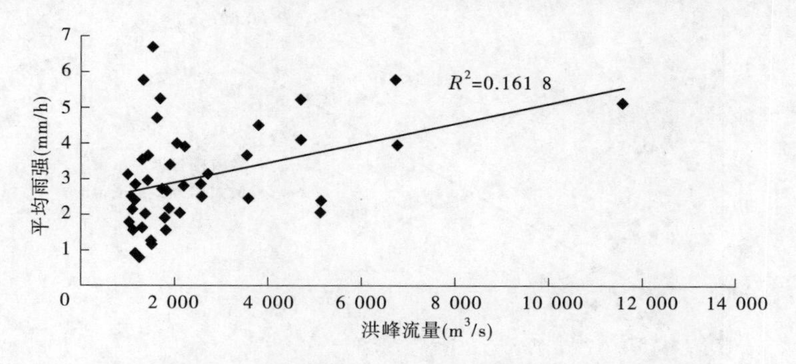

图7.3-10　流域平均雨强—洪峰流量相关图

7.3.4.4　综合因素下降雨量和洪峰洪量关系

综合考虑分析降雨量和最大时段雨强对洪峰的影响,从图7.3-13可以看出,当最大雨强小于5 mm/h时,其洪水场次都处在降雨量小于40 mm,洪峰流量小于4 000 m^3/s的范围内。也就是说,当降雨量小于40 mm时,没有最大雨强大于5 mm/h的洪水场次,且其洪峰流量都小于4 000 m^3/s。

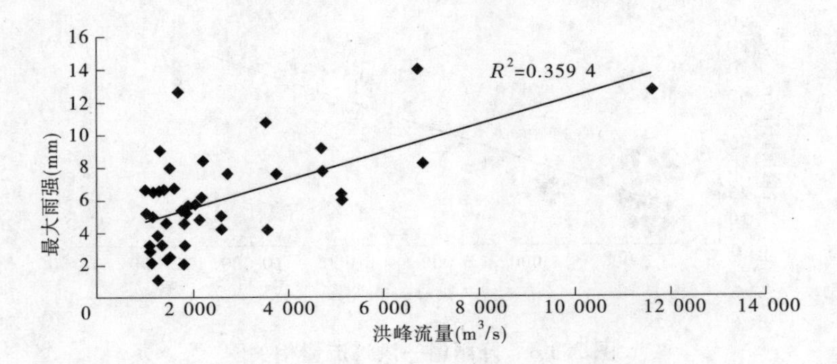

图 7.3-11　流域最大雨强—洪峰流量相关图

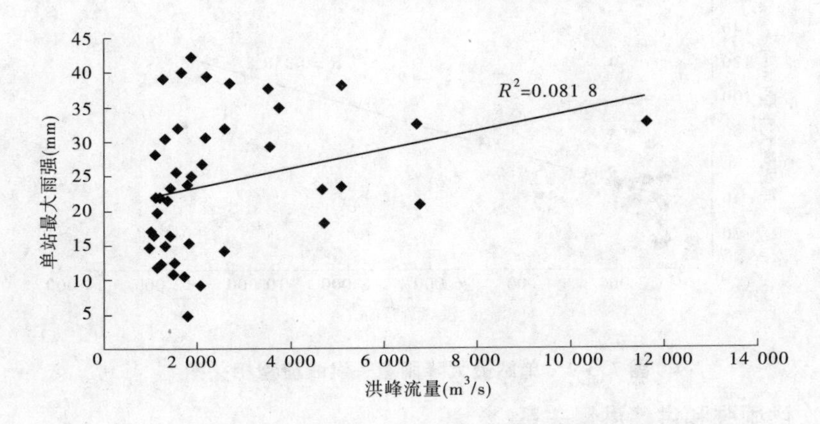

图 7.3-12　单站最大雨强—洪峰流量相关图

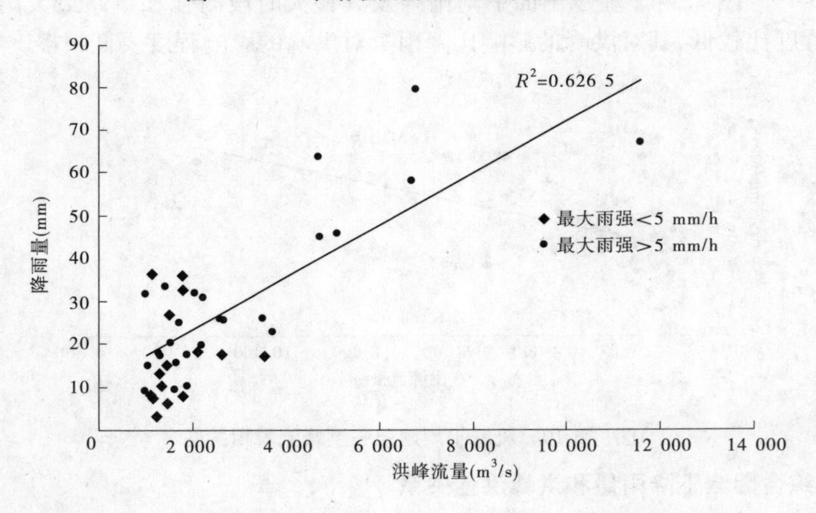

图 7.3-13　考虑流域最大雨强的降雨量—洪峰流量相关图

如果把降雨量和洪峰流量相关点进行年代划分(见图 7.3-14),可以看出,20 世纪 80 年代相关线在最右侧,到了 90 年代相关线在左移,说明受降雨强度和水土保持工程影响,

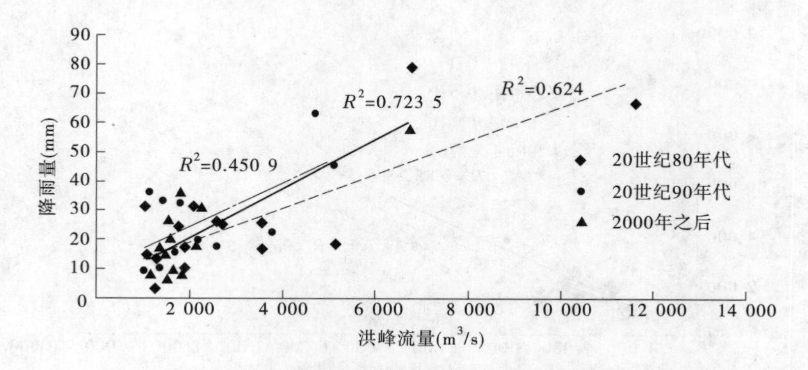

图 7.3-14　**降雨量—洪峰流量相关图(分年代)**

降雨对洪峰影响减弱,而 2000 年以后相关线又右移,介于 80 年代和 90 年代之间。降雨对洪峰的影响再次增加,但是还弱于 20 世纪 80 年代。

7.3.4.5　洪峰洪量和洪量相关关系

图 7.3-15 为洪峰流量—洪量相关图。如果把降雨量和洪量相关点进行年代划分(见图 7.3-16),可以看出,相对于 20 世纪 80 年代相关线,到了 90 年代相关线在右移,说明受水土保持工程影响,降雨对洪量影响增强,而 2000 年以后相关线又左移,降雨对洪量影响大大减弱,且还弱于 20 世纪 80 年代。

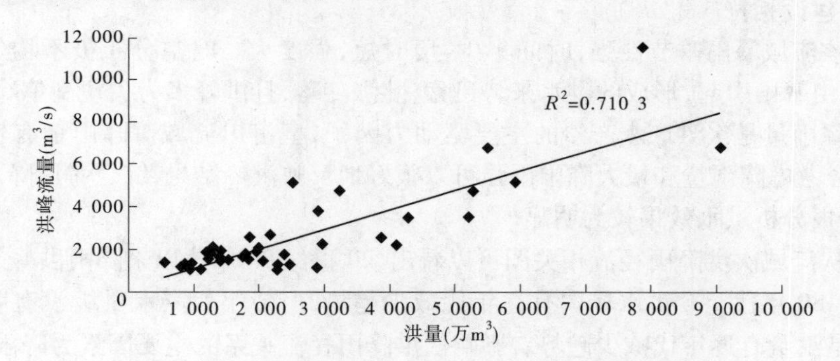

图 7.3-15　**洪峰流量—洪量相关图**

总之,对皇甫川流域产汇流分析可以看出,皇甫川流域植被稀少,地表土层一般厚达几米到几十米,整个包气带的容量很大。超渗是产流的主要形式,由于区域河道狭窄,坡面和河道比降较大,因此河道调蓄作用较小,汇流速度很快,从各单元出口到河口洪水行进几乎没有衰减,支流洪峰传播速度高达 5.5 ~ 6.0 m/s,坦化变形也很小,洪水来势迅猛,陡涨陡落,流域较大洪水的峰前历时有时只有几分钟到几十分钟,汇流条件极有利于形成尖瘦型洪峰,且多为单峰。

7.3.5　小结

随着全球或区域气候的变化,加上渐强的人类活动的影响,许多河流的降雨径流量发生了明显的变化趋势,这在干旱半干旱地区的河流中尤其明显。在我国北方干旱半干旱地区河流的次降雨洪水过程的变化已经引起了严峻的生活及生态方面的问题。本节以黄

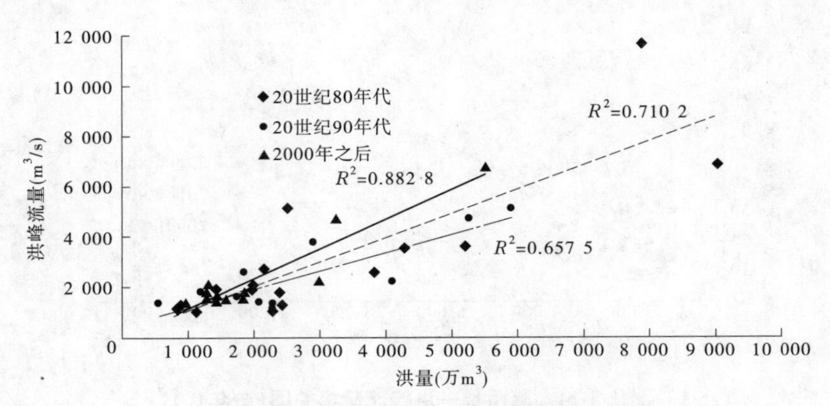

图 7.3-16 洪峰流量—洪量相关图(分年代)

河中游一级支流皇甫川流域,分析了解该流域径流量和降水量及洪水过程的变化趋势和变化过程,揭示皇甫川流域近半个世纪以来洪水的变化趋势及其主要影响因素的贡献率,对于该流域未来水资源的开发利用具有重要指导作用。对在干旱半干旱地区河流洪水变化及其影响因素的定量评估,对河道次洪洪峰流量预报具有重要的参考价值。

(1)皇甫川流域属黄土丘陵沟壑区,为典型的超渗产流区,洪水大部分为陡涨陡落型。近年以后发生洪水的概率减小,次洪径流量,有明显减小的趋势,与流域内实施水利水保措施建设相符。

(2)该流域暴雨季节性强,时间集中,历时短,强度大。时空分布极不均匀。由于该流域洪水由暴雨引起,形成的洪水来势迅猛,陡涨陡落,且洪峰多为尖瘦型单峰。

(3)降雨量是次洪产水产沙的主要驱动力因子,皇甫川流域对降雨量有较好的响应关系,综合考虑降雨量和最大降雨雨强可以很好地反映洪峰结果,综合考虑降雨量和最大雨强对预报分析洪水效果较为明显。

(4)从流域次洪降雨径流相关图可以看出,20 世纪 80 年代以来降雨洪峰及峰洪量都在变化中,80 年代至今洪水场次有逐年代减少趋势,但各年代洪水量级没有明显的变化趋势,但是洪量有逐年代减少趋势。影响次洪降雨径流关系的主要因素为降雨量、降雨强度和水土保持工程。

7.4 窟野河流域

7.4.1 流域概况

窟野河流域位于北纬 38°23′与 39°52′、东经 109°与 110°52′之间,发源于内蒙古南部鄂尔多斯沙漠地区的乌兰木伦河,最大支流犊牛川河发源于鄂尔多斯东胜县内,两河在陕西神木县城以北的房子塔相汇合,其交汇口以下称为窟野河,于神木县沙峁头村汇入黄河。全河长 242 km,流域面积 8 706 km²,较大支流有 21 条。神木县城以上为沙丘和流沙覆盖区,地处毛乌素沙漠的东南边缘,地面平坦,起伏不大;神木县城以下为黄土丘陵沟壑区,黄土覆盖,地面破碎,为沟谷纵横的梁峁地形,植被缺乏,水土流失极为严重;河口段为土石山区,河流切割基岩,坡陡岸高,支流短少。

流域内蕴含丰富的煤炭矿产资源,20 世纪 80 年代大规模水土保持措施的实施和 20 世纪 90 年代后期大规模的煤炭开采对窟野河的径流量和泥沙量产生了重要影响。

截至 2015 年,窟野河流域共有水文站 4 处,雨量站(含水文站)52 处,雨量站大部分建于 20 世纪 60 ~ 70 年代,见图 7.4-1 及表 7.4-1。

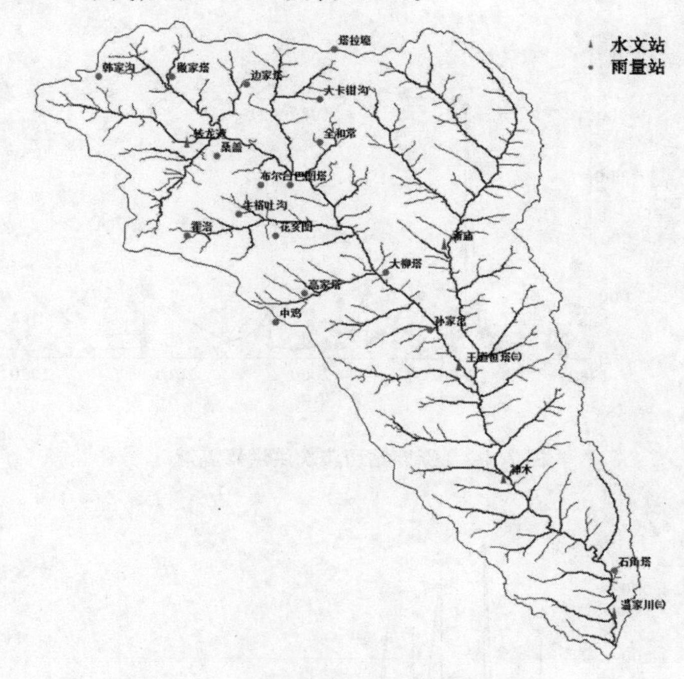

图 7.4-1 窟野河流域站网分布图

表 7.4-1 窟野河流域水文站网统计

河名	水文站	设站时间	控制面积(km²)	区间面积(km²)	雨量站(处)	站网密度(km²/站)
牸牛川	新庙	1966 年 5 月	1 527	1 527	16	95
乌兰木伦河	王道恒塔	1958 年 10 月	3 839	3 839	19	202
窟野河	神木	1951 年 10 月	7 298	1 932	10	193
窟野河	温家川	1953 年 7 月	8 515	1 217	7	174

7.4.2 场次洪水选取

选取牸牛川新庙站 57 场洪水,其中,最大洪峰流量为 8 150 m^3/s(1989 年 7 月 21 日);从洪水发生时间来看,20 世纪 80 ~ 90 年代洪水占总数的 79%,2000 年之后洪水占总数的 21%。选取乌兰木伦河王道恒塔站 44 场洪水,其中,最大洪峰流量为 4 600 m^3/s(1989 年 7 月 21 日)。20 世纪 80 ~ 90 年代洪水约占总数的 80%,2000 年之后洪水约占总数的 20%。选取窟野河温家川站 57 场洪水,其中,最大洪峰流量为 10 500 m^3/s(1992 年 7 月 21 日),次大洪峰流量 10 000 m^3/s(1996 年 8 月 9 日);20 世纪 80 ~ 90 年代洪水约占总数的 88%，2000 年以来洪水占总数的 12%，见图 7.4-2 ~ 图 7.4-4、表 7.4-2 ~ 表 7.4-4。

由此可知，窟野河流域 2000 年以来洪水发生频次及量级较 1980 ~ 1999 年大幅减少(小)，与郭巧玲等(2014)及其他相关研究成果得出的窟野河径流突变点为 1998 年的结论是吻合的。

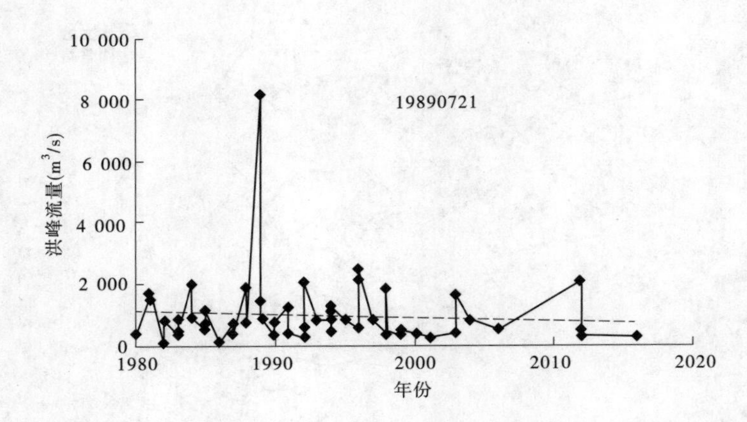

图 7.4-2 新庙站历年次洪洪峰流量

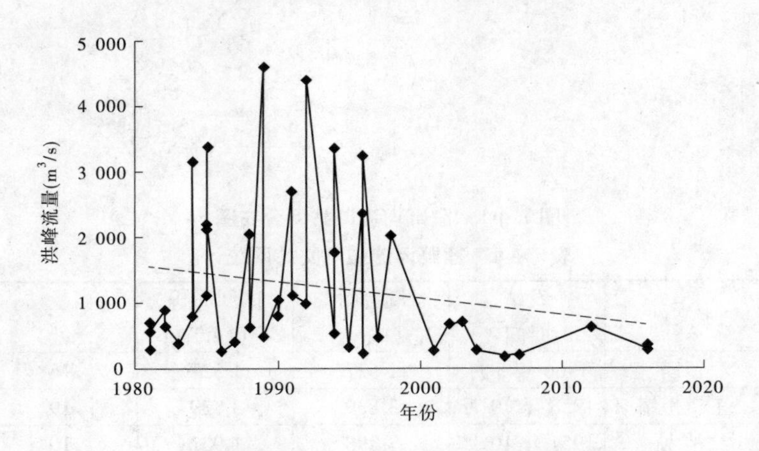

图 7.4-3 王道恒塔站历年次洪洪峰流量

表 7.4-2 牸牛川新庙站场次洪水统计

洪峰流量(m^3/s)	场次	洪水场次			
		1980 ~ 1989 年	1990 ~ 1999 年	2000 ~ 2009 年	2010 ~ 2016 年
<1 000	39	15	16	5	3
1 000 ~ 2 000	12	5	6	1	0
2 000 ~ 3 000	5	0	2	3	0
>3 000	1	1	0	0	0
合计	57	21	24	9	3

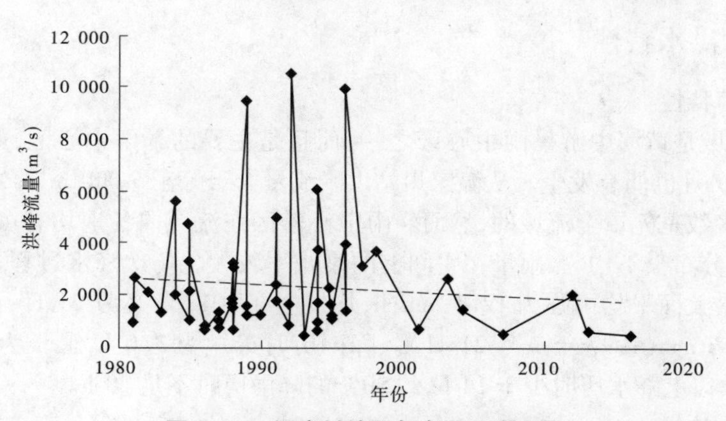

图 7.4-4　温家川站历年次洪洪峰流量

表 7.4-3　乌兰木伦河王道恒塔场次洪水统计

洪峰流量（m³/s）	场次	洪水场次			
		1980～1989 年	1990～1999 年	2000～2009 年	2010～2016 年
<1 000	28	13	6	6	3
1 000～2 000	4	1	3	0	0
2 000～3 000	6	3	3	0	0
3 000～4 000	4	2	2	0	0
>4 000	2	1	1	0	0
合计	44	20	15	6	3

表 7.4-4　窟野河温家川站场次洪水统计

洪峰流量（m³/s）	场次	洪水场次			
		1980～1989 年	1990～1999 年	2000～2009 年	2010～2016 年
<1 000	13	5	4	3	1
1 000～2 000	22	11	10	1	0
2 000～3 000	8	4	2	1	1
3 000～5 000	8	4	4	0	0
5 000～10 000	4	2	2	0	0
≥10 000	2	0	2	0	0
合计	57	26	24	5	2

7.4.3　暴雨洪水特性

7.4.3.1　暴雨特性

窟野河流域是黄河中游暴雨中心区之一,而且是主要的暴雨中心区,暴雨多发生在 7~8 月,6 月、9 月也偶有发生。从温家川站洪峰流量大于等于 5 000 m^3/s 的洪水分析来看,降雨范围多数是笼罩全流域的,然而暴雨中心落区在流域内各地均有可能,而且暴雨量在空间上的分布很不均匀,雨量在空间上的衰减率较大。场次降水过程最大面平均雨量为 83 mm,最大面平均雨强为 12.1 mm/h,均发生在 2012 年 7 月 21 日,最大点雨量为中鸡站的 183.6 mm(1997 年 7 月 21 日)。降雨历时最短为 3.0 h,最长为 44.3 h,平均 14.2 h,约半数以上降水历时少于 14 h,约 80% 的降雨历时不足 20 h。

7.4.3.2　洪水特性

窟野河是黄河河龙区间发生洪水最大且最为频繁的支流。温家川站的洪水来源大多由上中游地区暴雨形成,尤其以上游地区新庙和王道恒塔以上来水居多,中下游或下游地区暴雨形成的洪峰流量也不亚于上中游来的洪水。温家川站实测最大洪峰流量 14 100 m^3/s(1959 年 7 月 21 日),次大洪峰流量 14 000 m^3/s(1976 年 8 月 2 日),1980 年以来最大洪峰流量 10 500 m^3/s(1992 年 8 月 8 日),最大次洪径流量 1.54 亿 m^3(1985 年 8 月)。1980 年以来各控制站历年次洪洪峰流量及降雨量/径流量见图 7.4-5 ~ 图 7.4-8。

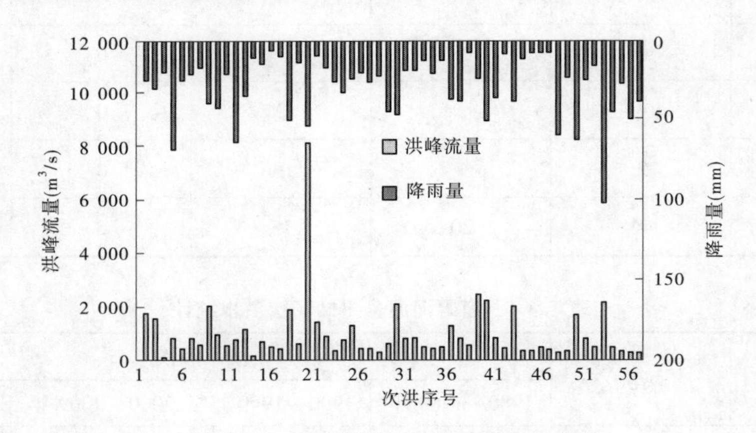

图 7.4-5　新庙站次洪洪峰流量及降雨量

该流域洪水陡涨陡落,一般以单峰洪水为主,有的以复式峰形式出现,见图 7.4-9。如温家川站 57 场洪水中,涨峰历时不足 1 h 的场次约占 51%,涨峰历时在 2 h 以内的场次约占 68%,更有 37% 的洪水涨峰历时不足 0.5 h;复式峰一般涨峰历时在 2.5 h 以上,最长为 11.8 h,涨峰历时 4 h 以上的仅占 7%。涨水段的流量变率很大,如 1989 年 7 月 21 日洪峰,0.7 h 内洪水从起涨流量 2.92 m^3/s 涨至洪峰 9 480 m^3/s。洪水历时最短为 3.4 h,最长(复式峰)可达 58.0 h,平均为 19.6 h,约 77% 的洪水历时在 24 h 以内。

窟野河流域雨洪滞时:王道恒塔站一般为 4 ~ 6 h,个别为 7 ~ 8 h;新庙站一般为 2 ~ 4 h,个别为 5 ~ 6 h;温家川站则与降水落区有关,若暴雨中心在王道恒塔和新庙以上,雨洪滞时为 10 ~ 12 h,若暴雨中心在流域中下游,雨洪滞时一般为 5 ~ 7 h,最短为 2 ~ 3 h。

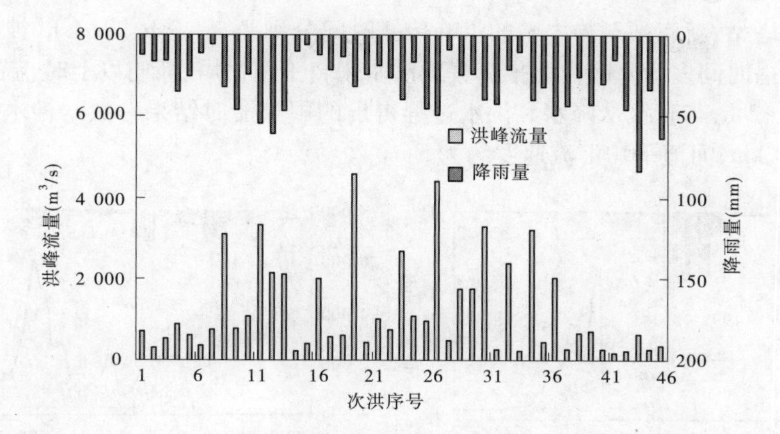

图7.4-6　王道恒塔站次洪洪峰流量及降雨量

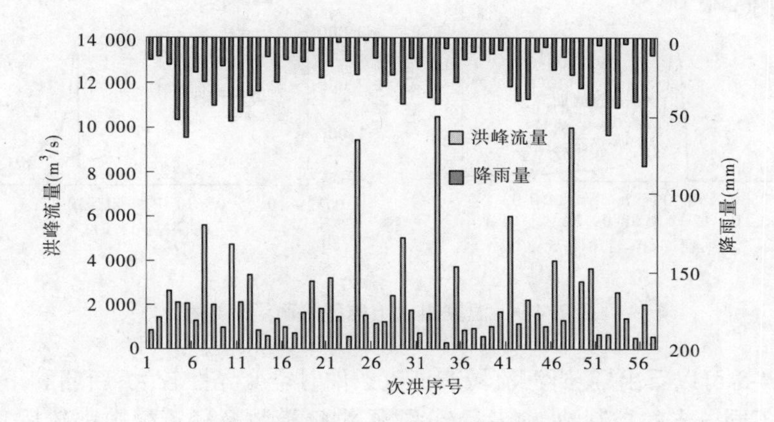

图7.4-7　温家川站次洪洪峰流量及降雨量

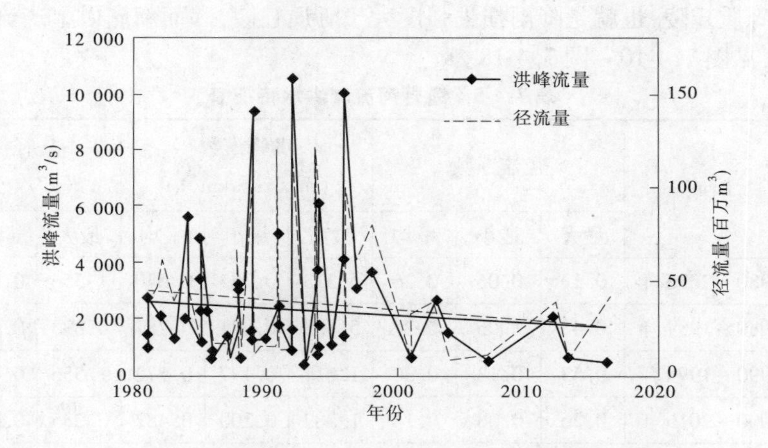

图7.4-8　温家川站次洪洪峰流量及径流量

王道恒塔站、新庙站至神木站的洪峰传播时间分别为 2 ~ 3 h、2 ~ 4 h，神木站至温家川站洪峰传播时间多为 3 h，由此推算暴雨洪水来自王道恒塔、新庙以上时，温家川站雨洪滞时为 10 ~ 12 h，与直接从降水和洪水过程得出的雨洪滞时结果一致。神木—温家川河长距离为 60 km，河道平均汇流速度约为 5 m/s。

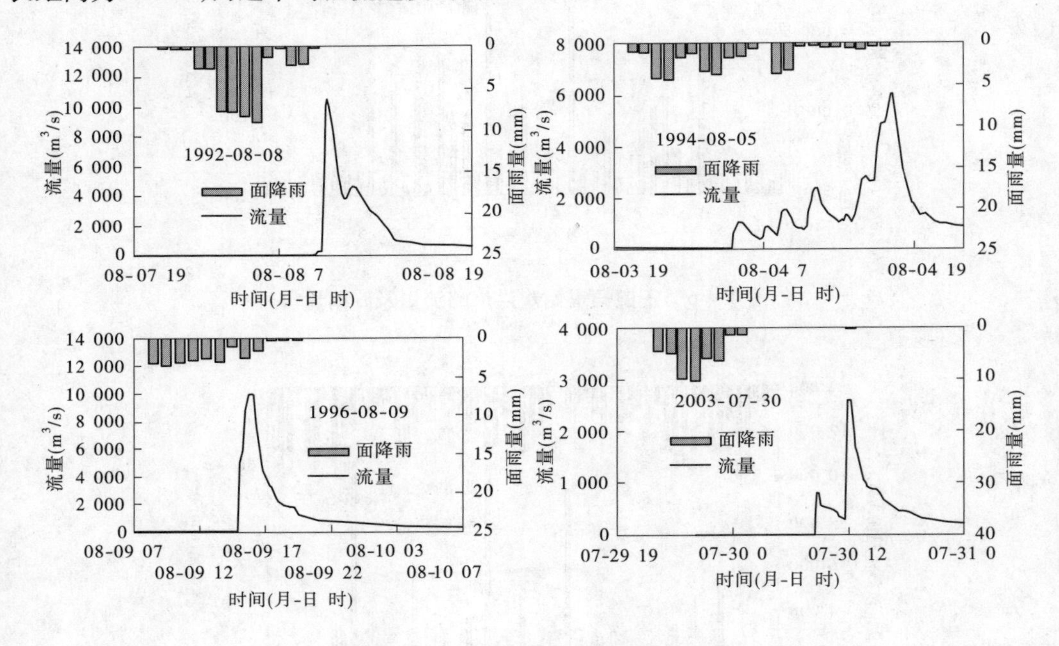

图 7.4-9　温家川以上典型暴雨洪水过程

由表 7.4-5 可以看出，窟野河流域产汇流条件时空变异性较大，新庙和王道恒塔同为窟野河上游不同分支的控制站，前者径流系数、洪峰模数及径流模数都较后者大，与两个区域的下垫面有关，新庙以上主要是砾质丘陵，而王道恒塔以上是沙质丘陵，砂质丘陵下渗强度大于砾质丘陵，也就是降雨损失强度大于砾质丘陵，因而新庙以上产流条件好于王道恒塔以上，见图 7.4-10 ~ 图 7.4-18。

表 7.4-5　窟野河流域洪水特征值

区域	时间	径流系数			洪峰模数 $(m^3/(s \cdot km^2))$			径流模数 $(m^3/(s \cdot km^2))$		
		最大	最小	平均	最大	最小	平均	最大	最小	平均
新庙以上	1980 ~ 2016 年	0.53	0.06	0.26	5.333	0.081	0.640	1.556	0.030	0.156
	1980 ~ 1989 年	0.48	0.06	0.27	5.333	0.081	0.787	0.893	0.030	0.158
	1990 ~ 1999 年	0.53	0.13	0.30	1.611	0.177	0.572	1.556	0.041	0.173
	2000 ~ 2016 年	0.26	0.08	0.14	1.382	0.200	0.482	0.255	0.053	0.110

续表 7.4-5

区域	时间	径流系数			洪峰模数 ($m^3/(s·km^2)$)			径流模数 ($m^3/(s·km^2)$)		
		最大	最小	平均	最大	最小	平均	最大	最小	平均
王道恒塔以上	1980～2016年	0.44	0.01	0.15	1.198	0.051	0.327	0.172	0.012	0.056
	1980～1989年	0.34	0.05	0.16	1.198	0.060	0.337	0.139	0.020	0.053
	1990～1999年	0.44	0.04	0.20	0.144	0.058	0.439	0.172	0.023	0.080
	2000～2016年	0.10	0.01	0.05	0.189	0.051	0.105	0.046	0.012	0.024
温家川以上	1980～2016年	0.49	0.03	0.21	1.215	0.042	0.268	0.262	0.015	0.065
	1980～1989年	0.43	0.05	0.24	1.097	0.074	0.260	0.262	0.015	0.072
	1990～1999年	0.49	0.04	0.20	1.215	0.042	0.323	0.176	0.018	0.067
	2000～2016年	0.19	0.03	0.10	0.301	0.060	0.130	0.054	0.019	0.034

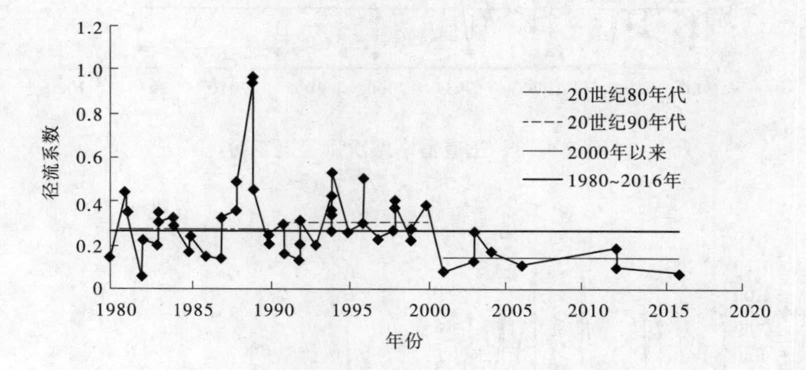

图 7.4-10　新庙站次洪径流系数

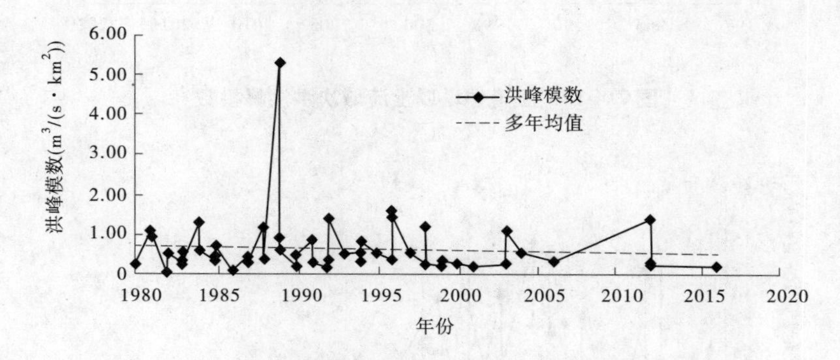

图 7.4-11　新庙以上流域次洪洪峰模数

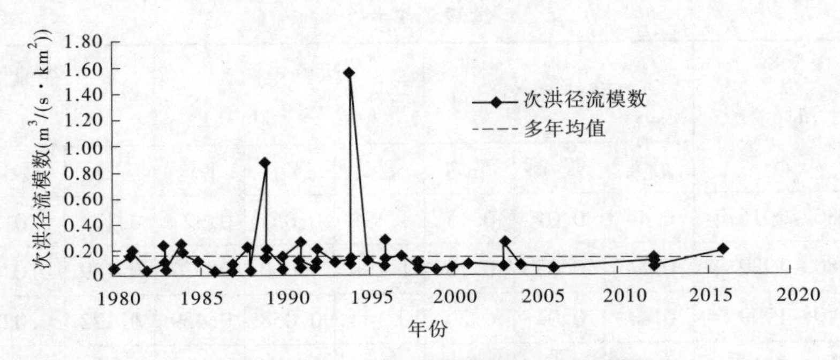

图 7.4-12　新庙以上流域次洪径流模数

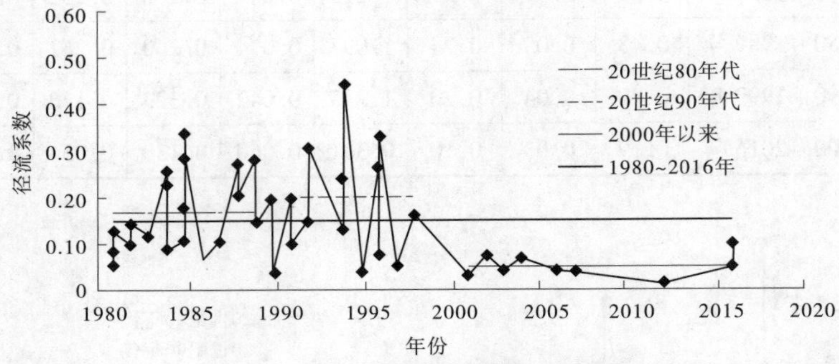

图 7.4-13　王道恒塔站次洪径流系数

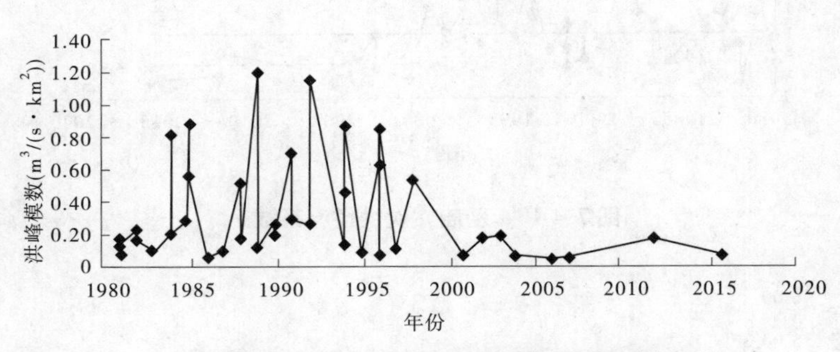

图 7.4-14　王道恒塔以上流域次洪洪峰模数

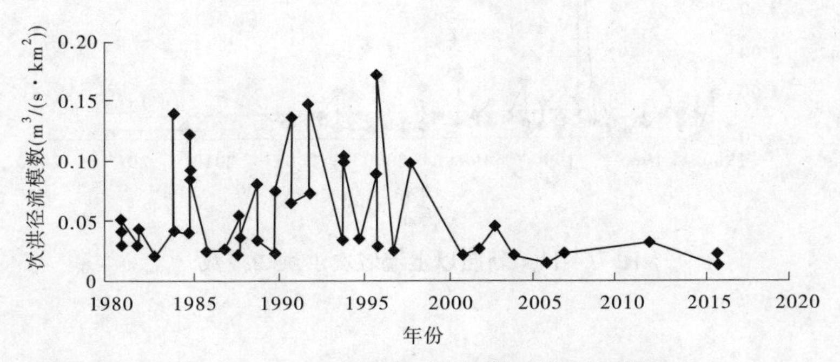

图 7.4-15　王道恒塔以上流域次洪径流模数

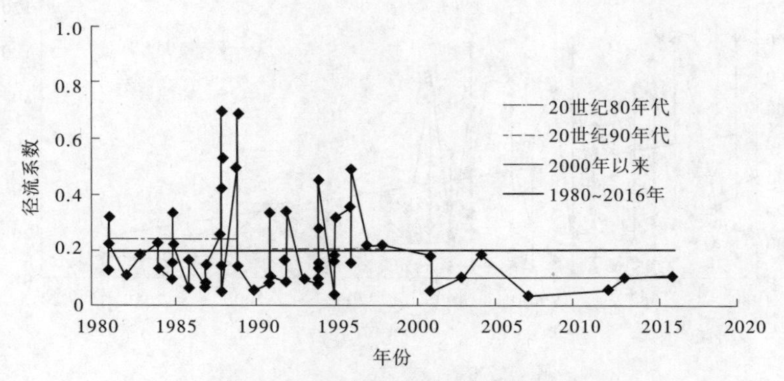

图7.4-16　温家川站次洪径流系数

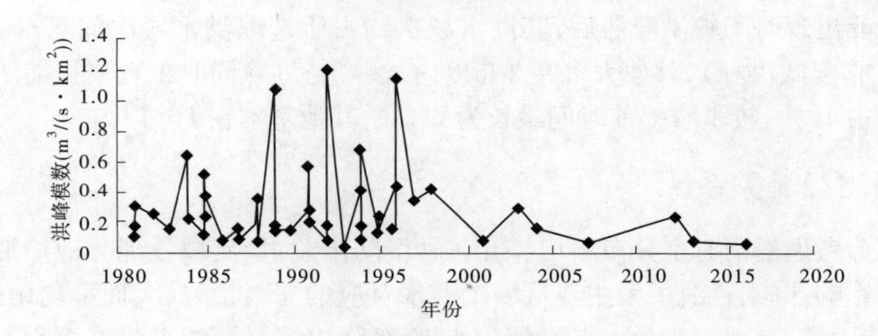

图7.4-17　温家川以上流域次洪洪峰模数

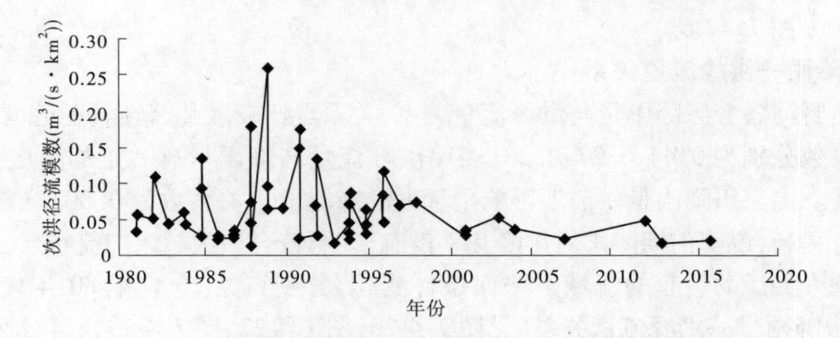

图7.4-18　温家川以上流域次洪径流模数

7.4.3.3　泥沙特性

本流域是多沙粗沙来源区，产沙主要是暴雨洪水重力侵蚀，实测最大含沙量为1 700 kg/m^3（1958年7月10日），1959年神木—温家川区间（简称神温区间）输沙模数曾高达10万t/km^2。1980年以来温家川站最大含沙量为1 420 kg/m^3（1981年7月22日），1997年以来最大含沙量为545 kg/m^3（2001年8月），除此之外，均未出现最大含沙量大于500 kg/m^3的洪水。1980年以来温家川最大输沙量为10 002万t，最大输沙模数为1.157万t/km^2（1985年8月5日洪水），2000年以来未出现次洪输沙量大于1 000万t的洪水（见图7.4-19）。显然，受流域水土保持治理和煤炭资源的高强度开发，窟野河流域次洪输沙量也呈递减趋势，且减幅略大于径流减小幅度。

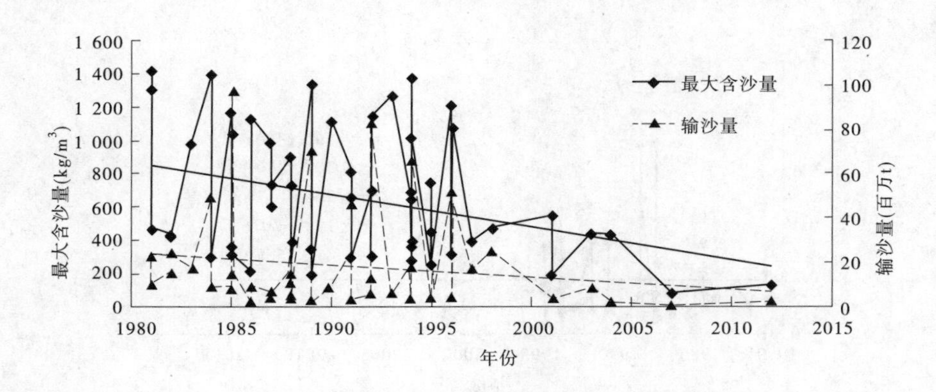

图 7.4-19　温家川站历年次洪最大含沙量与输沙量

一般沙峰出现时间较洪峰滞后，其洪水场次约占所选取洪水场次的 62%，其中最长时间为 5.9 h(复式洪峰)，其他大多在 2 h 以内；沙峰与洪峰同时出现或提前于洪峰的场次洪水各约占 10%，较洪峰提前时间最长为 2.2 h，其他基本在 1 h 以内。

7.4.4　降雨径流关系

为了充分考虑暴雨时空分布不均、降雨强度、降雨总量、流域各部分地貌形态差异对流域产流的影响，降雨径流关系主要从场次洪水对应的面雨量、最大面平均雨强、降雨历时、前期影响雨量、暴雨中心最大点雨量、不同量级降雨笼罩面积占流域面积百分比等降水要素与洪峰流量、径流量等建立关系，并对相关关系进行分析，建立回归方程。相关图见图 7.4-20 ~ 图 7.4-26。

7.4.4.1　降雨—洪峰流量关系

点绘窟野河各分区降雨量与洪峰流量关系，关系点比较散乱，新庙、王道恒塔、温家川以上相关系数分别为 0.44、0.27、0.28，表明洪峰流量与降雨量有一定的响应关系，但相关性不显著。温家川降雨量 + 前期影响雨量—洪峰流量相关系数为 0.30，降雨洪峰相关程度也没有提高，说明前期降雨对洪峰几乎没有影响，符合该区超渗产流特点。

考虑到人类活动引起的流域下垫面条件变化，分别点绘 20 世纪 80 年代、90 年代、2000 年以来降雨量—洪峰流量关系(见图 7.4-20、图 7.4-22、图 7.4-23)，各分区各时段相关系数如下：新庙以上分别为 0.51、0.54、0.83，王道恒塔以上分别为 0.63、0.46、0.41，温家川以上分别为 0.36、0.59、0.40，与不分时段相比，相关系数均有不同程度的提高。新庙以上 20 世纪 80 年代、90 年代关系趋势线基本重合，2000 年以来趋势线位于两趋势线的下方；王道恒塔以上 20 世纪 90 年代趋势线在 80 年代的上方，但相差不大，而 2000 年以来关系趋势线明显位于两条趋势线下方，且偏离幅度较大；温家川关则是按 20 世纪 90 年代、80 年代、2000 年以来趋势线依次等幅偏离。可以看出，王道恒塔、温家川以上同等降雨条件，洪峰流量大小依次为 20 世纪 90 年代 > 80 年代 > 2000 年以来；新庙、王道恒、温家川以上各分区，同等降雨条件下，2000 年以来洪峰流量较之前大幅度减小。

为了进一步分析降雨量—洪峰流量关系，充分考虑该流域暴雨时空分布不均的特点，选取流域最大点雨量、降雨与最大面平均雨强乘积等降水因子分别与洪峰流量建立关系

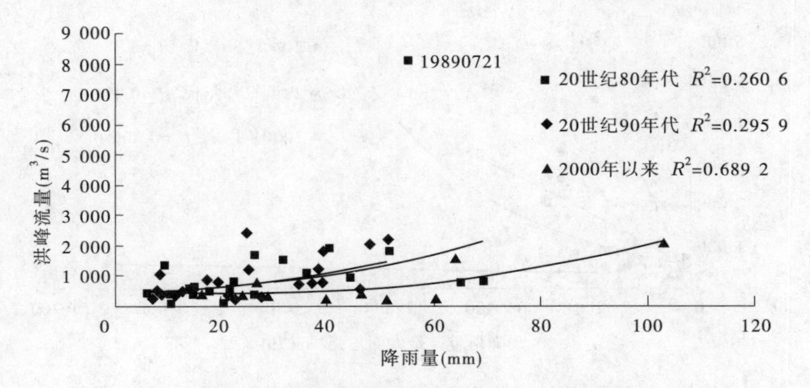

图7.4-20　新庙次洪降雨量—洪峰流量关系

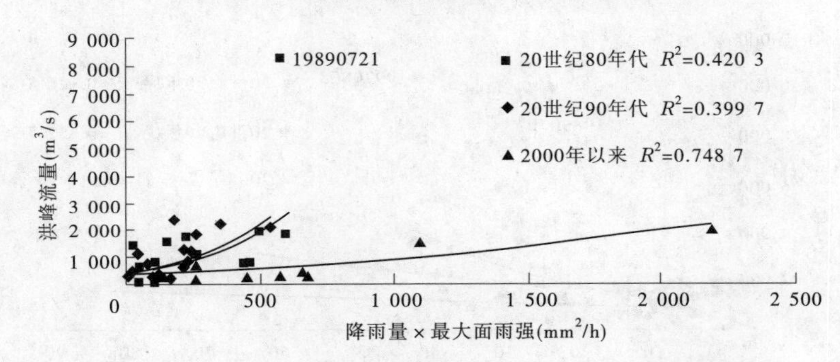

图7.4-21　新庙次洪降雨量×最大面雨强—洪峰流量关系

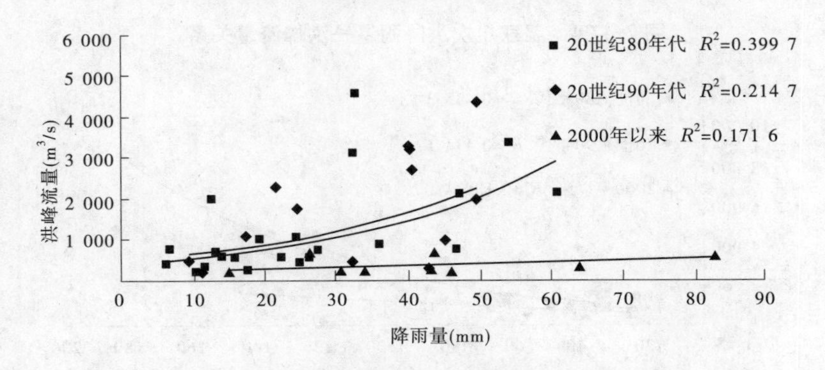

图7.4-22　王道恒塔次洪降雨量—洪峰流量关系

(见图7.3-21、图7.3-23、图7.3-25、图7.3-26),其关系比降雨量—洪峰关系相关性有不同程度的提高,如温家川1980～2016年、20世纪80年代、90年代、2000年以来最大点雨量—洪峰流量相关系数分别为0.51、0.66、0.66、0.43,比同时段的降雨量—洪峰流量相关系数分别提高81%、85%、11%、8%。

将降雨25 mm、50 mm、100 mm以上笼罩面积占流域总面积百分比(分别简称为P_{25}、P_{50}、P_{100}笼罩面积占比,下同)分别与洪峰流量建立关系,其相关关系并没有明显改善。以温家川为例,P_{25}笼罩面积占比—洪峰流量相关系数,20世纪90年代为0.61,其余各时段

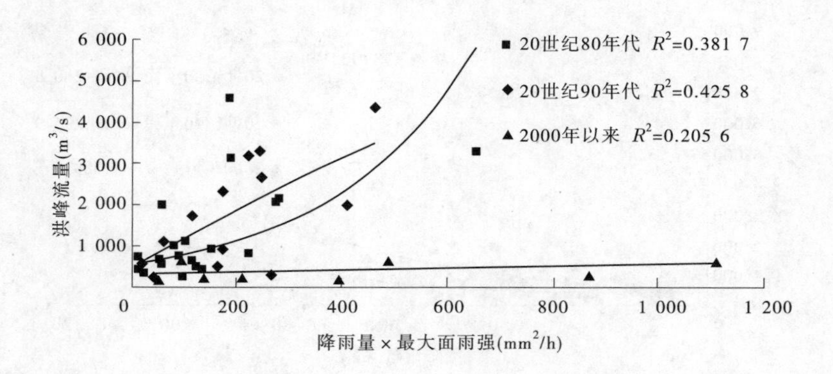

图 7.4-23　王道恒塔次洪降雨量×最大面雨强—洪峰流量关系

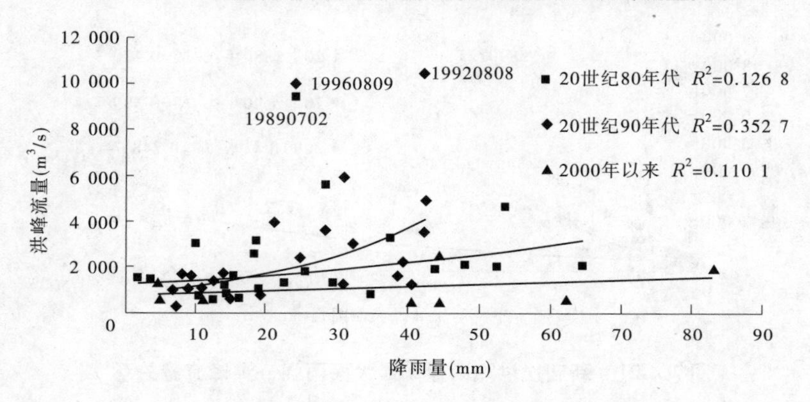

图 7.4-24　温家川次洪降雨量—洪峰流量关系

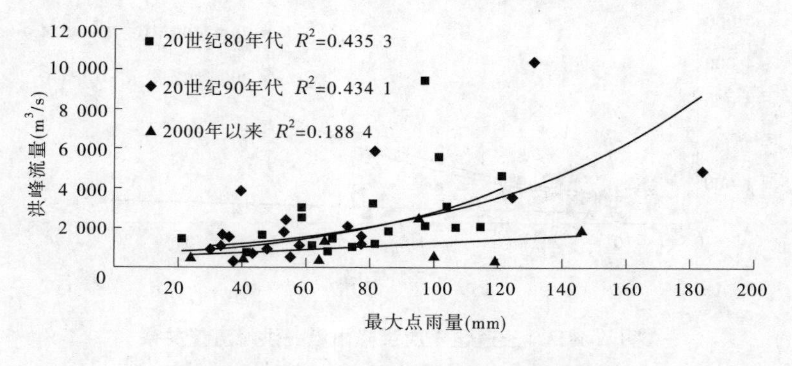

图 7.4-25　温家川最大点雨量—洪峰流量关系

为0.40～0.44；P_{50}笼罩面积占比—洪峰相关系数，除20世纪90年代为0.73外，其余各时段为0.32～0.37，其相关程度甚至低于P_{25}笼罩面积占比—洪峰流量关系，见图7.3-27、图7.3-28。由于在选取的次洪样本中，暴雨中心100 mm以上的仅有9场，除“19820730”“19850805”“19910721”“20120721”次洪P_{100}笼罩面积占比分别为8.9%、5.2%、11.9%、29.6%外，其余均小于2.2%，因而P_{100}笼罩面积占比—洪峰相关关系代表性差，相关系数仅为0.16。还可看出，20世纪80～90年代，一般P_{50}笼罩面积占比>0

时，温家川产生洪峰流量2 000 m³/s以上的洪水；P_{50}笼罩面积占比>20%时，出现4 000 m³/s以上的洪水；而2000年以来，尽管P_{50}笼罩面积占比不小，如"20030731""20120721"洪水，P_{50}笼罩面积占比分别为19.2%、86%，洪峰流量分别为2 600 m³/s、2 050 m³/s，均未出现3 000 m³/s以上的洪水；更为异常的是，"20010818"洪水P_{50}笼罩面积占比为63%，温家川洪峰流量仅为668 m³/s，属典型的"有雨无水"现象。

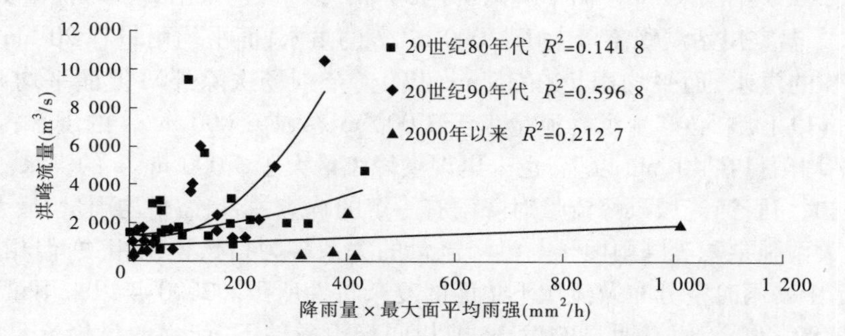

图7.4-26　温家川降雨量×最大面平均雨强—洪峰流量关系

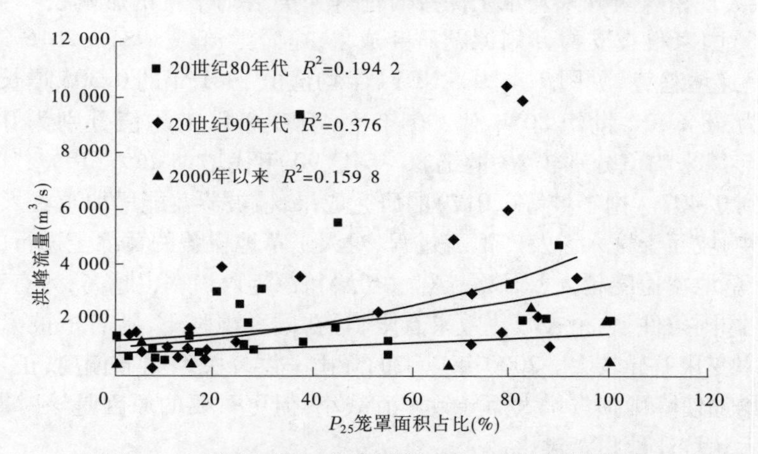

图7.4-27　温家川P_{25}笼罩面积占比—洪峰流量关系

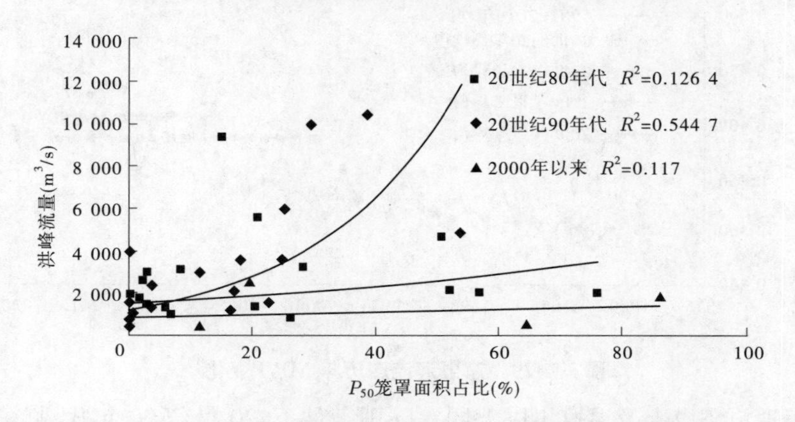

图7.4-28　温家川P_{50}笼罩面积占比—洪峰流量关系

由图 7.4-20、图 7.4-22、图 7.4-24 可以看出，新庙站洪峰流量大于 1 000 m^3/s 的洪水，面平均雨量需在 25 mm 以上（个别场次除外），而面平均雨量在 25 mm 以上，未必产生洪峰流量大于 1 000 m^3/s 的洪水。王道恒塔站洪峰流量大于 1 000 m^3/s 的洪水，面平均雨量在 20 mm 以上；大于 2 000 m^3/s 的场次洪水，面平均雨量在 30 mm 以上（个别场次除外）；但面平均雨量在 20 mm 或 30 mm 以上，未必产生洪峰流量大于 1 000 m^3/s 或 2 000 m^3/s 的洪水；2000 年以来，即使面平均雨量在 30 mm 以上，也未出现洪峰流量大于 1 000 m^3/s 的洪水。温家川站洪峰流量大于 2 000 m^3/s 的洪水，面平均雨量在 20 mm 以上；大于3 000 m^3/s 的洪水，面平均雨量在 25 mm 以上（个别场次除外）；但面平均雨量在 20 mm 或 25 mm 以上，未必产生洪峰流量大于 2 000 m^3/s 或 3 000 m^3/s 的洪水；2000 年以来，即使面平均雨量在 40 mm 以上，也未出现洪峰流量大于 3 000 m^3/s 的洪水。

综上可知，窟野河流域洪峰流量对降雨有一定的响应关系，面平均雨量、最大点雨量、面雨量与最大雨强乘积等降雨因子与洪峰流量的关系多为指数型正相关，但相关性均不显著，主要是由暴雨时空分布及流域下垫面的复杂特性所致。2000 年以来雨量与洪峰关系与 20 世纪 80 ~ 90 年代有明显的偏离，即相同降雨条件下，产生的洪峰流量大幅度减小，与该流域大规模煤炭开采及水土保持治理等人类活动干扰的影响密不可分。根据刘晓燕等（2016）国家科技支撑计划课题研究成果，窟野河流域 1981 ~ 2016 年归一化植被指数 NDVI 呈递增趋势（见图 7.4-29），NDVI 年均值由 1981 年的 0.305 增长至 2016 年的 0.451，涨幅为 48%，20 世纪 80 年代、90 年代、2000 年以来均值分别为 0.309、0.330、0.388，2000 年以来均值分别较 20 世纪 80 年代、90 年代增加 26%、19%，2006 年以来均值更是增加到 0.407。据李坤等（2017）的研究成果，植被覆盖能增加土壤入渗量，减少径流量，从而影响坡面土壤入渗及产汇流过程，对人工草地覆盖的黄绵土进行的室内降雨入渗试验表明，草地覆盖度越大，入渗量越大，初始和稳定入渗率也越高；另有室内降雨试验表明，高强度降雨条件下，植被减流效果有限，且在同一雨强下，随着植被覆盖度增大，径流量与入渗率变化差异较大。2000 年以来的降雨—洪峰关系明显偏离，正是说明了由于植被覆盖度增加使降雨损失增大而导致产流减小，但更重要的原因是该时期大规模煤炭开采造成的大片坑洼地拦蓄洪水。

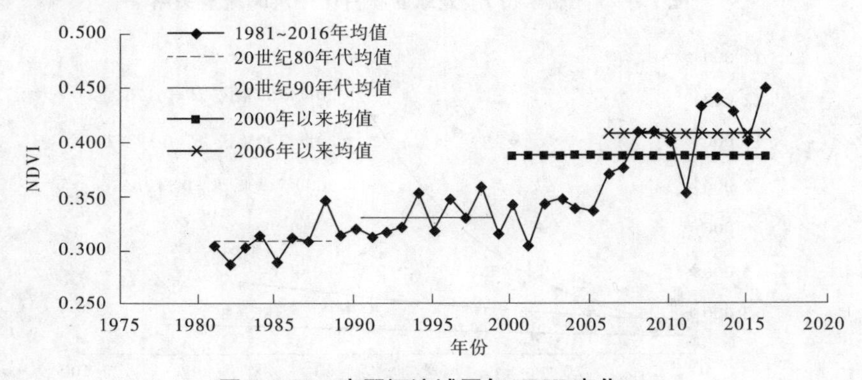

图 7.4-29　窟野河流域历年 NDVI 变化

另外，王道恒塔以上及温家川以上同等降雨条件下，20 世纪 90 年代洪峰较 80 年代增大,主要是窟野河1974年、1976年、1976年分别修建西壮沟、大会沟1#、大会沟等三座骨干坝(刘晓燕等,2016),库容分别为108万m^3、163万m^3、88万m^3,至1991年库容淤积体积分别为85万m^3、128万m^3、71万m^3,淤积比例分别为78.7%、78.5%、80.7%,还有一些中小型淤地坝的设计寿命比骨干坝少5~10年,1980年前建成的中小淤地坝大多已经淤满,骨干坝和中小型淤地坝在20世纪80年代拦洪减沙作用大,至90年代有效库容减小;虽然20世纪90年代较80年代的NDVI均值增大6.8%,但其对产流的影响不及水保工程变化对产流的影响大。因而,同等降雨条件所表现的20世纪90年代洪峰较80年代大,与淤地坝的拦洪拦沙效果及使用寿命等情况基本相符。

7.4.4.2 降雨—径流量关系

选取流域次洪降雨量、最大点雨量、降雨量与最大平均雨强乘积等降水因子与径流量建立关系,可以发现降雨量—径流量关系比降雨量—洪峰流量关系的相关性显著。如降雨量—径流量关系(见图7.4-30~图7.4-32),新庙、王道恒塔、温家川以上相关系数分别为0.68、0.49、0.57,若按20世纪80年代、90年代、2000年以来三个时段分别点绘降雨量—径流量关系,相关系数如下:新庙以上分别为0.72、0.82、0.84,王道恒塔以上分别为0.80、0.68、0.35,温家川以上分别为0.57、0.63、0.86,除王道恒塔2000年以来外,均比不分时段相关性有不同程度提高,其中新庙以上提高3%~15%,王道恒塔以上提高39%~63%,温家川以上提高10%~51%。

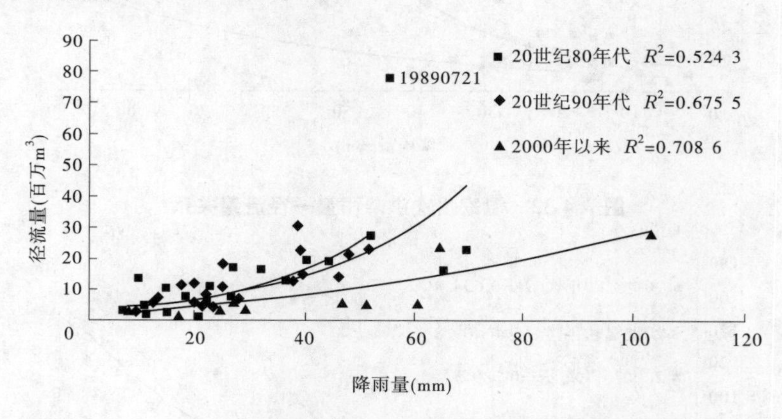

图7.4-30 新庙次洪降雨量—径流量关系

点绘温家川以上不分时段和分时段最大点雨量—径流量关系(见图7.4-33),相关关系分别为0.66、0.80、0.64、0.89,比同时段的降雨量—径流量关系相关程度分别提高16%、40%、1.5%、3.5%。由温家川以上降雨量与最大平均雨强乘积—径流量关系(见图7.3-34)可以看出,与同时段的降雨量—径流量关系相比没有改善,其中不分时段的相关程度还低20%左右,其他时段相差不大,表明最大雨强不及降雨量对径流量的影响显著。

由此表明,窟野河流域降雨是次洪径流量的主要驱动因子,径流量对最大点雨量的响应程度大于降雨量或降雨量与最大平均雨强乘积对径流量的响应程度,降雨量与径流量的关系要好于与洪峰流量的关系。20世纪80年代、90年代降雨径流关系点基本在一个带状区间,2000年以来点据则位于20世纪80年代、90年代点据的下方,且偏离幅度较

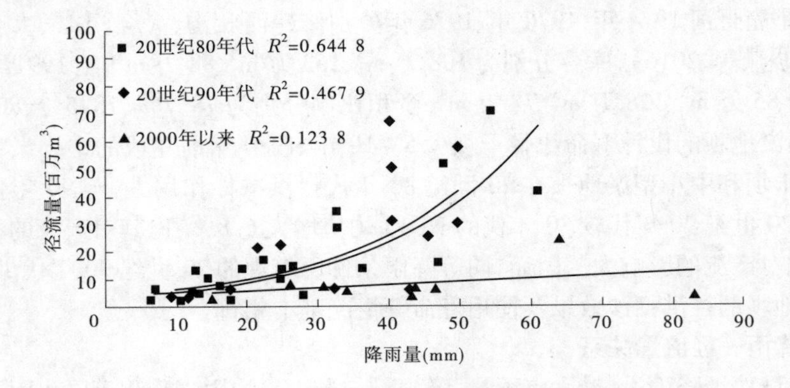

图 7.4-31　王道恒塔次洪降雨量—径流量关系

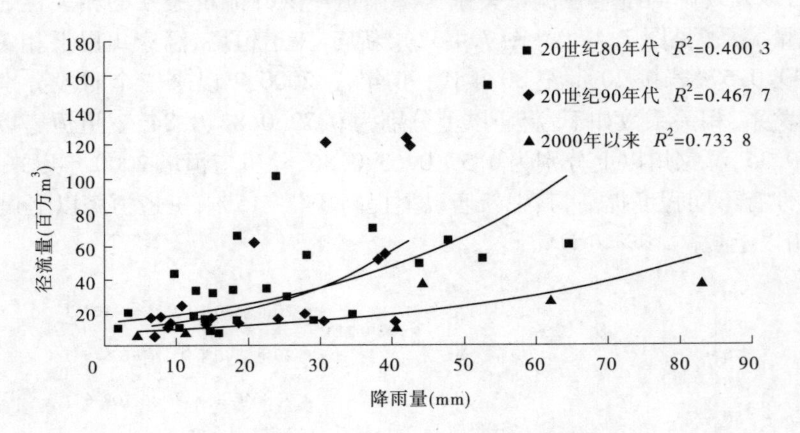

图 7.4-32　温家川次洪降雨量—径流量关系

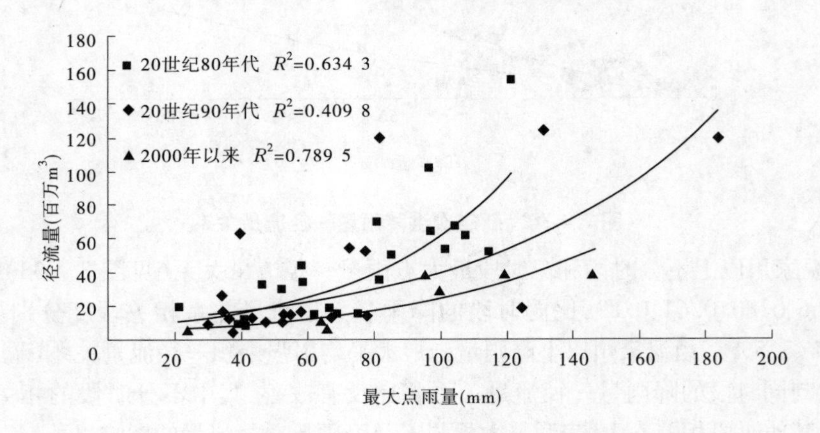

图 7.4-33　温家川次洪最大点雨量—径流量关系

大,即同等降雨条件,2000 年以来次洪径流量较之前大幅度减小。

7.4.4.3　洪峰流量—径流量关系

新庙、王道恒塔、温家川站次洪洪峰流量—径流量关系(见图 7.4-35 ~ 图 7.4-37)均为线性正相关,相关系数分别为 0.92、0.84、0.81,表明该流域洪峰流量与径流量相关性

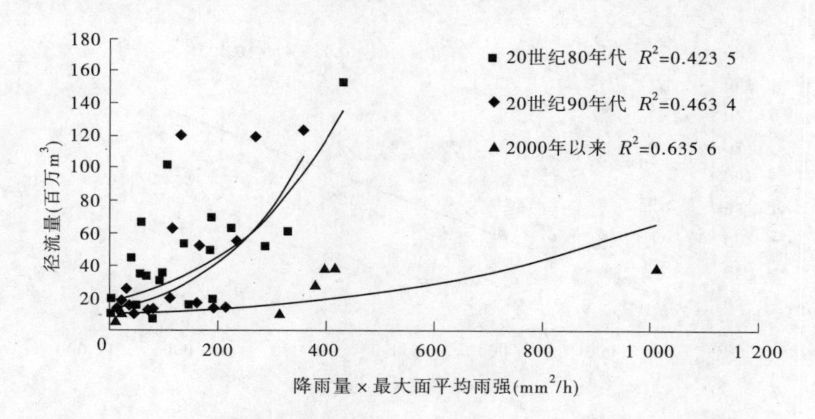

图7.4-34　温家川次洪降雨量×最大面平均雨强—径流量关系

非常显著，也就是洪峰流量大，则径流量大，即"峰高量大"；反之，若洪峰流量小，则径流量也小，充分反映了窟野河流域洪水陡涨陡落的特性。同时也可看出，洪峰与径流量关系的相关程度随流域面积增大而减小，如流域面积新庙＜王道恒塔＜温家川，相关系数则为新庙＞王道恒塔＞温家川。

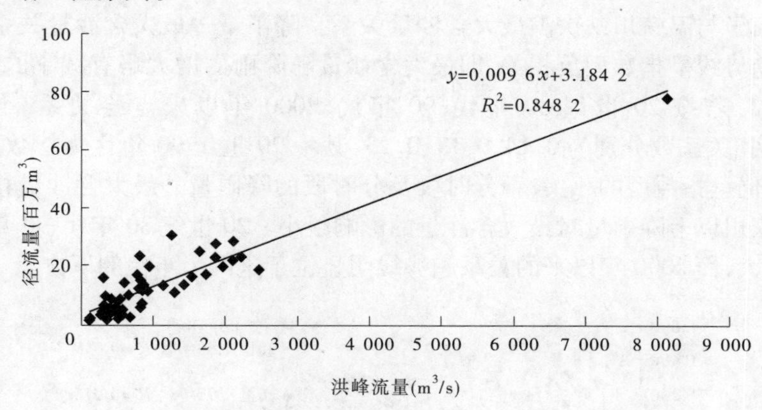

图7.4-35　新庙次洪洪峰流量—径流量关系

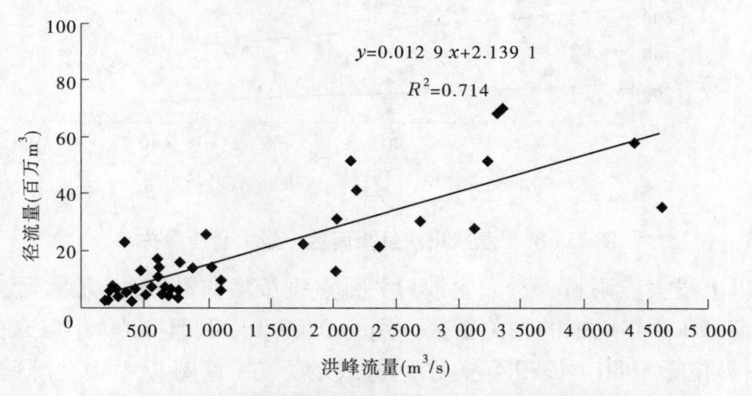

图7.4-36　王道恒塔洪峰流量—次洪径流量关系

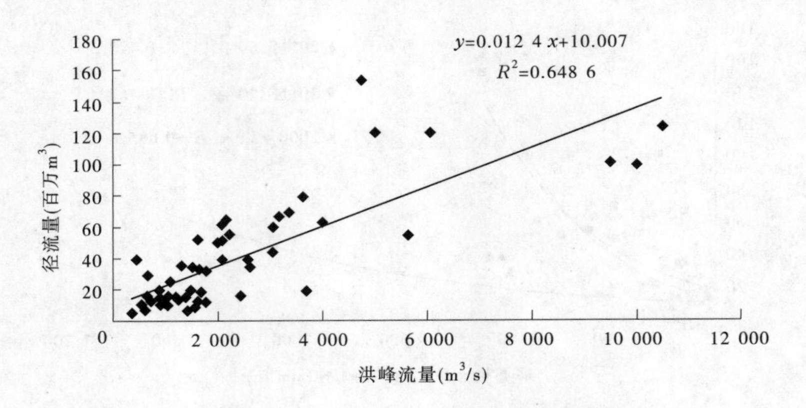

图 7.4-37　温家川洪峰流量—次洪径流量关系

7.4.5　降雨产沙关系

7.4.5.1　降雨—最大含沙量关系

选取温家川以上次洪降雨量、最大点雨量、降雨量与最大面平均雨强乘积等降雨因子,建立各因子与温家川站次洪最大含沙量关系。降雨量—最大含沙量关系点据非常散乱,拟合的趋势线呈指数型负相关,即最大含沙量随降雨的增大略有减小的趋势,相关系数仅为 0. 22;若按 20 世纪 80 年代、90 年代、2000 年以来点绘关系(见图 7. 4-38、图 7.4-39),相关系数分别为 0. 14、0. 13、0. 23,其中 20 世纪 90 年代为指数型正相关,其余两个时段仍呈指数型的相关,不分时段及分时段的降雨量—最大含沙量相关程度都不高,表明温家川以上降雨量对最大含沙量的影响很小。20 世纪 80 年代、90 年代的关系趋势线相差不大,而 2000 年以来的关系趋势线明显位于这两个年代的下方。

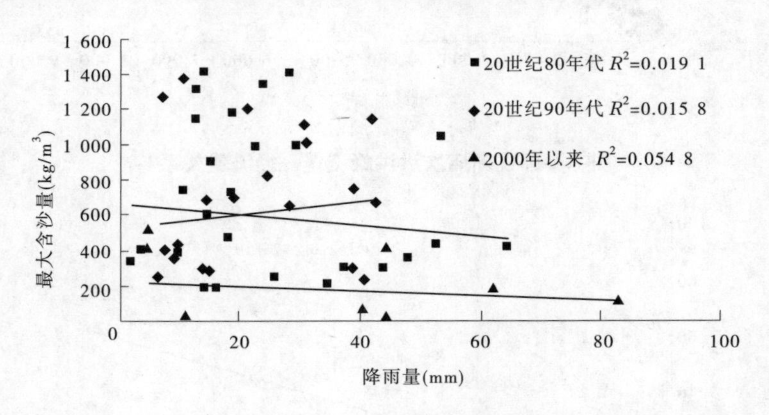

图 7.4-38　温家川次洪降雨量—最大含沙量关系

温家川以上最大点雨量—最大含沙量关系点据依然非常散乱,几乎无法拟合趋势线;1980 ~ 1999 年、2000 年以来的相关系数分别为 0. 09、0. 38,且 2000 年以来的关系趋势线呈负相关,明显位于 1980 ~ 1999 年关系趋势线的下方(见图 7. 4-40)。降雨量与最大平均雨强乘积—最大含沙量关系(见图 7. 4-41)与上述两个因子与最大含沙量建立的关系

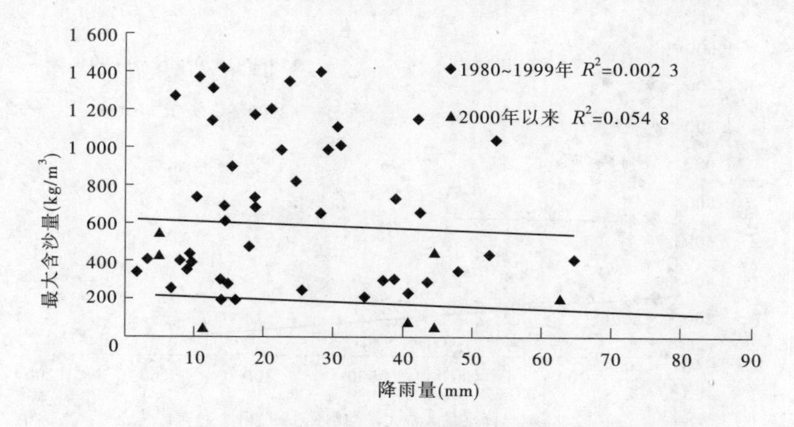

图 7.4-39　温家川分时段次洪降雨量—最大含沙量关系

几乎相同。

由此可以看出，窟野河流域次洪最大含沙量对降雨有一定的响应关系，但相关性很低，甚至低于降雨量—洪峰流量关系，表明该流域降雨产沙比产流的机制更加复杂。2000年以来无论次洪降雨因子如何变化，最大含沙量均未大于 600 kg/m³。

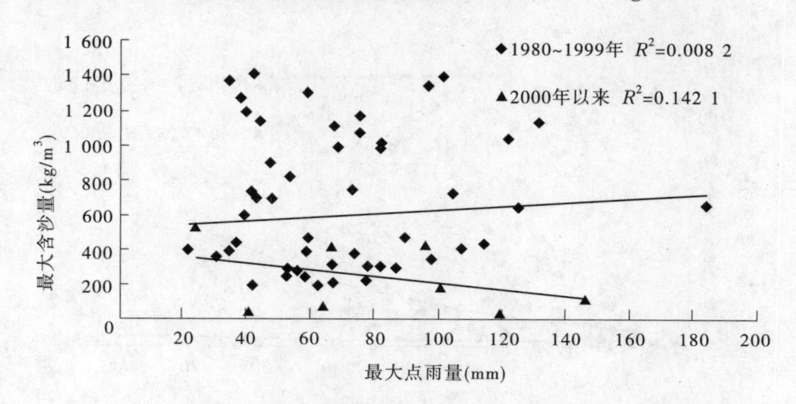

图 7.4-40　温家川次洪最大点雨量—最大含沙量关系

7.4.5.2　降雨—输沙量关系

选取次洪降雨量、最大点雨量、降雨量与最大平均雨强乘积等降雨因子，分别与温家川输沙量建立关系，相关系数分别为 0.26、0.47、0.08，其中最大点雨量与输沙量相关程度最高，降雨量与最大平均雨强乘积与输沙量相关程度最低。若将时间划分为 1980～1999 年和 2000～2016 年两个时段，降雨量—输沙量关系相关系数分别为 0.49、0.26，最大点雨量—输沙量关系相关系数分别为 0.61、0.31，降雨量与最大平均雨强乘积—输沙量相关系数分别为 0.55、0.30，比不分时段的相关系数均有不同程度的提高，依然是最大点雨量与输沙量的相关程度最高（见图 7.4-42～图 7.4-44）。1980～1999 年各降雨因子与输沙量关系相关程度在 49%～61%，也就是降雨对产沙输沙的驱动作用占 50%～60%，而 2000 年以来各降雨因子与输沙量关系的相关程度约在 30%，关系趋势线均位于 1980～1999 年关系趋势线的下方，且无论降雨因子如何变化，除“20030730”次洪输沙量

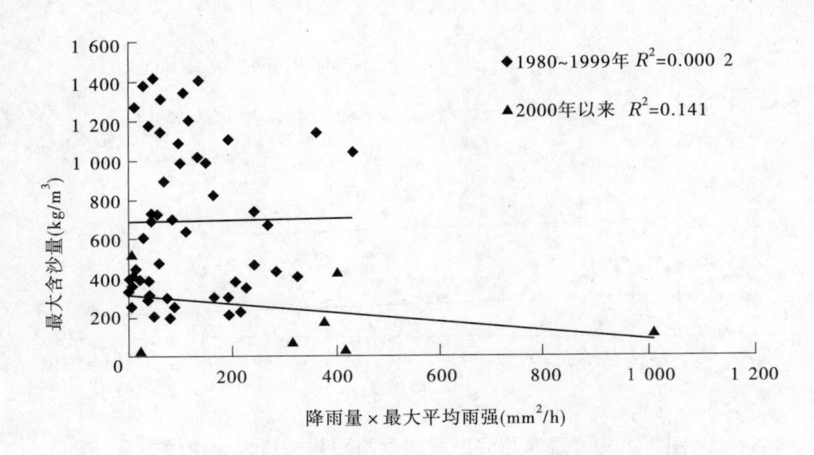

图 7.4-41 温家川次洪降雨量×最大平均雨强—最大含沙量关系

为 947 万 t 外,其余次洪输沙量均在 450 万 t 以下。

总之,输沙量对降雨的响应程度高于最大含沙量对降雨的响应程度。2000 年以来同等降雨条件输沙量大幅减少,原因与窟野河流域水保工程措施及煤炭开采对降雨产流的影响大致相同。

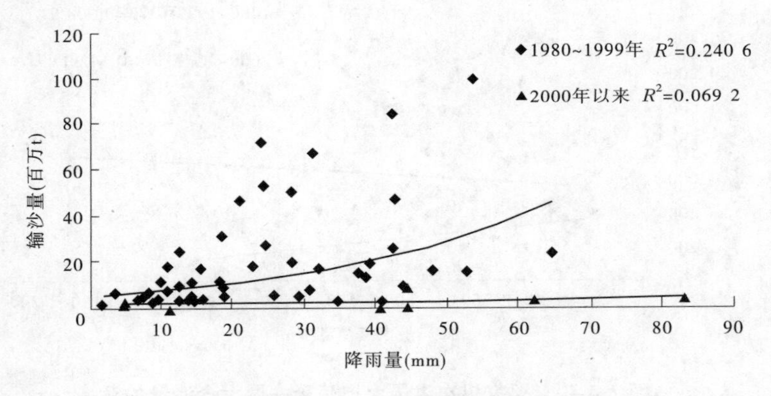

图 7.4-42 温家川次洪降雨量—输沙量关系

7.4.5.3 洪水—泥沙关系

温家川次洪最大含沙量与输沙量关系为指数型正相关,相关系数为 0.65,表明两者具有较好的对应关系,即最大含沙量大,相应的输沙量也大。2000 ~ 2016 年最大含沙量—输沙量关系趋势线位于 1980 ~ 1999 关系趋势线的下方(见图 7.4-45),但相差不大,均为指数型正相关,相关系数分别为 0.57、0.77,表明两个时间段的含沙量与输沙量都有较显著的相关性。

温家川次洪洪峰流量与最大含沙量关系为线性正相关,相关系数为 0.40,20 世纪 80 年代、90 年代、2000 年以来洪峰流量—最大含沙量关系相关系数分别为 0.31、0.38、0.49,且 20 世纪 80 年代、90 年代关系趋势线基本重合,2000 年以来关系趋势线在两条线的下方,且偏幅很大,即洪峰流量相同,2000 年以来较之前最大含沙量大幅度减小(见图 7.4-46)。

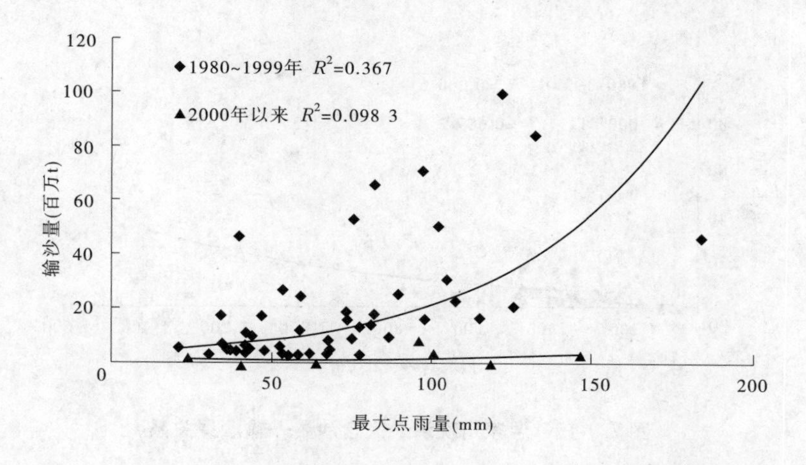

图 7.4-43　温家川次洪最大点雨量—输沙量关系

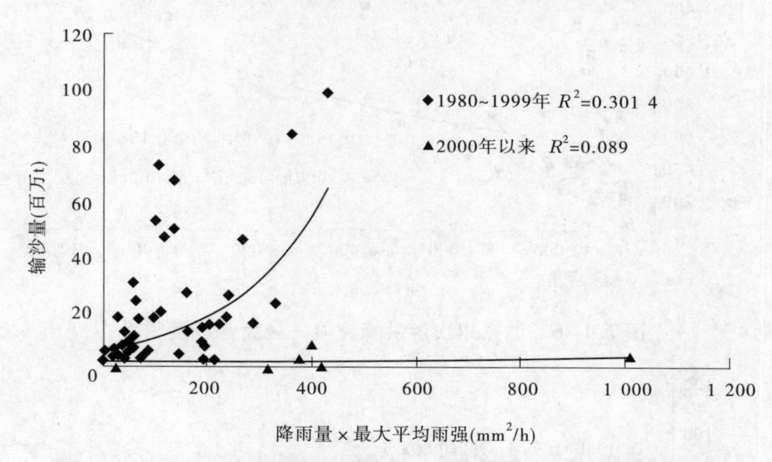

图 7.4-44　温家川次洪降雨量×最大平均雨强—输沙量关系

温家川次洪径流量与输沙量为线性正相关,相关系数高达 0.89,两者相关性非常显著,表明次洪径流量对输沙量起了主导作用,也就是次洪径流量大,则产沙输沙量也大。1980～1999 年、2000 年以来径流量—输沙量关系相关系数分别为 0.90、0.73,且 2000 年以来关系趋势线位于 1980～1999 年关系趋势线的下方,即相同次洪径流量,2000 年以来输沙量较 1980～1999 年减小,见图 7.4-47。

7.4.6　产流阈值分析

由于自 1998 年开始,该流域有时段长 30 min 的自记雨量计固态存储资料,因此选取 1998 年以来的场次洪水,计算各场次洪水过程降雨平均损失强度 f_a 和产流历时 t_c。需要说明的是,因为该流域暴雨在时程上分布极为不均匀,采用变雨强计算方法对几场降水的降雨摘录资料进行了 30 min 降雨插值处理,结果与同场降雨的 30 min 观测值相差很大,因而本项目产流阈值分析中无法使用降雨摘录资料,这也就是取 1998 年以来的场次洪水进行分析的原因所在。

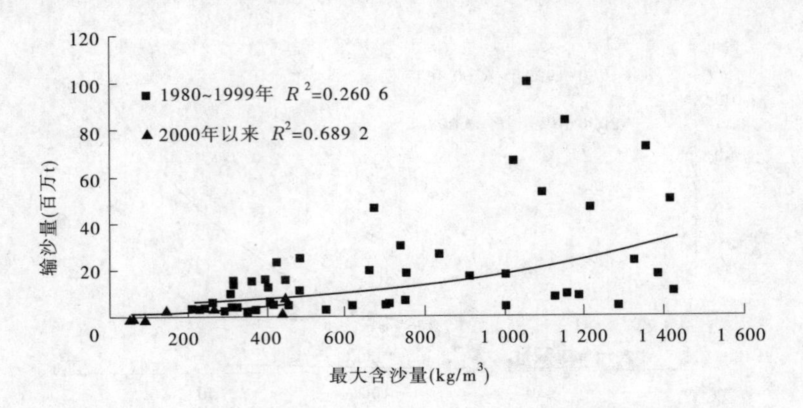

图 7.4-45　温家川次洪最大含沙量—输沙量关系

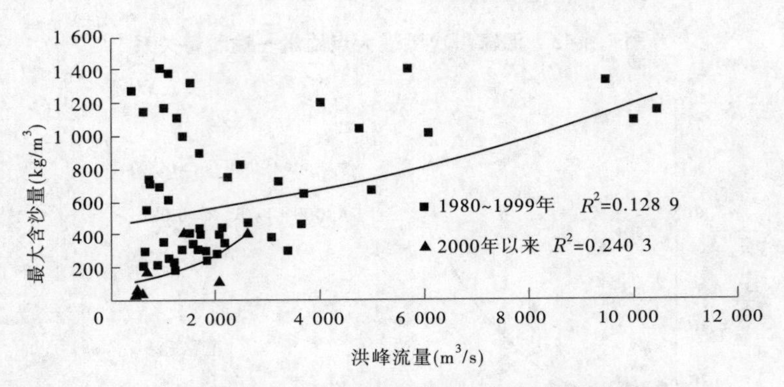

图 7.4-46　温家川次洪洪峰流量—最大含沙量关系

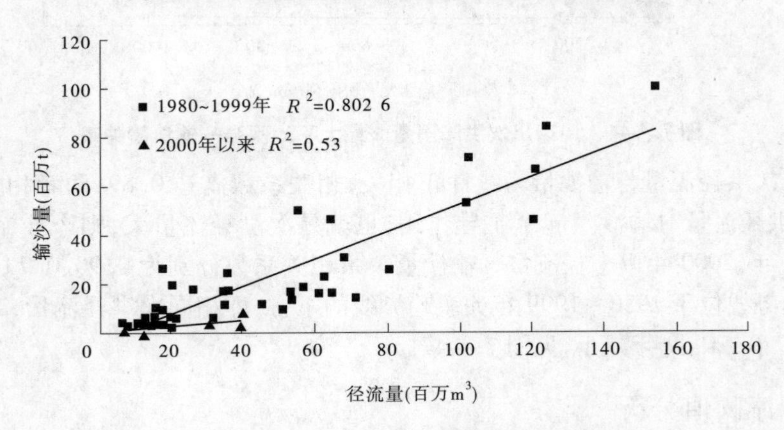

图 7.4-47　温家川次洪径流量—输沙量关系

新庙共有 14 场洪水参加分析，f_a 最小值为 0.1 mm/30 min，最大值为 7.0 mm/30 min；王道恒塔 8 场洪水中，f_a 最小值为 1.3 mm/30 min，最大值为 6.4 mm/30 min；温家川 8 场洪水中，f_a 最小值为 0.4 mm/30 min，最大值为 5.4 mm/30 min。因 2000 年之前新庙仅有 5 场洪水及王道恒塔、温家川各仅有 1 场洪水参加 f_a 分析，对于相同降雨条件下 f_a 值随年份是否增大尚无法判定，但可以初步得出该流域各分区产流阈值如下（见

表 7.4-6)：

(1)新庙以上,当 30 min 面平均雨量 >5.8 mm 时,产生洪水概率为 86%(不计 2000 年之前的 5 场洪水,则为 78%)；当 30 min 面平均雨量 >7 mm 时,产生洪水概率为 100%。

(2)王道恒塔以上,若 30 min 面平均雨量 >4.8 mm,产生洪水概率为 75%；若 30 min 面平均雨量 >6.4 mm,产生洪水概率为 100%。

(3)温家川以上,若 30 min 面平均雨量 >4 mm,产生洪水概率为 75%；若 30 min 面平均雨量 >5.4 mm,产生洪水概率为 100%。

表 7.4-6　窟野河流域降雨产流阈值统计

区域	集水面积(km^2)	降水平均损失强度(mm/30 min)	产洪概率(%)	降水平均损失强度(mm/30 min)	产洪概率(%)
新庙以上	1 527	5.8	86(1989 年以来) 78(2000 年以来)	7.0	100
王道恒塔以上	3 839	4.8	75	6.4	100
温家川以上	8 645	4.0	75	5.4	100

由表 7.4-6 可以看出,f_a 数值表现为新庙以上 > 王道恒塔 > 温家川以上,表明 f_a 与流域下垫面条件及区域面积大小有关。新庙以上和王道恒塔以上均在窟野河流域的上游,植被情况基本相同,但新庙以上下垫面为砂质,王道恒塔以上为砾质,砂质土壤下渗率大于砾质土壤,再者从本项目其他典型流域 f_a 分析结果来看,相同下垫面条件下,f_a 表现为流域面积小的大于流域面积大的,这是由于相同降雨条件下,流域面积越大,计算的面雨量越小,即降雨均化的缘故,因而新庙以上 f_a 略大于王道恒塔以上；温家川以上则混合了砂、砾质和黄土丘陵,植被较上游差,且流域面积远大于新庙和王道恒塔以上区域,降雨均化程度大,因此其 f_a 值在窟野河流域的几个分区中最小。

7.5　秃尾河流域

7.5.1　流域概况

秃尾河流域发源于陕西神木县瑶镇西北的公泊海子,在佳县武家峁附近注入黄河。流域面积 3 294.0 km^2,全长 140.0 km,河道平均比降 3.87‰。流域大致可分为 4 个地貌类型：①草滩区,位于流域的上游和西北部,地面多被沙土覆盖,地势平坦,地下水较为丰富,林草覆盖较好,有小面积水面的湖泊分布其中；②流动风沙区,位于流域的上中游,沙丘此起彼伏,植被稀少,降雨下渗率大,不易产生径流,风蚀颇为严重；③盖沙区,位于流域中游,是风沙区向黄土丘陵区过渡地带,南以古长城为界,钙质土和风沙土形成片状覆盖地面,植被稀少,风蚀和水蚀都很严重；④黄土丘陵区,位于流域的下游,上有黄土覆盖,主河道和大支流的中下游两岸，基岩裸露部位较高，地形破碎，植被稀少，坡面的面蚀和沟谷的重力侵蚀都较严重。

据最新资料统计（刘晓燕等，2016），秃尾河高家堡以上风积沙厚度一般在 10 ~ 20 m，高家川以上 1990 ~ 2011 年建成的中小型淤地坝数量为 55 座，2011 年水蚀面积为 998 km^2，坝地面积 21.9 km，坝地面积占比 2.19%。

截至 2015 年，秃尾河流域共有水文站 2 处、雨量站（含水文站）9 处，见表 7.5-1 及图 7.5-1。雨量站建于 20 世纪 60 ~ 70 年代，该流域具有较长系列的水文观测资料。

表 7.5-1　秃尾河流域水文站网统计

河名	水文站	设站时间	控制面积（km^2）	至河口距离（km）	雨量站（处）	站网密度（km^2/站）
秃尾河	高家堡	1966 年 5 月	2 095	69	6	349
秃尾河	高家川	1955 年 9 月	3 253	10	9	361

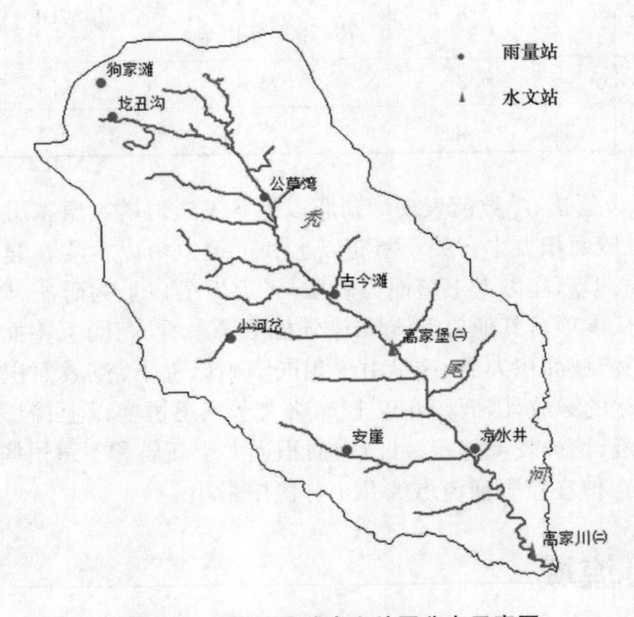

图 7.5-1　秃尾河流域水文站网分布示意图

7.5.2　场次洪水选取

选取 1980 年以来秃尾河高家堡站 32 场洪水，其中，最大洪峰流量为 1 060 m^3/s（1996 年 8 月 1 日），且洪峰流量大于 1 000 m^3/s 的洪水仅有此场洪水，2000 年以来未出现洪峰流量大于 500 m^3/s 的洪水（见表 7.5-2、图 7.5-3）。选取高家川站 36 场洪水，其中，最大洪峰流量为 1 630 m^3/s（1988 年 7 月 23 日），见表 7.5-2、图 7.5-3。

表 7.5-2　高家堡站场次洪水统计

洪峰流量(m^3/s)	场次	洪水场次			
		1980～1989 年	1990～1999 年	2000～2009 年	2010～2016 年
<500	24	5	11	6	2
500～800	6	1	5		
800～1 000	1	1			
>1 000	1		1		
合计	32	7	17	6	2

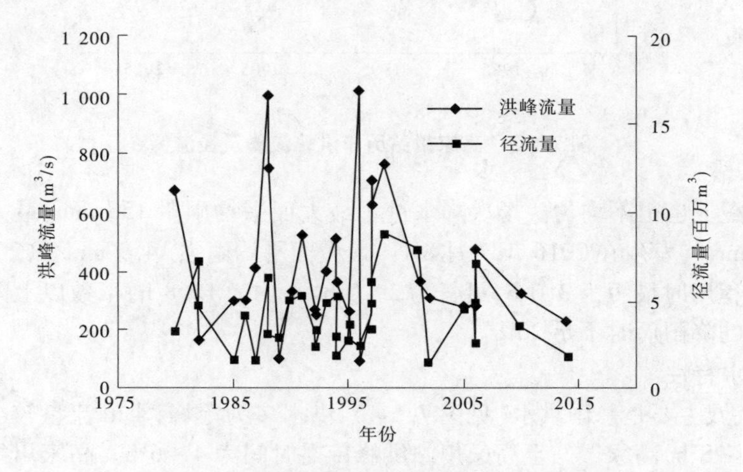

图 7.5-2　高家堡站历年洪峰流量及径流量

表 7.5-3　高家川站场次洪水统计

洪峰流量(m^3/s)	场次	洪水场次			
		1980～1989 年	1990～1999 年	2000～2009 年	2010～2016 年
<500	15	5	6	3	1
500～800	8	2	5	1	1
800～1 000	4	3			1
>1 000	9	4	3	1	1
合计	36	14	14	5	4

由表 7.5-2 及图 7.5-2、图 7.5-3 可知，同窟野河一样，秃尾河流域 2000 年以来洪水发生频次较 1980～1999 年大幅度减少，与高忠咏等(2014)得出的秃尾河流域年径流量突变点为 1999 年的结论相符。

7.5.3　暴雨洪水特性

7.5.3.1　暴雨特性

秃尾河流域暴雨多发生在 7～8 月，其降雨量占全年降雨量的 49.63%，汛期降雨量占全年降雨量的 76% 以上，降雨多发生在全流域范围内。降雨空间变异性大，暴雨中心在流域内各地均有可能发生，有时还可能出现几个暴雨中心。降雨不仅在空间上变化复

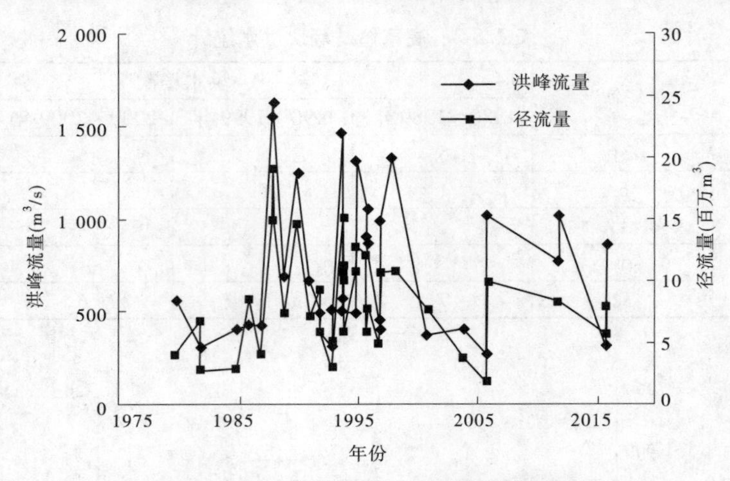

图 7.5-3　高家川站历年洪峰流量及径流量

杂，在时程分配上也很不均匀。场次降水过程最大面平均雨量 156 mm，最大点雨量圪丑沟站 199.6 mm，均发生在 2016 年 7 月 8 日，最大面平均雨强 14.9 mm/h（2012 年 7 月 27 日）。降雨过程历时最短为 3.0 h，最长为 29.0 h，平均为 12.8 h，半数以上降雨历时少于 12 h，约 78% 的降雨历时不足 20 h。

7.5.3.2　洪水特性

秃尾河流域主要是暴雨洪水（见图 7.5-4），洪水多为单峰，洪峰流量较小。高家堡站雨洪滞时为 2～8 h，高家堡站至高家川站洪峰传播时间为 4～6 h。高家川站的洪水主要由秃尾河中下游地区暴雨形成，雨洪滞时为 2～7 h，一次洪水过程总历时一般为 10～24 h，洪水历时在 12 h 内的约占 58%；洪水上涨历时一般为 0.2～2 h，涨峰历时在 1.0 h 以内的约占 42%。

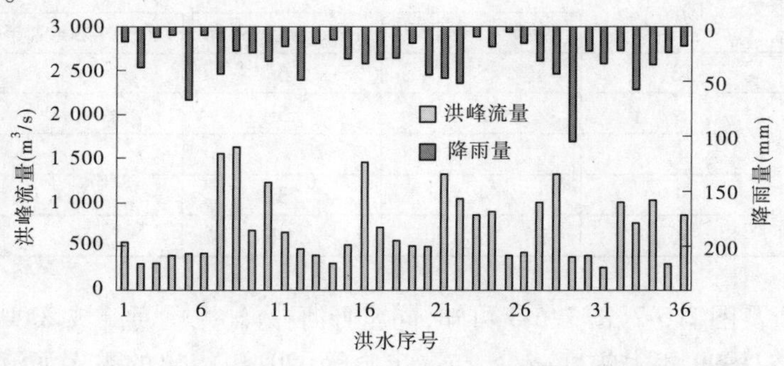

图 7.5-4　秃尾河高家川站历年次洪洪峰流量及面平均降雨量

由表 7.5-4 可知，高家川站径流系数、洪峰模数都较高家堡站大，其原因是高家堡以上流域多为风沙区和草滩区，地表下渗能力大，产生的地表径流小，而高家堡以下地区系盖沙区和黄土丘陵区，下渗能力比高家堡以上小，同等降雨条件，产流量稍大一些，见图 7.5-5～图 7.5-10。

表 7.5-4　秃尾河流域洪水特征值

区域	时间	径流系数			洪峰模数（$m^3/(s \cdot km^2)$）			径流模数（$m^3/(s \cdot km^2)$）		
		最大	最小	平均	最大	最小	平均	最大	最小	平均
高家堡以上	1980～2016 年	0.20	0.03	0.08	0.487	0.042	0.182	0.139	0.023	0.057
	1980～1989 年	0.11	0.03	0.06	0.476	0.048	0.191	0.073	0.025	0.043
	1990～1999 年	0.20	0.04	0.09	0.487	0.042	0.192	0.139	0.023	0.061
	2000～2016 年	0.18	0.03	0.08	0.228	0107	0.152	0.075	0.035	0.059
高家川以上	1980～2016 年	0.32	0.02	0.10	0.501	0.082	0.222	0.136	0.021	0.058
	1980～1989 年	0.20	0.04	0.11	0.501	0.095	0.215	0.130	0.025	0.060
	1990～1999 年	0.32	0.02	0.12	0.449	0.093	0.235	0.136	0.021	0.060
	2000～2016 年	0.14	0.02	0.06	0.314	0.082	0.193	0.090	0.030	0.059

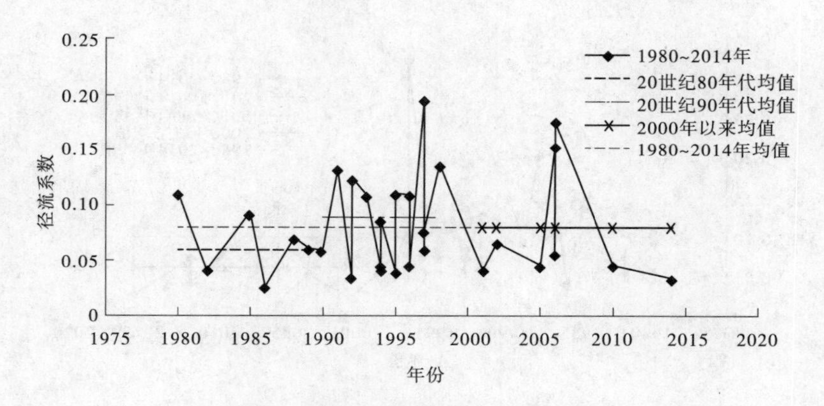

图 7.5-5　高家堡站次洪径流系数

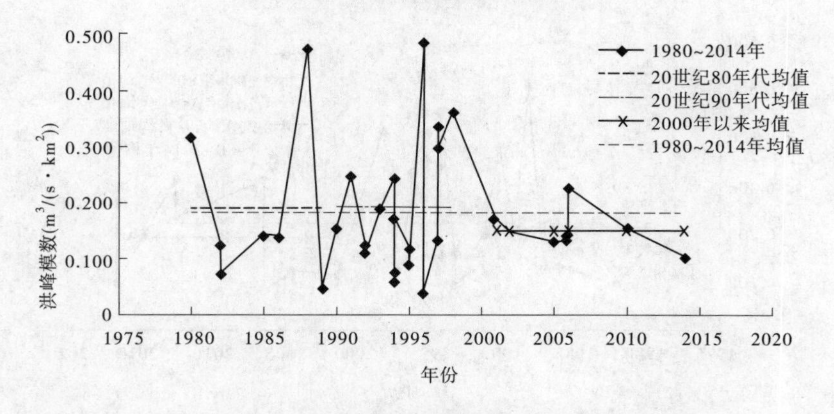

图 7.5-6　高家堡站次洪洪峰模数

7.5.3.3　泥沙特性

本流域泥沙主要由暴雨洪水重力侵蚀产生，1980 年以来高家川站最大含沙量为 1 170 kg/m^3（1991 年 7 月 27 日）。2000 年以来，除 2006 年出现最大含沙量 1 050 kg/m^3 的洪水外，未出现最大含沙量在 400 kg/m^3 以上的洪水，见图 7.5-11～图 7.5-14。

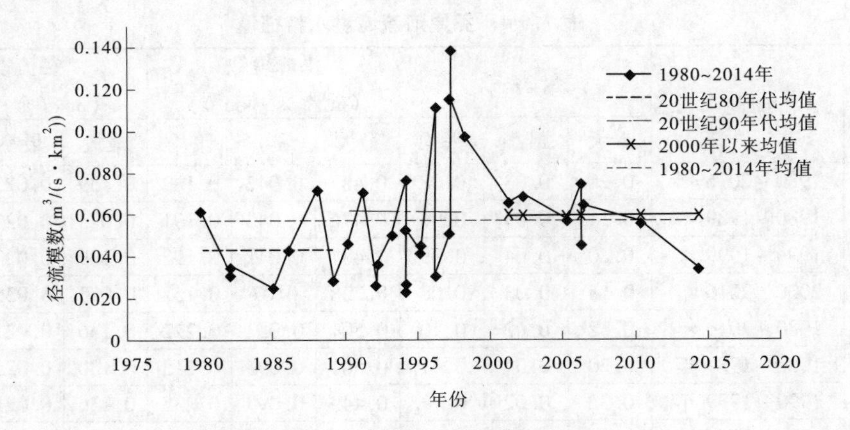

图 7.5-7　高家堡站次洪径流模数

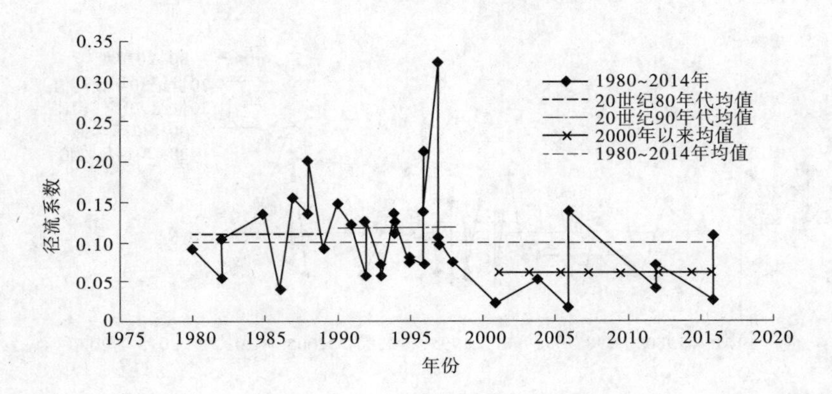

图 7.5-8　高家川站次洪径流系数

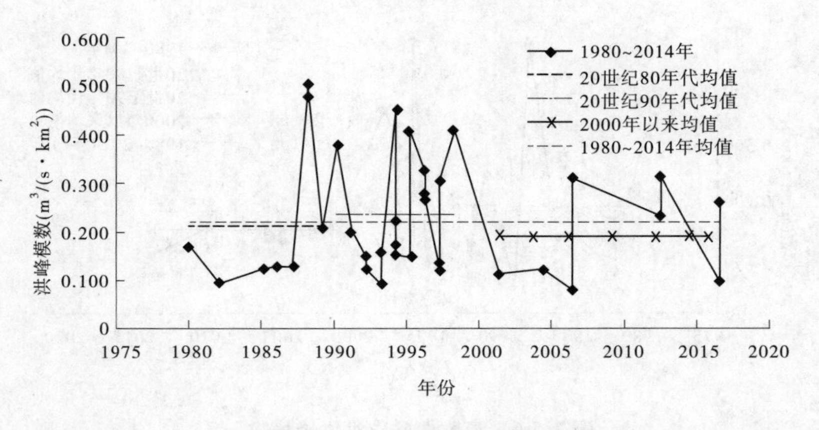

图 7.5-9　高家川站历年次洪洪峰模数

1980 年以来高家川站次洪最大含沙量多年均值为 644 kg/m^3，20 世纪 80 年代、90 年代、2000 年以来均值分别为 735 kg/m^3、614 kg/m^3、392 kg/m^3，20 世纪 90 年代较 80 年代减少 16%，2000 年以来较 20 世纪 80 年代、90 年代分别减少 47%、36%；高家川站次洪最

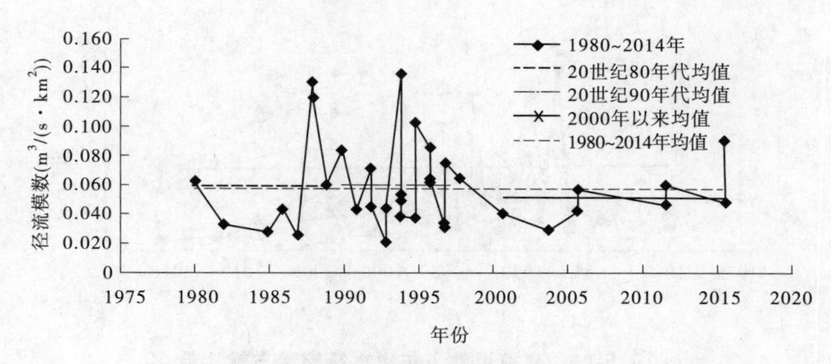

图 7.5-10　高家川站次洪径流模数

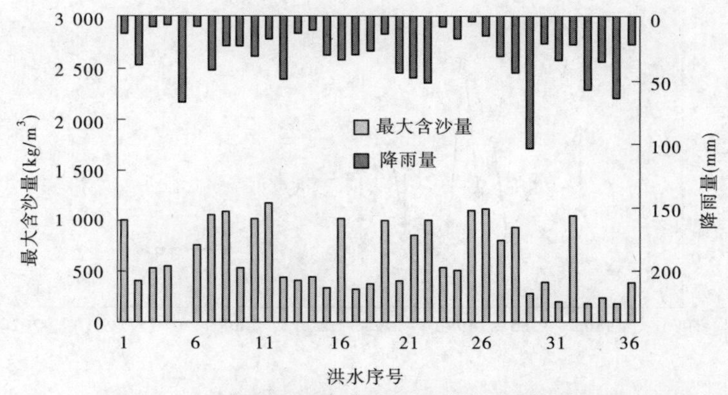

图 7.5-11　高家川站历年次洪最大含沙量与降雨量

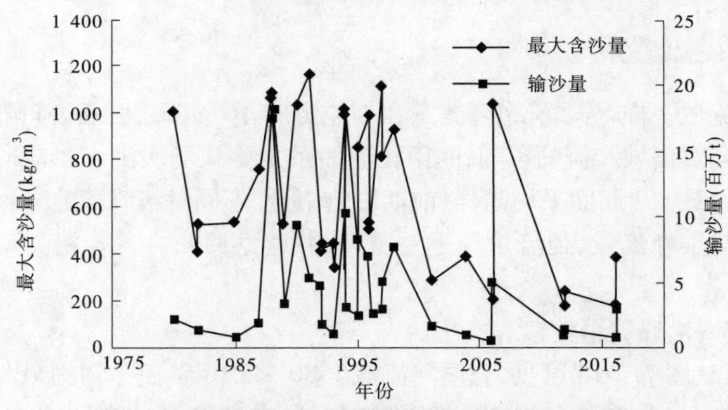

图 7.5-12　高家川站历年次洪最大含沙量与输沙量

大输沙量为 1 768 万 t,多年均值为 410 万 t,20 世纪 80 年代、90 年代、2000 年以来均值分别为 579 万 t、440 万 t、196 万 t,20 世纪 90 年代较 80 年代减少 24%,2000 年以来较 20 世纪 80 年代、90 年代分别减少 66%、55%。显然,受流域水土保持治理和煤炭资源的高强度开发,秃尾河流域次洪输沙量也呈递减趋势,且减幅略大于径流减小幅度。

除 1980 年一场洪水外,高家川站沙峰均滞后于洪峰,其中最长时间为 4.1 h(复式洪峰),其他大多在 2 h 以内;沙峰滞后洪峰时间 0.1 ~ 1.0 h 的洪水约占 47%,1.0 ~ 2.0 h 的洪水约占 39%。

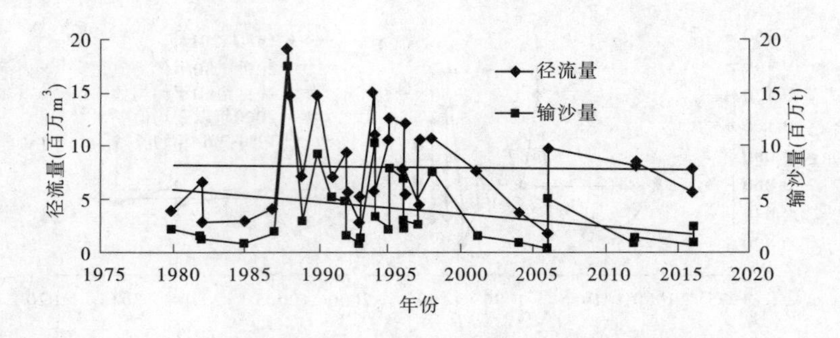

图 7.5-13　高家川站历年次洪径流量与输沙量

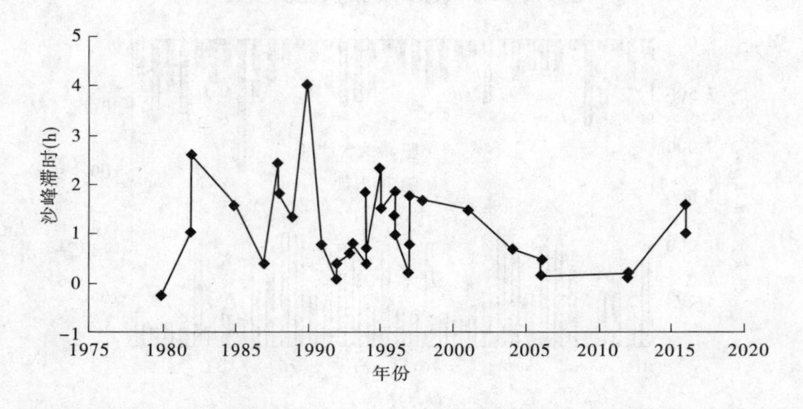

图 7.5-14　高家川站历年次洪沙峰与洪峰出现时间比较(负值为提前,正值为滞后)

7.5.4　降雨径流关系

同窟野河流域一样,为了充分考虑暴雨时空分布不均、降雨强度、降雨总量、流域各部分地貌形态差异对流域产流的影响,降雨径流关系主要从场次洪水对应的流域面平均降雨、最大点雨量、最大 1 h 面平均雨强、前期影响雨量、不同量级降雨笼罩面积占流域面积比等降水要素与洪峰流量、径流量等建立关系,并建立回归方程。相关图如图 7.5-15 ~ 图 7.5-21 所示。

7.5.4.1　降雨—洪峰流量关系

由图 7.5-15、图 7.5-16 可见,秃尾河流域 1980 ~ 2016 年面平均雨量与洪峰流量关系非常散乱,若用回归方程表示,则为指数型正相关,高家堡、高家川以上相关系数分别为 0.15、0.40,表明洪峰流量对流域面平均雨量有一定的响应关系,但相关性不显著,高家川以上洪峰对降雨的响应程度高于高家堡以上的。分时段的降雨量—洪峰流量关系,高家堡以上 20 世纪 80 年代、90 年代、2000 年以来相关系数分别为 0.08、0.30、0.14,高家川以上分别为 0.45、0.51、0.62,较之不分时段,高家川以上降雨洪峰关系有了很大改善,相关系数提高 13%、28%、55%,而高家堡以上除 20 世纪 90 年代提高 1 倍外,其他时段均低于不分时段的。还可以看出,高家堡以上三个时段的降雨洪峰关系趋势线相差不大,20 世纪 80 年代、2000 年以来趋势线基本重合,20 世纪 90 年代趋势线略在两条趋势线的上方;

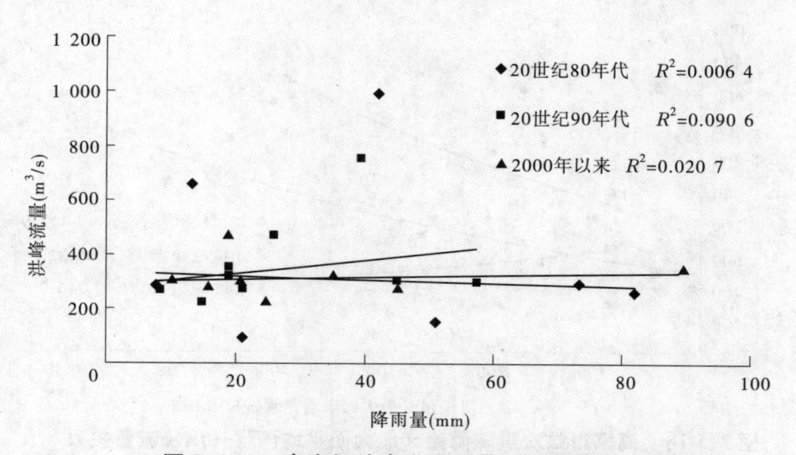

图7.5-15　高家堡站次洪降雨量—洪峰流量关系

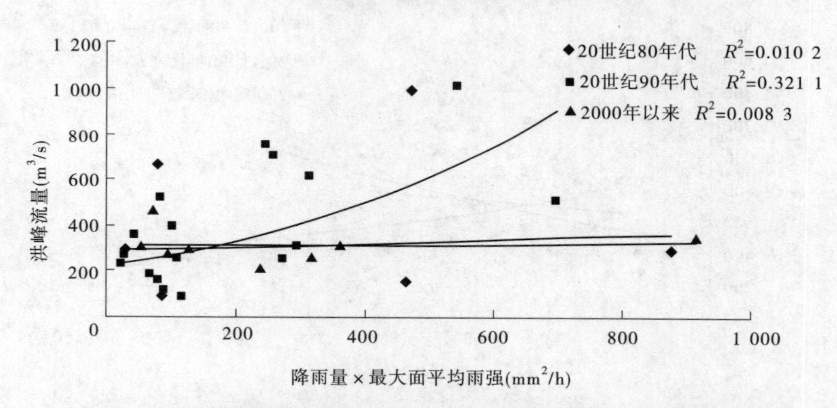

图7.5-16　高家堡站次洪降雨量×最大面平均雨强—洪峰流量关系

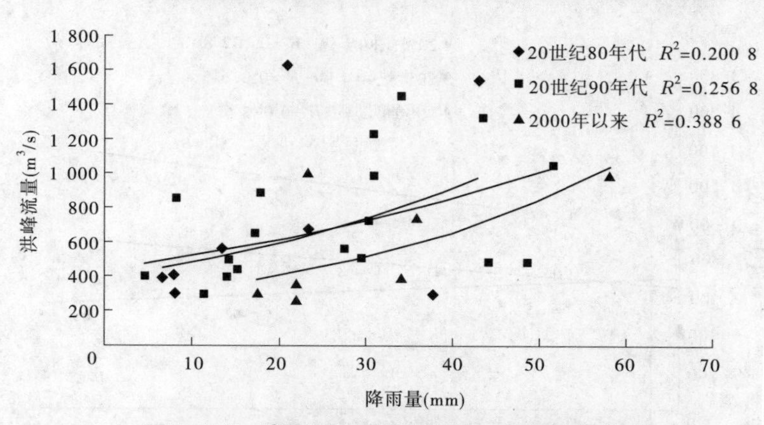

图7.5-17　高家川站次洪降雨量—洪峰流量关系

高家川以上20世纪80年代、90年代降雨洪峰关系趋势线基本重合，而2000年以来的关系趋势线位于20世纪80年代、90年代的下方，且偏离较大。这表明流域下垫面条件的变化对高家堡以上区域的降雨径流影响不明显，而对高家川以上也就是高家堡—高家川区间的降雨径流影响显著。

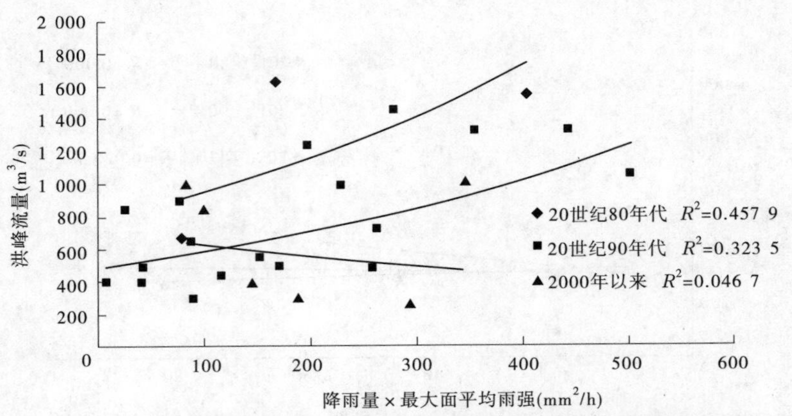

图 7.5-18　高家川站次洪降雨量×最大面平均雨强—洪峰流量关系

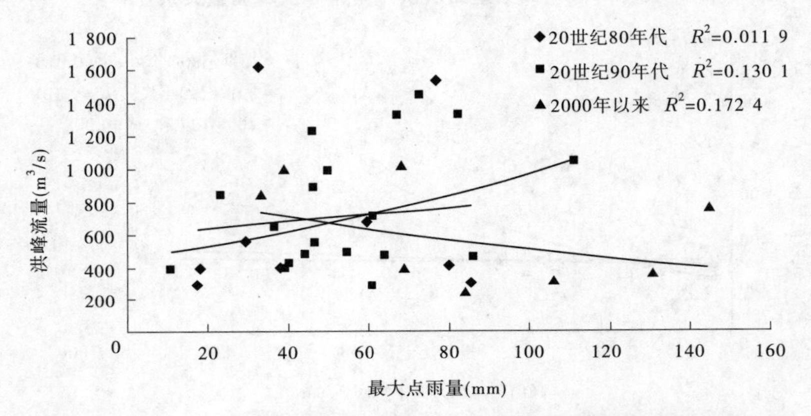

图 7.5-19　高家川站次洪最大点雨量—洪峰流量关系

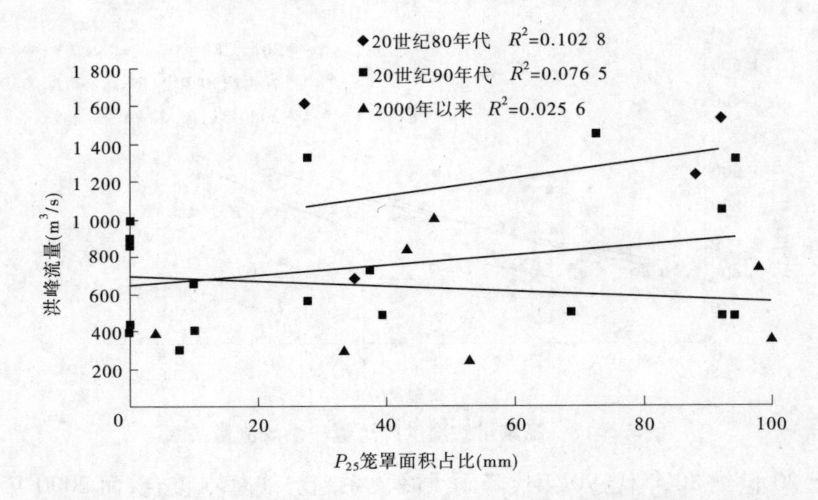

图 7.5-20　高家川站次洪 P_{25} 笼罩面积占比—洪峰流量关系

点绘降雨量与最大面平均雨强乘积—洪峰流量关系(见图 7.5-17、图 7.5-18),高家堡、高家川以上相关系数分别为 0.29、0.41,表明洪峰流量对流域面平均雨量与最大面平

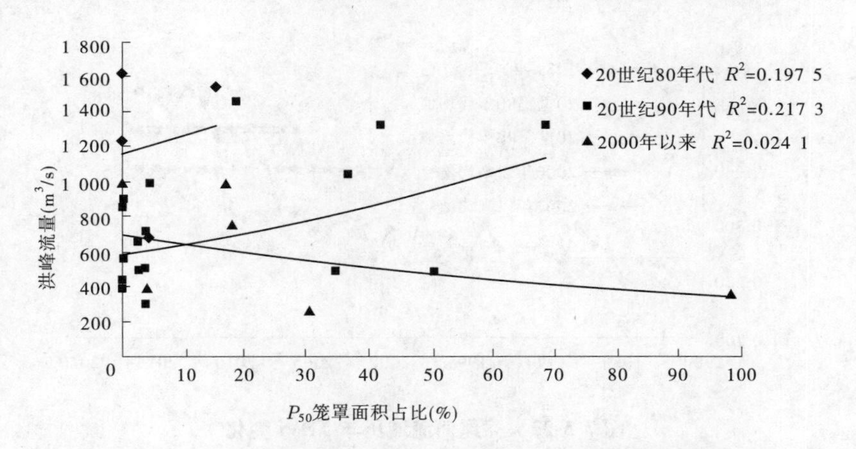

图 7.5-21　高家川站次洪 P_{50} 笼罩面积占比—洪峰流量关系

均雨强乘积有一定的响应,但相关性并不显著。20 世纪 80 年代、90 年代、2000 年以来降雨量与最大面平均雨强乘积—洪峰流量相关系数,高家堡分别为 0.10、0.57、0.09,高家川分别为 0.68、0.57、0.22。与不分时段相比,高家川 20 世纪 80 年代、90 年代分别提高 66%、39%,2000 年以来减小 46%,而高家堡除 20 世纪 90 年代提高近 1 倍外,其他两个时段分别减小 66%、68%。还可看出,高家堡以上 20 世纪 80 年代、2000 年以来关系趋势线基本接近,只是后者呈负指数相关,20 世纪 90 年代趋势线明显位于两个趋势线的上方;高家川以上 20 世纪 80 年代、90 年代、2000 年以来的关系趋势线依次从高到低,偏离程度较大,且 2000 年以来的关系呈指数型负相关。

点绘高家川最大点雨量—洪峰流量关系及 P_{25}、P_{50} 笼罩面积占比—洪峰流量关系(见图 7.5-19 ~ 图 7.5-21),可见其相关关系并没有明显改善,20 世纪 80 年代、90 年代、2000 年以来的几个时段关系趋势线表现形式基本同上,不再赘述。

高家堡站洪峰流量大于 600 m³/s 的场次洪水,面平均雨量需在 25 mm 以上(个别场次除外);但面平均雨量在 25 mm 以上,约半数多场次洪水洪峰流量小于 600 m³/s。高家川站洪峰流量大于 800 m³/s 的洪水,面平均雨量在 20 mm 以上;洪峰大于 1 000 m³/s 的洪水,面平均雨量在 30 mm 以上(个别次洪除外)。但面平均雨量在 20 mm 或 30 mm 以上,未必产生洪峰流量大于 800 m³/s 或 1 000 m³/s 的洪水。

同等降雨条件下,2000 年以来洪峰流量较 20 世纪 80 年代、90 年代减小,这与该流域 NDVI 变化有很大关系。据刘晓燕等(2016)的研究成果,秃尾河流域 1981 ~ 2016 年 NDVI 呈递增趋势(见图 7.5-22),NDVI 年均值由 1981 年的 0.256 增长至 2016 年的 0.414,涨幅为 62%,20 世纪 80 年代、90 年代、2000 年以来均值分别为 0.268、0.278、0.346,2000 年以来均值分别较 20 世纪 80 年代、90 年代增加 29%、24%,2007 年以来 NDVI 迅增,其均值为 0.407,分别较 20 世纪 80 年代、90 年代、2000 年以来均值增加 40%、35%、8%。NDVI 值增加也就意味着植被覆盖度增加,因而加大流域下渗能力致使产流减小。

7.5.4.2　降雨—径流量关系

分别选取秃尾河流域次洪面平均雨量、最大点雨量、面雨量与最大面平均雨强乘积等降水因子与高家堡、高家川站次洪径流量建立关系,可以发现降雨—径流量关系比降雨—

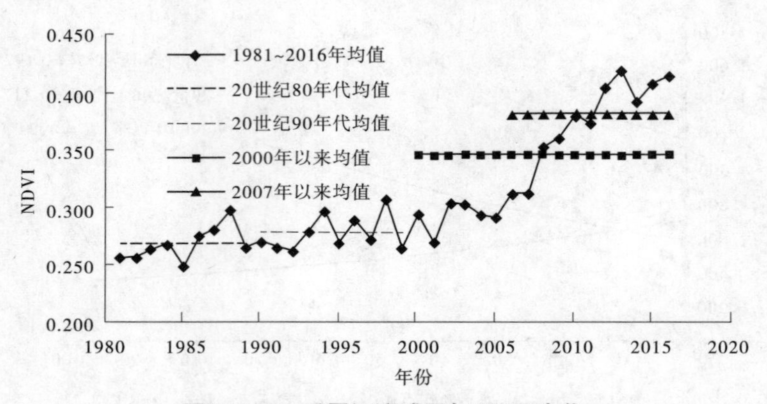

图 7.5-22　秃尾河流域历年 NDVI 变化

洪峰流量关系的相关性显著。如高家堡、高家川以上次洪降雨量—径流量相关系数分别为 0.57、0.58，表明该流域次洪径流量与降雨有较好的响应关系，即降雨对次洪径流量的驱动作用接近 60%。分时段点绘次洪降雨量—径流量关系（见图 7.5-23、图 7.5-24），高家堡以上 20 世纪 80 年代、90 年代、2000 年以来相关系数分别为 0.79、0.54、0.57，除 20 世纪 80 年代比不分时段提高 39% 外，其他时段没有变化；高家川以上各时段分别为 0.65、0.75、0.05，20 世纪 80 年代、90 年代分别提高 12%、29%，但 2000 年以来相关系数之低，可能与场次洪水较少有关。

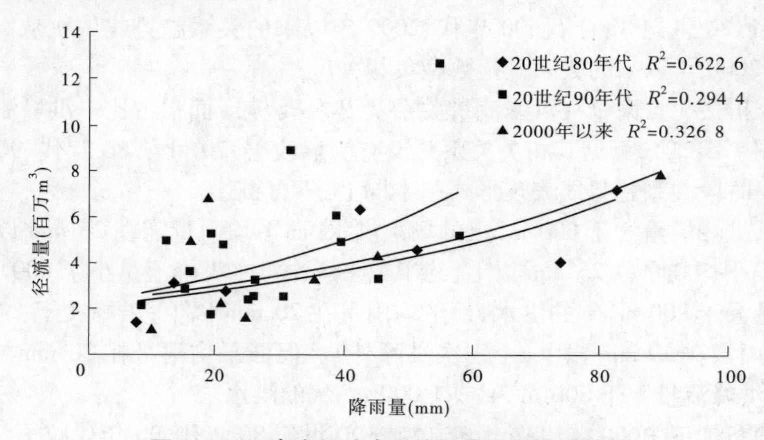

图 7.5-23　高家堡站次洪降雨量—径流量关系

点绘高家川以上最大点雨量—径流量关系（见图 7.5-25），可知，1980～2016 年、20 世纪 80 年代、90 年代、2000 年以来相关系数分别为 0.24、0.59、0.51、0.14，比同时段的降雨量—径流量关系相关性有所降低。另外，降雨量与最大面平均雨强乘积—径流量关系相关系数分别为 0.41、0.59、0.69、0.11，与同时段的降雨量—径流量相关关系相比，除了 2000 年以来提高 1 倍外，其他时段都略低些。

综上所述，秃尾河流域次洪降雨量与径流量有较好的响应关系，其趋势线多为指数型正相关，降雨量对径流量的影响要大于最大点雨量或降雨量与最大雨强的乘积对径流量的影响，降雨量与径流量的关系要好于与洪峰流量的关系。从各时段的降雨量—径流量

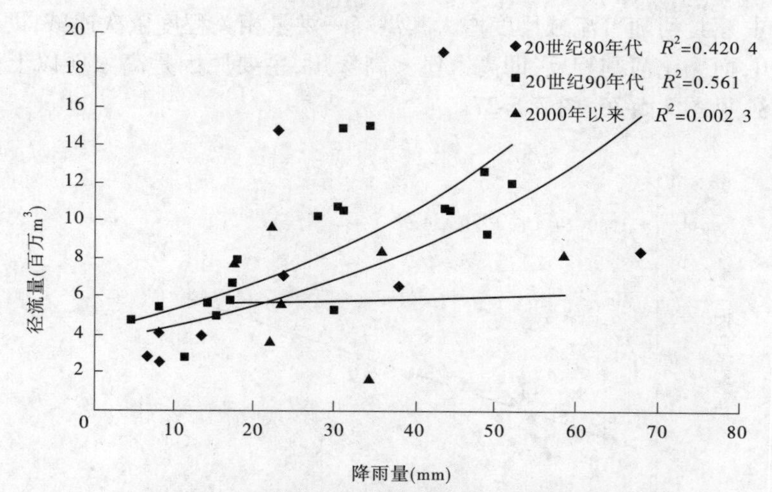

图7.5-24　高家川站次洪降雨量—径流量关系

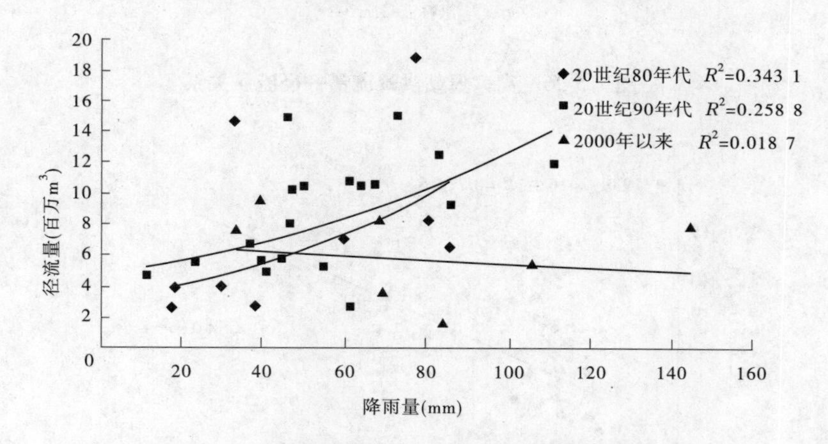

图7.5-25　高家川站次洪最大点雨量—径流量关系

关系来看,高家堡20世纪80年代、2000年以来的关系趋势线基本重合,90年代趋势线位于其两条线的上方;高家川趋势线则是按20世纪90年代、80年代、2000年以来的顺序由高到低,即相同降雨条件,次洪径流量为20世纪90年代>80年代>2000年以来。

据刘晓燕等(2016)分析,秃尾河流域1974年修建十里界3#骨干坝总库容102万m³,至1991年、2011年库容淤积体积分别为64万m³,淤积体占总库容的比例为62.7%,也就是说,骨干坝在20世纪80年代的拦洪拦沙作用大于90年代,另外还有一些中小型淤地坝的设计寿命比骨干坝少5~10年,1980年前建成的中小淤地坝肯定已经淤满。可见,上述降雨量—径流量关系的表现形式,与淤地坝的建设、拦洪拦沙效果及使用周期等基本吻合。

7.5.4.3　洪峰流量—径流量关系

高家堡、高家川站洪峰流量—次洪径流量关系均为线性正相关,相关系数分别为0.65、0.85,表明次洪洪峰流量与径流量相关性显著,也就是次洪的洪峰流量大,则径流量大;反之,则径流量小。高家川站洪峰—洪量相关程度比高家堡站高30%左右,与窟野河对比有所不同，窟野河随着流域尺度增大其洪峰—洪量相关程度依次递减，即新庙 > 王道恒塔 > 温家川，而秃尾河则相反，即高家堡 < 高家川，主要原因是高家堡以上流域多为风沙区和草滩区，见图 7.5-26、图 7.5-27。

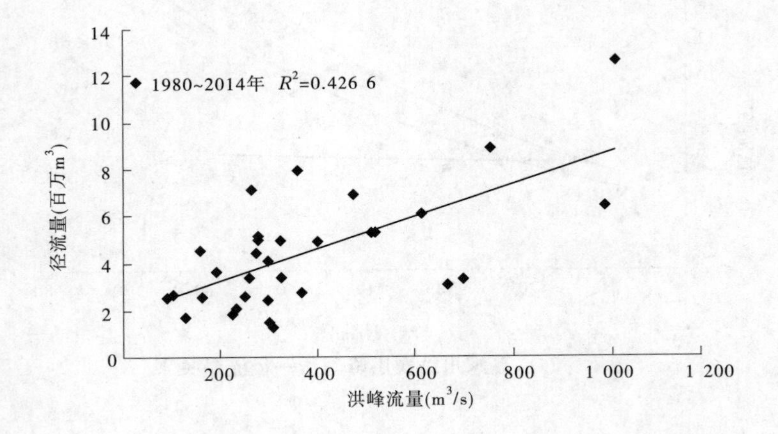

图 7.5-26　高家堡站洪峰流量—径流量关系

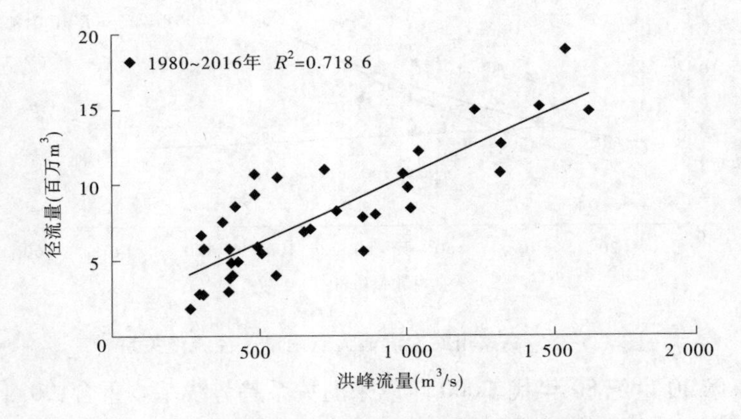

图 7.5-27　高家川站洪峰流量—径流量关系

7.5.5　降雨产沙关系

秃尾河流域降雨—产沙关系主要从降雨与最大含沙量、降雨与输沙量、洪水与泥沙等关系进行分析。

7.5.5.1　降雨—最大含沙量关系

1980 ~ 2016 年高家川站降雨量—最大含沙量关系呈指数型负相关，相关系数仅为 0.20，表明降雨对次洪产沙虽有一定的驱动作用，但降雨对产沙的作用不及对产流的作用大。若分时段建立关系（见图 7.5-28），20 世纪 80 年代、90 年代、2000 年以来相关系数分别为 0.09、0.03、0.57，除 2000 年以来相关系数提高 1.9 倍外，其他两个时段低于不分时段。各时段关系趋势线依次降低，由 20 世纪 80 年代的正相关变为 90 年代、2000 年以来的负相关,80年代、90年代趋势线相差不大,2000年以来趋势线则明显位于两条趋势线的下方,表明同等降雨条件下,20世纪90年代最大含沙量略小于80年代,2000年以来最大含沙量较20世纪80年代、90年代大幅度减小。

点绘1980~2016年流域最大点雨量—最大含沙量关系、降雨量与最大面平均雨强乘积—最大含沙量关系(见图7.5-29、图7.5-30),可知相关系数分别为0.43、026,分别较降雨量—最大含沙量相关程度约提高115%、30%,说明秃尾河流域最大点雨量对最大含沙量的驱动力要大于降雨量、降雨量与最大面平均雨强乘积对最大含沙量的作用,但无论哪种降雨因子的驱动力对产沙贡献的占比均不足50%。各时段最大点雨量—最大含沙量关系趋势线形式基本同降雨量—最大含沙量关系;降雨量与最大面平均雨强乘积—最大含沙量关系,20世纪80年代、90年代、2000年以来关系趋势线依次偏离,且偏离程度较大。

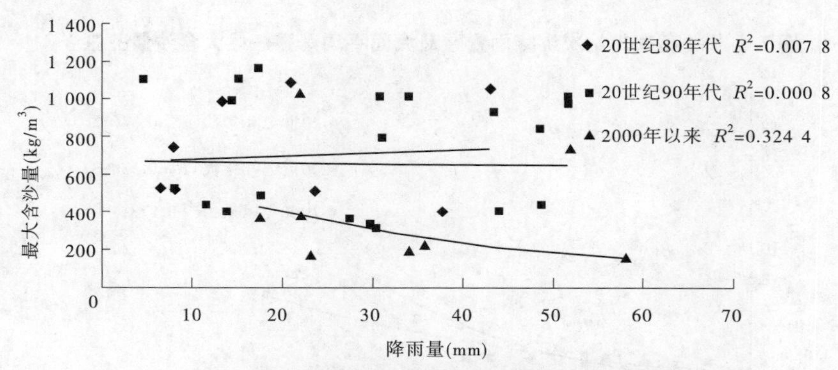

图7.5-28　高家川站次洪降雨量—最大含沙量关系

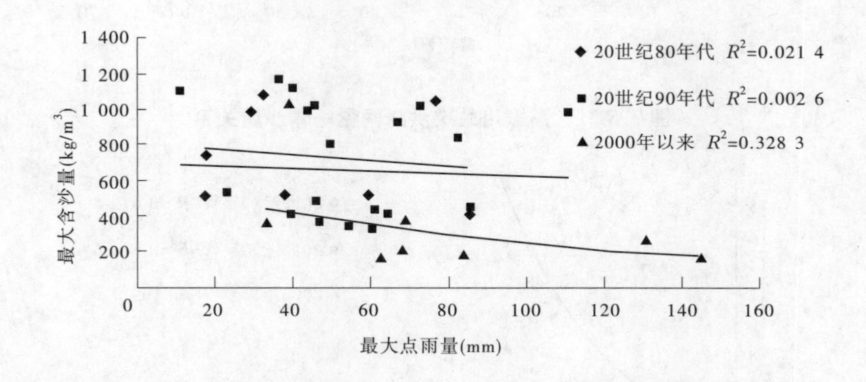

图7.5-29　高家川站次洪最大点雨量—最大含沙量关系

7.5.5.2　降雨—输沙量关系

1980~2016年高家川站降雨量—输沙量关系呈指数型正相关,相关系数为0.27,若分时段建立关系,20世纪80年代、90年代、2000年以来相关系数分别为0.58、0.58、0.42,比不分时段提高42%~58%(见图7.5-31)。1980~2016年高家川降雨量与最大面平均雨强乘积—输沙量关系呈指数正相关(见图7.5-32),相关系数为0.24,20世纪80年代、90年代、2000年以来相关系数分别为0.82、0.61、0.41,比不分时段分别提高241%、154%、71%,与同时段降雨量—输沙量关系相比,除20世纪80年代高出41%外,其他两

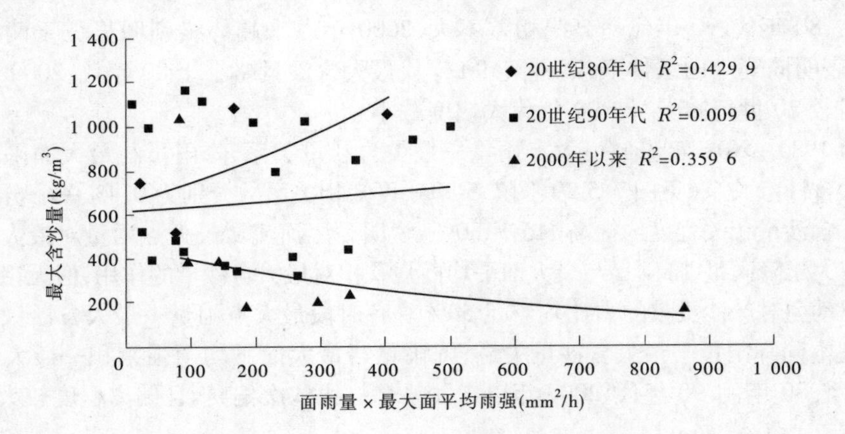

图 7.5-30　高家川站次洪降雨量×最大面平均雨强—最大含沙量关系

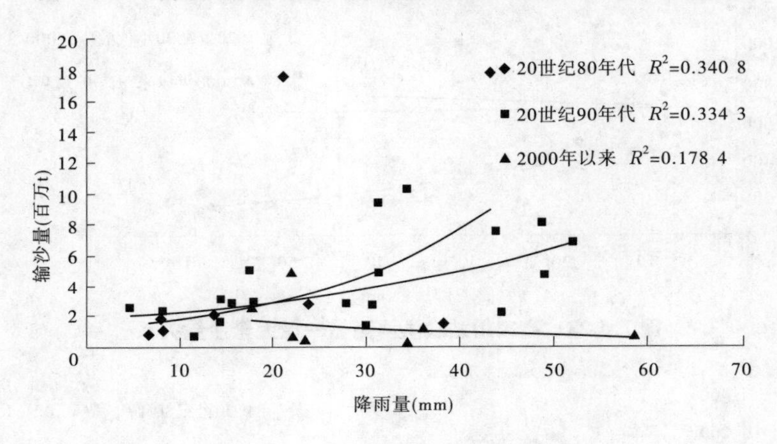

图 7.5-31　高家川站次洪降雨量—输沙量关系

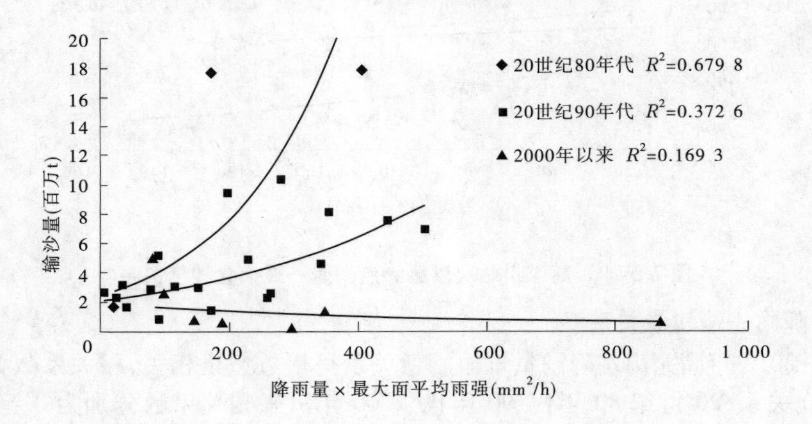

图 7.5-32　高家川站次洪降雨量×最大面平均雨强—输沙量关系

个时段相差不大。

20 世纪 80 年代、90 年代、2000 年以来关系趋势线依次偏离，表明随着时间的推移，降雨量—输沙量关系发生很大变化，即同等降雨条件下，输沙量大幅度减少，且2000年以来输沙量与降雨量关系呈负相关，除个别次洪外，无论降雨因子如何变化，输沙量基本维持在100万t左右。

7.5.5.3　洪水—泥沙关系

高家川站洪水与泥沙有较好的关系，如洪峰流量—最大含沙量关系，1980～2016年关系趋势为线性正相关，相关系数为0.50；20世纪80年代、90年代、2000年以来关系趋势均为线性正相关，相关系数分别为0.79、0.38、0.49（见图7.5-33）。从时间来看，20世纪90年代关系趋势线略低于20世纪80年代，2000年以来趋势线位于两条趋势线的下方，偏离幅度较大，即同量级洪水，2000年以来最大含沙量较20世纪80年代、90年代大幅度减小。

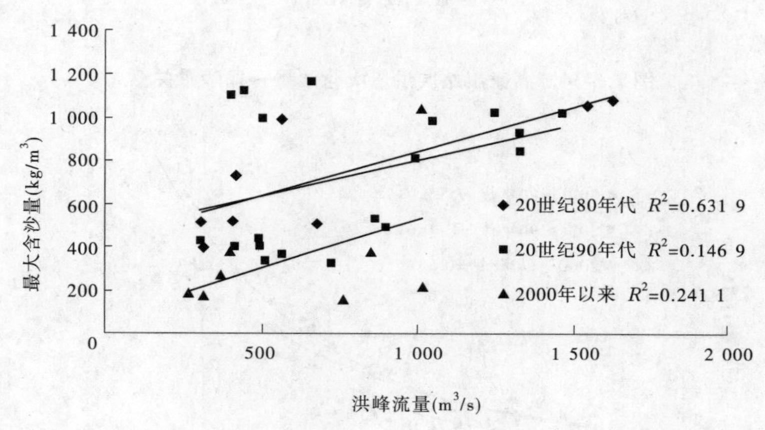

图7.5-33　高家川站次洪洪峰流量—最大含沙量关系

最大含沙量—输沙量关系相关系数达0.75，两者相关程度很高，表明次洪含沙量大，则输沙量多。20世纪80年代、90年代、2000年以来相关系数分别为0.79、0.62、0.80，比不分时段的相关系数没有明显提高。三个时段的关系趋势线没有一定的变化规律，在最大含沙量700～1 000 kg/m³区间三条趋势线分别有交叉，在其区间外又分散开来，见图7.5-34。

高家川站次洪径流量—输沙量关系相关系数达0.84，两者相关性非常显著，表明次洪径流量大，则产沙输沙多。20世纪80年代和90年代关系趋势线在径流量1 000万m³以下时基本重合，此节点之后20世纪90年代趋势线略低于80年代；2000年以来趋势线位于两条趋势线下方且随其趋势变化，即相同次洪径流量，2000年以来输沙量略小于20世纪80年代、90年代，见图7.5-35。

7.5.6　产流阈值分析

同河龙区间其他典型流域一样，该流域自1998年开始有时段长30 min的自记雨量计固态存储资料，因此选取1998年以来的场次洪水，计算各场次洪水过程降水平均损失强度f_a和产流历时t_c。

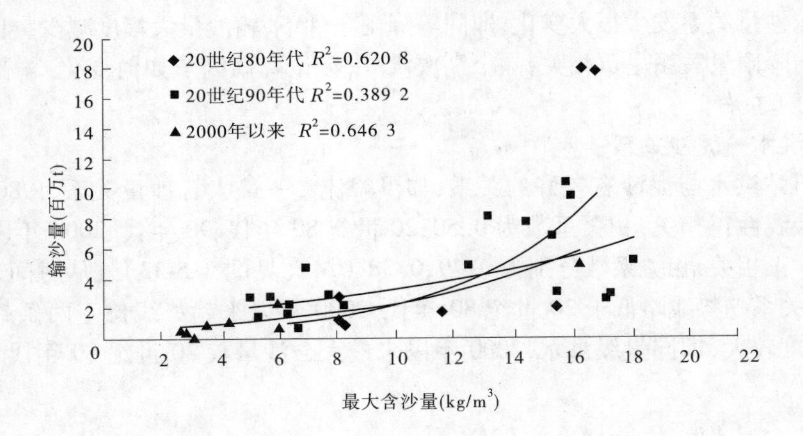

图 7.5-34　高家川站次洪最大含沙量—输沙量关系

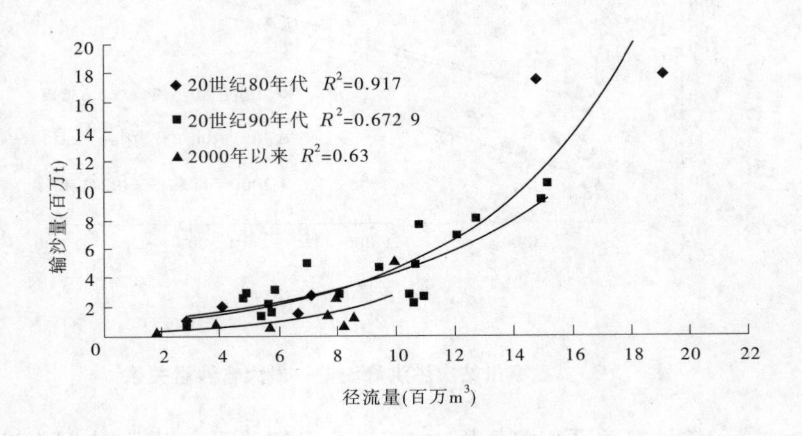

图 7.5-35　高家川站次洪径流量—输沙量关系

高家川站有 7 场洪水参加分析，f_a 最小值为 4.5 mm/30 min，最大值为 24.3 mm/30 min。大于 1 000 m^3/s 的洪水共有三场，其中，“19980712”洪峰流量 1 330 m^3/s，f_a 为 11.6 mm/30 min；“20060809”“20120728”洪峰流量分别为 1 010 m^3/s、1020 m^3/s，f_a 分别为 7.4 mm/30 min、15.9 mm/30 min，两场洪水洪峰几乎相同，后者的 f_a 值却是前者的 2.1 倍。由于选取的场次洪水少，从时间和洪峰量级来看，f_a 没有一定的变化规律；若两场洪水发生在同一汛期且时间间隔短，则第二场洪水的 f_a 值较第一场洪水小，如“20060809”洪水 f_a 值较“20060728”洪水小 4.4 mm/30 min，“20120728”洪水 f_a 值较“20120727”洪水小 4.0 mm/30 min，当然，由于洪水样本少，尚不能说明问题。

“20010819”洪水是典型的“有雨无水”现象，剔除本次洪水，初步得出高家川以上降雨产流阈值：当 30 min 面平均雨量 >11.6 mm 时，产生洪水概率为 83%；当 30 min 面平均雨量 >19.9 mm 时，产生洪水概率为 100%。

7.6　无定河小理河流域

7.6.1　流域概况

7.6.1.1　地理位置

小理河是大理河的一条主要支流，位于东经 109°16′～109°51′、北纬 37°36′～37°49′。它发源于陕西省横山县艾好峁乡色草湾和塔湾乡蓬子坬，在陕西省子洲县殿市镇李家河村汇入大理河，属山溪性河流。小理河全长 69 km，总流域面积 820.8 km^2。流域气候属大陆性季风气候，冬春干寒、雨量稀少，夏季炎热、雨量较多。降水量年内分配不均，主要集中在汛期且多以暴雨形式出现，6～9 月降雨量占全年降水量的 73%左右，其中 7～8 月降雨量占汛期降雨量的 63%，最大月降雨量多集中在 8 月，而且降雨空间变化不大，各雨量站降雨量由西向东略有增加。

小理河河道平均比降 5.5‰，河网密度 0.116 km/km^2，流域不均匀系数 0.053，流域形状系数 0.003 12，见图 7.6-1。

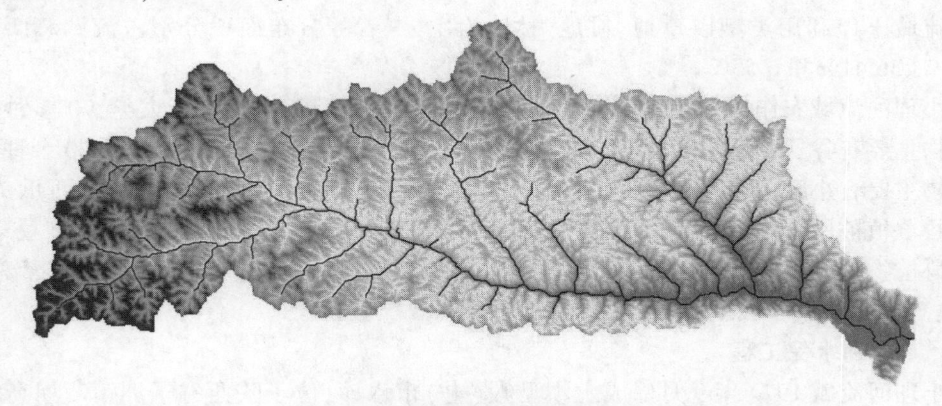

图 7.6-1　小理河流域水系图

7.6.1.2　地形地貌

小理河流域属于黄土丘陵沟壑区，基岩为中生代砂页岩，其上为更新世黄土层覆盖，土层厚 50～100 m，不仅梁峁相隔，沟壑纵横，而且山高坡陡，土质多为黄土和沙土。

小理河流域地质属鄂尔多斯台地一部分，基本属于前震旦系，其上沉积深厚的中生代陆相地层，以沙页岩、泥岩、砾岩为主。地貌为黄土丘陵沟壑区，海拔 1 400～1 700 m，黄土物质分布广泛深厚，由于长期的侵蚀，形成了支离破碎、沟壑纵横、重山秃岭、起伏不平的地形。河源区土层深厚，山大沟深、梁原宽广，涧地交错分布。

小理河流域地势为西南高、东北低，由西南向东北倾斜；峁多梁窄，峁梁起伏，峁呈馒头状，峁顶坡度较缓，下部坡度较大，峁梁以下的沟和河流下切强烈，多数切入基岩。海拔在 1 400～1 700 m 之间，沟壑密度达 4.0～6.0 km/km^2。土壤以绵沙土为主，地貌由梁、峁、坡、台、湾塔地组成，少雨多风。

7.6.1.3 土壤

小理河流域内土壤类型主要为黄土和风沙土,其面积分别占总面积的 96.07%和 2.32%。

1.黄土

表层土疏松,厚为 15~20 cm,通气性好,透性水强。具有团块或团粒状结构,有机质、速效养分及其他有效营养物质含量低,微生物活动强烈,矿物质养分较丰富,颜色为浅灰棕色。它又分间地绵沙土和绵沙土、灰绵土、黄绵土。

2.风沙土

由风化及风蚀形成。

7.6.1.4 植被

小理河流域属于森林草原地带,历史上曾是林草茂密,牛羊遍地的优美景观,随着农业生产的发展,森林植被遭到了严重破坏,形成了现在的以栽培植被为主的状况。小理河流域林业植被很差,无天然次生林,主要以人工植树造林为主。

近年"山川秀美"及退耕还林工程启动,小理河流域植被覆盖率提高、涵养水源功能增强。

流域土地利用类型以草地、耕地、林地为主,三者的分布面积分别占流域总面积的 53.95%、36.41%和 6.55%。

小理河流域农作物主要有粮食作物和经济作物,其经济作物有三大类,70 多种。粮食作物主要有谷子、糜子、荞麦、玉米、小麦、黑豆、黄豆、双青豆、小豆、绿豆等 20 余种。经济作物主要有小麻、黄芥、胡麻、昆麻、向日葵、芝麻等,其他经济作物有蔬菜、西瓜、甜瓜等。牧草植被所占比重较大,人工牧草主要有沙打旺,紫花苜蓿、草木樨、松香、红豆草等。禾本科植物牧草主要有百里香,茭蒿、狗娃花,胡枝子、羊草、沙棚,长芝草、白草、紫菀、艾蒿、地茭、鸡紫等。

7.6.1.5 水利水保工程

小理河流域 1974 年 9 月建成土坝型殿(电)市水库,位于陕西省子洲镇。坝高 39.5 m,控制面积 188 km^2,最高防洪库容 0.162 5 亿 m^3,正常应用库容 0.089 亿 m^3,最大下泄流量 1 150 m^3/s。

小型水库和淤地坝概况:至 1985 年 7 月,小理河建小型水库 2 座,总库容 262 万 m^3。

渠道等引、抽水建筑物概况:子洲——干渠属小理河,位于子洲县,1960 年建成,灌溉面积 0.27 万亩,灌溉定额 40 m^3/亩。五星渠属石垛坪,位于子洲县,1971 年建成,灌溉面积 0.184 万亩,灌溉定额 40 m^3/亩。黄坪渠属殿市水库,位于子洲县,1971 年建成,灌溉面积 0.134 万亩,灌溉定额 40 m^3/亩。高镇一渠,位于横山县,灌溉面积 0.100 万亩,灌溉定额 40 m^3/亩。高镇二渠,位于横山县,灌溉面积 0.130 万亩,灌溉定额 40 m^3/亩。

7.6.1.6 站网情况

小理河流域有大路峁台、高镇、李家呱、石窑沟、李孝河和艾好峁 6 个雨量站和李家河 1 个水文站,见表 7.6-1,站网分布如图 7.6-2 所示。雨量站站网密度为 135 km/站,水文站站网密度为 807 km/站,基本上能满足 WMO 向发展中国家推荐的干旱、半干旱地区最低站网标准。

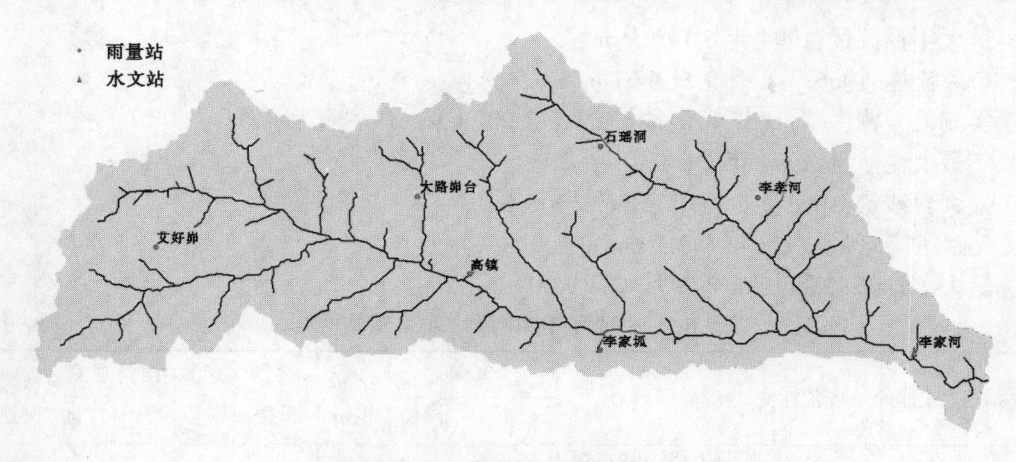

图 7.6-2　小理河流域站网分布图

7.6.1.7　李家河水文站基本情况

为控制小理河的水量、沙量、掌握山溪性河流的水流沙特性，1958 年 10 月设立李家河水文站，该站位于陕西省子洲县殿市镇李家河村，东经 109°50′、北纬 37°37′，该站控制流域面积 807 km^2，至河口距离 3.3 km。

1.测验河段上下游河道特性

(1)测验河段基本顺直；流向与断面基本垂直，基上 180 m 有急弯；河床为岩石，上有 0.2~0.7 m 的淤泥和卵石，左右岸为黄土斜坡，断面呈梯形。

(2)测验河段基上 2 500 m 处有一灌溉引水渠，年引水量约 100 万 m^3，对测验河段内水量影响比较大。特别是在枯水季节，大量的引水灌溉使测验河段经常发生河干现象。

2.本站水、流、沙变化特性

小理河是大理河的一条主要支流，属山溪性河流。李家河站基本控制了小理河的水量。较大洪水主要来自干流，支流磨石沟有电市水库调节，发生不了洪水。洪水时主流较为稳定，河床组成为卵石，两岸为植物护岸，河床较为稳定，冲淤变化表现为涨冲落淤；洪峰持续时间短，一般暴涨暴落，多数峰呈单一线。含沙量变化幅度大，一般情况下沙峰落后于水峰，且涨急落缓。

从 1958 年设站以来的资料系列看，本站的大洪水多集中在 6~9 月，其洪水过程陡涨，不仅流速大、波浪高，而且含沙量大，漂浮物多，主流位置时左时右。一般水峰、沙峰同时出现。基下 150 m 的弯道具有测站控制作用，其水位—流量关系曲线一般为单一线，有时呈反时针绳套。枯水季节多发生在 6~8 月，主要是由于干旱引水所致。从 1971 年以来，由于大量引水灌溉工程的兴建，河水常常干涸。

小理河流域由于植被差，水土流失严重。下暴雨时，大量的沃土随波逐流，使河水含沙量高达 1 000 kg/m^3，洪水过后涓涓细流清澈见底。1963 年 6 月 17 日流量仅约 100 m^3/s，可含沙量高达 1 220 kg/m^3，发生了浆河现象。揭河底现象设站至今从未发生过。

3.水文特征值

最高水位：1994 年 8 月 10 日，19.39 m，最低水位：河干。

最大流量：1994 年 8 月 10 日 1 310 m^3/s；

最大年径流量:1994 年 6 103 万 m^3;

最大流速:1966 年 8 月 9 日 6.67 m/s;

实测最大输沙率:1967 年 7 月 17 日 113 000 kg/s,1968 年后停测;

年最大输沙量:1994 年 2 660 万 t;

最大含沙量:1963 年 6 月 17 日 1 220 kg/m^3;

年最大降水量:1978 年 671.1 mm;

最大 1 日降水量:1994 年 8 月 4 日 95.0 mm。

表 7.6-1 小理河流域雨量站、蒸发量站情况

水系	河名	站名	观测场地点	坐标		设立年份	领导机关	是否报汛	雨量观测		蒸发观测
				东经	北纬				全年	汛期	
无定河	小理河	大路峁台	陕西省横山县高镇公社大路峁台村	109°31′	37°43′	1979	黄委			√	
		高镇	陕西省横山县高镇公社高镇村	109°33′	37°40′	1977	黄委		√		
		李家呱	陕西省横山县高镇公社李家呱村	109°38′	37°37′	1979	黄委			√	
	磨石沟	石窑沟	陕西省横山县石窑沟公社石窑村	109°38′	37°45′	1960	黄委			√	
		李孝河	陕西省子洲县李孝河公社李孝河村	109°44′	37°43′	1979	黄委			√	
	小理河	李家河	陕西省子洲县殿市公社李家河村	109°50′	37°37′	1959	黄委	√	√		
	沙峁沟	艾好峁	陕西省横山县艾好峁乡艾好峁村	109°21′	37°40	1960	黄委	√	√		

7.6.2 暴雨洪水特性

7.6.2.1 资料选用

本次研究选用次洪洪峰流量大于 200 m^3/s 的 20 场降雨。共选用两种类型的降雨资料:一种是根据选定的场次洪峰流量出现时间、起讫时间,选用 1980~2014 年降雨年鉴(2015~2017 年降雨摘录选用报汛值),降雨时段大部分为 2 h 或更长;另外一种资料是来自雨量站固态存储雨量计,降雨时段大部分为 5 min,这种资料只有 1998~2014 年的,用来分析 1998~2017 年的 11 场洪水(2017 年用的报汛值)。洪水资料 1980~2014 年洪水用的是整编资料,2015~2017 年洪水用的是报汛资料。

7.6.2.2 洪水的选取

1980 年以来,小理河李家河水文站洪峰流量大于 200 m^3/s 的洪水共发生 20 次,80 年代洪水最少,仅 1989 年发生 1 次,洪峰流量只有 208 m^3/s;90 年代发生洪水 9 次,占洪水总次数的 45%,2000~2010 年发生洪水 7 次,占洪水总次数的 35%。20 场洪水中,大于 1 000 m^3/s 的 1 次,大于 500 m^3/s 的 6 次,大于 300 m^3/s 的 11 次,详见表 7.6-2。

表 7.6-2　小理河李家河站入选洪水统计

时间	洪峰流量(m^3/s)						
	200~300	300~500	>500	合计	平均	最小	最大
2000 年之前	4	3	3	10	435	208	1 310
2000 年之后	5	2	3	10	431	199	997

20 场洪水中,发生时间比较集中,7~8 月发生 15 次,占总数的 75%;年内发生最早的洪水是 1991 年 6 月 7 日,洪峰流量为 306 m^3/s。年内发生最晚的洪水是 2006 年 9 月 21 日,洪峰流量为 824 m^3/s。

入选洪水中,最大洪峰流量为 1 310 m^3/s,最小为 199 m^3/s;最大含沙量为 2 601 kg/m^3,最小为 951 kg/m^3。图 7.6-3、图 7.6-4 分别为李家河历年次洪洪峰流量分布图、最大含沙量分布图。从图中可以看出,20 世纪 80 年代以来,李家河站次洪最大含沙量呈减少趋势。

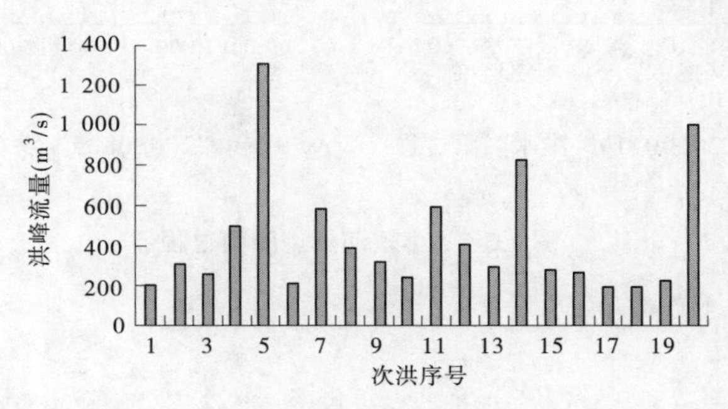

图 7.6-3　李家河历年次洪洪峰流量分布图

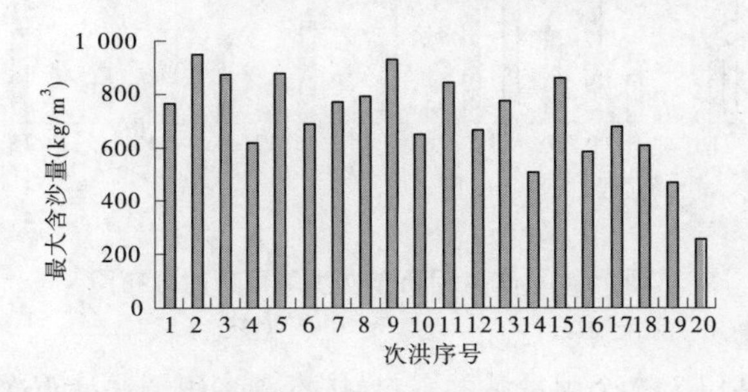

图 7.6-4　李家河历年次洪最大含沙量分布图

7.6.2.3　暴雨特性

1.影响暴雨的天气系统

该流域 7~8 月受西伸的太平洋副热带高压的影响,将孟加拉湾和西太平洋水汽输送到该流域,往往造成大暴雨。由于中低层中小系统的辐合及地形对气流的影响,常形成历时短、强度大、笼罩面积小的局部暴雨。

一般暴雨系统多为切变线、低槽,而大暴雨的天气系统是竖切变线和低槽,由于副高变化较大,冷空气势力强,暖空气较弱,移动速度快,故多为短历时小面积的暴雨,暴雨的水汽入流方向,700 mbar 以西南气流为主,850 mbar 多为偏东气流。

2.暴雨类型

小理河流域暴雨季节性强,时间集中,历时短,强度大。80%以上的暴雨发生在盛夏7~8 月。主雨一般集中在 2 h 或 3 h 内,暴雨中心降雨量一般大于 100 mm。根据暴雨雨带走向与落区不同,可分为纬向(北、中、南)、斜向与经向类暴雨。

如图 7.6-5 所示,“20090719”洪水和“20020805”洪水,主降雨都在 2 h 内。20 场洪水中降雨历时均值为 10.75 h,最短为 2 h(“19910607”洪水),最长为 30 h(“19950902”洪水)。图 7.6-6 为历年次洪降雨历时分布图。

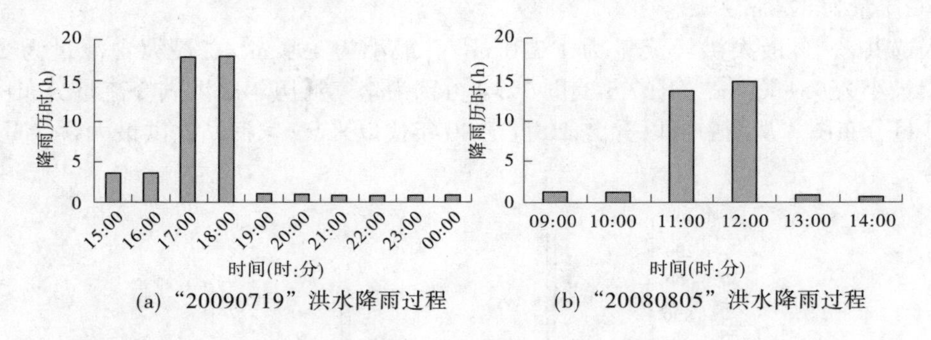

(a)“20090719”洪水降雨过程　　(b)“20080805”洪水降雨过程

图 7.6-5　小理河典型降雨过程

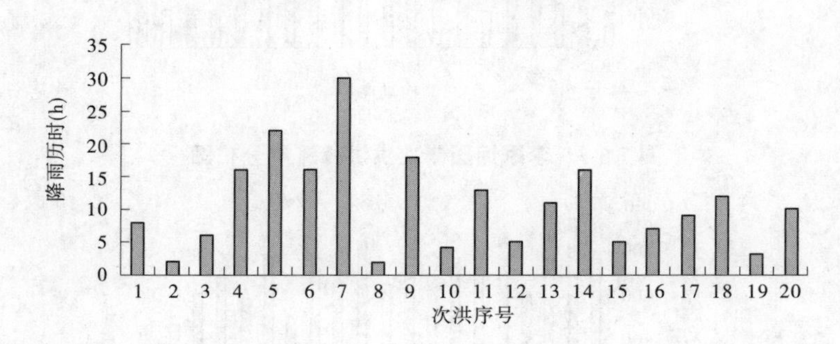

图 7.6-6　李家河历年次洪降雨历时分布图

7.6.2.4　面平均雨量

用李家河水文站以上 7 个雨量站的资料,按泰森多边形法计算次洪降雨量,可根据各站同时段观测的降雨量乘以各站的比例(见图 7.6-7)。用上述方法算出李家河入选 20 场洪水中相应面平均降雨均值为 43.3 mm,最大值为 118.04 mm(“20170726”洪水对应降雨,洪峰为 997 m^3/s),最小值为 12.63 mm(“20140630”洪水对应降雨,洪峰为 226 m^3/s)。如图 7.6-8 所示为历年次洪降雨量分布图。

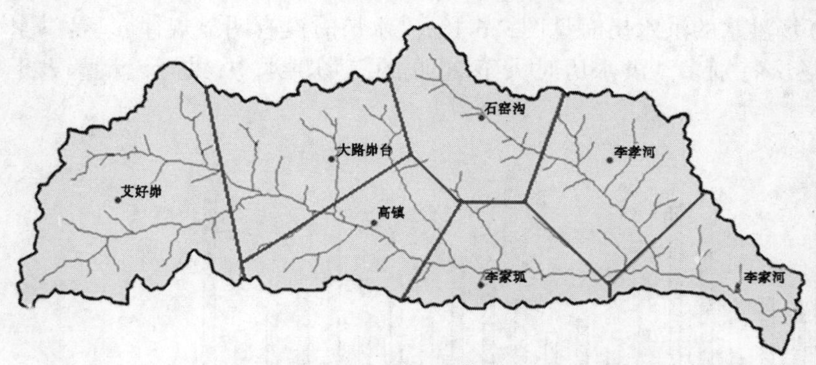

站名	比例(%)
李家河	0.05
李孝河	0.17
石窑沟	0.14
李家坬	0.10
高镇	0.12
大路峁台	0.18
艾好峁	0.25

图7.6-7　李家河水文站以上雨量站控制面积比例

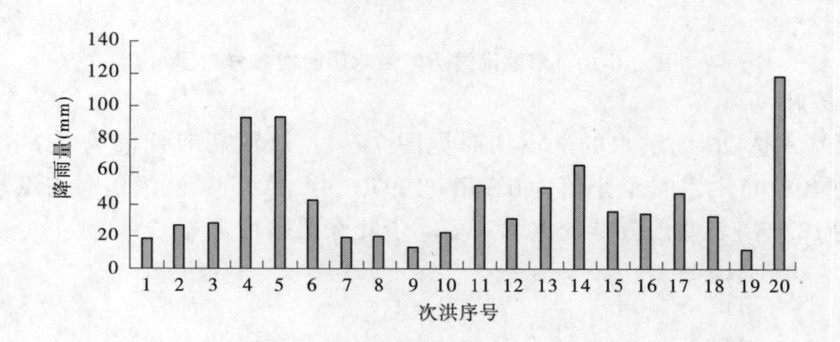

图7.6-8　李家河历年次洪降雨量分布图

7.6.2.5　洪水特性

小理河流域的洪水多发生在7~8月(这与降雨的年内分配相吻合),洪水70%为连续双峰或多峰(如图7.6-9"19960809"洪水所示),这与该流域常发生流域性暴雨有关。洪水有陡涨陡落型、陡涨缓落型,以第二种居多。

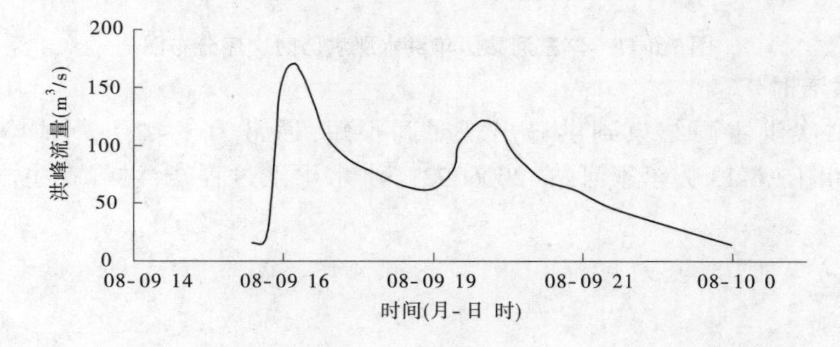

图7.6-9　李家河"19960809"洪水过程线

7.6.2.6　洪水历时

1.洪水历时

小理河李家河水文站洪水平均历时为13 h,最短为3.5 h,最长为25 h。洪水小于均值的有13次,占总数的65%。

李家河站入选 20 场洪水的洪水历时见图 7.6-10，洪水历时没有明显规律，只是洪水历时在 10 h 左右的场次特别多。洪水历时大于 20 h 的三场洪水中，洪峰流量都大于 500 m^3/s。

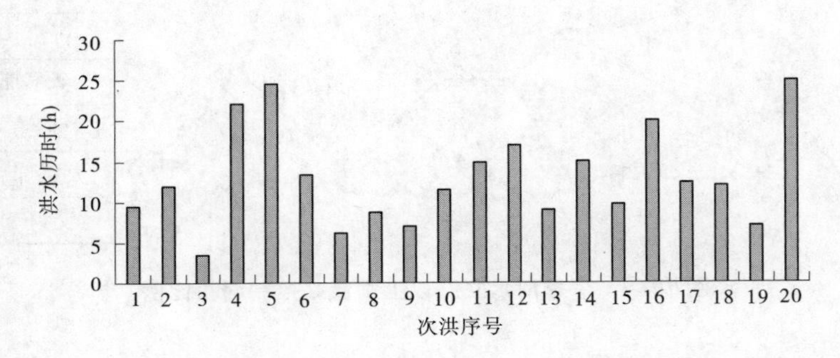

图 7.6-10　李家河站历年洪水历时次序分布图

2.涨洪历时

李家河站入选 20 场洪水的涨洪历时见图 7.6-11，涨洪历时均值为 2.7 h，最大值为 12.1 h（“19940810”洪水），最小值为 0.3 h（“19970730”洪水）。涨洪历时占洪水历时的百分比平均为 18.9%，表明该流域的洪水大多属于陡涨缓落型。

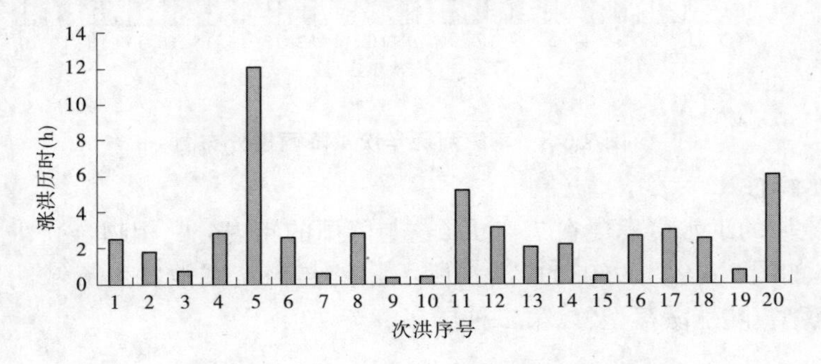

图 7.6-11　李家河站历年洪水涨洪历时次序分布图

7.6.2.7　**雨洪滞时**

李家河站次洪主雨结束到洪峰出现时间很短，通常为 1～2 h，平均为 2.2 h（见图 7.6-12），如图 7.6-13 为李家河站“20060921”洪水雨洪过程线，洪峰在主雨结束 1.2 h 即出现。

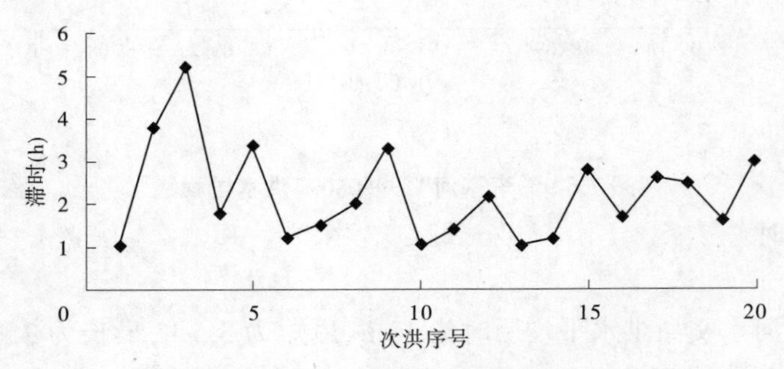

图 7.6-12　李家河站历年次洪雨洪滞时图

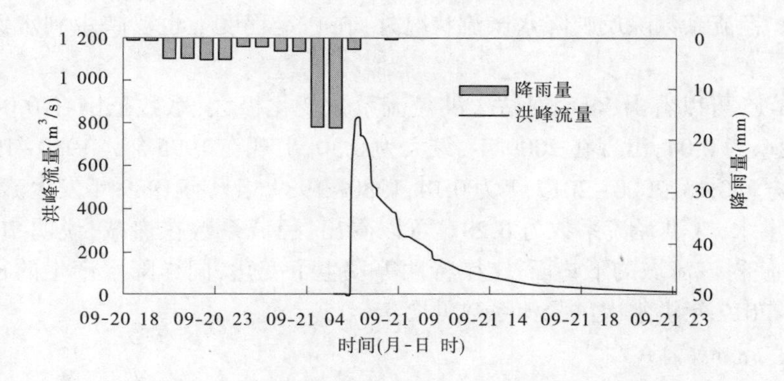

图 7.6-13 "20060921"洪水雨洪过程线

7.6.2.8 次洪洪量、沙量

入选的 20 场洪水平均次洪洪量为 582 万 m^3,最大次洪水量为 2 467 万 m^3,("20170726"洪水),最小次洪水量为 171 万 m^3("20090819"洪水)。平均次洪沙量为 349 万 t,最大为 1 532 万 t("19940810"洪水),最小为 83.9 万 t("20140630"洪水)。图 7.6-14 为小理河流域李家河站次洪水沙量图,从图中可以看出,20 世纪 90 年代后期(次洪序号 6~10)、2007 年之后(除去 2017 年,次洪序号 15~19)这两段时间,次洪水量、沙量有明显减少。

主要是因为 1971~1985 年该流域修建了大量的水利水保工程,如修建水库、淤地坝(至 1985 年,建成中型水库 1 座、小型水库 2 座)及渠道等引抽水建筑物,流域下垫面条件发生了较大变化,导致 20 世纪 90 年代后期,次洪水沙量减少。到 2000~2006 年期间次洪水沙量有所增加,主要是因为经过一段时间的运行,前期修建的水利水保工程拦沙作用大为减弱。近年"山川秀美"及退耕还林工程启动,使流域下垫面得到较大改善,2007 年之后,次洪水沙呈明显减少趋势。但"20170726"洪水水量、沙量较大,主要是因为本次洪水降雨强度大、大暴雨笼罩范围广,说明流域内等水利水保措施对中小洪水减水减沙效果明显,但遇到"20170726"这样极端强降雨,减水减沙作用有限。

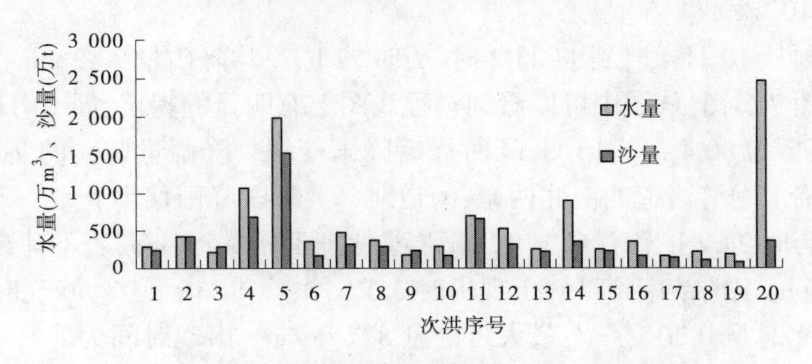

图 7.6-14 小理河流域李家河站次洪水沙量

7.6.2.9 次洪径流系数

径流系数是指某一流域任意时段内的径流深度(或径流总量)与同时段内的降水深度(或降水总量)的比值。径流系数说明在降水量中有多少水变成了径流,它综合反映了流域内自然地理要素对径流的影响。次洪径流系数反映了某次洪水中,降水量转化为径流量的比例。径流系数除反映降水产流状况外，在一定程度上也反映水利水保措施的有效拦蓄能力。

从图 7.6-15 可以看出，李家河站次洪径流系数变化极大，系数范围在 0.04~0.30，平均为 0.16，最小为 0.04，出现在 2009 年，最大为 0.30，出现在 1995 年。1980~1999 年次洪径流系数平均为 0.18，2000~2017 年为 0.14，1980~1989 年只有 1989 年发生流量大于 200 m^3/s 的一场洪水，次洪径流系数为 0.20。可以看出，径流系数在递减，说明 70 年代开始的水土保持，使得该流域的下垫面、土壤特性等发生了变化，同样降水产生的径流呈减少趋势。1980~2017 年洪水次洪径流系数见图 7.6-15。

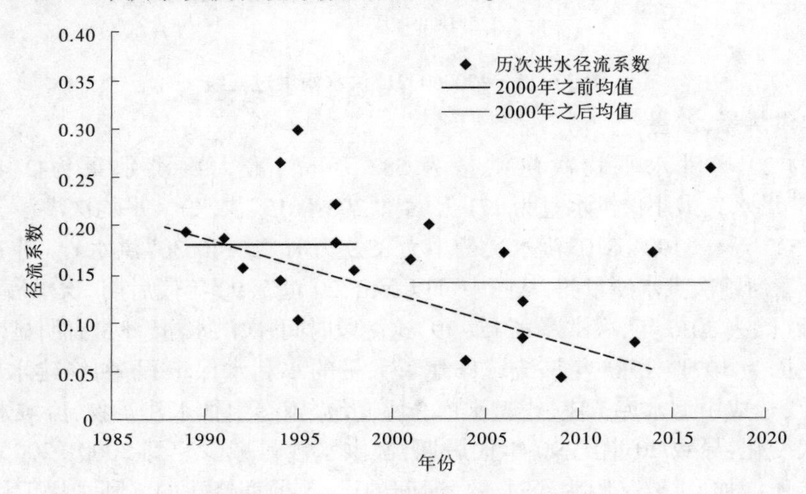

图 7.6-15　李家河站 1980~2017 年场次洪水次洪径流系数

7.6.2.10　典型洪水分析

分别选取小理河李家河水文站洪峰流量最大的“19940810”洪水和次洪径流量最大的“20170726”洪水进行分析。

1.“19940810”洪水

区域性降雨从 10 日 4 时到 11 日 2 时，历时 22 h，平均降雨量 93.2 mm，各雨量站累积雨量过程线见图 7.6-16，从图中可以看到过程线图上有明显的拐点，即 10 日 4~14 时降雨较大，平均降雨量为 80.4 mm，10 日 14 时以后降雨变缓。降雨量较大的艾好峁、高镇、李家坬均位于紧临上中游河道的南北两岸，河道北部及下游降雨偏小。

该次洪水历时 24.7 h，涨洪历时 12 h，涨洪段前面有两个小峰，若不计这两个小峰，涨洪历时应为 1.5 h，主雨结束到洪峰出现历时 3.5 h，洪峰 1 310 m^3/s，峰现时间 8 月 10 日 17 时 24 分，洪水总量 0.20 亿 m^3；最大含沙量 877 kg/m^3，出现时间为 8 月 10 日 17 时 30 分，输沙量为 1 532 万 t。雨水沙过程线见图 7.6-17。

2.“20170726”洪水

受高空槽底部冷空气与副高外围暖湿气流共同影响，2017 年 7 月 25~26 日，小理河流域普降暴雨到大暴雨，个别站降特大暴雨。暴雨中心李家河累积降雨 218.95 mm，李孝河 179.8 mm，李家坬 218.4 mm。小理河发生 1994 年以来最大洪水。

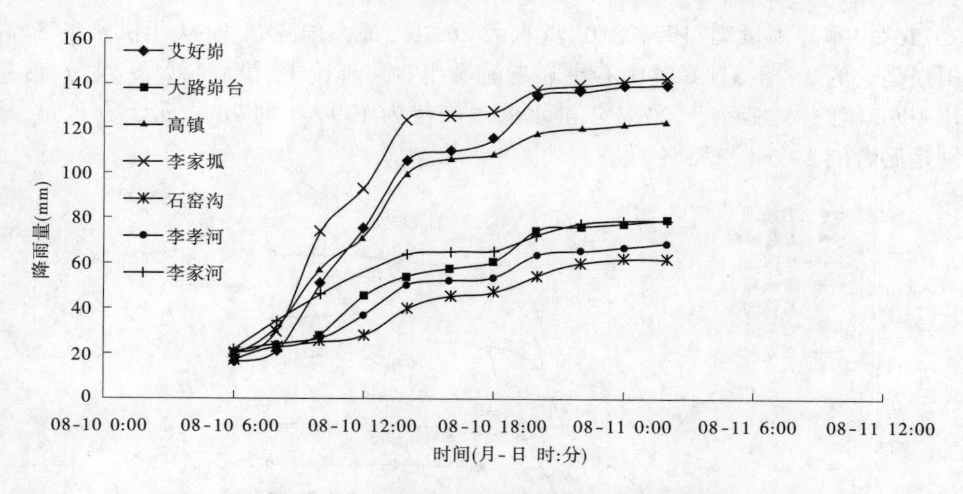

图 7.6-16 “19940810”洪水各雨量站累积雨量

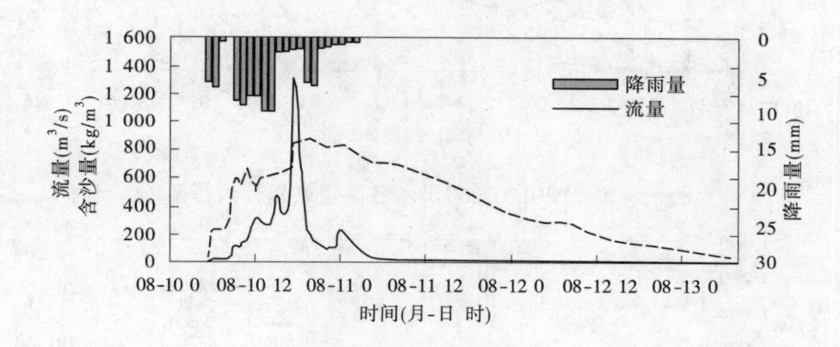

图 7.6-17 李家河站“19940810”洪水雨水沙过程线

降雨从 25 日 20 时到 26 日 8 时,历时 12 h,面平均降雨量 118.04 mm,各雨量站累计雨量过程线见图 7.6-18,从图中可以看到过程线图上有明显的拐点,主雨时段在 26 日 0~2 时 2 h 内,之后降雨变缓。降雨量大于 100 mm 的有高镇、李家坬、李孝河、李家河,位于小理河的中下游。上游降雨相对较小。

该次洪水历时 25 h,涨洪历时 6 h,主雨结束到洪峰出现历时 4 h,洪峰 997 m^3/s,峰现时间为 7 月 26 日 5 时,洪水总量 0.25 亿 m^3,最大含沙量为 260 kg/m^3,出现时间为 7 月 26 日 5 时 30 分,输沙量为 366 万 t。雨水沙过程线见图 7.6-19。

3.“19940810”洪水与“20170726”洪水比较

“19940810”洪水与“20170726”洪水的等雨量图如图 7.6-20、图 7.6-21 所示,从图中可以看出,“19940810”洪水降雨呈经向型分布,面平均降雨量小于 150 mm,且暴雨中心在小理河中上游。“20170726”洪水降雨量大于 150 mm 的区域占整个流域的 1/3,且暴雨中心在流域下游,暴雨中心雨量大于 200 mm。

表 7.6-3 为两场洪水中各雨量站累计降雨量,表 7.6-4 为两场洪水对应面平均降雨量、洪峰、最大含沙量、洪量、沙量、产流系数、洪水历时、降雨历时等特征值。由表 7.6-4 可以看出,与“19940810”年洪水相比,两场洪水产流系数、洪水历时都差别不大。但

"20170726"洪水降雨量比"19940810"洪水大26.7%,最大雨强是1994年洪水的3.6倍,平均雨强是它的2.8倍,且暴雨中心更靠近流域出口。理论上,洪峰、沙峰、洪量、沙量均应该比1994年的大,实际上,2017年洪水的洪峰仅为1994年的76%,最大含沙量、输沙率分别是后者的29.6%、23.9%。

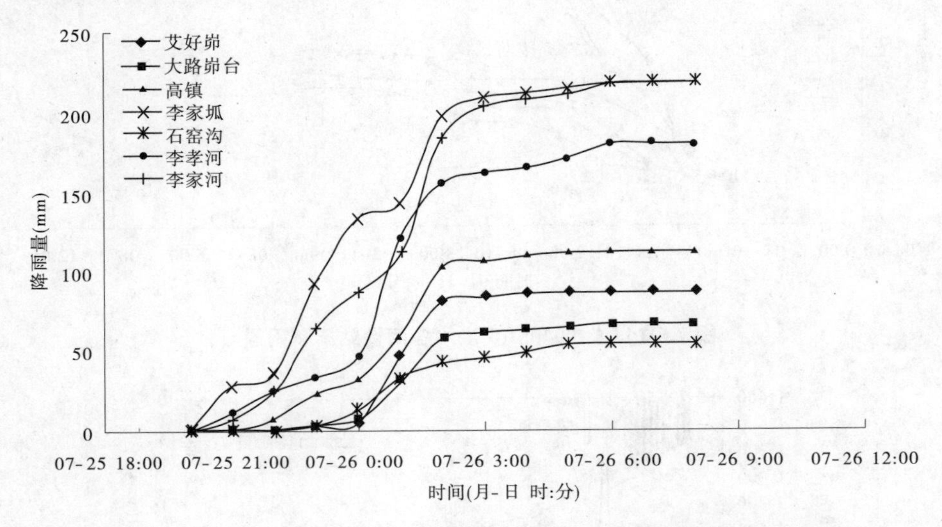

图7.6-18　"20170726"洪水各雨量站累计雨量图

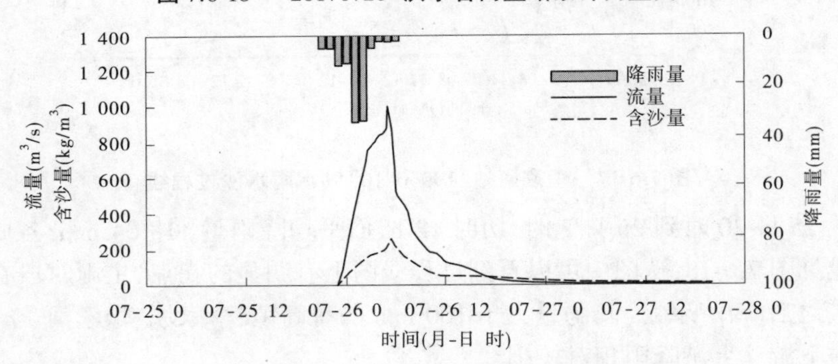

图7.6-19　"20170726"洪水雨洪过程线

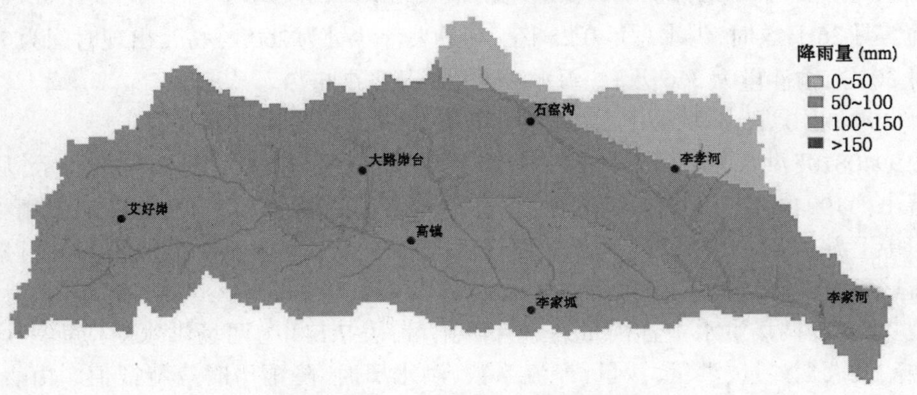

图7.6-20　"19940810"洪水等雨量图

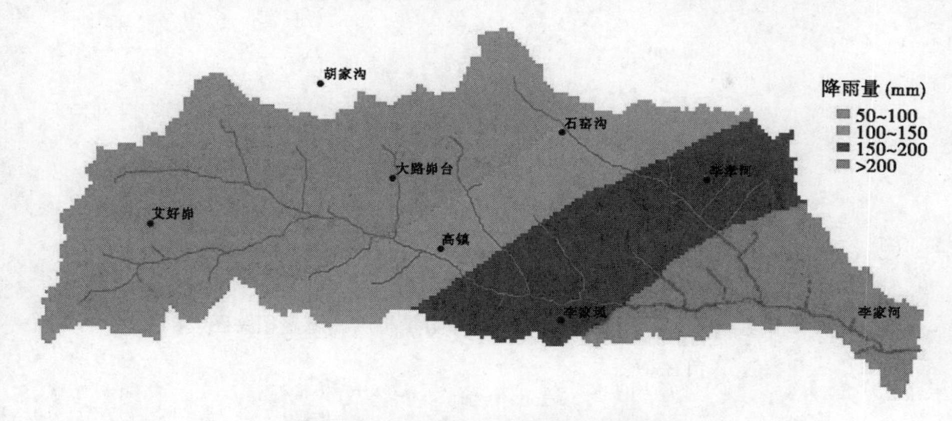

图 7.6-21　“20170726”洪水等雨量图

这充分说明由于下垫面条件的变化，流域调蓄能力增强，输沙量减少，流域侵蚀能力减弱，洪水灾害性减小。

表 7.6-3　“19940810”洪水与“20170726”洪水各雨量站累计降雨量　（单位：mm）

次洪编号	艾好峁	大路峁台	石瑶沟	高镇	李家坬	李孝河	李家河	面平均
19940810	139.3	72.6	54.1	116.3	143.2	53.7	73	93.2
20170726	87.2	67.54	54.8	113	218.4	179.8	218.95	118.04

表 7.6-4　“19940810”洪水与“20170726”洪水雨洪特征值统计

次洪编号	洪峰流量 (m^3/s)	最大含沙量 (kg/m^3)	输沙量 (万 t)	径流深 (mm)	径流量 (万 m^3)	平均雨强 (mm/h)	最大雨强 (mm/h)	径流系数	洪水历时 (h)	降雨历时 (h)	暴雨中心
19940810	1 310	877	1 532	24.7	1 993	4.24	9.82	0.27	24.7	22.0	中游
20170726	997	260	366	30.57	2 467	11.80	35.01	0.26	25.0	10.0	下游

7.6.3　暴雨洪水关系

本次统计了小理河李家河水文站 1980 年以来洪峰流量大于 200 m^3/s 的 20 场洪水资料，对影响洪峰、洪量的多种因素及洪峰洪量、降水洪峰、降水洪量等关系进行了分析，并进一步阐明产生各种变化的原因、机制。

7.6.3.1　降雨量与洪峰关系

小理河流域次洪降雨量与李家河水文站洪峰流量关系见图 7.6-22，相关系数为0.74。图 7.6-23 是将次洪降雨量与李家河水文站洪峰流量分 2000 年之前和 2000 年之后分别统计。从图中可以看出，2000 年之前两者关系明显差于 2000 年之后，2000 年之后其相关系数高达 0.85，2000 年之前其相关系数仅为 0.69。从两条趋势线来看，2000 年之后的趋势线在 2000 年之前的下方，说明同等降雨情况下，洪峰流量明显减小了。这主要是因为从 1998 年国家开始实施以大规模退耕还林（草）和天然林禁伐为重点的生态环境建设和从 2002 年开始实施骨干淤地坝的建设，流域内实施大量水利水保措施，流域下垫面发生很大变化，流域调节能力增强。

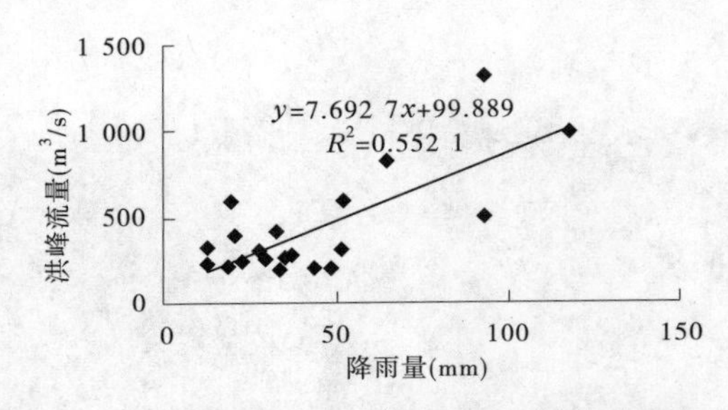

图 7.6-22 小理河流域次洪降雨量与洪峰流量相关图

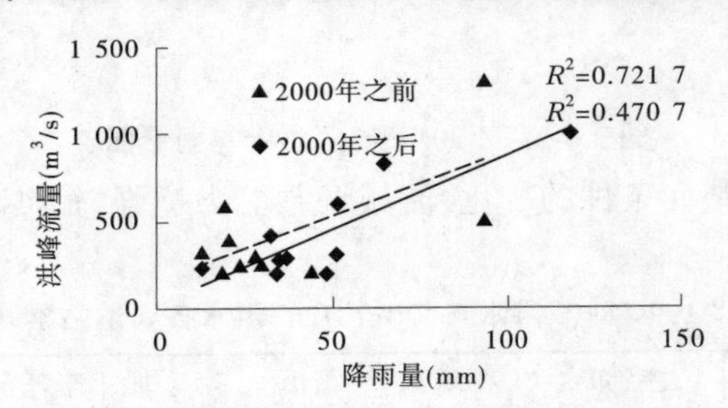

图 7.6-23 小理河流域次洪降雨量与洪峰流量相关图(分年代)

7.6.3.2 降雨量、最大雨强与洪峰关系

针对 1998~2017 年的 11 场洪水,1998~2014 年降雨资料采用来自雨量站固态存储雨量计的资料(大部分资料实际间隔为 5 min),2015~2017 年为报汛值。小理河流域 30 min 最大雨强与洪峰流量关系如图 7.6-24 所示,二者相关关系较好,相关系数为 0.74。

引入"降雨量×最大雨强(mm²/30 min) PI_m"概念后,PI_m 与洪峰的相关图如图 7.6-25 所示,其相关性有所提高,相关系数为 0.80,说明降雨量和降雨强度是流域产生洪水的两个重要影响因子。

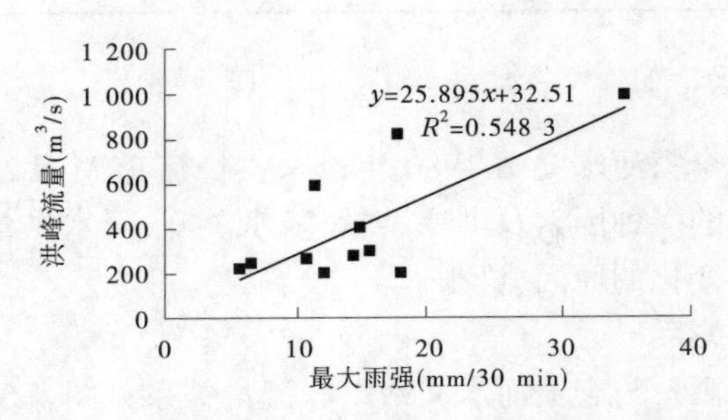

图 7.6-24 小理河流域次洪最大雨强(30 min)与洪峰流量相关图

7.6.3.3 降雨量与径流量关系

小理河流域次洪降雨量与李家河水文站径流量关系见图 7.6-26,二者相关系数为 0.88,相关系数较好。这说明随着降雨量的增大,径流量也相应增大。图 7.6-27 是将小理河流域次洪降雨量与径流量相关关系分为 2000 年之前和 2000 年之后分别显示,二者降雨量与径流量关系相关系数分别为 0.87、0.85。且 2000 年之后的趋势线在 2000 年之前的下方,说明与 2000 年之前相比,同样的降雨量,汇入到出口断面的水量减少了。

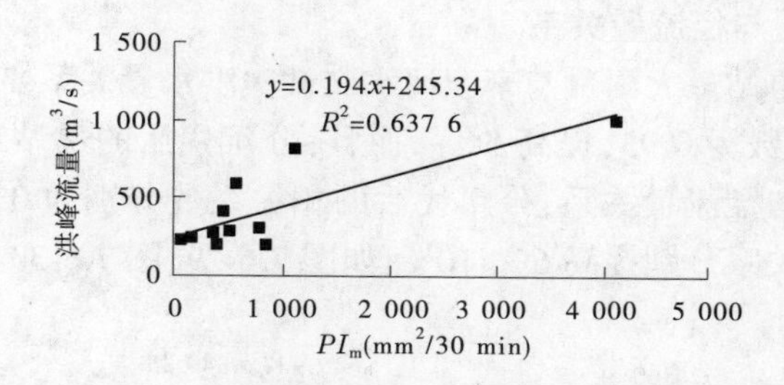

图 7.6-25　小理河流域次洪 PI_m 与洪峰流量相关图

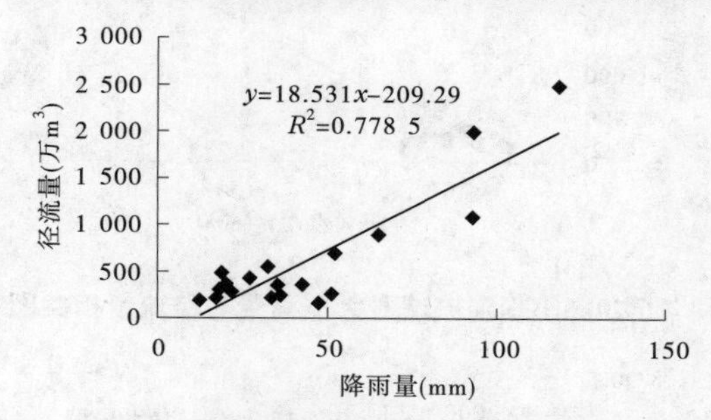

图 7.6-26　小理河流域次洪降雨量与径流量相关图

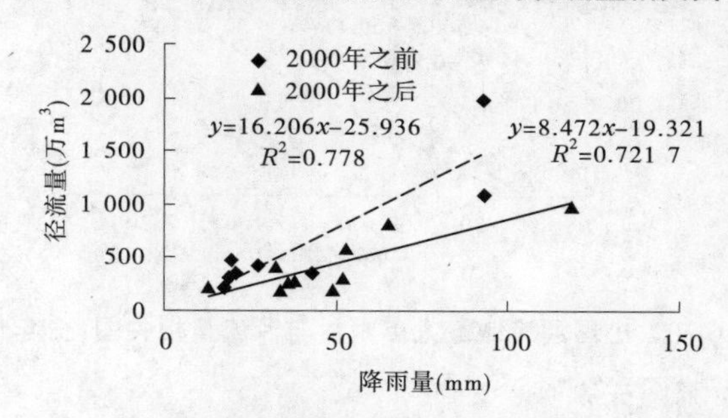

图 7.6-27　小理河流域次洪降雨量与径流量相关图(分年代)

7.6.3.4　单站最大雨量与洪峰关系

图 7.6-28 为小理河流域次洪单站最大降雨与李家河水文站洪峰流量关系,二者关系好于面平均雨量与次洪水量关系,相关系数为 0.77。

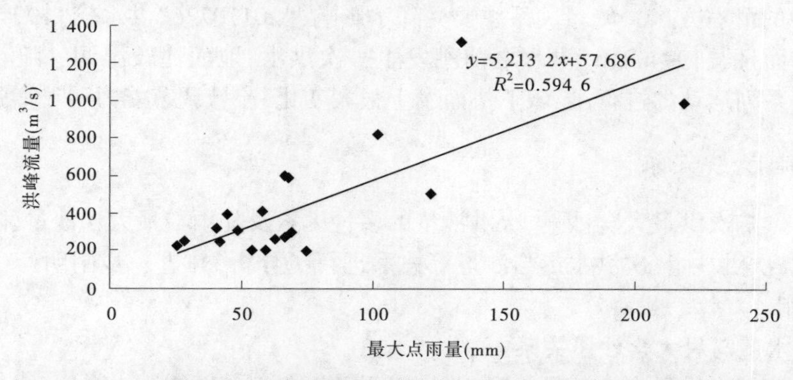

图 7.6-28　小理河流域次洪单站最大降雨与李家河水文站洪峰流量相关图

7.6.3.5　单站最大雨量与径流量关系

小理河流域次洪单站最大雨量与李家河水文站次洪水量关系要好于面平均雨量与次洪水量的关系，相关系数为 0.93，提高 5%。而且，分年代后的单站最大雨量与径流量关系也好于面平均雨量与径流量关系，分年代后的相关系数分别为 0.93、0.95，比分年代的面平均雨量与径流量关系分别提高 6%、10%，如图 7.6-29、图 7.6-30 所示。

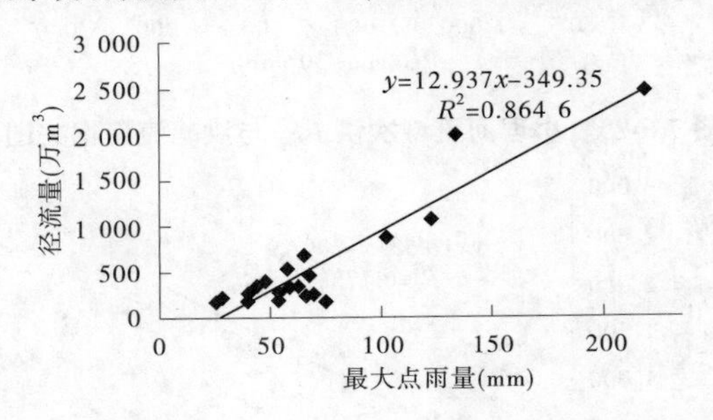

图 7.6-29　小理河流域最大点雨量与径流量相关图

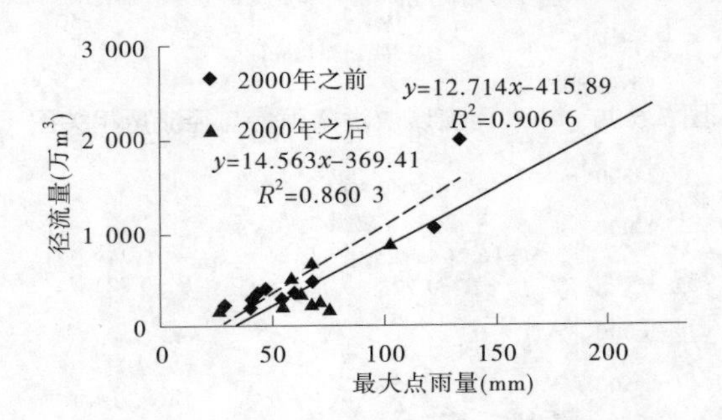

图 7.6-30　小理河流域最大点雨量与径流量相关图(分年代)

7.6.3.6　洪峰流量与径流量关系

小理河李家河站入选洪水峰量关系见图 7.6-31，二者相关系数约为 0.9，表明小理河流域次洪径流量与洪峰流量相关关系较好，当洪峰大时，洪量也较大。

2017 年 7 月 26 日洪水，洪峰为 997 m^3/s，洪量却高达 2 467 万 m^3。该次洪水点据远远偏离点群趋势中心（图 7.6-31 中的最上方点）。与“19940810”洪水相比，峰小量大（见图 7.6-31 中的最右方点），峰量关系主要受降水影响，“20170726”洪水较“19940810”洪水降水量大。而且，“19940810”洪水之前刚发生一次洪水，地面比较湿润。随着近年来退耕还林等一系列运动的进行，流域下垫面发生很大变化，流域调节能力明显增强。

7.6.4　暴雨产沙关系

本节对影响次洪最大含沙量、次洪沙量的多种因素及降雨与最大含沙量、降雨与次洪沙量、洪峰与次洪沙量、次洪水量与沙量等关系进行了分析，并进一步阐明产生各种变化的原因、机制。

7.6.4.1　降水量与最大含沙量关系

小理河流域次洪最大含沙量与降雨量、雨强关系散乱，没有一定的关系，无论降雨大

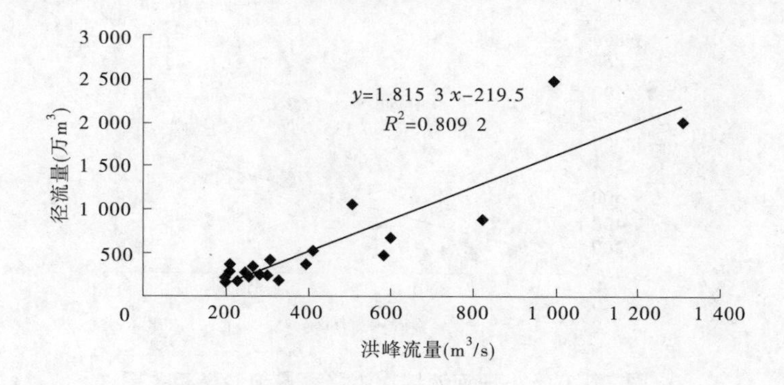

图 7.6-31 李家河站历年次洪洪峰洪量关系图

小、雨强多少,最大含沙量均在400~1 000 kg/m³之间(2017年的除外,"20170726"洪水最大含沙量仅为260 kg/m³)。但总体来看,相同降雨条件下,最大含沙量有减小趋势。

在图7.6-32中,最左边的点是"20170726"洪水对应降雨含沙量关系点。在入选洪水中,"20170726"洪水降雨量最大(118.04 mm),最大小时雨强最大(35.01 mm/h),次洪水量也最大(2 467万m³),最大含沙量却最小(仅为260 kg/m³),次洪沙量仅为366万t。除了由于流域治理、下垫面改善之外,进一步的原因还有待继续研究。

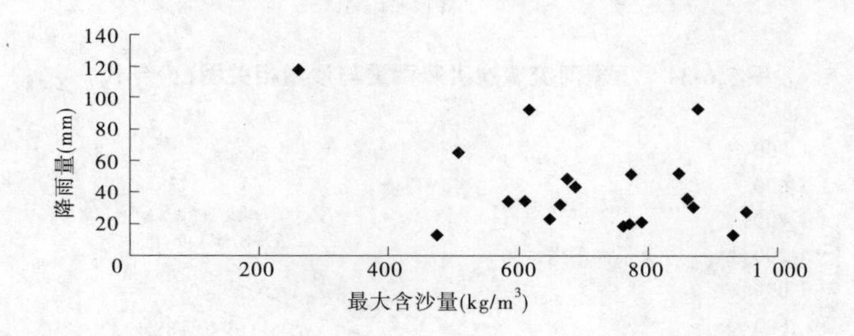

图 7.6-32 小理河流域次洪降雨与最大含沙量相关图

7.6.4.2 降雨量与次洪沙量关系

小理河流域次洪降雨量与李家河水文站次洪沙量关系相关性不好,相关系数仅为0.56(如图7.6-33所示),若去掉次洪"20170726"对应的点据,则相关系数提升至0.75。说明次洪"20170726"的降雨输沙关系远不在这个系列。

图7.6-34为分年代显示的小理河流域次洪降雨量与沙量相关图,从图中可以看出2000年之前的降水输沙关系好于2000年之后的,二者相关系数分别为0.81、0.67。而且,2000年之后的降雨输沙关系趋势线远在2000年之前的下方,说明与2000年之前相比,同样的降雨量,产生的沙量大大减少了。

7.6.4.3 最大雨强与次洪沙量关系

图7.6-35按最大雨强>10 mm/h和最大雨强<10 mm/h两个序列来描述降水量与次洪沙量关系,从图中可以看出,最大雨强>10 mm/h的线明显在最大雨强<10 mm/h的上方,说明在同样降雨条件下,最大雨强越大,次洪输沙量则越大。降雨、最大雨强是影响次洪沙量的两个重要因子。

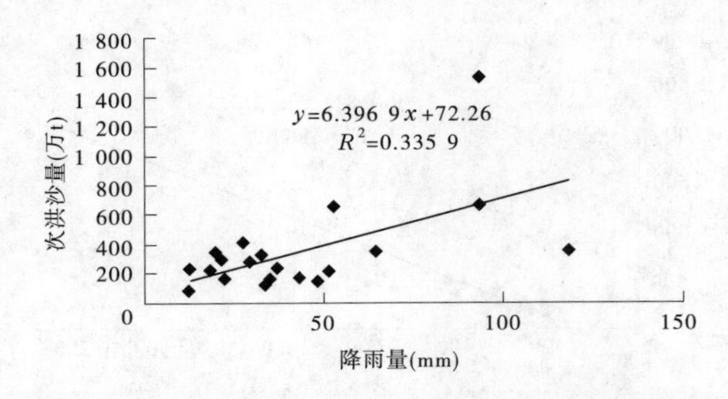

图 7.6-33　小理河流域次洪降雨量与沙量相关图

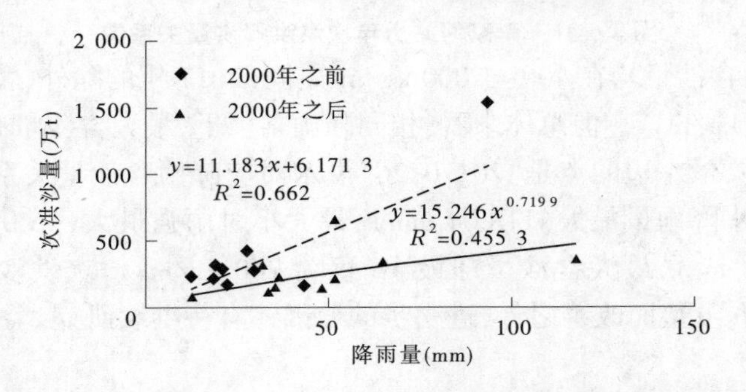

图 7.6-34　小理河流域次洪降雨量与沙量相关图(分年代)

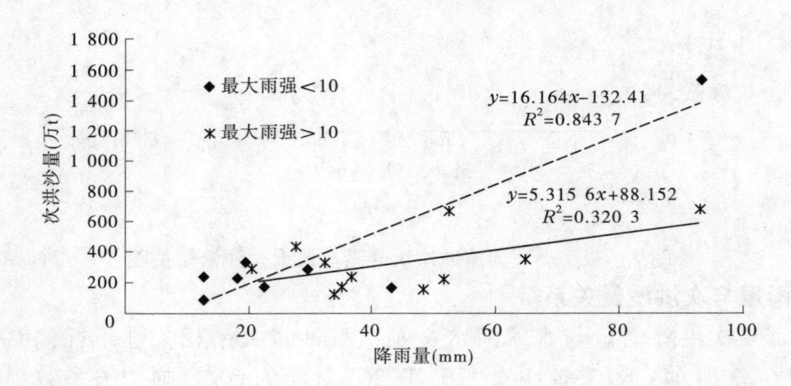

图 7.6-35　小理河流域次洪降雨量与沙量相关图(按最大雨强划分)

7.6.4.4　洪峰与沙量关系

小理河李家河站次洪洪峰和沙量之间关系较好,相关系数为 0.8,见图 7.6-36。图 7.6-37是将次洪洪峰与沙量关系分 2000 年之前和 2000 年之后分别考虑的,从图中可以看出,2000 年之前的洪峰沙量关系相关系数为 0.95,2000 年之后相关系数为 0.81。而且 2000 年之前的水沙关系趋势线在 2000 年之后的上方,说明与 2000 年之前相比,同样的洪峰所挟带的泥沙减少了。这是因为随着下垫面条件的改善,减沙效果日益明显。

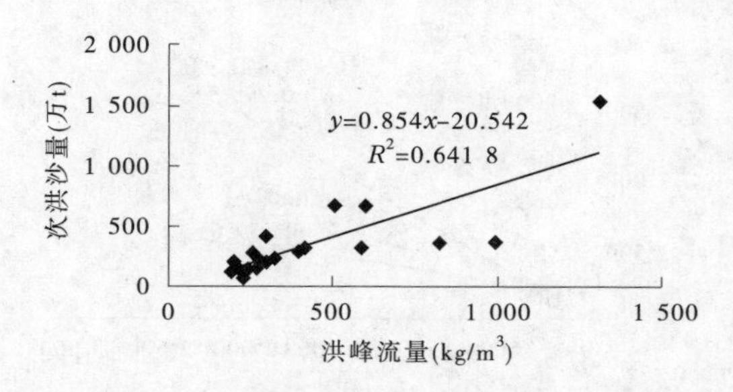

图 7.6-36　小理河流域次洪洪峰与沙量相关图

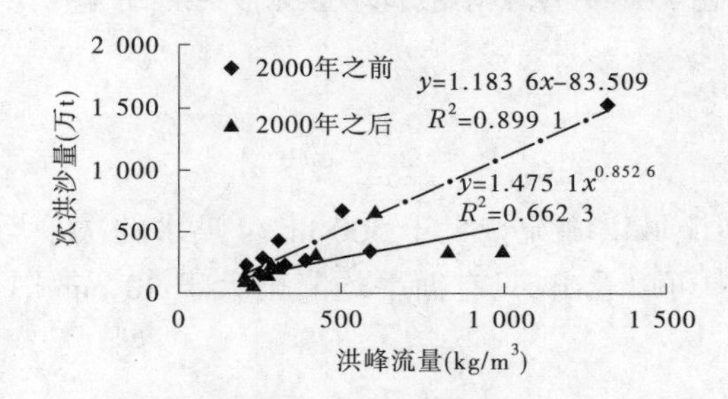

图 7.6-37　小理河流域次洪洪峰与沙量相关图(按年代划分)

7.6.4.5　径流量与沙量关系

小理河李家河站次洪沙量和水量之间(简称水沙关系)的关系,若不加上次洪"20170726"这个点,则水沙关系相关系数为 0.95(如图 7.6-38 所示)。若考虑全部洪水,则相关系数下降至 0.78。如图 7.5-39 是将水沙关系分年代显示的,2000 年之前的水沙关系相关系数为 0.98,2000 年之后为 0.75。而且,2000 年之后的水沙关系趋势线在 2000 年之前的下方。这说明与 2000 年之前相比,同样的水量所挟带的泥沙减少。从图 7.6-38 看出,"20170726"洪水点据远在两条趋势线的右下方。"20170726"洪水洪量(2 467 万 m^3)远大于所选洪水的均值(582 万 m^3),次洪沙量仅为 366 万 t,略大于所有洪水次洪沙量均值(349 万 t)。这个点据大大降低了水沙关系的相关性,说明该次洪水点据与其他点据已不在同一个系列。该次洪水充分说明与之前相比,同样的水量挟带的泥沙已大大减少。

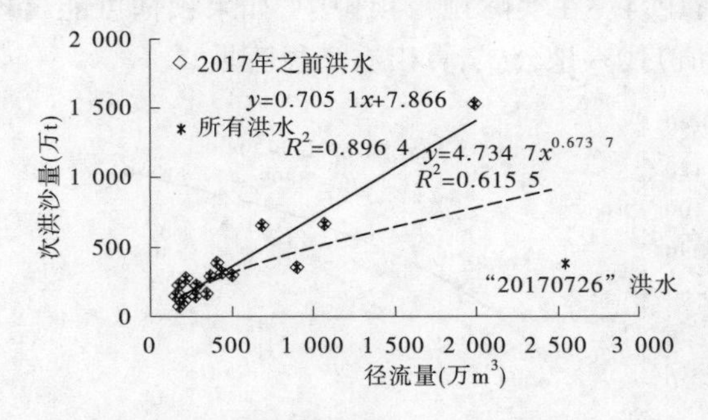

图 7.6-38　李家河站历年次洪水沙关系

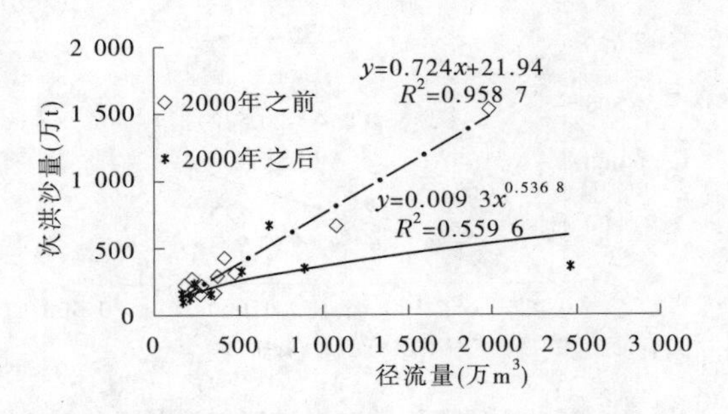

图 7.6-39 李家河站历年次洪水沙关系(分年代)

7.6.5 产流阈值分析

7.6.5.1 降雨量

图 7.6-40 是小理河流域洪峰流量大于 500 m³/s 洪水的次平均降雨量与李家河水文站洪峰流量关系,从图中可以看出,只有面平均降雨大于 20 mm 时,才可能出现大于 500 m³/s 的洪峰。

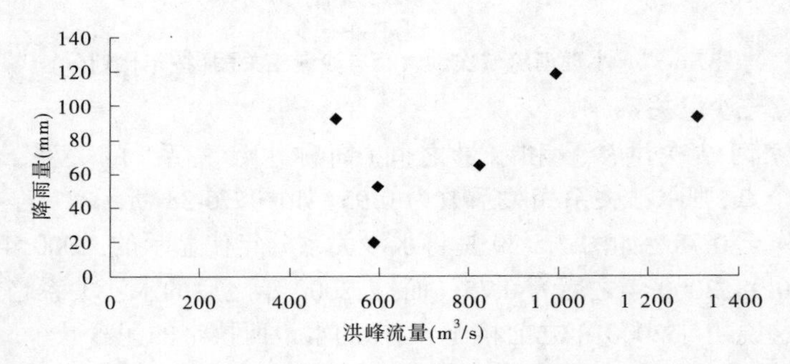

图 7.6-40 小理河次平均降雨量与李家河水文站洪峰流量关系图(洪峰流量>500 m³/s)

7.6.5.2 次洪径流量

图 7.6-41 是洪峰流量大于 500 m³/s 的次平均降雨量与李家河水文站径流量关系图,其相关系数较高,达到 0.94。在实际预报预警中,如果预估可能出现大于 500 m³/s 的洪峰,则可将降雨(预报值)代入该公式,算出次洪径流量。

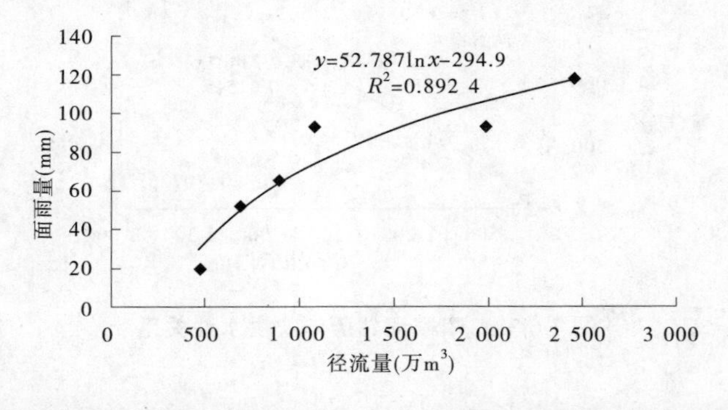

图 7.6-41 小理河次平均降雨量与李家河水文站径流量关系图(洪峰流量>500 m³/s)

7.6.5.3　平均损失强度

选择 1998 年以后 11 场洪水(固态存储雨量计资料),时段长为 30 min,采用平割法,计算场次洪水的平均损失强度 f_a 和产流历时 t_c。计算结果详见表 7.6-5。

表 7.6-5　场次洪水损失强度、产流历时列表

序号	年份	洪峰(m^3/s)	出现时间	f_a(mm)	t_c(h)
1	1998	246	1998-08-23 21:00	2.47	2
2	2001	598	2001-08-18 22:24	4.2	2.5
3	2002	413	2002-08-05 14:12	10.69	1
4	2004	302	2004-07-26 01:00	9.75	1
5	2006	824	2006-09-21 07:12	6.88	2
6	2007	282	2007-08-29 00:48	7.74	1
7	2007	268	2007-09-01 02:40	8.22	0.5
8	2009	200	2009-07-19 20:36	14.53	0.5
9	2013	199	2013-07-26 22:30	7.47	1.5
10	2014	226	2014-06-30 17:36	5.26	0.5
11	2017	997	2017-07-26 05:00	9.92	1.5

对 f_a 进行分析发现,当李家河以上 30 min 面平均降雨量大于 15 mm 时,产生洪水的概率为 100%;当 30 min 面平均降雨量大于 10 mm 时,产生洪水的概率大于 80%。

7.6.6　小结

(1)20 世纪 80 年代以来,李家河站次洪最大含沙量均呈减少趋势。流域次洪最大含沙量滞后于洪峰,滞后时间均值为 1.46。

(2)小理河流域次洪面平均降水量与洪峰流量、次洪水量关系较好,相关系数分别为 0.74、0.88。单站最大雨量与它们的相关性更高,分别为 0.77、0.93。洪峰、洪量与单站最大雨量关系优于与面平均雨量关系,沙量与面平均雨量关系则好于与单站最大雨量关系。

1998 年之后洪水,30 min 最大雨强与洪峰关系相关系数为 0.74。1998 年之后次洪 PI_m 与洪峰相关系数为 0.80。

(3)李家河站次洪洪峰与水量、沙量关系较好,相关系数分别为 0.9、0.8。

(4)与 2000 年之前相比,2000 年之后,小理河流域同等降雨情况下,洪峰流量、次洪水量、次洪沙量明显减小,流域调节能力增强。这主要是因为从 1998 年国家开始实施以大规模退耕还林(草)和天然林禁伐为重点的生态环境建设和从 2002 年开始实施骨干淤地坝的建设,流域内实施大量水利水保措施,流域下垫面发生很大变化,流域调节能力增强,洪水危害相对减小。

(5)经过对李家河站洪峰流量大于 500 m^3/s 的洪水分析,发现只有面平均降雨大于 20 mm 时,才有可能出现大于 500 m^3/s 的洪峰。

(6)当预测出李家河站可能发生大于 500 m^3/s 的洪水时,可以用公式 $y = 52.78\ln x -$

294.9 来计算次洪径流量,x 为面降雨。

(7)通过对李家河站 1998 年以后 11 场洪水平均损失强度 f_a 分析,发现当李家河以上 30 min 面平均降雨量大于 15 mm 时产生洪水的概率为 100%;当 30 min 面平均降雨量大于 10 mm 时,产生洪水的概率大于 80%。

7.7 清涧河流域

7.7.1 流域概况

清涧河流域位于东经 109°12′~101°24′、北纬 36°39′~37°19′,全长 169.9 km,南北宽约 56.9 km,流域面积 4 078 km^2。流域内共布设子长、延川 2 处水文站和 15 处雨量站,子长以上流域面积 913 km^2,延川以上流域面积 3 468 km^2,见图 7.7-1。

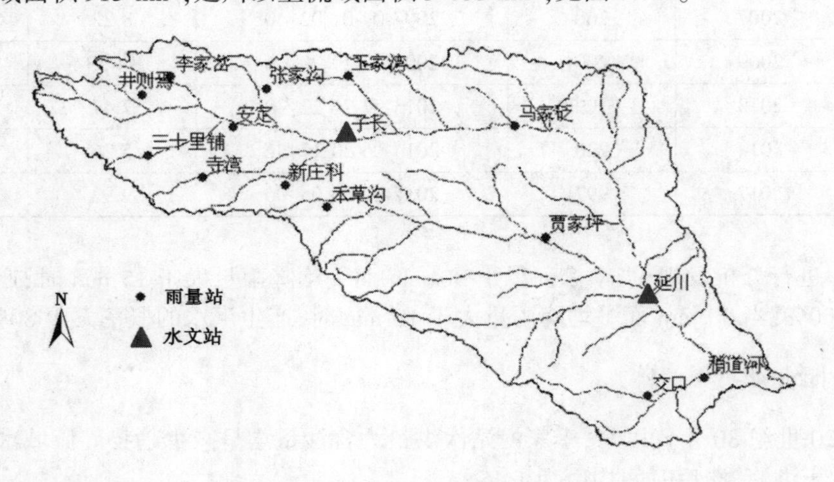

图 7.7-1 清涧河流域水系站网图

7.7.1.1 自然地理

清涧河流域地质基础属鄂尔多斯地质、陕北构造盆地的一部分。由于土质疏松、雨量集中,加之人为因素,形成了千沟万壑、支离破碎的黄土地貌。地势上西北高而东南低,由西北向东南倾斜,属水土流失极为严重区。流域内主要植被为人工乔木林和灌木林。

7.7.1.2 水文气象

清涧河流域属大陆性暖温带季风半干旱气候,具有明显的大陆性季风气候的特点。多年平均降水量为 486 mm,降水分布不均,年际变化大,一年内降水量呈明显的单峰型分布,降水多集中在 7~9 月,占全年降水量的 65%,降水量的地域分布规律由西北部向东南部递减。

清涧河流域实测多年径流量 1.38 亿 m^3,输沙量 3 243 万 t。其上游子长县境内水土流失面积达 99%以上,沟壑密度达 5.9 km/km^2,年侵蚀模数可达 15 000 t/km^2;安定一带年侵蚀模数为 16 000~18 000 t/km^2。延川县境内水土流失面积可达 90%以上,沟壑密度平均为 4.7 km/km^2,年侵蚀模数为 7 000~11 000 t/km^2。

7.7.1.3　水利水保工程

截至 2011 年,流域内共建成中型水库 4 座(不包括已报废水库),总库容 0.84 亿 m^3,控制面积 261.2 km^2,并开挖灌渠 15 条,建成固定抽水站 9 座、流动抽水站 485 座、水电站 2 座。目前,流域内有不同年份建立的骨干淤地坝 273 座,控制面积 1 053 km^2,淤地坝总库容 2.5 亿 m^3,淤积库容 1.9 亿 m^3。

7.7.2　暴雨洪水特性

分别以子长、延川水文站为控制站进行场次洪水统计,选择子长站洪峰流量>100 m^3/s、延川站洪峰流量>500 m^3/s 的洪水,分别统计次洪洪峰流量、降雨量、径流深、雨强、暴雨中心、涨洪历时、径流系数、滞时等洪水特征值。对于连续洪水,如果降雨、流量过程线均能分割开,按两次洪水统计,若降雨、流量过程线其中之一无法分割开,按一次双峰洪水统计。

由于清涧河流域雨量站多数是 1977 年设立的,考虑资料的连续性及流域下垫面的变化,资料系列选取为 1980~2015 年。

按上述标准,子长、延川水文站分别选取洪水 57 场、37 场。

7.7.2.1　暴雨特性

通过对致洪暴雨的分析发现,该流域致洪暴雨的特点是:笼罩范围大,移动速度快,降雨历时短,时空分布不均匀。子长以上流域次洪平均降雨历时 7.9 h,最长 17 h(1992 年,双峰),最短 1.5 h。延川以上流域次洪平均降雨历时 12.9 h,最长 36 h(1992 年,双峰),最短 3 h。在一次降雨过程中,雨强有明显的转折变化,即突然增大和骤然减小。暴雨中心位于上游的井则墕、子长和中游的禾草沟、延川。

7.7.2.2　洪水特性

清涧河流域场次洪水历时平均为 1~2 d,连续洪水可达 2 d 以上。洪水峰型有两种类型,一类峰型陡涨陡落,另一类陡涨缓落,有时会出现双峰或多峰,甚至出现有两个显峰和一个或几个隐峰的洪水。延川站历史实测最大洪峰流量 6 090 m^3/s(1959 年 8 月 20 日),次大洪峰流量 5 540 m^3/s(2002 年 7 月 4 日)。

延川水文站 1980~2015 年洪峰流量大于 500 m^3/s 的洪水共 37 场(见表 7.7-1),其中有 7 场主要来自子长站以上(包括 2002 年大洪水),14 场为子长站以上和子长—延川区间共同来水,而另外 16 场为子长—延川区间洪水。

表 7.7-1　清涧河流域延川水文站 1980~2015 年洪峰流量大于 500 m^3/s 的场次洪水统计

年份	分级流量(m^3/s)场次			合计场次	洪峰流量(m^3/s)		
	500~1 000	1 000~5 000	>5 000		平均	最小	最大
1980~1989	5	3		8	964	680	1 540
1990~1999	12	9	0	21	1 237	558	2 800
2000~2009	3	2	1	6	1 862	575	5 540
2010~2015	2			2	598	510	685
1980~2015	22	14	1	37	1 245	510	5 540

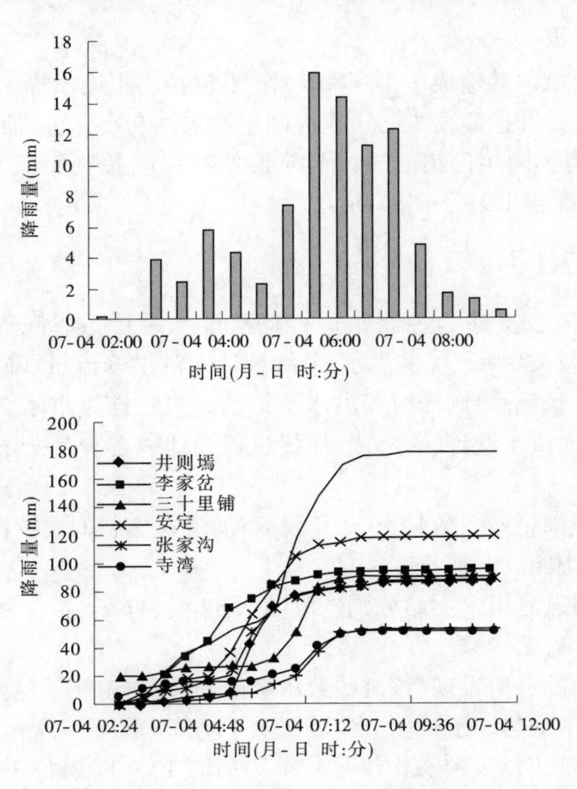

图 7.7-2　清涧河流域典型降雨过程图

从表 7.7-1 可以看出：1980～1989 年 8 次，1990～1999 年 21 次，2000～2009 年 6 次，2010～2015 年 2 次。洪水最早可出现在 6 月，最晚出现在 9 月，主要集中在 7～8 月，仅有 4 场洪水发生在 6 月，1 场洪水发生在 9 月（1992 年 9 月 2 日），其余 32 场洪水均出现在 7～8月，占次洪水的 86%。2004 年以来未发生 1 000 m^3/s 以上的洪水，大于 500 m^3/s 也仅有 2013 年的 2 场。

从上述分析中可以看出，清涧河流域 1990～1999 年、2000～2009 年平均洪峰流量均大于 1980～1989 年、2010～2015 年，1990～1999 年洪水场次最多。初步分析其原因为：①1979年前流域水利水保措施刚刚起步，流域处于水利水保措施全面发挥作用前的自然状态；1980～1989 年，流域水土保持工作进入成熟阶段，流域处于水利水保措施发挥显著作用的受扰状态；1990～1999 年，经过一段时间的运行，前期修建的水利水保工程作用大为减弱，再加上国家西部大开发的推进，流域处于水利水保措施作用减弱的受扰状态；从 1998 年国家开始实施以大规模退耕还林（草）和天然林禁伐为重点的生态环境建设和从 2002 年开始实施骨干淤地坝的建设，2000～2015 年流域处于水利水保措施作用重新加强的受扰状态。②1990～1999 年暴雨集中，更利于产水产沙。

对以子长—延川区间来水为主的洪水进行统计分析：延川站次洪主雨结束到洪峰出现时间通常为 2～3 h，平均为 2.5 h，个别场次洪水主雨未结束洪峰已经出现。对以子长以上来水为主的洪水进行统计分析：子长—延川平均传播时间为 5 h 左右，大洪水时间稍短，“20020704”洪水传播时间为 3.9 h。

清涧河流域延川站径流系数平均为 0.22,最大 0.48(2002 年),最小 0.07(1982 年),2004 年以后径流系数明显减小。洪水特征值见表 7.7-2。

表 7.7-2　清涧河流域洪水特征值

区域	年份	径流系数			次洪径流模数 ($10^{-3}m^3/(s\cdot km^2)$)			洪峰模数 ($10^{-3}m^3/(s\cdot km^2)$)		
		最大	最小	平均	最大	最小	平均	最大	最小	平均
子长	1980~1989	0.37	0.05	0.15	92	14	35	690	161	311
	1990~1999	0.41	0.08	0.2	257	10	75	2 103	124	691
	2000~2009	0.74	0.05	0.22	1 423	7	151	5 115	116	843
	2010~2015	0.18	0.03	0.08	83	19	34	416	128	284
	1980~2015	0.74	0.03	0.18	1 423	7	85	5 115	116	614
延川	1980~1989	0.25	0.06	0.14	43	20	33	444	196	278
	1990~1999	0.37	0.08	0.22	185	26	66	807	147	351
	2000~2009	0.38	0.08	0.21	407	27	149	1 597	166	537
	2010~2015	0.13	0.12	0.13	108	105	107	198	147	172
	1980~2015	0.38	0.06	0.2	407	20	74	1 597	147	355

7.7.2.3　泥沙特性

本流域是多沙粗沙来源区,产沙主要是暴雨洪水重力侵蚀,实测最大含沙量为 1 150 kg/m^3(1964 年 6 月 19 日)。1955~2015 年平均输沙模数 8 653 t/km^2,最大 35 467 t/km^2(1959 年),最小 33 t/km^2(2008 年),2002 年为 29 988 t/km^2。1977 年以后输沙模数有下降的趋势,2010~2015 年平均输沙模数仅 423 t/km^2。

1980~2015 年场次洪水最大含沙量及次洪输沙模数见表 7.6-3,受 2002 年特大洪水影响,2000~2009 年最大含沙量、次洪输沙模数均较大,而 2010 年后两指标均有明显减小。

表 7.7-3　1980~2015 年场次洪水最大含沙量及次洪输沙模数统计表

区域	年份	最大含沙量 (kg/m^3)			次洪输沙模数 (t/km^2)		
		最大	最小	平均	最大	最小	平均
子长	1980~1989	895	630	768	6 126	624	2 176
	1990~1999	890	598	765	12 409	619	4 018
	2000~2009	864	577	703	45 531	278	4 879
	2010~2015	578	216	420	643	159	392
	1980~2015	895	216	711	45 531	159	3 505
延川	1980~1989	723	582	646	3 345	839	2 119
	1990~1999	806	451	649	5 796	842	2 653
	2000~2009	906	669	779	14 867	1 145	4 812
	2010~2015	598	461	530	2 206	1 052	1 629
	1980~2015	906	451	663	14 867	672	2 832

7.7.3 降雨径流关系

7.7.3.1 次降雨与径流量的关系

径流是降雨通过下垫面的汇集而最终于沟、河道形成的水流,泥沙则是通过降雨对下垫面表层的侵蚀并由地表径流的冲刷挟带至沟、河道出口的沙量。所以,无论是径流还是泥沙,均与降雨密切相关。

1.降雨量与径流量的关系

清涧河流域次洪降雨径流关系见图 7.7-3,子长、延川站降雨径流相关系数分别为 0.69、0.73,同一降水量级,径流量相差很大。

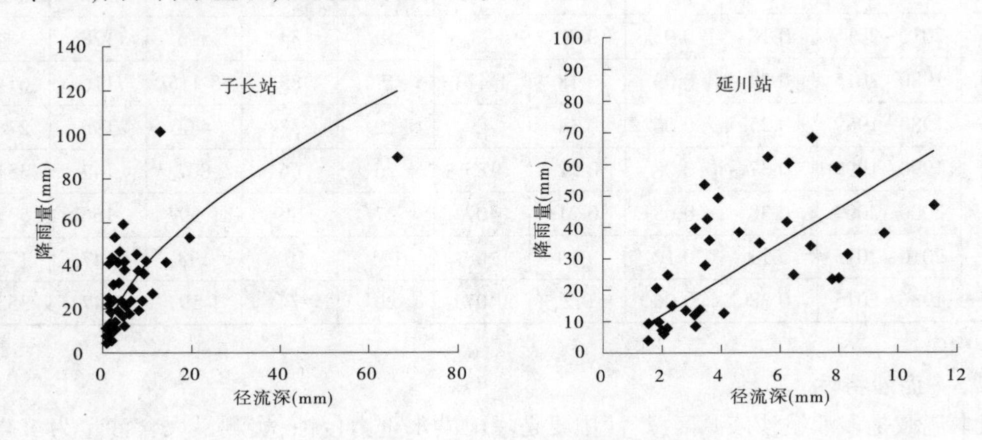

图 7.7-3　清涧河子长、延川站次洪降雨径流关系

降雨开始时,流域内包气带土壤含水量的大小是影响径流形成过程的一个重要因素,绘制面平均雨量+前期土壤含水量($P+P_a$)—R 的关系图,发现加入了前期土壤含水量后,相关性没有明显改善。对于本研究流域,在初始土壤含水量到 25~30 mm 时,次洪模拟过程趋于平稳,因此,再加大初始土壤含水量,不会影响次洪降雨径流过程。因此,前期土壤含水量对降雨径流的影响很有限。

分年代统计见图 7.7-4,由于延川站 2010 年后只有 2013 年的两场降雨,因此把 2000~2015 年作为一个年代统计。可以看出:同量级的降雨,1990~1999 年的径流量最大,表明流域处于水利水保措施作用减弱的状态;2000~2015 年点据位于左侧,表明流域处于水利水保措施作用重新加强的受扰状态,与前述分析的水利工程的影响相符。

子长站次洪降雨量 90% 在 10~80 mm,次洪降雨量大于 80 mm 的仅有两场洪水:"19920810""20020704",其中"20020704"洪水为子长水文站有实测资料以来最大洪水,达到百年一遇;延川站次洪降雨量均小于 70 mm。

从图 7.7-4 中可以看出,"19920810"洪水的降雨量是所选取洪水中最大的,比"20020704"洪水降雨量大,但子长、延川"19920810"洪水的洪水量级远小于"20020704"洪水,主要原因为:①降雨强度不同,子长、延川"20020704"洪水最大雨强(1 h)分别是"19920810"洪水的 2.8 倍、1.45 倍;②降雨空间分布不同,"19920810"洪水暴雨中心在上游三十里铺一带,而"20020704"洪水在子长附近,更靠近子长站;③"20020704"洪水由于

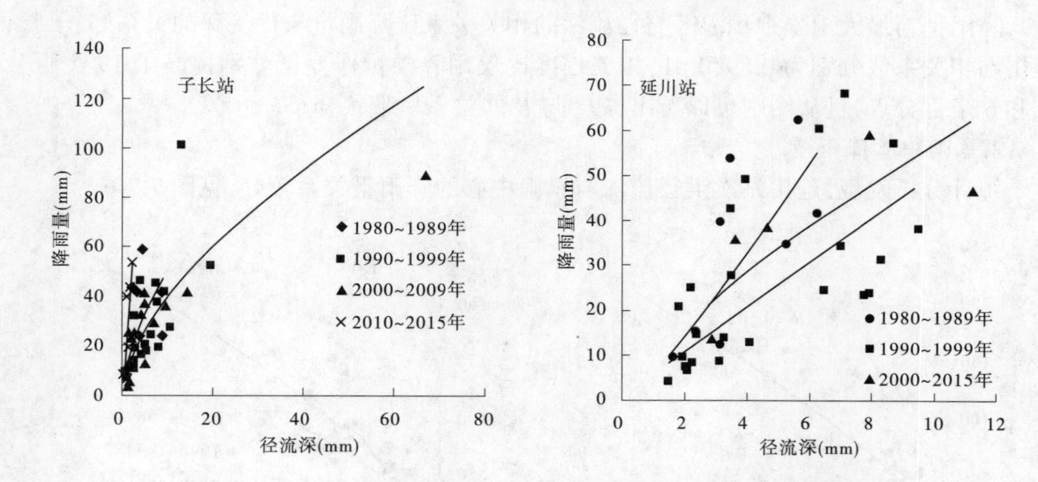

图 7.7-4　清涧河子长、延川站次洪降雨径流关系(分年代)

降雨强度大,据调查冲毁淤地坝 85 座。即降雨强度与降雨的时空分布亦是影响次洪产水产沙的主要原因。

2.降雨强度

对于典型的超渗产流区,产流不仅受次洪降雨量的影响,还受降雨强度的影响,即次洪径流深应表示为:$R=f(P,I)$,其中 I 为次洪最大雨强,对清涧河流域取 60 min 最大雨强。

由于 1998 年之前的降雨资料来自年鉴,降雨时段长大部分为 2 h 或更长,60 min 的降雨只能通过内插获得,不能真实地反映降雨的时间分布,因此在涉及降雨强度的分析中均采用 1998~2015 年的资料。1998~2015 年的降雨资料取自雨量站固态存储雨量计,降雨时段大部分为 5 min。次洪最大雨强变化较大,子长以上在 2.3~30.2 mm 之间,延川以上在 1.7~15.2 mm 之间。

研究成果表明,降雨量及其强度变化以下面几种指标形式较直观:降雨量(P)、降雨强度(I)、最大雨强(I_m)、降雨时间(T)、降雨量与最大雨强乘积(PI_m)、降雨量与降雨时间乘积(PT)。建立 PI_m 与径流深的相关关系图(见图 7.7-5)。

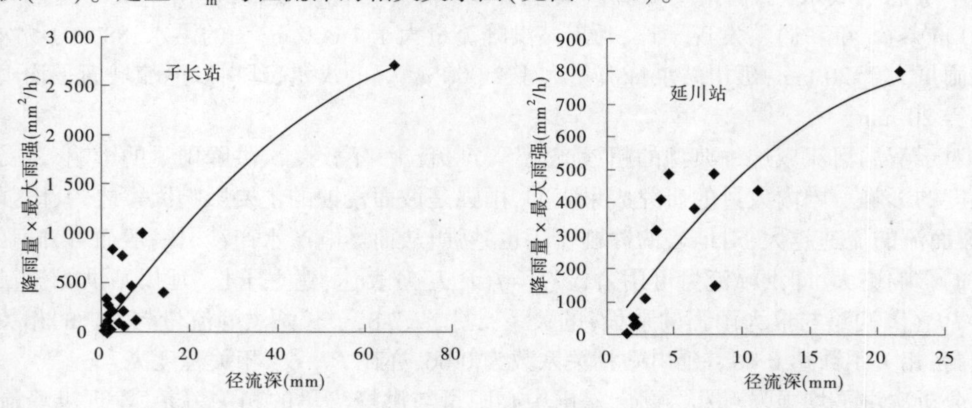

图 7.7-5　清涧河子长、延川站历年次洪降雨量×最大雨强与径流深相关关系

降雨量与最大雨强乘积 PI_m 与径流深的相关关系比降雨量与径流深的关系好，子长、延川站相关系数分别为 0.89、0.81，相关程度比仅用降雨量作变量分别提高了 19 个百分点和 6 个百分点，且从图中可以看出，PI_m 与 R 的关系呈带状分布。

3.暴雨中心降雨量

统计分析发现，延川站次洪径流深与暴雨中心的降雨量关系较好，见图 7.7-6。

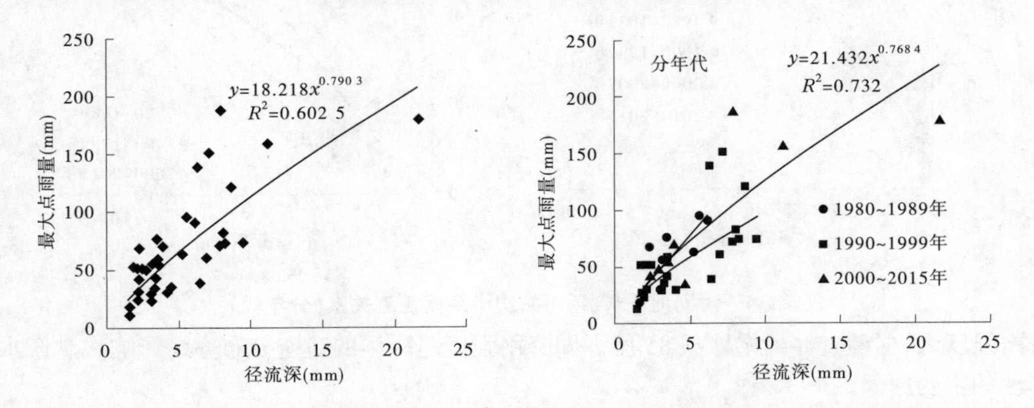

图 7.7-6　清涧河延川站历年次洪最大点雨量与径流深相关关系

4.暴雨时空分布

降雨时空分布的不均匀性也决定着次洪径流深、洪峰的大小。对于流域而言，暴雨中心的位置对流域产流量的影响也不容忽视。

当次降雨的暴雨中心位于研究区域上、中、下游时，同样的降雨量，暴雨中心在下游时，所产生的径流量比暴雨中心在上游和中游都要大。当暴雨中心在上游、下游时，降雨径流相关系数达到 0.78；但当暴雨中心在中游时，关系较差。

7.7.3.2　次降雨与洪峰关系

图 7.7-7 为子长、延川站历年次洪洪峰流量与降雨量的相关关系，图中点据很散乱，相关性差。

不考虑小洪水，子长站洪峰流量大于 1 000 m^3/s（5 年一遇），延川站洪峰流量大于 2 000 m^3/s（5 年一遇），发现子长、延川站洪峰流量大于 1 000 m^3/s 的洪水，88%的场次面平均雨量大于 20 mm；延川站洪峰流量大于 2 000 m^3/s 的洪水，延川以上流域面平均雨量均大于 20 mm。

对于清涧河流域这种典型的超渗产流区，产流产沙不仅受次洪降雨量的影响，还受降雨强度的影响。国内大量的研究成果表明，雨强是坡面侵蚀的主要影响因素之一，雨强越大，坡面流的流速越大，对地表的冲刷作用也越强，从而影响产水产沙。一般而言，雨强对峰值的影响更大，即洪峰流量可用公式 $Q_m=f(P,I_{max})$ 表达，建立子长、延川站洪峰流量与次洪 PI_m（降雨量与最大雨强的乘积）的关系，见图 7.7-8，子长站洪峰流量与 PI_m 的相关程度较高，相关系数达 0.86。延川站相关系数为 0.66，亦比 $P—Q_m$ 相关程度高。

分析次洪平均雨强、最大雨强、暴雨中心雨量与洪峰流量的相关关系，发现洪峰流量与暴雨中心雨量的关系虽然没有与次洪 PI_m（降雨量与最大雨强的乘积）的关系好，但比面平均雨量与洪峰流量的关系要好。

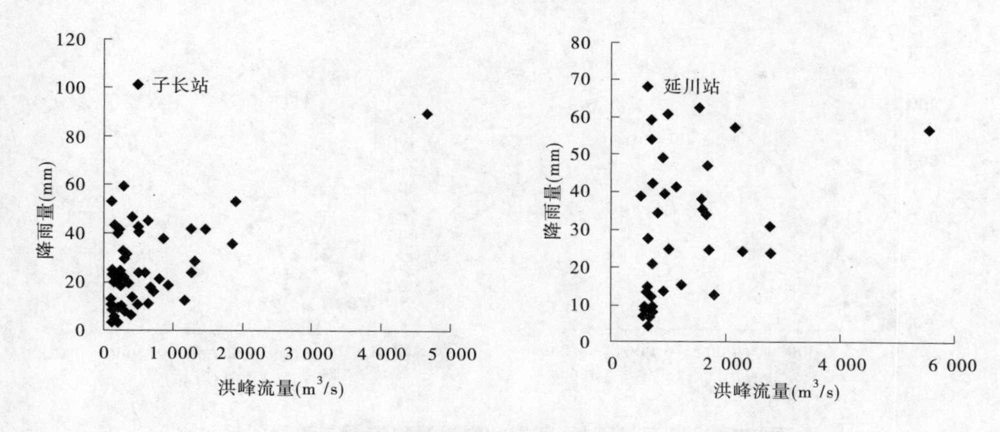

图 7.7-7　清涧河子长、延川站次洪洪峰流量与降雨量相关关系

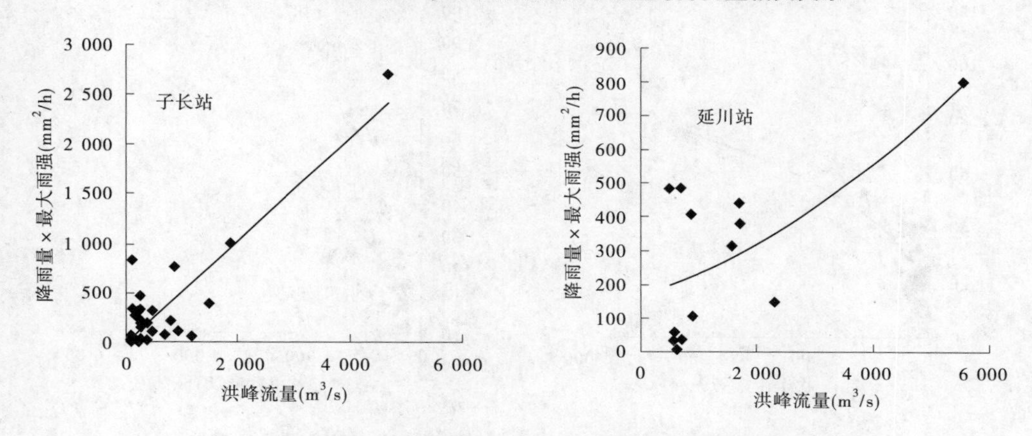

图 7.7-8　清涧河子长、延川站历年次洪洪峰流量与 PI_m 的相关关系

7.7.3.3　次洪洪量关系

清涧河流域次洪洪峰流量与次洪水量(简称洪量关系)呈非线性关系,见图 7.7-9,子长、延川站的相关系数分别为 0.94、0.88。除 2002 年特大洪水外,子长站洪峰流量均在 2 000 m^3/s 以下,相应水量均小于 2 000 万 m^3;延川站洪峰流量均在 3 000 m^3/s 以下,相应水量均小于 4 000 万 m^3。

7.7.4　降雨产沙关系

7.7.4.1　次降雨与产沙量的关系

用次洪产沙量作为产沙特征指标,根据清涧河子长水文站以上流域的特点,不考虑场次洪水的泥沙冲淤,认为泥沙输移比等于 1。

清涧河子长、延川站历年次洪降雨产沙关系如图 7.7-10 所示,可以看出降雨产沙为非线性关系,且降雨产沙关系点据较降雨径流关系点据更为散乱。降雨量与次洪沙量相关系数分别为 0.64、0.62。

大量实测资料的研究结果表明:在天然降雨条件下,土壤侵蚀量与次降雨量之间的关系并不密切;与平均雨强的关系较好,但也不够理想;而与反映降雨集中程度的短历时最

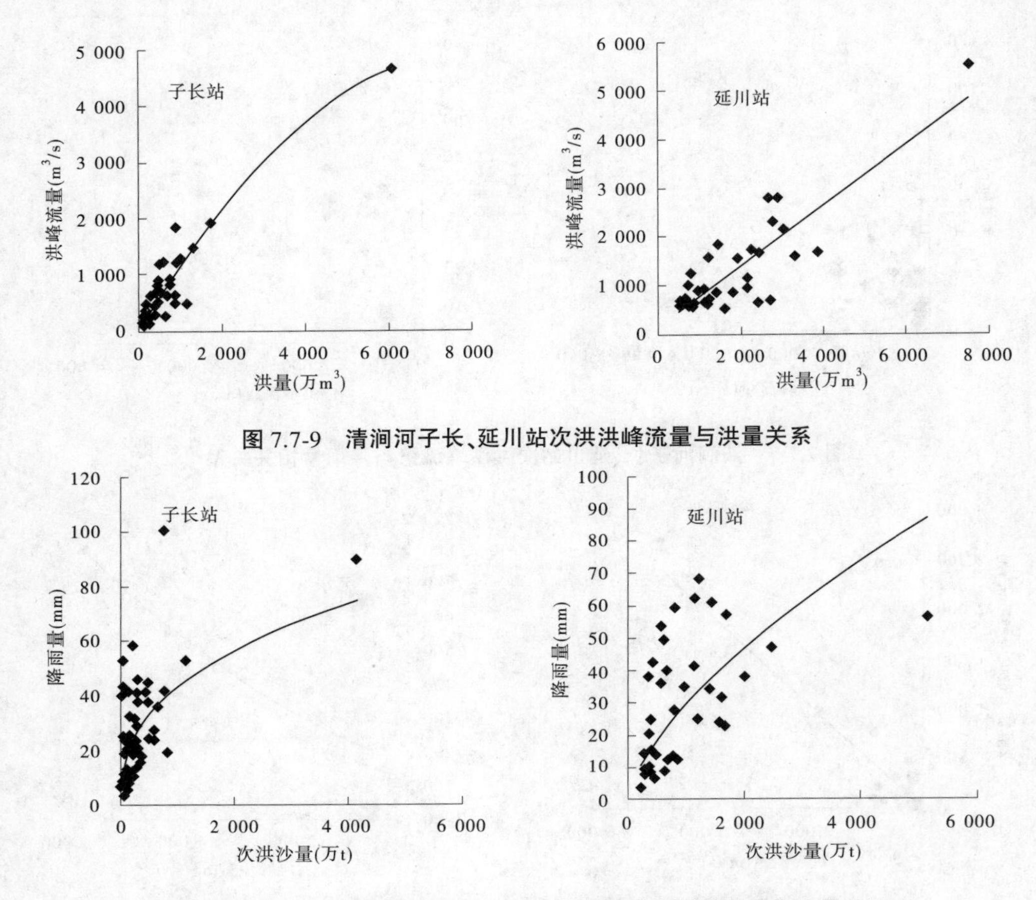

图 7.7-9　清涧河子长、延川站次洪洪峰流量与洪量关系

图 7.7-10　清涧河子长、延川站历年次洪面平均降雨量与次洪沙量关系

大雨强的关系最为密切。降雨强度对产沙的影响包括两个方面：对雨滴溅蚀的影响，通过影响地表径流量进而对坡沟冲刷侵蚀量的影响。众多研究者用降雨侵蚀力指标来表示降雨对土壤侵蚀的影响。但由于降雨动能和降雨强度难以获取，所以用降雨量与降雨强度乘积 PI 或降雨量与降雨时间乘积 PT 来代替。蔡强国等根据岔巴沟流域 6 个小流域的暴雨实测资料，得出降雨量与降雨强度乘积 PI_{m} 与产沙模数 M_S(t/km^2)的相关系数最高。从动力条件来看，若流域降雨量大，但历时长，强度低，则 M_S 未必大；反之，若雨量大、历时短，强度高，则 M_S 必然大。

基于以上前人的研究成果，用次洪平均雨强、最大雨强、暴雨中心雨量、PI_{m} 等与次洪沙量的关系来分析清涧河流域的降雨产沙，其与次洪沙量的相关系数均比面平均雨量与次洪沙量的相关性好，其中子长站、延川站暴雨中心雨量与次洪沙量的相关系数为 0.66、0.73，均比面平均雨量与次洪沙量的关系有所提高，见图 7.7-11。

分年代建立次洪暴雨中心雨量与沙量的关系，年代际变化比较明显，见图 7.7-12。同量级的降雨，1990～1999 年的次洪沙量最大，表明流域处于水利水保措施作用减弱的状态；2000～2015 年点据位于左侧，表明流域处于水利水保措施作用重新加强的状态，与分析的水利工程的影响相符，亦与次洪径流量的年代变化一致。

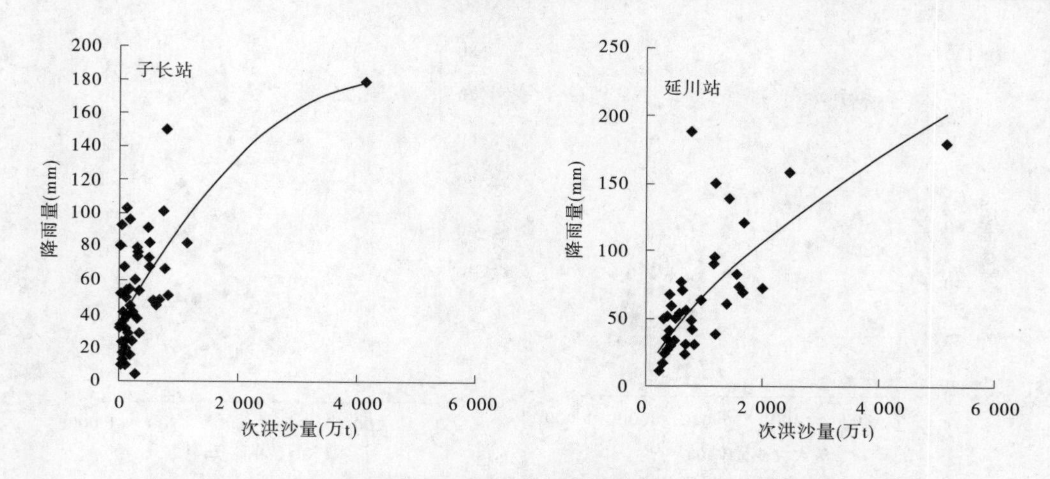

图 7.7-11　清涧河子长、延川站历年次洪暴雨中心雨量与次洪沙量关系

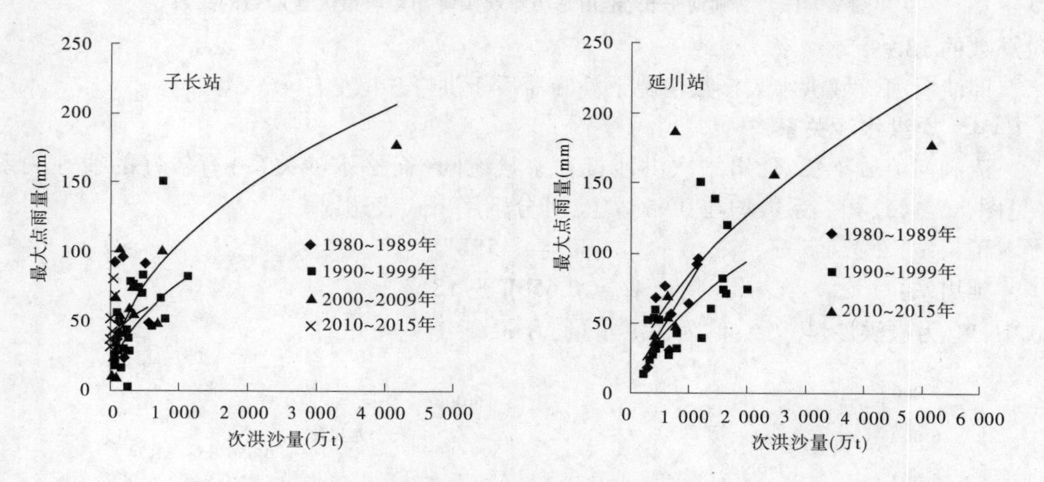

图 7.7-12　清涧河子长、延川站历年次洪最大点雨量与沙量的关系(分年代)

7.7.4.2　次降雨与最大含沙量的关系

清涧河流域次洪最大含沙量与降雨量、暴雨中心雨量、最大雨强等关系均不密切,均呈带状分布,且与洪水大小也无关,见图 7.7-13。

子长站历年次洪最大含沙量在 200~900 kg/m^{3}之间,且 1980~2010 年在 600~900 kg/m^{3}之间,2010 年之后明显减小,在 200~600 kg/m^{3}之间。延川站次洪最大含沙量 80%在 500~800 kg/m^{3}之间,2004 年后次洪较少(只有 2013 年的两场洪水),最大含沙量有减小的趋势。

7.7.4.3　洪峰、沙峰出现时间关系

子长站沙峰滞后于洪峰的洪水有 42 次,占次洪总数的 73.7%,平均滞后 2.3 h;洪峰、沙峰同时出现的洪水有 5 次,占次洪总数的 8.8%;沙峰超前于洪峰的洪水有 10 次,占次洪总数的 17.5%。

延川站沙峰滞后于洪峰的洪水有 22 次,占次洪总数的 64.9%,平均滞后 3.2 h;洪峰、沙峰同时出现的洪水有 6 次,占次洪总数的 16.2%;沙峰超前于洪峰的洪水有 7 次,占次

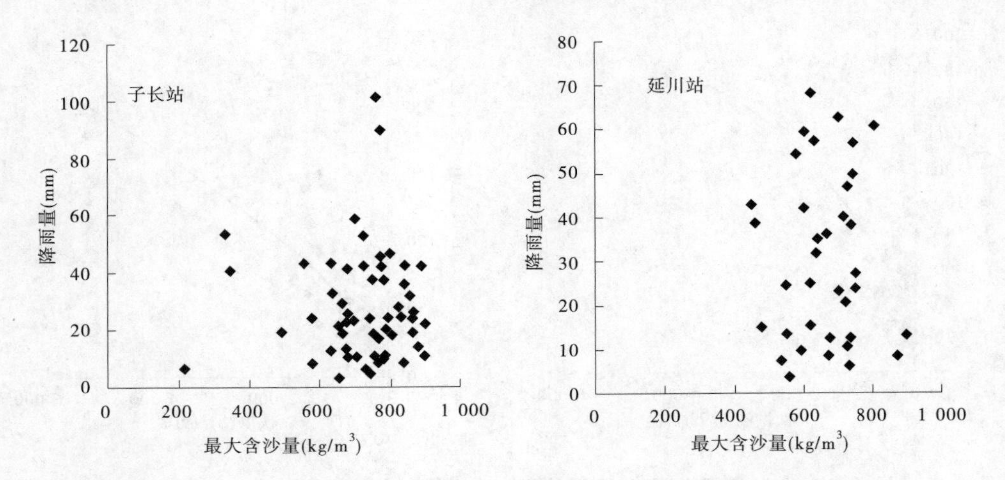

图 7.7-13 清涧河子长、延川站历年次洪降雨量与最大含沙量的关系

洪总数的 18.9%。

即清涧河流域洪水大多数情况下沙峰滞后于洪峰 3 h 左右。

7.7.4.4 次洪水沙关系

清涧河流域子长、延川站次洪沙量和水量之间(简称水沙关系)有较好的线性关系(见图 7.7-14),相关系数均在 0.95 以上,可分别用下式表达:

子长站: $W_s = 1.455W$

延川站: $W_s = 0.656W - 181.3$

式中,W_s 为次洪沙量,万 t;W 为次洪水量,万 m^3。

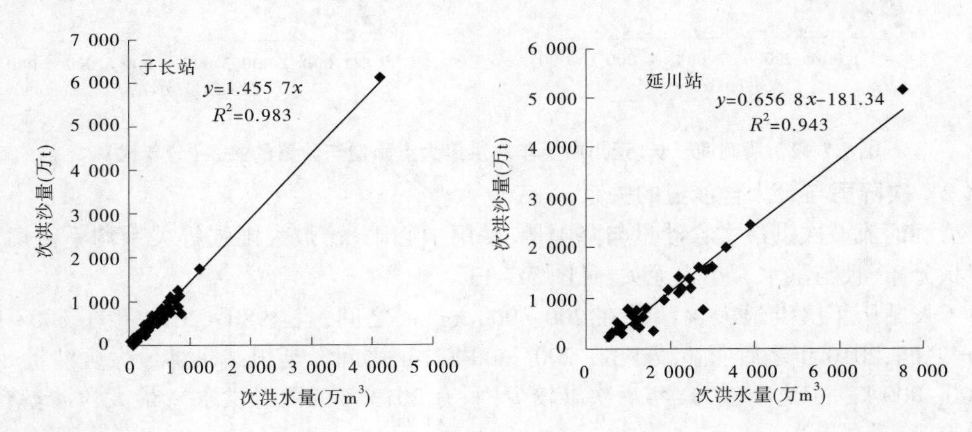

图 7.7-14 清涧河流域子长、延川站次洪水沙量关系

从图 7.7-14 中可以看出,延川站 2013 年的两场洪水点据均在趋势线的下方,即同样的次洪水量对应的次洪沙量减少。

7.7.5 产流阈值分析

选取 1998 年以后的洪水,用固态存储雨量计资料,时段长为 30 min,采用平割法,分别计算子长、延川站场次洪水的平均损失强度 f_a 和产流历时 t_c。

子长站 1998 以后共发生 29 场洪水，当子长以上 30 min 面平均降雨量大于 9 mm 时产生洪水的概率为 100%。

统计 1998~2015 年子长以上流域降雨过程，发现：

(1)有 6 场降雨 30 min 面平均降雨量>9 mm，全部产流。在降雨过程中，有 2 个时段以上 30 min 面平均降雨量>9 mm 的均产生大于 1 000 m^3/s 的洪水。

(2)有 12 场降雨 30 min 面平均降雨量>7 mm，8 场产生洪水，即产生洪水的概率为 75%。

延川站 1998 年后共发生 13 场洪水，当延川以上 30 min 面平均降雨量大于 4 mm 时产生洪水的概率为 100%。即随着流域面积的增大，产流阈值在减小。

7.7.6　小结

(1)清涧河流域属黄土丘陵沟壑区，为典型的超渗产流区，洪水大部分为陡涨缓落型。2000 年以后发生洪水的概率减小，次洪洪峰流量、径流量、最大含沙量，输沙量、径流系数均有明显减小的趋势，与流域内实施水利水保措施建设相符。

(2)降雨量是次洪产水产沙的主要驱动力因子，暴雨中心降雨量与次洪洪峰流量、水量、沙量的关系相对较好。

(3)不论洪水大小，子长站次洪最大含沙量一般在 200~900 kg/m^3，与降雨、洪水没有密切关系，且在 2010 年之后明显减小(2010~2015 年在 200~600 kg/m^3之间，1980~2010 年在 600~900 kg/m^3之间)。延川站次洪最大含沙量 80%在 500~800 kg/m^3之间，2004 年后次洪较少(只有 2013 年的两场洪水)，最大含沙量亦有减小的趋势。

(4)清涧河流域次洪洪量、水沙关系较好，其相关系数分别达 0.85、0.95 以上。

(5)子长以上流域 30 min 面平均降雨量大于 9 mm，发生洪水的概率为 100%，若有两个时段以上 30 min 面平均降雨量大于 9 mm 将产生大于 1 000 m^3/s 的洪水；30 min 面平均降雨量大于 7 mm，产生洪水概率为 75%。延川以上流域 30 min 面平均降雨量大于 4 mm 时产生洪水的概率为 100%。随着流域面积的增大，产流阈值减小。清涧河流域面平均降雨量达到 20 mm 时，延川站将会出现大于 2 000 m^3/s 的洪水。

(6)目前，清涧河流域的城市景观工程建设，如已建的子长站以上 5 级橡胶坝、延川站上游的平遥广场，在建的延川站以上的梯级橡胶坝，都将改变河道形态，从而影响洪水的演进规律。

7.8　汾川河流域

7.8.1　流域概况

汾川河又叫云岩河，位于黄河中游山陕区间西部，发源于崂山东麓后九龙泉，向东流经宜川县，在西沟村 1 km 处注入黄河，是延安市第四条大河流，河流全长 112.5 km。集水面积 1 781 km^2，其中新市河水文站控制流域面积 1 662 km^2，临镇水文站控制流域面积

1 121 km^2,两站相距 36 km。

汾川河的较大支流几乎都集中分布在临镇以上,主要支流有南川(临镇川),河长 54.8 km,集水面积 600 km^2;松树林川,河长 20.9 km,集水面积 139 km^2,多年平均径流量 360 万 m^3;九龙泉川,河长 12.2 km,集水面积 152 km^2;固县川,河长 29.4 km,集水面积 317.7 km^2。

汾川河流域图如图 7.8-1 所示。

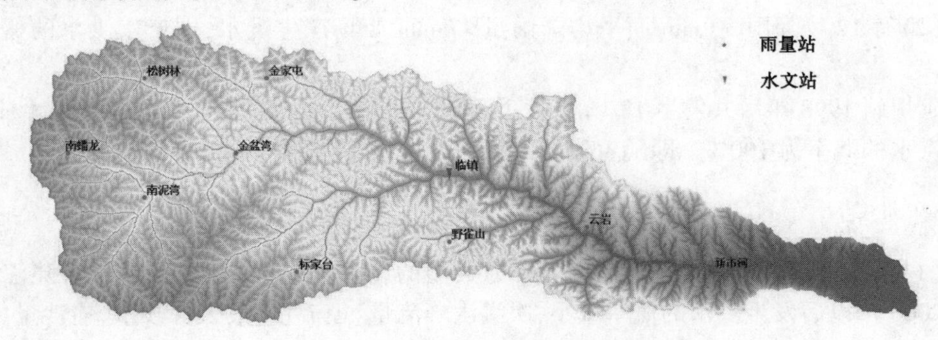

图 7.8-1　汾川河流域图

7.8.1.1　自然地理

1.地理位置

汾川河位于延安市东南部,北与延河、雷多河流域接壤,东临黄河,南与仕望川流域接壤,西以崂山为岭与北洛河流域相隔。地处北纬 36°29′15″~36°10′45″,东经 109°31′45″~110°27′30″。

2.地形地貌

汾川河流域上游北部一带为黄土梁峁状丘陵沟谷区,上游南部一带为黄土破碎塬沟谷区,下游黄河沿岸部分为黄土覆盖石质丘陵沟谷区。地质属鄂尔多斯台地的组成部分,在中生代基岩和新生代红土层所构成的地形上覆盖有深厚的风成黄土。由于新构造运动的升降和长期内、外力作用,其进一步演变为现在的梁峁起伏、沟壑纵横、沟谷深切、地形破碎。黄土覆盖深为 50~150 m。因沟谷长期冲刷下切严重,使边坡重力侵蚀活跃,易发生崩塌、滑坡,塬面相对平缓。上游河谷较宽阔,一级阶梯发育形成川、台地。下游新市河一带川道狭窄,基岩裸露,川地极少。

3.河流沟道分级分布

汾川河流域各级沟道分布密集,且主要分布在上游部分的左右两侧,按其汇入顺序划分各级支流,2 km 长以上沟道划分为 1、2、3、4 级,共计 354 条,1~2 km 长沟道 396 条。河流左岸 2 km 以上一级支流 55 条,右岸 57 条。

7.8.1.2　土壤与植被

汾川河流域土壤主要有三大类,即黄绵土、普通黑垆土及灰褐土。

黄绵土主要分布在区域内的梁、峁顶部,侵蚀塬的边缘及二级阶地上。该土物理性状良好,质地轻壤、疏松,孔隙度大,通气良好,渗水性强。缺点是有机质含量低,水稳性差,见水容易分散,易造成水土流失。

普通黑垆土主要分布在破碎残塬上。该土质地轻壤,疏松,通透性好,保水保肥,剖面层次明显,腐质层深厚(一般在34~70 cm)。其抗旱御涝,肥力高,耕性好,适种性广,是良好的耕植土壤,适宜于种植玉米、小麦、糜谷、豆类等作物。

灰褐土,亦称灰褐色森林土。主要分布在流域内林、灌植被覆盖下的土质山区。土壤发育在黄土田质和页岩母质上,剖面层明显,质地轻壤或中壤,上部紧实,土壤养分含量高,水分条件好,热量稍低,是良好的森林土壤。

汾川河流域植被极不均匀,上游宝塔区(临镇以上)部分植被良好,以天然次生林及灌木为主,林草面积为4.29 hm^2,覆盖率为72.4%。流域中下游植被较差,连片的林草地较少,只有一些零星的分块苹果、刺槐、核桃、杨树等人工林木,林草面积为0.19 hm^2,覆盖率仅为9.5%。再加上近年来人为的乱砍滥伐和过度放牧等破坏,使林地面积逐年减少,水土流失严重。

7.8.1.3　水系

汾川河流域共有2 km以上一级支流112条;二级支流183条;三级支流54条;四级支流5条;1~2 km长沟道396条。其中2~10 km长沟道13条;20~30 km长沟道2条;30~40 km长沟道1条,即刘村沟34.3 km。集水面积100 km^2以上,一级支流2条,即松树林川139.0 km^2,固县川317.7 km^2。集水面积在50~100 km^2,一级支流5条,即阳岔沟52.13 km^2,阳湾沟73.45 km^2,岳家屯沟74.64 km^2,北沟62.58 km^2,神仙河89.05 km^2;二级支流1条,即汉庄川92.83 km^2。集水面积在10~50 km^2,一级支流23条;二级支流9条,三级支流1条。集水面积在1.0~10.0 km^2,一级支流82条;二级支流176条;三级支流54条;四级支流5条。

7.8.1.4　水文站网

新市河站设于1966年5月1日,位于延安市宜川县新市河乡新市河村,地理坐标为东经110°16′、北纬36°14′,集水面积1 662 km^2,至河口距离23 km。

本站按区域代表原则布设,控制汾川河的水沙量变化,为汛期驻测站、非汛期简化测验站。本站为国家基本水文站,黄河水情报汛站,三类精度流量、三类精度泥沙站。

基本任务有:水位、流量、降水观测;单沙、水面比降观测;水准点测量、水尺零点高超测量、大断面测量;水文普查和重点调查、暴雨洪水调查;水情拍报、电台值机、水情报表填报、水情值班;原始资料整理、中间和辅助性图表绘制、整编成果表编制。

汾川河雨量站基本情况如表7.8-1所示。

表7.8-1　汾川河雨量站基本情况

站名	经度	纬度	建站年份	所属河流
南泥湾	109° 39′	36° 19′	1977	汾川河
南蟠龙	109° 34′	36° 22′	1977	汾川河
金家屯	109° 47′	36° 27′	1979	汾川河
标家台	109° 49′	36° 14′	1977	汾川河
野雀山	109° 59′	36° 16′	1977	汾川河
云岩	110° 08′	36° 17′	1977	汾川河
桐湾	110 ° 07′	36° 26′	1977	汾川河
松树林	109° 39′	36° 27′	1983	汾川河

7.8.2　暴雨洪水特性

选用1980~2013年汾川河的次洪降雨、洪峰及径流量资料(见表7.8-2),统计暴雨洪水特性,建立暴雨与洪水的相关关系,对产流阈值进行分析。

表7.8-2　新市河站1980年以来洪水

洪峰编号	年份	洪峰(m^3/s)	出现时间 (年-月-日 时:分)	径流量(百万 m^3)	降雨量(mm)
1	1980	189	1980-06-28 19:30	1.994	32.90
2	1981	427	1981-07-03 22:30	4.345	39.64
3	1981	208	1981-08-15 16:42	6.483	61.50
4	1982	275	1982-08-02 20:36	1.986	89.02
5	1984	101	1984-06-05 05:16	0.835	16.34
6	1985	207	1985-08-06 01:40	1.927	11.88
7	1985	253	1985-08-17 00:30	2.210	34.46
8	1988	426	1988-06-27 22:24	2.381	27.04
9	1988	767	1988-07-18 19:06	11.005	32.06
10	1988	336	1988-07-24 01:00	4.621	10.34
11	1988	1 500	1988-08-25 04:42	7.555	28.58
12	1990	209	1990-07-26 08:18	3.346	32.58
13	1990	128	1990-09-22 01:54	2.371	32.52
14	1991	437	1991-07-28 01:36	3.375	30.34
15	1992	422	1992-08-11 15:30	4.155	28.33
16	1992	180	1992-08-29 04:54	3.088	24.25
17	1993	131	1993-07-10 17:00	1.030	3.80
18	1993	618	1993-07-12 06:00	7.017	64.28
19	1993	152	1993-08-04 06:00	2.074	34.80
20	1994	127	1994-07-07 17:00	1.780	22.46
21	1994	244	1994-08-06 02:42	4.040	30.61
22	1994	164	1994-08-11 05:00	4.091	47.31
23	1995	120	1995-07-14 05:06	0.939	25.74
24	1995	181	1995-08-05 19:12	3.266	66.96
25	1996	214	1996-07-12 18:06	1.878	8.44
26	1998	145	1998-08-01 17:12	1.694	6.24
27	1998	234	1998-08-24 04:18	5.837	18.00
28	2000	231	2000-07-08 03:30	2.216	26.50
29	2003	252	2003-08-08 07:18	3.006	42.28

续表 7.8-2

洪峰编号	年份	洪峰(m^3/s)	出现时间（年-月-日 时:分）	径流量(百万 m^3)	降雨量(mm)
30	2003	107	2003-08-26 07:00	4.444	134.36
31	2007	197	2007-07-26 14:42	1.768	34.12
32	2010	134	2010-08-01 04:36	2.053	61.60
33	2013	374	2013-07-22 15:00	31.775	88.56
34	2013	1 750	2013-07-25 11:53	37.937	76.08

表 7.8-2 统计的是 1980 年以来新市河站洪峰流量大于 100 m^3/s 的洪水，下面的分析有的选用的洪峰流量大于 200 m^3/s 的洪水。

7.8.2.1　场次洪水统计

汾川河属于半干旱地区，降水年内和年际分布不均匀，洪水主要由大面积短时暴雨形成。由于降雨历时短，强度大，形成的洪峰过程往往呈尖瘦型。新市河站 1980 年以来，流域共发生 100 m^3/s 以上的洪水 35 场，其中洪峰流量大于 500 m^3/s 的仅有 4 场，分别是 1988 年、1993 年和 2013 年（两场），其中 2013 年发生了建站以来最大洪水，洪峰流量为 1 750 m^3/s。临镇站 1980 年以来 100 m^3/s 以上的洪水共发生 16 场，最大洪峰流量为 500 m^3/s。场次洪水年代分布的详细情况见表 7.8-3。由于本书主要对支流控制站的暴雨洪水规律进行研究，因此后文没有对临镇站的洪水展开详细分析。

表 7.8-3　汾川河流域新市河水文站 1980~2013 年的场次洪水统计

站名	年份	洪水场次	洪峰流量(m^3/s)		
			最大流量	最小流量	平均流量
新市河	1980~2013	35	1 750	101	336
	1980~1989	11	1 500	101	426
	1990~1999	17	618	120	232
	2000~2013	7	1 750	107	435
临镇	1980~2016	16	500	109	209
	1980~1989	6	291	114	187
	1990~1999	6	307	118	203
	2000~2013	4	500	109	251

从表 7.8-3 可以看出，新市河站 20 世纪 80 年代、90 年代发生洪水的频率明显高于 2000 年以后，尽管 90 年代发生的洪水次数比较多，但是流量比较小，最大流量为 618 m^3/s，平均流量为 232 m^3/s。从图 7.8-2 也可以看出，大部分的洪峰都在 500 m^3/s 以下。临镇站 2000 年以后发生洪水的频次也有所减少。

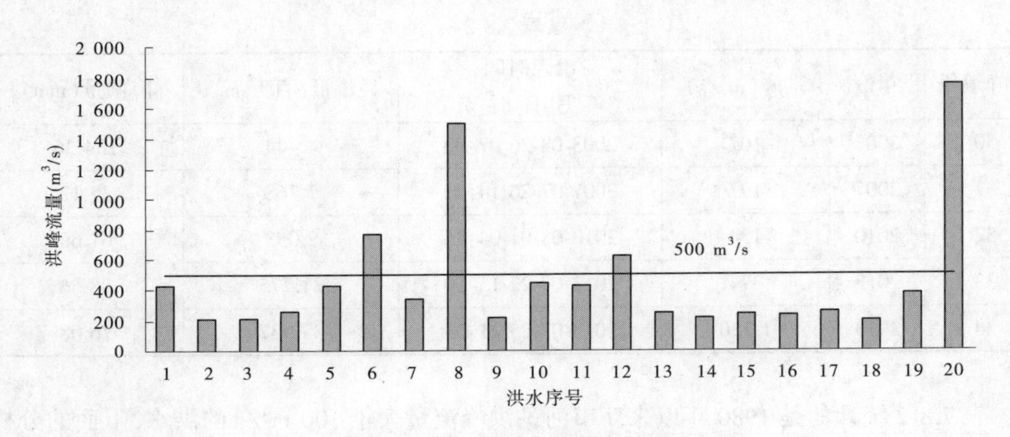

图 7.8-2　汾川河新市河站次洪洪峰流量

7.8.2.2　洪水历时、涨洪历时、雨洪滞时

由于汾川河流域的降雨主要是短时暴雨,形成的洪峰主要是尖瘦型的,洪峰历时最大为 66 h,最小仅有 7.1 h,涨洪历时的均值为 2.6 h(见表 7.8-4、图 7.8-3~图 7.8-5)。

表 7.8-4　洪水历时、涨洪历时和雨洪滞时统计

站名	年份	洪水历时(h)			涨洪历时(h)			雨洪滞时(h)	
		最大	最小	平均	最大	最小	平均	最大	最小
新市河	1980~2013	66	7.1	24.3	11.0	0.1	2.60	2.7	-0.1
新市河	1980~1989	40	7.1	20.4	4.7	0.27	1.92	2.7	0
新市河	1990~1999	45.8	14	23.3	9.2	0.1	2.5	2	-0.1
新市河	2000~2013	66	14	30.5	11	0.2	3.97	2.5	0.3

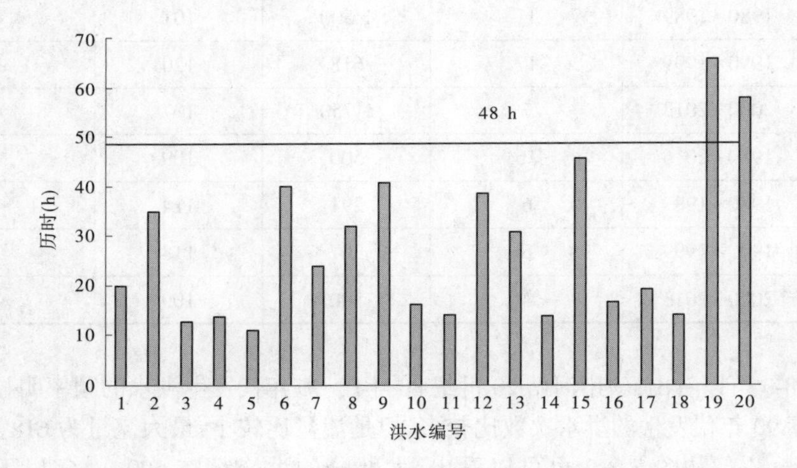

图 7.8-3　新市河站洪水历时

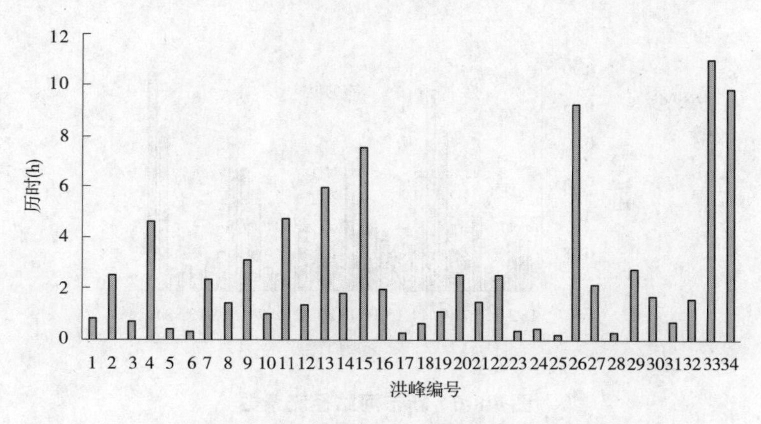

图 7.8-4　新市河站洪水涨洪历时

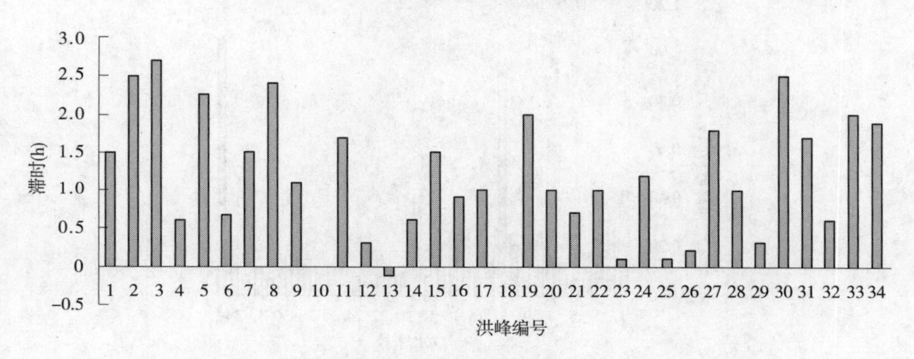

图 7.8-5　新市河站雨洪滞时

7.8.2.3　径流系数、洪峰模数

径流系数是指同一流域面积、同一时段内径流量与降水量的比值,以小数或百分数表示。计算公式为 $\alpha=R/P$,式中 α 为径流系数,R 为径流深,P 为降水深度。α 值变化于 0~1 之间,湿润地区 α 值大,干旱地区 α 值小。

新市河站径流系数和洪峰模数统计见表 7.8-5、图 7.8-6、图 7.8-7。

表 7.8-5　径流系数和洪峰模数统计

站名	年份	径流系数			洪峰模数($m^3/(s\cdot km^2)$)		
		最大	最小	平均	最大	最小	平均
新市河	1980~2013	0.3	0.013	0.09	1.05	0.06	0.2
	1980~1989	0.269	0.013	0.094	0.9	0.06	0.26
	1990~1999	0.195	0.022	0.083	0.37	0.07	0.14
	2000~2013	0.3	0.02	0.097	1.05	0.06	0.26

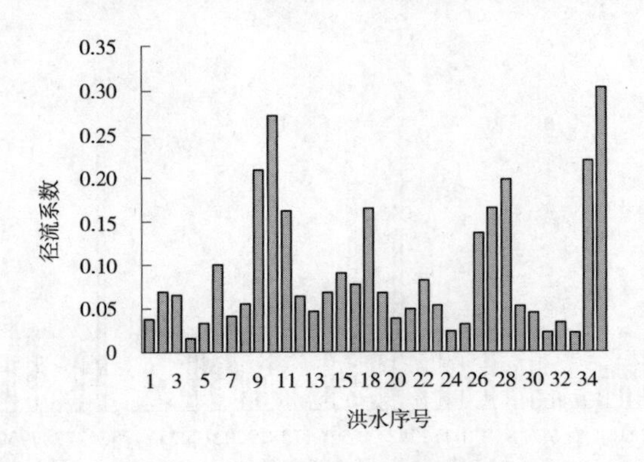

图 7.8-6 新市河站径流系数

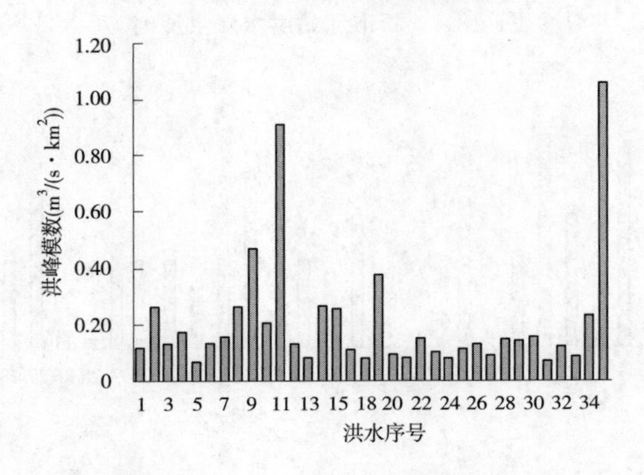

图 7.8-7 新市河站洪峰模数

7.8.2.4 典型洪水

汾川河“13 · 7”特大洪水主要来源于上中游强降雨、胜利水库放水及桥梁阻塞造成堰塞湖后的突然下泄。峰量大,持续时间短,符合该流域的洪水特点。

2013 年 7 月,受副热带高压西南暖湿气流的持续影响,山陕区间南部出现大范围强降雨过程,7 月 21~25 日,汾川河发生当年最强降水过程,暴雨中心汾川河的临镇站最大 1 h 雨量为 64.6 mm,最大 6 h 雨量为 89 mm,新市河站以上流域面雨量为 76.4 mm。临镇站 7 月 25 日 9 时 50 分洪峰流量 500 m^3/s,为建站以来实测第二大洪水,新市河站 25 日 12 时洪峰流量 1 750 m^3/s,为 1966 年建站以来最大洪水。

2013 年新市河站雨洪过程如图 7.8-8 所示。

7.8.3 降雨径流关系

影响次洪产流及径流的主要因素是降雨强度、降雨落区、降雨的空间集中程度,但是径流也会受到下垫面、土壤、植被以及一些其他人为因素的影响。建立降雨量与洪峰流量、径流量的关系,以及次洪洪峰流量、次洪径流量与降雨量、降雨强度的一些相关关系,分析该流域的降雨—径流的规律。

Origin 是 OriginLab 公司推出的专业绘图和数据分析软件,是一个操作灵活、功能强大的图形可视化和数据分析软件,也可以进行函数拟合。通过 Origin 建立一些降雨径流的相关关系，给出一些拟合曲线和预测区间。

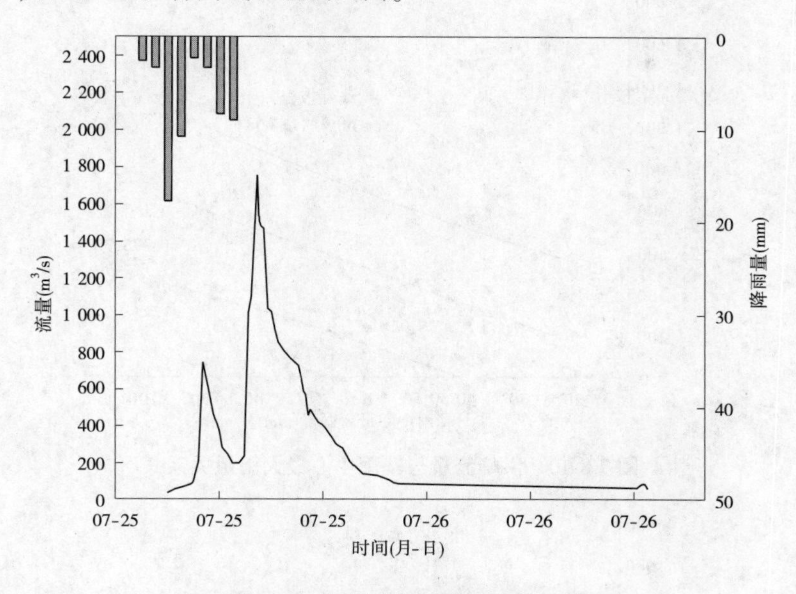

图 7.8-8　2013 年新市河站雨洪过程

7.8.3.1　降雨与洪峰流量

从图 7.8-9~图 7.8-12 可以看出，洪峰流量与单站最大雨强的相关性较好，与面雨量没有相关性，与面最大雨强和暴雨中心最大雨量的关系也较差，在关系较差的图中给出了预测区间。

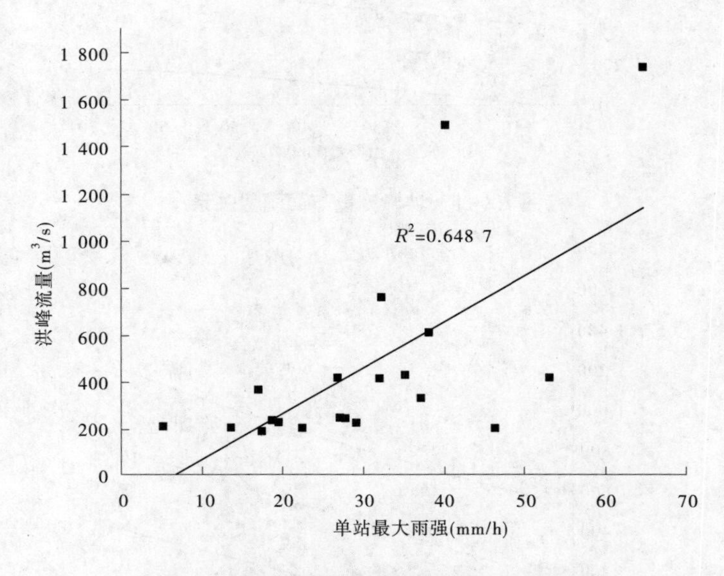

图 7.8-9　单站最大雨强与洪峰流量关系

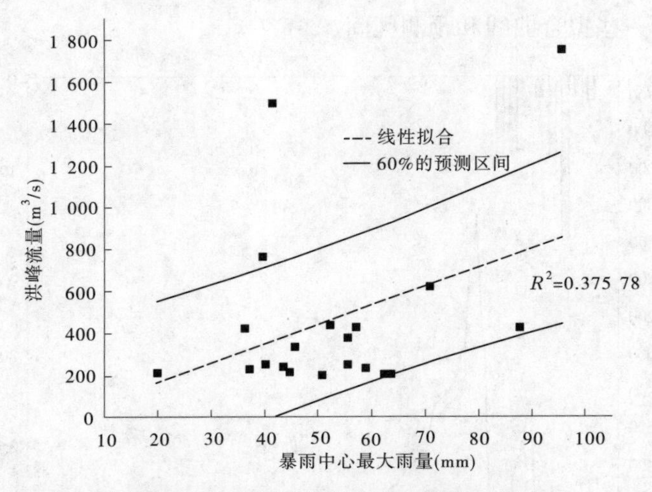

图 7.8-10 洪峰流量与暴雨中心最大雨量关系

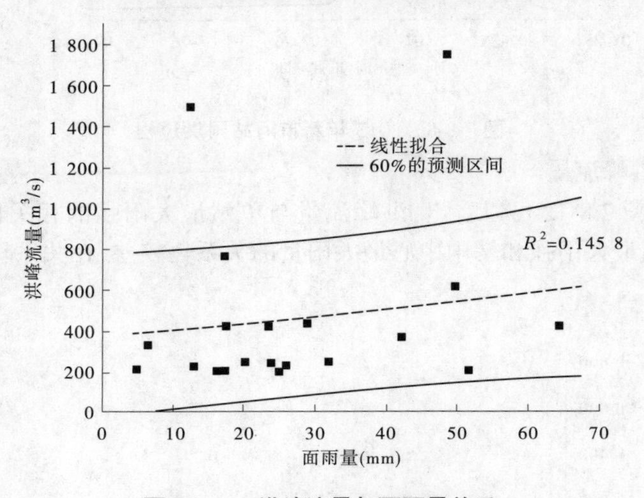

图 7.8-11 洪峰流量与面雨量关系

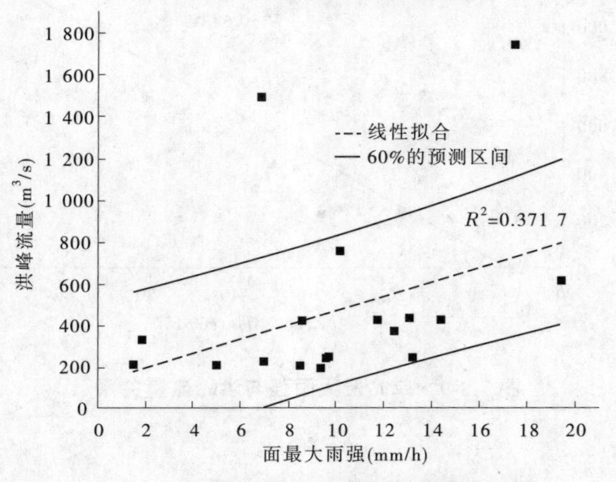

图 7.8-12 洪峰流量与面最大雨强关系

7.8.3.2 降雨与径流量

从图7.8-13可以看出,20世纪90年代以后径流量与暴雨中心位置最大雨量比90年代以前的相关程度要高。从图7.8-14、图7.8-15可知径流量与面最大雨强和面雨量的相关性不好。与降雨相比较,洪峰流量与径流量的相关程度较高,其相关系数为0.64(见图7.8-16)。

7.8.4 水沙关系

黄河中游是黄河流域的产沙区域,最大含沙量、次洪沙量的变化以及与洪峰流量、径流量的关系是该区域水文分析的一项重要内容。以1980年以来的20场洪水为研究对象,分析水沙关系。

由图7.8-17~图7.8-19可知,次洪径流量对沙量的影响很大,两者的相关系数为0.97;洪峰流量与次洪沙量的相关系数为0.78,表明两者的相关程度较高;最大含沙量和次洪沙量的相关程度较差。

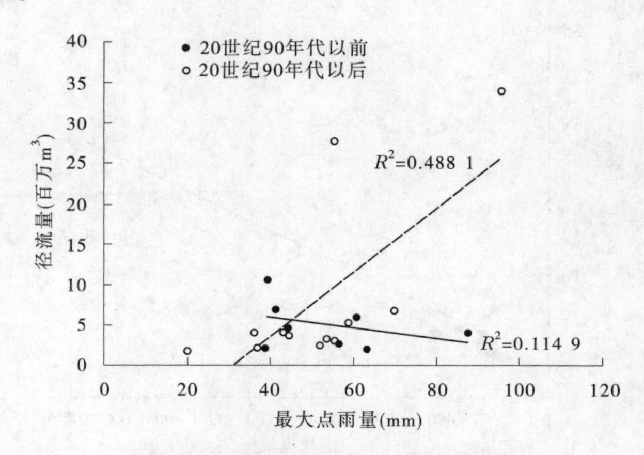

图7.8-13 径流量与最大点雨量关系

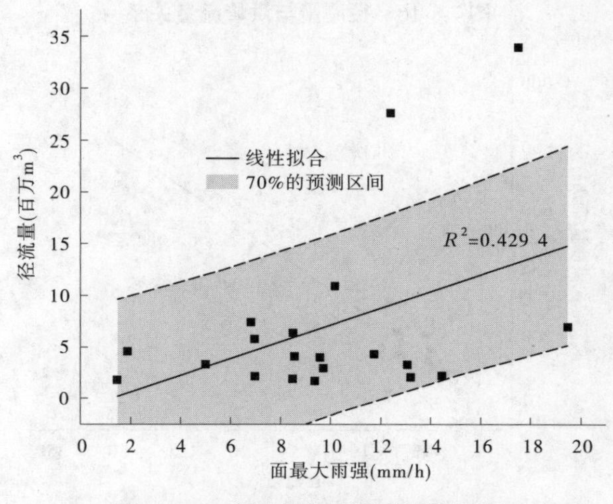

图7.8-14 径流量与面最大雨强关系

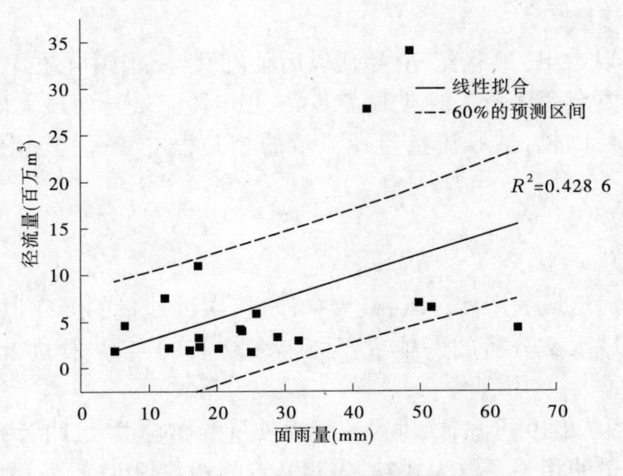

图 7.8-15　径流量与面雨量关系

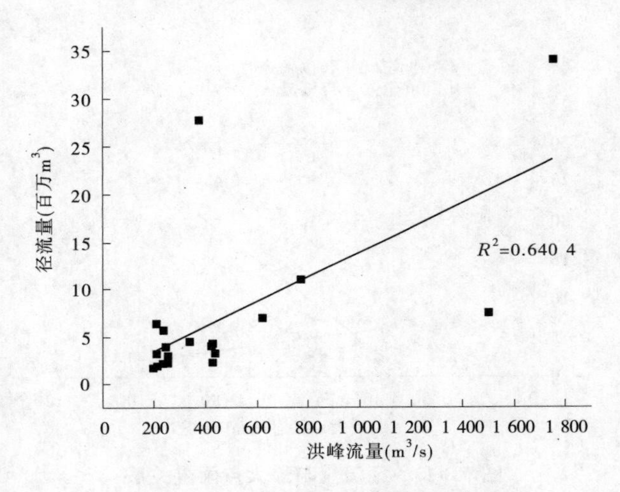

图 7.8-16　径流量与洪峰流量关系

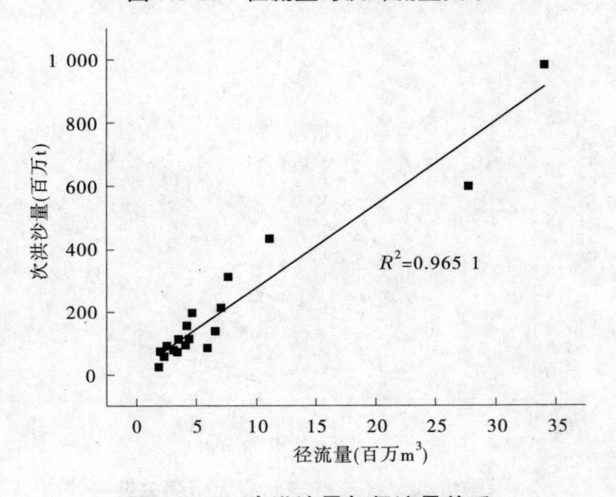

图 7.8-17　次洪沙量与径流量关系

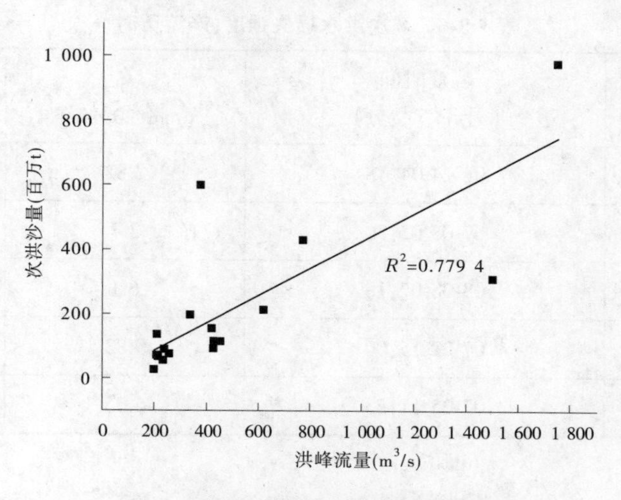

图 7.8-18 次洪沙量与洪峰流量关系

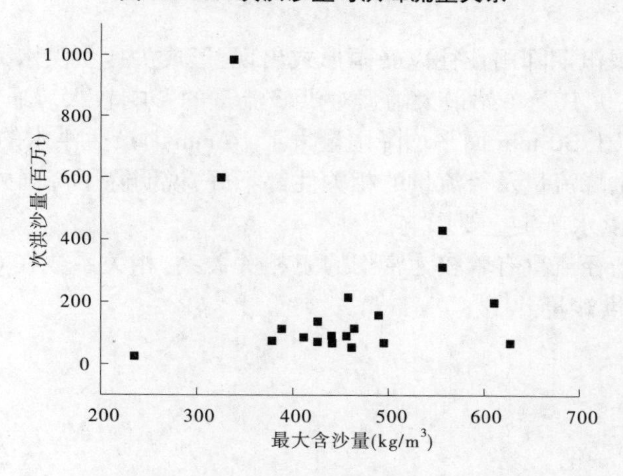

图 7.8-19 次洪沙量与最大含沙量关系

7.8.5 产流阈值分析

阈值又叫临界值,也称阈强度,是指释放一个行为反应所需要的最小刺激强度。低于阈值的刺激不能导致行为释放。而在 Horton 产流理论中阈值的意思是刚好大于地表入渗速度而满足产流条件的降水强度值。根据饱和产流理论,当上层含水体达到饱和后,上下含水体之间的界面也会产流。

选用 1998 年以后的 5 场洪水,用固态存储雨量计资料,时段长为 30 min,采用平割法,计算新市河站场次洪水的平均损失强度 f_a 和产流历时 t_c(见表 7.8-6)。通过分析发现,当新市河站以上 30 min 面平均降雨量大于 10 mm 时产生洪水的概率为 100%。

表 7.8-6　场次洪水损失强度、产流历时

年份	洪峰流量 (m^3/s)	峰现时间 (月-日 时:分)	f_a (mm/30 min)	t_c (h)
1998	234	08-24 04:18	2.82	1.5
2000	231	07-08 03:30	3.7	2.5
2003	252	08-08 07:18	6.1	1.5
2013	374	07-22 15:00	9.83	1
2013	1 750	07-25 11:53	4.25	3

7.8.6　小结

(1)汾川河流域汛期降雨往往以暴雨形式出现,形成尖瘦型洪水,因此降雨强度是影响径流的重要因素,尤其是单站最大雨强对洪峰流量的影响较大。通过对产流阈值分析发现,当新市河站以上 30 min 面平均降雨量大于 14 mm 时产生洪水的概率为 100%。

(2)面雨量与洪峰流量及径流量的相关性都不好,说明除了降雨外,蒸发、土壤、植被以及人为因素都对洪水产生重要影响。

(3)次洪沙量与径流量有着较为密切的正相关关系,相关系数在 0.9 以上,可以从次洪水量大致推估次洪沙量。

第 8 章　典型流域暴雨洪水预警预报方案

根据上述各典型流域暴雨洪水特性及各诊断指标定量关系分析,建立了基于统计分析的暴雨洪水预警预报方案,并根据本书 6.3 节“洪水泥沙预警评价体系”对其进行精度评定。各典型流域预警预报方案预报要素见表 8.0-1,各典型流域预警预报方案相应的统计相关图参见第 7 章。

表 8.0-1　各典型流域预警预报方案研究内容

研究内容	湫水河	皇甫川	窟野河	秃尾河	无定河小理河	清涧河	汾川河
洪峰流量	√	√	√	√	√	√	√
次洪水量	√	√	√		√	√	√
次洪沙量	√					√	√
最大含沙量	√		√	√	√	√	√
次洪流量过程	√						
次洪输沙量			√	√	√	√	

8.1　湫水河流域

8.1.1　预警预报方案

根据对湫水河流域暴雨洪水特性、次暴雨与洪峰及洪量关系、次洪水沙关系及产流阈值的分析可知,次洪洪峰流量、水量与流域暴雨量和中心暴雨量均有较好的正相关关系,次洪沙量与水量亦有密切的正相关关系,洪水过程涨落特征明显,且洪水过程与输沙率过程基本相应,据此建立暴雨洪水及产沙预警预报方案。需要指出的是,当流域发生小洪水时,由于目前下垫面条件的影响,往往雨洪沙关系较为复杂,因而本方案仅适用于洪峰量级为 800~2 000 m^3/s 的洪水。

8.1.1.1　洪峰流量与峰现时间

湫水河林家坪站次洪洪峰流量的预警方案为:

$$Q_m = 458.1\ln P - 349.9 \tag{8.1-1}$$

$$Q_m = 521.2\ln P_m - 891.19 \tag{8.1-2}$$

式中,Q_m 为次洪洪峰流量,m^3/s;P 为流域平均暴雨降雨量,mm;P_m 为流域暴雨中心降雨量,mm。

峰现时间可由表 8.1-1 预估。

表 8.1-1　湫水河流域暴雨中心位置与雨洪滞时关系

雨量站	流程(km)	雨洪滞时(h)			
		500 m^3/s	1 000 m^3/s	1 500 m^3/s	2 000 m^3/s
阳坡	76	7.1	6.2	5.6	5.3
窑头	62	6.1	5.4	5	4.7
程家塔	58	5.9	5.2	4.8	4.5
临县	38	4.5	4.1	3.8	3.7
黄草林	38	4.5	4.1	3.8	3.7
车赶	30	4	3.7	3.4	3.3
林家坪	0	2	2	2	2

雨洪滞时指暴雨主雨结束至林家坪站出现洪峰的时间。在实际洪水预警作业时,准确判断暴雨中心位置与主雨结束时间,除了依据实测时段雨量信息外,更应通过卫星云图和雷达信息综合判断。一般来讲,暴雨中心在下游,雨洪滞时为2 h左右,在中游为4 h左右,在上游为6 h左右。

8.1.1.2　次洪水量

湫水河林家坪站次洪水量的预警方案为:

$$W = 983.8\ln P - 2\ 036 \tag{8.1-3}$$

$$W = 1\ 001.1\ln P_m - 2\ 714 \tag{8.1-4}$$

式中,W 为次洪水量,万 m^3;P 为流域平均暴雨降雨量,mm;P_m 为流域暴雨中心降雨量,mm。

8.1.1.3　次洪沙量

湫水河林家坪站次洪水量与沙量具有很好的线性关系,可以根据预估的次洪水量,用下式作为次洪沙量的预警方案:

$$W_s = 0.378 \times W \pm 200 \tag{8.1-5}$$

式中,W_s 为次洪沙量,万 t;W 为次洪水量,万 m^3。

8.1.1.4　最大含沙量

湫水河流域暴雨量、暴雨强度、洪峰流量、次洪水量和次洪沙量与次洪最大含沙量均没有显著的相关关系,也不具有明显的内在成因关系。当降雨发生后,最大含沙量只取决于下垫面条件及其变化。根据1980年以来的资料分析,次洪最大含沙量一般在400~700 kg/m^3之间,而2005年则在400~500 kg/m^3之间,有逐渐减小的趋势。在预警方案中,次洪最大含沙量可取400~500 kg/m^3。但值得注意的是,作为河龙区间支流,林家坪站次洪沙量和输沙率过程的预估对吴堡站水沙量的预警来说更有意义。

8.1.1.5　次洪流量过程

湫水河林家坪站次洪过程预警方案依据表8.1-2。

表 8.1-2　湫水河流域林家坪站次洪单位线时段流量表

（径流深：10 mm；时段长：1 h；单位：m^3/s）

序号	流量 q	序号	流量 q	序号	流量 q	序号	流量 q
1	12.2	10	302.5	19	25.2	28	9.0
2	20.5	11	193.3	20	20.0	29	8.3
3	32.8	12	115.0	21	16.8	30	7.5
4	41.9	13	95.0	22	15.5	31	6.8
5	557.2	14	70.9	23	14.3	32	6.0
6	1 141.7	15	52.0	24	13.0	33	5.7
7	950.0	16	40.8	25	11.8	34	5.4
8	666.7	17	35.6	26	10.5	35	9.3
9	500.0	18	30.4	27	9.8	36	4.8

实际作业预警预报时，根据次洪暴雨与水量关系求出的次洪水量换算为流域径流深，然后根据表 8.1-2 进行时段流量分配，最终求出次洪流量过程。

8.1.1.6　输沙率过程

根据资料分析，林家坪站次洪过程中，流量与输沙率有显著的正相关线性关系，且 2005 年后关系如下：

$$q_s = 0.385q \tag{8.1-6}$$

式中，q_s 为输沙率，t/s；q 为流量，m^3/s。

由此可进行次洪输沙率过程预估，并由含沙量与流量和输沙率关系预估含沙量过程。其关系如下：

$$C_s = \frac{q_s}{q} \times 1\ 000 \tag{8.1-7}$$

式中，C_s 为含沙量，kg/m^3；q_s 为输沙率，t/s；q 为流量，m^3/s。

8.1.2　预警预报方案精度评定标准

根据研究流域洪水特性及防洪要求，以洪峰表示洪水量级大小，对暴雨洪水预报的场次洪峰流量进行量级合格率评定，对次洪水量、沙量及最大含沙量不进行精度评定。

按防洪工作习惯，林家坪站洪水分级标准为 800～1 500 m^3/s、1 500～2 000 m^3/s 及 2 000 m^3/s 以上。若方案预报场次洪水的量级与实测洪水的量级相同，则认为预报合格，进而统计暴雨洪水预警预报方案的合格率，以合格百分率统计。

上述以单一流量阈值作为分界划分洪水量级存在一定弊端，即虽然实测洪峰与预报洪峰相对误差较小，但正好落在流量阈值两端时则会被人为界定为不同洪水量级，最终做出预报洪水量级不合格的错误判断。因此，为解决这种阈值划分中存在的问题，再加入洪峰预报相对误差这一指标，按《水文情报预报规范》（GB/T 22482—2008）进行精度评定。

8.1.3　预警预报方案精度评定

对于湫水河林家坪站洪峰流量预警方案，由于1980年只有9场洪水雨洪资料较为齐全，不再分率定期和检验期，而放在一起进行评定。

9场洪水中有7场合格，2场不合格，合格率为77.8%，该方案可用于实时作业预警预报（见表8.1-3）。

表8.1-3　湫水河林家坪站历年次洪洪峰流量量级评定表

序号	年份	洪峰流量（m^3/s）	出现时间（月-日 时:分）	预报洪峰（m^3/s）	相对误差（%）	量级标准（m^3/s）	合格
1	1981	1 570	07-07 17:03	1 173	−25.3	1 500~2 000	×
2	1985	883	08-05 22:36	1 197	35.6	800~1 500	√
3	1985	996	08-13 17:30	811	−18.6	800~1 500	√
4	1988	1 110	07-18 16:48	891	−19.8	1 500~2 000	√
5	1989	1 630	07-22 10:36	1 645	0.9	1 500~2 000	√
6	1991	804	07-27 23:12	1 084	34.9	800~1 500	√
7	1997	800	07-31 12:48	1 290	61.3	800~1 500	√
8	2000	1 260	07-08 08:18	1 511	19.9	1 500~2 000	√
9	2010	2 200	09-19 08:12	1 650	−25.0	>2 000	×

8.2　皇甫川流域

8.2.1　预警预报方案

通过对皇甫川流域暴雨洪水特性、暴雨洪水关系分析可知，次洪洪峰流量、水量与流域面平均降雨量关系相对较好，而与面平均雨强、最大面平均暴雨雨强、最大点暴雨雨强关系相对弱些。据此建立暴雨洪水预警预报方案。

8.2.1.1　洪峰流量预报方案

皇甫川皇甫站次洪洪峰流量的预警方案为：

$$Q_m = 90.97P + 311 \tag{8.2-1}$$

式中，Q_m为次洪洪峰流量，m^3/s；P为流域面平均降雨量，mm。

8.2.1.2　次洪水量预报方案

皇甫川皇甫站次洪水量的预警方案为：

$$R = 88.72P + 358 \tag{8.2-2}$$

式中，R为次洪水量，万m^3；P为流域暴雨中心降雨量，mm。

8.2.2　预警预报方案精度评定

对皇甫川皇甫站洪峰流量预警预报方案进行精度评定，见表 8.2-1。

表 8.2-1　皇甫川皇甫站历年次洪洪峰流量量级评定表

序号	年份	洪峰流量（m³/s）	峰现时间（月-日 时:分）	预报洪峰（m³/s）	流量误差（m³/s）
1	1981	5 120	07-21 19:06	1 848	3 272
2	1981	1 890	07-23 00:00	1 124	7 66
3	1981	1 070	07-24 23:30	1 553	−483
4	1981	1 740	07-27 07:12	2 394	−654
5	1981	1 150	08-06 04:06	869	281
6	1982	1 100	07-29 17:30	979	121
7	1982	2 580	07-30 19:06	2 513	67
8	1982	1 250	08-08 00:21	510	740
9	1983	1 010	08-04 08:00	2 981	−1 971
10	1984	1 280	07-02 20:18	1 397	−117
11	1984	2 700	07-30 23:00	2 448	252
12	1985	2 070	08-24 10:36	3 023	−953
13	1988	6 790	08-05 06:00	7 206	−416
14	1988	3 560	08-05 18:24	1 738	1 822
15	1989	11 600	07-21 10:24	6 077	5 523
16	1989	1 890	07-22 06:00	1 750	140
17	1989	3 520	07-22 22:42	2 494	1 026
18	1990	1 800	08-28 01:42	3 082	−1 282
19	1991	1 420	06-10 09:18	3 140	−1 720
20	1992	1 010	07-25 20:24	1 017	−7
21	1992	1 140	07-28 08:36	3 412	−2 272
22	1992	4 700	08-08 07:00	5 797	−1 097
23	1994	1 320	08-04 05:00	1 790	−470
24	1994	2 590	08-12 19:30	1 766	824
25	1996	1 370	07-12 22:30	1 134	236
26	1996	3 760	07-14 13:36	2 213	1 547
27	1996	5 110	08-09 11:12	4 232	878

续表 8.2-1

序号	年份	洪峰流量 (m³/s)	峰现时间 (月-日 时:分)	预报洪峰 (m³/s)	流量误差 (m³/s)
28	1997	1 190	07-31 08:42	4 246	-3 056
29	1998	2 190	07-12 22:00	1 958	232
30	1998	1 680	07-17 20:30	1 610	70
31	2000	1 430	08-10 03:10	1 524	-94
32	2000	1 120	08-11 21:12	927	193
33	2001	1 500	08-16 19:42	774	726
34	2002	1 330	08-03 21:42	1 745	-415
35	2003	6 700	07-30 04:24	5 305	1 395
36	2003	1 540	08-05 10:48	1 999	-459
37	2004	2 110	08-10 05:30	1 824	286
38	2006	1 620	07-27 15:30	1 058	562
39	2006	1 830	08-12 15:48	931	899
40	2012	4 720	07-21 10:48	4 183	537
41	2012	1 790	07-25 11:18	3 397	-1 607
42	2012	1 520	08-06 20:48	2 573	-1 053
43	2016	2 220	08-18 06:45	2 941	-721

8.3 窟野河流域

8.3.1 洪峰流量预报方案

选取温家川站次洪降雨量、最大点雨量、降雨量与面平均最大雨强乘积、P_{25}笼罩面积占比等降雨因子与洪峰流量相关关系作为预报方案，实际应用时可进行集合预报。

8.3.1.1 降雨量—洪峰流量相关

1980~2016 年系列回归方程：

$$Q_m = 1\ 215.6e^{0.012\ 6P} \tag{8.3-1}$$

2000 年以来系列回归方程：

$$Q_m = 9.521\ 6P + 771.21 \tag{8.3-2}$$

式中，Q_m 为温家川洪峰流量，m³/s；P 为流域面平均雨量，mm。

8.3.1.2 最大点雨量—洪峰流量相关

1980~2016 年系列回归方程：

$$Q_m = 705.93e^{0.012\ 2P'_{max}} \tag{8.3-3}$$

2000 年以来系列回归方程：

$$Q_m = 8.647\,9P'_{max} + 413.56 \tag{8.3-4}$$

式中，Q_m 为温家川洪峰流量，m^3/s；P'_{max} 为流域暴雨中心最大点雨量，mm。

8.3.1.3　降雨量与面平均最大雨强乘积—洪峰流量相关

1980~2016 系列回归方程：

$$Q_m = 1\,459.7e^{0.001P \times PI} \tag{8.3-5}$$

2000 年以来系列回归方程：

$$Q_m = 1.128\,3P \times PI + 762.03 \tag{8.3-6}$$

式中，Q_m 为温家川洪峰流量，m^3/s；P 为流域面平均雨量，mm；PI 为流域最大面平均雨强，mm/h。

8.3.1.4　P_{25} 笼罩面积占比—洪峰流量相关

1980~2016 年系列回归方程：

$$Q_m = 1\,130.1e^{0.009\,4P_{25}} \tag{8.3-7}$$

2000 年以来系列回归方程：

$$Q_m = 7.385\,5P_{25} + 825.6 \tag{8.3-8}$$

式中，Q_m 为温家川洪峰流量，m^3/s；P_{25} 为 25 mm 以上降雨笼罩面积占流域面积百分比，%。

8.3.2　次洪径流量预报方案

分别选取温家川站次洪降雨量、最大点雨量、洪峰流量等因子与次洪径流量相关关系作为预报方案。

8.3.2.1　降雨量—次洪径流量相关

1980~2016 年系列回归方程：

$$R = 13.481e^{0.027\,7P} \tag{8.3-9}$$

2000 年以来系列回归方程：

$$R = 7.545e^{0.023\,6P} \tag{8.3-10}$$

式中，R 为温家川次洪径流量，百万 m^3；P 为流域面平均雨量，mm。

8.3.2.2　最大点雨量—次洪径流量相关

1980~2016 年系列回归方程：

$$R = 8.415\,8e^{0.016\,8P'max} \tag{8.3-11}$$

2000 年以来系列回归方程：

$$R = 4.471e^{0.017P'max} \tag{8.3-12}$$

式中，R 为温家川次洪径流量，百万 m^3；P'_{max} 为流域最大点雨量，mm。

8.3.2.3　洪峰流量—次洪径流量相关

1980~2016 年系列回归方程：

$$R = 0.012\,4Q_m + 10.007 \tag{8.3-13}$$

2000 年以来系列回归方程：

$$R = 0.008\,8Q_m + 13.13 \tag{8.3-14}$$

式中，R 为温家川次洪径流量，百万 m^3；Q_m 为温家川洪峰流量，m^3/s。

8.3.3　泥沙预报方案

8.3.3.1　最大含沙量预报方案

由于温家川站次洪最大含沙量与面平均雨量或最大点雨量等降雨因子的相关性不显著，且2000年以来最大含沙量均未超过600 kg/m^3，因此其预报方案不能用回归方程，只能给出相关图(见图8.3-1、图8.3-2)，预报时作为参考。

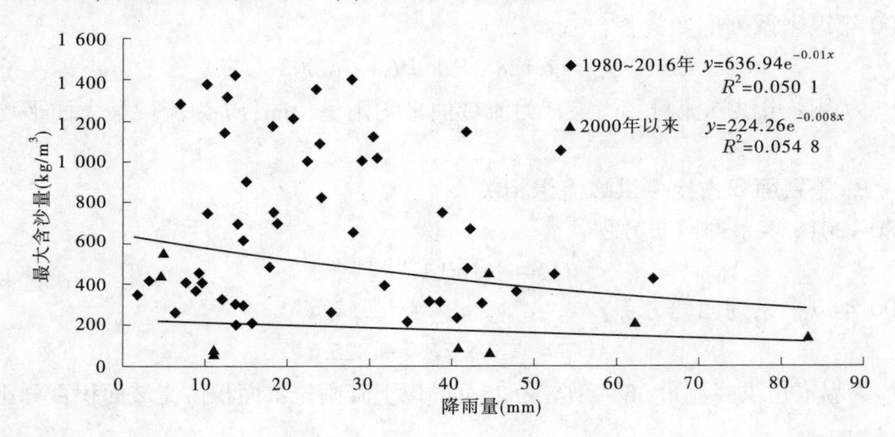

图8.3-1　温家川 P—S_m 相关图

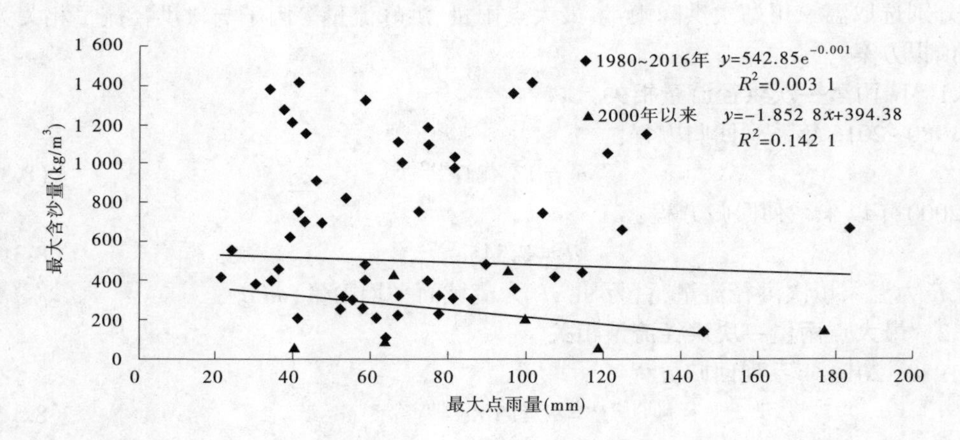

图8.3-2　温家川 P'_{max}—S_m 相关图

另外，温家川站次洪最大含沙量与洪峰流量有一定的相关关系，这里也给出相关图(见图8.3-3)，可作为参考。

图8.3-1～图8.3-3中，S_m 为温家川次洪最大含沙量，kg/m^3；P 为流域面平均雨量，mm；P'_{max} 为流域最大点雨量，mm；Q_m 为温家川洪峰流量，m^3/s。

8.3.3.2　次洪输沙量预报方案

选取温家川站次洪输沙量与流域最大点雨量相关关系作为预报方案，其回归方程如下：

1980～2016年系列：

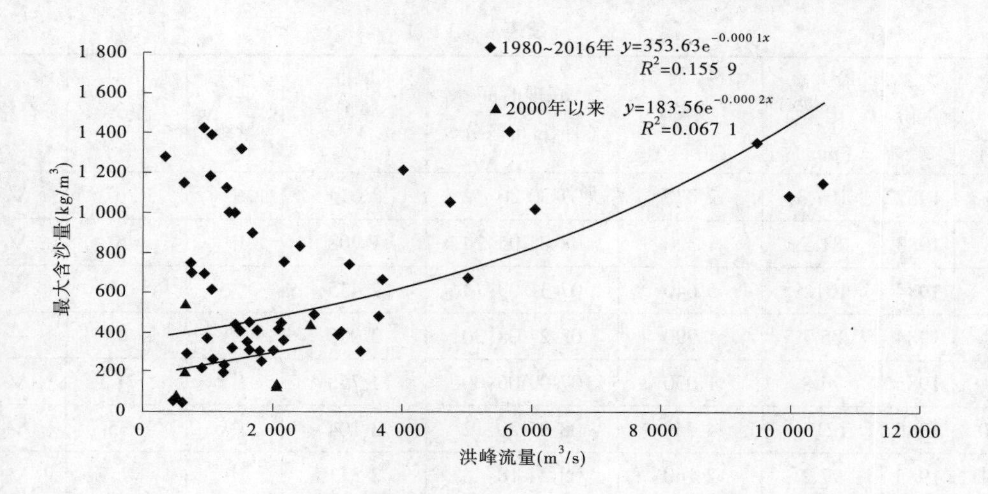

图 8.3-3　温家川 Q_m—S_m 相关图

$$R_s = 0.309\ P'_{max} - 4.275\ 6 \tag{8.3-15}$$

2000 年以来系列：

$$R_s = 0.911\ 7e^{0.008\ 7P'_{max}} \tag{8.3-16}$$

式中，R_s为温家川次洪输沙量，百万 t；P'_{max}为流域最大点雨量，mm。

另外，次洪输沙量与径流量具有很好的关系，其回归方程如下：

1980~2016 年系列：

$$R_s = 0.558R - 4.206\ 3 \tag{8.3-17}$$

2000 年以来系列：

$$R_s = 0.898\ 8e^{0.046\ 7R} \tag{8.3-18}$$

式中，R_s为次洪输沙量，百万 t；R 为次洪径流量，百万 m^3。

8.3.4　预警预报方案精度评定

按上述标准对温家川站流域最大点雨量—洪峰流量相关预报方案（1980~2016 年系列）进行精度评定，见表 8.3-1，方案合格率为 67%。由于 2000 年以来仅有 8 场洪水，暂不做评定。

表 8.3-1　温家川站最大点雨量—洪峰流量相关预报方案精度评定

序号	年份	最大点雨量（mm）	实测洪峰（m³/s）	峰现时间（月-日 时:分）	预报洪峰（m³/s）	洪峰量级	相对误差（%）	合格
1	1981	41.5	919	07-22 04:00	1 171	小	27	×
2	1981	58.7	1 510	07-25 04:20	1 445	中	−4	√
3	1981	58.7	2 630	07-27 12:30	1 445	中	−45	√
4	1982	114.5	2 110	07-08 15:30	2 854	中	35	√

续表 8.3-1

序号	年份	最大点雨量(mm)	实测洪峰(m^3/s)	峰现时间(月-日 时:分)	预报洪峰(m^3/s)	洪峰量级	相对误差(%)	合格
5	1982	107.3	2 070	07-30 20:42	2 614	中	26	√
6	1983	81.5	1 320	08-05 05:24	1 908	中	45	√
7	1984	101.5	5 640	07-31 03:14	2 435	大	-57	×
8	1984	85.7	1 990	08-27 08:30	2 008	中	1	√
9	1985	74.8	1 030	07-09 06:00	1 758	中	71	√
10	1985	121.4	4 750	08-05 20:12	3 104	中	-35	√
11	1985	97.2	2 160	08-24 18:48	2 311	中	7	√
12	1985	81.0	3 360	08-25 08:24	1 896	中	-44	√
13	1986	66.7	887	06-26 18:00	1 593	小	80	×
14	1986	43.4	637	07-03 23:48	1 199	小	88	×
15	1987	68.1	1 380	07-09 22:00	1 620	中	17	√
16	1987	38.9	1 090	08-13 17:42	1 135	中	4	√
17	1987	41.1	740	08-18 23:18	1 166	小	58	×
18	1988	46.4	1 670	07-13 16:06	1 243	中	-26	√
19	1988	58.6	3 060	07-23 04:06	1 443	中	-53	√
20	1988	52.4	1 820	08-04 07:06	1 338	中	-26	√
21	1988	104.0	3 190	08-05 11:00	2 511	中	-21	√
22	1988	21.1	1 510	08-05 22:12	913	中	-40	×
23	1988	41.6	643	08-09 00:06	1 173	小	82	×
24	1989	96.6	9 480	07-21 16:12	2 294	大	-76	×
25	1989	62.0	1 220	07-22 21:24	1 504	中	23	√
26	1990	67.3	1 270	08-28 01:48	1 605	中	26	√
27	1991	53.3	2 440	06-10 10:12	1 353	中	-45	√
28	1991	183.6	5 020	07-21 07:45	6 631	大	32	√
29	1991	53.0	1 780	07-27 21:25	1 348	中	-24	√
30	1992	42.7	756	07-23 21:06	1 189	小	57	×
31	1992	77.3	1 630	07-28 13:42	1 813	中	11	√
32	1992	131.2	10 500	08-08 11:54	3 499	大	-67	×
33	1993	37.5	364	07-30 09:36	1 115	小	206	×

续表 8.3-1

序号	年份	最大点雨量(mm)	实测洪峰(m^3/s)	峰现时间(月-日 时:分)	预报洪峰(m^3/s)	洪峰量级	相对误差(%)	合格
34	1994	124.9	3 700	07-07 09:24	3 240	中	−12	√
35	1994	47.4	927	07-23 02:54	1 259	小	36	×
36	1994	30.1	1 000	07-24 07:42	1 019	中	2	√
37	1994	55.3	651	07-26 16:00	1 386	小	113	×
38	1994	33.7	1 070	07-27 09:24	1 065	中	0	√
39	1994	34.2	1 710	08-03 02:36	1 071	中	−37	√
40	1994	81.7	6 060	08-04 18:06	1 913	大	−68	×
41	1995	77.3	1 230	07-17 21:00	1 813	中	47	√
42	1995	72.6	2 210	07-29 08:18	1 712	中	−23	√
43	1995	36.1	1 650	09-03 11:40	1 097	中	−34	√
44	1995	58.1	1 090	09-03 20:36	1 434	中	32	√
45	1996	39.7	4 000	07-14 20:12	1 146	中	−71	√
46	1996	66.9	1 370	08-08 21:24	1 597	中	17	√
47	1996	75.1	10 000	08-09 16:24	1 765	大	−82	×
48	1997	73.9	3 050	07-31 08:54	1 739	中	−43	√
49	1998	89.2	3 630	07-12 21:54	2 096	中	−42	√
50	2001	23.8	660	08-16 23:54	944	小	43	√
51	2001	100.2	668	08-18 23:30	2 397	小	259	×
52	2003	95.5	2 600	07-30 11:54	2 263	中	−13	√
53	2004	66.2	1 420	08-22 07:24	1 583	中	11	√
54	2007	63.8	520	08-29 00:12	1 537	小	196	×
55	2012	146.0	2 050	07-21 18:48	4 191	中	104	√
56	2013	40.4	603	07-27 01:18	1 156	小	92	×
57	2016	119.0	451	08-18 21:36	3 015	小	568	×
合格率								67%

8.4　秃尾河流域

8.4.1　洪峰流量预报方案

选取高家川站次洪降雨量、最大点雨量、降雨量与面平均最大雨强乘积、P_{25}笼罩面积占比等降雨因子与洪峰流量相关关系作为预报方案,实际应用时可进行集合预报。

降雨量—洪峰流量相关关系如下。

1980~2016 年系列回归方程:

$$Q_m = 438.11e^{0.0147P} \tag{8.4-1}$$

2000 年以来系列回归方程:

$$Q_m = 242.58e^{0.0251P} \tag{8.4-2}$$

式中,Q_m 为高家川洪峰流量,m^3/s;P 为流域面平均雨量,mm。

8.4.2　次洪径流量预报方案

分别选取高家川站次洪降雨量、降雨量与最大面平均雨强、洪峰流量等因子与次洪径流量相关关系作为预报方案。

8.4.2.1　降雨量—次洪径流量相关

1980~2016 年系列回归方程:

$$R = 3.889e^{0.0223P} \tag{8.4-3}$$

2000 年以来系列回归方程:

$$R = 5.401e^{0.0021P} \tag{8.4-4}$$

式中,R 为高家川次洪径流量,百万 m^3;P 为流域面平均雨量,mm。

8.4.2.2　降雨量与最大面平均雨强乘积—次洪径流量相关

1980~2016 年系列回归方程:

$$R = 5.458e^{0.0012P \times PI} \tag{8.4-5}$$

2000 年以来系列回归方程:

$$R = 5.364e^{0.0002P \times PI} \tag{8.4-6}$$

式中,R 为高家川次洪径流量,百万 m^3;P 为流域面平均雨量,mm;PI 为流域最大面平均雨强,mm/h。

8.4.2.3　洪峰流量—次洪径流量相关

1980~2016 年系列回归方程:

$$R = 0.0087Q_m + 1.8084 \tag{8.4-7}$$

2000 年以来系列回归方程:

$$R = 0.0069Q_m + 2.3272 \tag{8.4-8}$$

式中,R 为高家川次洪径流量,百万 m^3;Q_m 为高家川洪峰流量,m^3/s。

8.4.3　泥沙预报方案

8.4.3.1　最大含沙量预报方案

由于高家川站次洪最大含沙量与面平均雨量或最大点雨量等降雨因子的相关性不显著，且 2000 年以来除“20060809”次洪(最大含沙量 1 050 kg/m^3)外，最大含沙量均未超过 400 kg/m^3，因此其预报方案不能用回归方程，只能给出相关图(见图 8.4-1、图 8.4-2)，预报时作为参考。

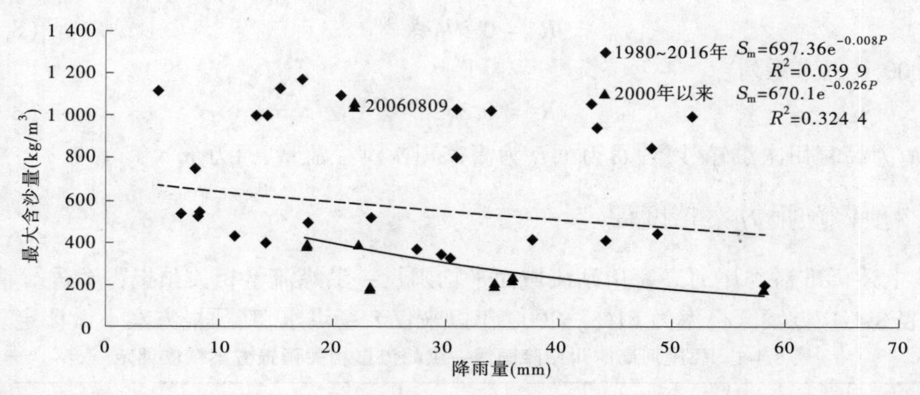

图 8.4-1　高家川 P—S_m 相关图

另外，高家川次洪最大含沙量与洪峰流量有一定的相关关系，这里也给出相关图(见图 8.4-2)，可作为参考。

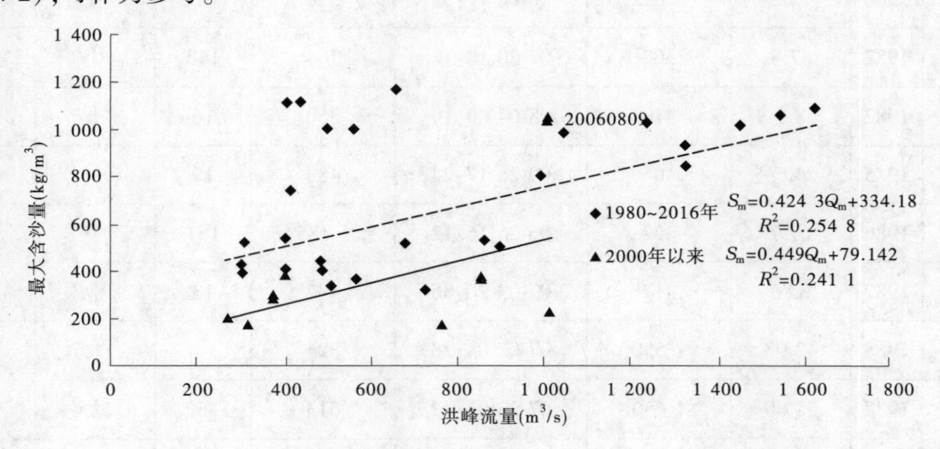

图 8.4-2　高家川 Q_m—S_m 相关图

图 8.4-1 和图 8.4-2 中，S_m 为高家川次洪最大含沙量，kg/m^3；P 为流域面平均雨量，mm；Q_m 为高家川洪峰流量，m^3/s。

8.4.3.2　次洪输沙量预报方案

选取高家川站次洪输沙量与流域面平均雨量相关关系作为预报方案，其回归方程如下：

1980~2016 年系列：

$$R_s = 1.763e^{0.017P} \tag{8.4-9}$$

2000 年以来系列：

$$R_s = 2.697e^{-0.026P} \tag{8.4-10}$$

式中，R_s为高家川次洪输沙量，百万 t；P 为流域面平均雨量，mm。

另外，次洪输沙量与径流量具有很好的关系，其回归方程如下：

1980~2016 年系列：

$$R_s = 0.594e^{0.189R} \tag{8.4-11}$$

2000 年以来系列：

$$R_s = 0.262e^{0.236R} \tag{8.4-12}$$

式中，R_s为高家川次洪输沙量，百万 t；R 为高家川次洪径流量，百万 m^3。

8.4.4 预警预报方案精度评定

按上述标准对秃尾河高家川站流域面平均雨量—洪峰流量相关预报方案进行精度评定，见表 8.4-1，方案合格率为 61%。2000 年以来仅 8 场洪水，其预报方案不做评定。

表 8.4-1　秃尾河高家川站降雨量—洪峰流量相关预报方案精度评定

序号	年份	面平均雨量（mm）	实测洪峰（m³/s）	峰现时间（月-日 时：分）	预报洪峰（m³/s）	相对误差（%）	洪水量级	合格
1	1980	13.5	562	08-08 17:35	534	-5	中	√
2	1982	37.8	308	07-30 18:18	764	148	小	×
3	1982	8.1	310	08-04 09:10	360	16	小	√
4	1985	6.6	406	09-26 17:24	483	19	中	√
5	1986	67.7	422	06-26 16:12	1 185	181	中	×
6	1987	7.86	417	07-03 20:36	492	18	中	√
7	1988	42.98	1 550	07-07 04:36	824	-47	大	×
8	1988	22.80	1 630	07-23 04:42	613	-62	大	×
9	1989	23.54	681	07-22 10:42	619	-9	中	√
10	1990	30.93	1 240	08-27 23:56	690	-44	大	×
11	1991	17.27	660	07-27 22:12	565	-14	中	√
12	1992	48.79	486	07-28 07:42	898	85	中	√
13	1992	14.11	406	08-03 10:07	539	33	中	√

续表 8.4-1

序号	年份	面平均雨量(mm)	实测洪峰(m^3/s)	峰现时间(月-日 时:分)	预报洪峰(m^3/s)	相对误差(%)	洪水量级	合格
14	1993	11.44	303	07-04 18:24	518	71	小	×
15	1993	29.68	510	08-04 12:12	678	33	中	√
16	1994	34.1	1 460	07-07 09:56	723	−50	大	×
17	1994	30.33	727	08-05 07:18	684	−6	中	√
18	1994	27.53	567	08-08 12:08	657	16	中	√
19	1994	14.23	502	08-10 07:06	540	8	中	√
20	1995	44.16	490	07-17 20:42	839	71	中	√
21	1995	48.41	1 330	09-03 22:30	893	−33	大	×
22	1996	51.70	1 050	08-01 05:36	937	−11	大	√
23	1996	8.16	860	08-06 19:36	494	−43	中	√
24	1996	17.77	900	08-09 18:00	569	−37	中	√
25	1997	4.55	408	07-28 12:24	468	15	中	√
26	1997	15.31	441	07-29 22:56	549	24	中	√
27	1997	30.94	995	07-31 09:12	690	−31	中	√
28	1998	43.43	1 330	07-12 22:18	830	−38	大	×
29	2001	104.50	378	08-19 00:30	2 036	439	小	×
30	2004	22.13	404	08-12 01:18	607	50	中	√
31	2006	34.11	268	07-28 05:06	723	170	小	×
32	2006	41.90	1 010	08-09 10:51	811	−20	大	√
33	2012	58.14	765	07-27 05:54	1 030	35	中	×
34	2012	35.83	1 020	07-28 01:54	742	−27	大	×
35	2016	23.21	318	08-14 13:24	616	94	小	×
36	2016	17.57	857	08-15 15:30	567	−34	中	√
合格率								61%

8.5 无定河小理河流域

8.5.1 预警预报方案

由以上对小理河流域暴雨洪水特性、暴雨洪水关系、暴雨产沙关系分析可知，次洪洪峰流量、水量与流域暴雨中心降雨量关系较好，而次洪沙量与洪峰流量有密切的正相关关系，据此建立小理河李家河站暴雨洪水预警预报方案。

8.5.1.1 洪峰流量预报方案

小理河李家河站次洪洪峰流量的预警方案为：

$$Q_m = 5.213P_m + 57.68 \qquad (8.5\text{-}1)$$

式中，Q_m 为小理河李家河站次洪洪峰流量，m^3/s；P_m 为小理河流域暴雨中心降雨量，mm。

8.5.1.2 次洪径流量预报方案

小理河李家河站次洪径流量预警方案为：

$$R = 12.93P_m - 349.3 \qquad (8.5\text{-}2)$$

式中，R 为小理河李家河站次洪径流量，万 m^3；P_m 为小理河流域暴雨中心降雨量，mm。

从上述分析中发现，洪峰流量与暴雨中心降雨量的关系具有很强的年代性，为便于以后的作业预警预报，建立 2000 年以后的预警方案：

$$R = 12.71P_m - 415.8 \qquad (8.5\text{-}3)$$

8.5.1.3 次洪输沙量预报方案

小理河李家河站次洪洪峰与沙量具有很好的线性关系，可以根据预估的洪峰流量，用下式作为次洪输沙量的预警方案：

$$W_s = 0.854Q_m - 20.542 \qquad (8.5\text{-}4)$$

式中，W_s 为小理河李家河站次洪沙量，万 t；Q_m 为小理河李家河站次洪洪峰流量，m^3/s。

8.5.1.4 最大含沙量

从上述分析中发现，小理河李家河站次洪最大含沙量没有一定的规律，与降雨、洪水均找不到较好的相关关系，次洪含沙量 80% 在 400 ~ 900 kg/m^3 之间，2000 年后最大含沙量有减小的趋势，可据此根据实际雨水情估报次洪最大含沙量。另外，也可根据次洪水、沙量计算次洪平均含沙量，从而预估最大含沙量。

8.5.2 预警预报方案精度评定

按上述标准对小理河李家河站洪峰流量预警预报方案进行精度评定，见表 8.5-1。1980 ~ 1999 年洪水作为率定期，2000 ~ 2015 年洪水作为检验期。

表8.5-1　小理河李家河站历年次洪洪峰流量量级评定表

项目	序号	年份	实测洪峰（m^3/s）	峰现时间（月-日 时:分）	预报洪峰（m^3/s）	相对误差（%）	洪水量级	合格
率定期	1	1989	208	07-21 23:00	341	64	小	×
	2	1991	306	06-07 21:48	310	1	中	√
	3	1992	256	07-28 11:12	206	19	中	√
	4	1994	505	08-04 21:48	697	38	中	×
	5	1994	1 310	08-10 17:24	758	-42	大	√
	6	1995	214	07-17 17:12	369	72	小	×
	7	1995	588	09-02 23:30	413	-30	中	√
	8	1997	396	07-29 22:00	289	-27	中	√
	9	1997	324	07-30 21:18	268	-17	中	√
	10	1998	246	08-23 21:00	275	12	中	√
	11	2001	598	08-18 22:24	403	-33	大	×
	12	2002	413	08-05 14:12	358	-13	中	√
	13	2004	302	07-26 01:00	419	39	中	√
	14	2006	824	09-21 07:12	590	-28	大	√
合格率								71%
检验期	15	2007	282	08-29 00:48	403	43	中	√
	16	2007	268	09-01 02:40	383	43	中	√
	17	2009	200	07-19 20:36	449	124	小	×
	18	2013	199	07-26 22:30	340	71	小	×
	19	2014	226	06-30 17:36	192	-15	小	√
	20	2017	997	07-26 05:00	1199	20	大	√
合格率								67%

率定期共14场洪水，方案合格率为71%；检验期共6场洪水，方案合格率为67%。

8.6　清涧河流域

8.6.1　预警预报方案

由以上对清涧河流域暴雨洪水特性、降雨径流关系、降雨产沙关系及产流阈值的分析可知,次洪洪峰流量、水量与流域暴雨中心降雨量关系较好,而次洪沙量与水量有密切的正相关关系,据此建立暴雨洪水预警预报方案。

8.6.1.1　洪峰流量预报方案

清涧河延川站次洪洪峰流量的预警方案为:

$$Q_m = 188.9P_m^{0.421} \tag{8.6-1}$$

式中,Q_m 为次洪洪峰流量,m^3/s;P_m 为流域暴雨中心降雨量,mm。

从降雨径流关系分析中发现,洪峰流量与暴雨中心降雨量的关系具有很强的年代性,为便于以后的作业预警预报,建立2000年以后的预警方案:

$$Q_m = 264.5P_m^{0.283} \tag{8.6-2}$$

8.6.1.2　次洪水量预报方案

清涧河延川站次洪水量的预警方案为:

$$W = 66.91P_m^{0.762} \tag{8.6-3}$$

式中,W 为次洪水量,万 m^3;P_m 为流域暴雨中心降雨量,mm。

从降雨径流关系分析中发现,次洪水量与暴雨中心降雨量的关系具有很强的年代性,为便于以后的作业预警预报,建立2000年以后的预警方案:

$$W = 29.49P_m^{0.952} \tag{8.6-4}$$

8.6.1.3　次洪沙量预报方案

清涧河延川站次洪水沙量具有很好的线性关系,可以根据预估的次洪水量,用下式作为次洪沙量的预警方案:

$$W_s = 0.656W - 181.3 \tag{8.6-5}$$

式中,W_s 为次洪沙量,万 t;W 为次洪水量,万 m^3。

8.6.1.4　最大含沙量预报方案

从降雨产沙关系分析中发现,清涧河延川站次洪最大含沙量没有一定的规律,与降雨、洪水均找不到较好的相关关系。次洪含沙量80%在500~800 kg/m^3之间,2004年后次洪较少(只有2013年的两场洪水),最大含沙量有减小的趋势,可据此根据实际雨水情估报次洪最大含沙量。另外,也可根据次洪水、沙量计算次洪平均含沙量,从而预估最大含沙量。

8.6.2　预警预报方案精度评定

按上述标准对清涧河延川站洪峰流量预警预报方案进行精度评定,见表8.6-1。1980~1999年洪水作为率定期,2000~2015年洪水作为检验期。

表 8.6-1　清涧河延川站历年次洪洪峰流量量级评定表

项目	序号	年份	洪峰流量(m^3/s)	出现时间(月-日 时:分)	预报洪峰(m^3/s)	相对误差(%)	量级标准(m^3/s)	合格
率定期	1	1980	920	06-28 17:12	1 032	12.2	500~1 000	√
	2	1982	680	07-30 14:30	1 172	72.3	500~1 000	×
	3	1987	705	08-23 21:12	639	-9.3	500~1 000	√
	4	1987	1 130	08-26 06:00	1 265	12.0	1 000~2 000	√
	5	1988	826	08-04 13:18	1 030	24.7	500~1 000	×
	6	1988	693	08-06 07:00	800	15.4	500~1 000	√
	7	1988	1 220	08-11 19:30	1 118	-8.4	1 000~2 000	√
	8	1989	1 540	07-16 19:00	1 285	-16.5	1 000~2 000	√
	9	1990	1 690	08-28 03:00	1 066	-36.9	1 000~2 000	√
	10	1991	663	06-10 08:12	914	37.9	500~1 000	√
	11	1991	1 800	07-27 22:36	800	-55.6	1 000~2 000	×
	12	1992	730	08-02 19:48	1 000	37.0	500~1 000	√
	13	1992	630	08-10 14:00	1 558	147.3	500~1 000	×
	14	1992	558	08-11 10:30	714	27.9	500~1 000	√
	15	1992	638	08-29 01:42	989	55.0	500~1 000	√
	16	1992	638	08-31 03:06	835	30.8	500~1 000	√
	17	1993	734	08-04 04:36	1 054	43.6	500~1 000	×
	18	1993	693	08-21 05:42	730	5.3	500~1 000	√
	19	1994	1 010	08-05 02:36	810	-19.8	1 000~2 000	√
	20	1994	2 800	08-31 12:54	1 155	-58.8	2 000~3 000	×
	21	1995	1 590	07-17 18:54	1 152	-27.5	1 000~2 000	√
	22	1995	2 790	09-02 00:24	1 137	-59.3	2 000~3 000	×
	23	1996	961	06-16 09:06	1 506	56.7	500~1 000	×
	24	1996	2 170	08-01 06:36	1 420	-34.6	2 000~3 000	×
	25	1998	672	07-12 11:00	995	48.0	500~1 000	√
	26	1998	2 310	07-12 19:00	1 210	-47.6	2 000~3 000	×
	27	1998	1 710	08-24 00:36	883	-48.3	1 000~2 000	×
	28	1999	622	07-11 18:06	543	-12.6	500~1 000	√
	29	1999	578	07-20 18:54	762	31.9	500~1 000	√

续表 8.6-1

项目	序号	年份	洪峰流量(m³/s)	出现时间(月-日 时:分)	预报洪峰(m³/s)	相对误差(%)	量级标准(m³/s)	合格
检验期	1	2000	575	08-29 21:12	911	58.5	500~1 000	√
	2	2001	878	08-19 03:18	1 134	29.1	500~1 000	×
	3	2002	896	06-19 01:28	974	8.7	500~1 000	√
	4	2002	5 540	07-04 11:09	1 678	-69.7	4 000~5 000	×
	5	2002	1 700	07-05 05:18	1 592	-6.4	1 000~2 000	√
	6	2004	1 580	07-26 04:48	1 018	-35.6	500~1 000	√
	7	2013	685	07-12 07:18	1 713	150.1	500~1 000	×
	8	2013	510	07-25 10:06	850	66.7	500~1 000	√

率定期共 29 场洪水,方案合格率为 62.1%;检验期共 8 场洪水,方案合格率为62.5%。对于 2000 年以后的洪峰流量预警方案,由于只有 8 场洪水,无法分率定期和检验期进行评定,所以放在一起进行评定。

8 场洪水中有 5 场合格,3 场不合格(见表 8.6-2),合格率为 62.5%,但由于该方案是用 2000 年以后洪水率定的,因此在以后的实时作业预警预报中建议使用该方案。

表 8.6-2 清涧河延川站历年次洪洪峰流量量级评定表

序号	年份	洪峰流量(m³/s)	出现时间(月-日 时:分)	预报洪峰(m³/s)	相对误差(%)	量级标准(m³/s)	合格
1	2000	575	08-29 21:12	762	32.5	500~1 000	√
2	2001	878	08-19 03:18	882	0.5	500~1 000	√
3	2002	896	06-19 01:28	797	-11.1	500~1 000	√
4	2002	5 540	07-04 11:09	1 148	-79.3	4 000~5 000	×
5	2002	1 700	07-05 05:18	1 108	-34.8	1 000~2 000	√
6	2004	1 580	07-26 04:48	820	-48.1	500~1 000	×
7	2013	685	07-12 07:18	1 165	70.0	500~1 000	×
8	2013	510	07-25 10:06	727	42.5	500~1 000	√

8.7　汾川河流域

8.7.1　预警预报方案

由以上对汾川河流域暴雨洪水特性、降雨径流关系、降雨产沙关系及产流阈值的分析可知,次洪洪峰流量与单站最大雨强关系较好,水量与洪峰流量关系较好,而次洪沙量与水量有密切的正相关关系,据此建立暴雨洪水预警预报方案。

8.7.1.1　洪峰流量

汾川河流域新市河站次洪洪峰流量的预警方案为:

$$Q_m = 19.5I_m - 123.77 \tag{8.7-1}$$

式中,Q_m 为次洪洪峰流量,m^3/s;I_m 为单站最大雨强,mm。

8.7.1.2　次洪水量

汾川河流域新市河站次洪水量的预警方案为:

$$W = 0.012\,9Q_m + 0.947 \tag{8.7-2}$$

式中:W 为次洪水量,百万 m^3;Q_m 为次洪洪峰流量,m^3/s。

8.7.1.3　次洪沙量

汾川河新市河站次洪水沙量具有很好的线性关系,可以根据预估的次洪水量,用下式作为次洪沙量的预警方案:

$$W_s = 26.23W + 17.65 \tag{8.7-3}$$

式中,W_s为次洪沙量,百万 t;W 为次洪水量,百万 m^3。

8.7.1.4　最大含沙量

汾川河流域暴雨量、暴雨强度、洪峰流量、次洪水量和次洪沙量与次洪最大含沙量均没有显著的相关关系,也不具有明显的内在成因关系。当降雨发生后,最大含沙量只取决于下垫面条件及其变化。根据 1980 年以来资料分析,次洪最大含沙量一般在 300~500 kg/m^3之间,2000 年以后有逐渐减小的趋势。在预警方案中,次洪最大含沙量可取 300~400 kg/m^3。

8.7.2　预警预报方案精度评定

根据研究流域洪水特性及防洪要求,以洪峰表征洪水量级大小,对暴雨洪水预报的场次洪峰进行量级合格率评定,对次洪水量、沙量及最大含沙量不进行精度评定。按《水文情报预报规范》(GB/T 22482—2008)进行精度评定,以洪峰相对误差不超过±20%为指标评定本场次洪水量级预报合格。

率定期 15 场洪水,有 9 场相对误差在 20%以内,合格率为 60%;检验期 5 场洪水,只有 2 场是合格的,合格率为 40%。无论是检验期还是率定期,相对误差都在 10%以上,这说明该方案预警预报时只能作为参考(见表 8.7-1)。

表 8.7-1　汾川河新市河站历年次洪洪峰流量量级评定表

项目	序号	年份	洪峰流量（m³/s）	出现时间（月-日 时:分）	预报洪峰（m³/s）	相对误差（%）	合格
率定期	1	1981	427	07-03 22:30	344	19.54	√
	2	1981	208	08-15 16:42	238	-14.48	√
	3	1985	207	08-06 01:40	458	-121.03	×
	4	1985	253	08-17 00:30	328	-29.64	×
	5	1988	426	06-27 22:24	503	-18.10	√
	6	1988	767	07-18 19:06	364	52.58	×
	7	1988	336	07-24 01:00	397	-18.03	√
	8	1988	1 500	08-25 04:42	417	72.18	×
	9	1990	209	07-26 08:18	298	-42.59	×
	10	1991	437	07-28 01:36	383	12.32	√
	11	1992	422	08-11 15:30	362	14.12	√
	12	1993	618	07-12 06:00	403	34.75	×
	13	1994	244	08-06 02:42	272	-11.45	√
	14	1996	214	07-12 18:06	182	14.87	√
	15	1998	234	08-24 04:18	278	-18.97	√
检验期	1	2000	231	07-08 03:30	342	-48.18	×
	2	2003	252	08-08 07:18	302	-19.68	√
	3	2007	197	07-26 14:42	265	-34.30	×
	4	2013	374	07-22 15:00	311	16.84	√
	5	2013	1 750	07-25 11:53	581	66.81	×

第 9 章　干流主要控制站暴雨洪水预警预报模型构建

9.1　概　述

本章研究的任务是对河龙区间干流主要控制站洪水泥沙预警预报问题进行探索，建立洪水泥沙预报模型，为进一步认识黄河中游多支流区域洪水泥沙变化规律，为中下游水库防洪调度、小北干流放淤和构建黄河水沙调控体系提供必要的技术支撑。本次研究选取区间干流吴堡、龙门两个主要控制站，分别构建暴雨洪水预警模型或方案及最大含沙量预报模型，满足干流作业预报的需求。

在暴雨洪水预警研究方面，分别采用统计分析暴雨洪水预警技术及数据挖掘技术两种手段构建干流断面洪水预报模型。首先，采用统计分析方法，建立府谷至吴堡未控区间的暴雨洪水预警预报方案，为干流吴堡站暴雨洪水预报提供基础；基于暴雨洪水统计关系，建立吴堡、龙门站暴雨洪水预警预报方案。

9.2　府谷—吴堡未控区暴雨洪水预警预报方案

9.2.1　未控区流域概况

黄河中游府谷—吴堡区间位于黄土高原，晋陕峡谷上段。河段长 242 km，区间集水面积 29 475 km^2。河段坡陡流急，支流加入众多。该段黄河干流左、右岸各有大片的未控区，无控制区面积 9 187 km^2，占区间总面积的 31.2% 。

该区间经常出现区域性暴雨，多为短历时、高强度的大暴雨。这种暴雨的中心日雨量可达 100~600 mm 以上，降雨量多集中于 6~20 h。加之本流域坡度陡，产、汇流条件好，所以往往出现较大洪水，且均为峰高、量小的尖瘦型洪水。一旦该区间发生暴雨洪水，往往不知暴雨落区和洪水来源，同时也给吴堡站的洪水预报带来很大困难。

9.2.2　降雨径流关系分析

河龙区间大部分属黄土丘陵和黄土高原，地形破碎，沟壑纵横，植被稀少，大部分地区的产流方式为超渗产流方式。对于超渗产流区，产流不仅受次洪降雨量的影响，还受降雨强度的影响。同样的降雨量级，降雨强度越大，产生的地面径流越多。受资料所限，选取未控区加水较多的历史场次洪水（“19890722”洪水、“19940805”洪水、“19950729”洪水、“19980713”洪水），仅用马斯京根流量演算法计算各次洪水中未控区洪峰流量，用吴堡站洪水水量减去府谷站及各支流把口站水量得到未控区来水量（见表 9.2-1）。

表 9.2-1　历史场次洪水计算结果统计

序号	洪水场次	总雨量(mm)	最大雨强(mm/h)	洪峰流量(m^3/s)	径流量(亿 m^3)	径流量占吴堡站比例(%)
1	19890722	50.28	7.43	4 500	0.49	20.2
2	19940805	34.15	6.06	1 500	0.66	47.8
3	19950729	32.63	6.39	3 000	0.72	29.9
4	19980713	43.10	5.27	1 600	0.47	21.7
5	20120727	56.97	6.92	6 700	1.4	43.4
6	20120728	31.95	6.03	3 600	1.54	55.4

1989 年 7 月 21 日 16 时 12 分窟野河温家川站洪峰流量 9 480 m^3/s,洪水汇入黄河后黄河产生巨大的顶托作用,使附近两条小支沟发生洪水倒灌,达 1 km 之远,水沙量损失较多。本次所算“19890722”洪水未控区加水受此影响较大,因此在涉及径流深关系中去掉了此数据点。

9.2.3　降雨量与洪峰流量、径流深的关系

影响次洪径流总量和洪峰流量的因素有降雨总量、产流方式、流域下垫面情况等,其中降雨总量影响最大。从图 9.2-1、图 9.2-2 中可以看出,该未控区 $P—Q$ 关系较好,相关系数为 0.72。图 9.2-2 是该未控区的降雨径流关系图,图中点据旁边所标数据为平均雨强。在图 9.2-2 中,把降雨径流关系分为平均雨强>2 mm/h 和平均雨强<2 mm/h 两组,当平均雨强<2 mm/h 时,降雨总量与径流量关系呈线性相关,其关系式为 $y = 0.028x - 0.355\ 3$,相关系数为 0.77。平均雨强>2 mm/h 情况下,由于点据较少,无法得出具体关系式,但可以看出,随着平均雨强的增大,同样的降雨产生的径流增加了。

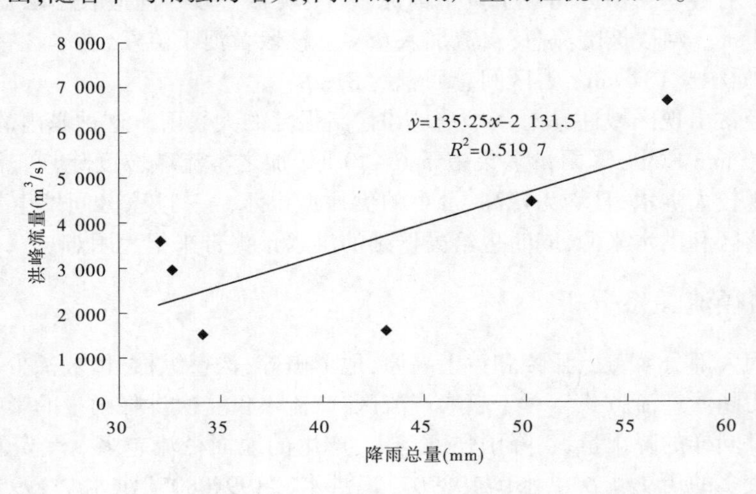

图 9.2-1　未控区 $P—Q$ 关系图

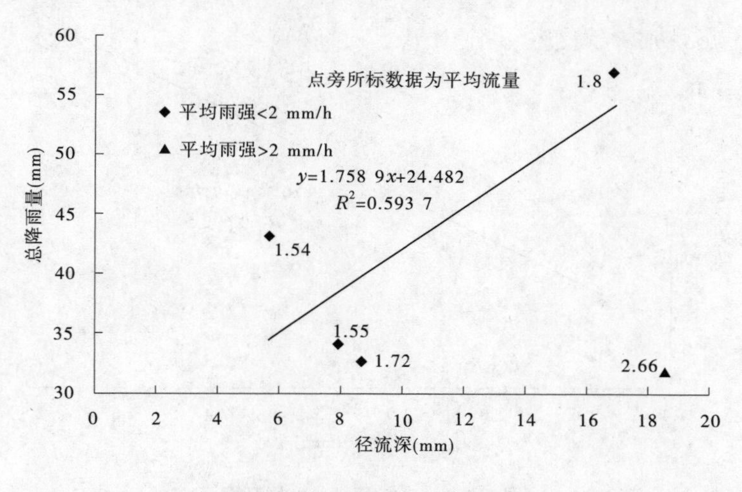

图 9.2-2　未控区 $P—R$ 关系图

9.2.4　降雨强度与洪峰流量、径流深的关系

由于该未控区的产流方式主要是超渗产流，因此最大雨强与洪峰流量、平均雨强与径流量关系密切（见图 9.2-3、图 9.2-4）。最大雨强与洪峰流量呈非线性相关，相关系数为 0.78；平均雨强与径流深呈线性关系，相关系数为 0.83，是所研究的几种关系中相关性最好的。

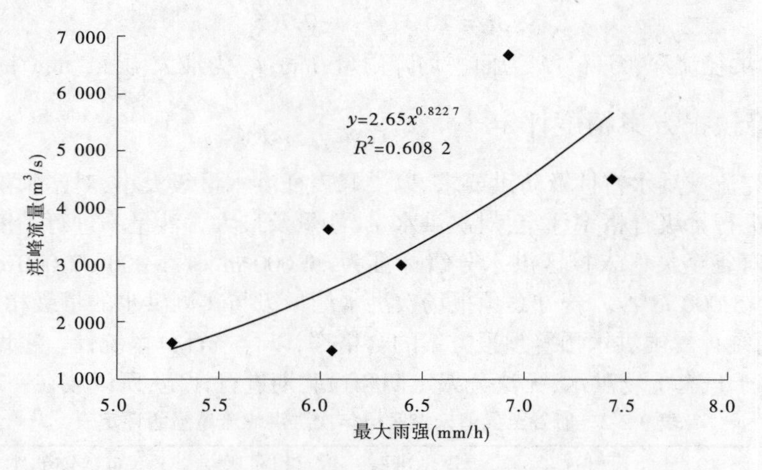

图 9.2-3　未控区 $I_{max}—Q$ 关系图

9.2.5　预警预报方案

由上述府谷至吴堡未控区场次洪水的降雨径流关系，建立未控区暴雨洪水预警预报方案。

9.2.5.1　洪峰流量

府谷至吴堡未控区次洪洪峰流量的预警方案为：

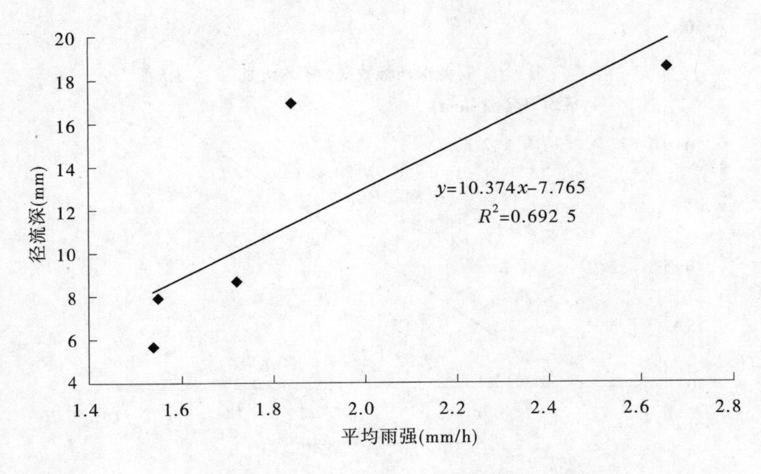

图 9.2-4　未控区 *I*—*R* 关系图

$$Q_m = 135.28P - 2\ 131.5 \tag{9.2-1}$$

$$Q_m = 2.65I_m^{3.822\ 7} \tag{9.2-2}$$

式中，Q_m 为次洪洪峰流量，m^3/s；P 为面平均降雨量，mm；I_m 为最大雨强，mm/h。

9.2.5.2　次洪径流深

府谷至吴堡未控区次径流深的预警方案为：

$$R = 1.758\ 9P + 24.482 \tag{9.2-3}$$

$$R = 10.374I_m - 7.765 \tag{9.2-4}$$

式中，R 为次洪径流深，万 m^3；P 为面平均降雨量，mm；I_m 为最大雨强，mm/h。

9.2.6　预警预报方案精度评定

根据研究流域洪水特性及防洪要求，以洪峰表征洪水量级大小，对暴雨洪水预报的场次洪峰流量进行量级合格率评定，对次洪水量、沙量及最大含沙量不进行精度评定。按防洪工作习惯府谷至吴堡未控区洪水分级标准为<1 000 m^3/s、1 000~2 000 m^3/s、2 000~5 000 m^3/s、>5 000 m^3/s。若方案预报场次洪水的量级与实测洪水的量级相同，则认为预报合格，进而统计暴雨洪水预警预报方案的合格率，以合格百分率统计。精度评定结果见表 9.2-2。由于只有 5 场洪水，无法分率定期和检验期进行评定，所以放在一起进行评定。

表 9.2-2　府谷至吴堡未控区历年次洪洪峰流量量级评定表

序号	洪水场次	洪峰流量(m^3/s)	预报洪峰(m^3/s)	相对误差(%)	量级标准(m^3/s)	合格
1	19940805	1 500	2 597	73.1	1 000~2 000	×
2	19950729	3 000	3 180	6.0	2 000~5 000	√
3	19980713	1 600	1 522	-4.9	1 000~2 000	√
4	20120727	6 700	4 312	-35.6	2 000~5 000	×
5	20120728	3 600	2 548	-29.2	2 000~5 000	√

5场洪水中有3场合格,2场不合格,合格率为60%。

9.3　河龙区间干流暴雨洪水预警预报方案

河龙区间干流洪水预报站点为吴堡、龙门站,预报方法与上述典型支流相同。干流控制站洪水预报方法采用合成流量法,首先判断洪水来源组成,即判断洪水是以支流来水为主,还是以干流来水为主;如果以干流来水为主,则利用干流上下游洪峰流量相关图,以区间相应流量之和为参数,计算下游站洪峰流量,峰现时间利用干流上下游洪峰传播时间曲线查算;如果以区间支流来水为主,则利用区间支流合成流量与下游干流洪峰流量相关图,以上游干流相应流量为参数,计算下游站洪峰流量,峰现时间利用支流控制站到支流河口传播时间曲线和支流河口到下游干流站传播时间曲线查算。

9.3.1　吴堡站洪水预报方案

9.3.1.1　预报方案研究

预报方案采用上、下游相应流量法编制。由于支流来水较大,甚至占主导地位,所以方案又是采用有支流河段的上、下游相应流量法编制的。为了反映影响洪水波变形的因素,在建立相应关系时,加入了下游同时流量这一参数。在编制方案所采用的资料中左岸岚漪河、蔚汾河均有控制站,现两支流控制站均已撤销,给预报带来了新的问题。为了掌握这两条支流的来水情况,另外又编制了两支流降雨径流预报方案,和府吴—吴堡区间预报方案配合使用。

黄委中游水文水资源局于1995年在山西省神木县万镇设立了万镇水位站,1999年在陕西佳县大桥以上黄河干流勘察布设了佳县、第八堡两个报汛专用水位站,与万镇站共同开展了提高吴堡站洪水预报精度的试验研究。

1.吴堡站洪水预报方案相关图

府吴区间干支流合成流量—传播时间关系图如图9.3-1所示。

府吴区间干支流合成流量—吴堡站洪峰流量关系图如图9.3-2所示。

2.佳县—吴堡洪峰流量关系图

佳县—吴堡洪峰流量关系图如图9.3-3所示。

9.3.1.2　推算合成流量

吴堡站洪水预报要求推算合成流量采取如下操作,当上游站出现水情时,首先选取主导站,从主导站洪峰流量推算出各上游站与之合成的瞬时流量,然后叠加即为合成流量。在这个合成流量的基础上,再多时刻前后错动求取若干个合成流量,选其最大值作为参加预报的合成流量。

9.3.1.3　实时作业预报

1.合成流量

在吴堡上游各站(府吴区间)中,将能同时遭遇到吴堡断面的瞬时流量摘取出来进行组合即为上游合成流量。各站相加合成的流量既不是同一时刻的流量,也不一定都是洪峰流量。一般是在上游各站中选取洪峰流量最大的站作为主导站,然后多时刻前后错动

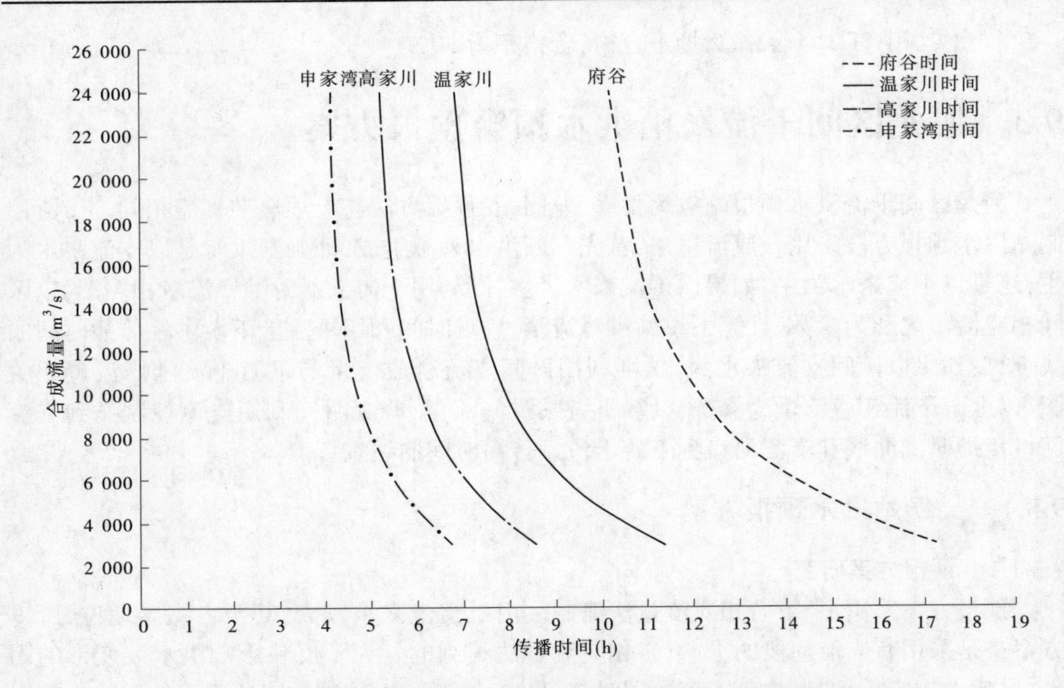

图 9.3-1 府吴区间干支流合成流量—传播时间关系图

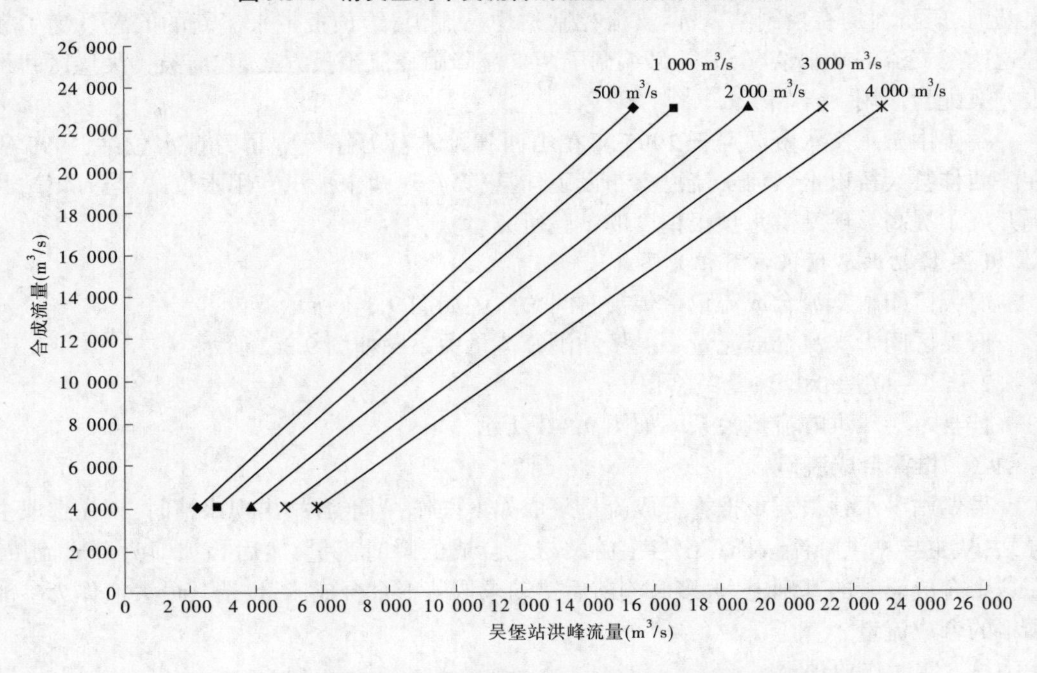

图 9.3-2 府吴区间干支流合成流量—吴堡站洪峰流量关系图

求取作为预报下游洪峰流量的最大合成流量。

2.同时流量

同时流量即与府谷站参加合成流量时刻相同的吴堡站流量。

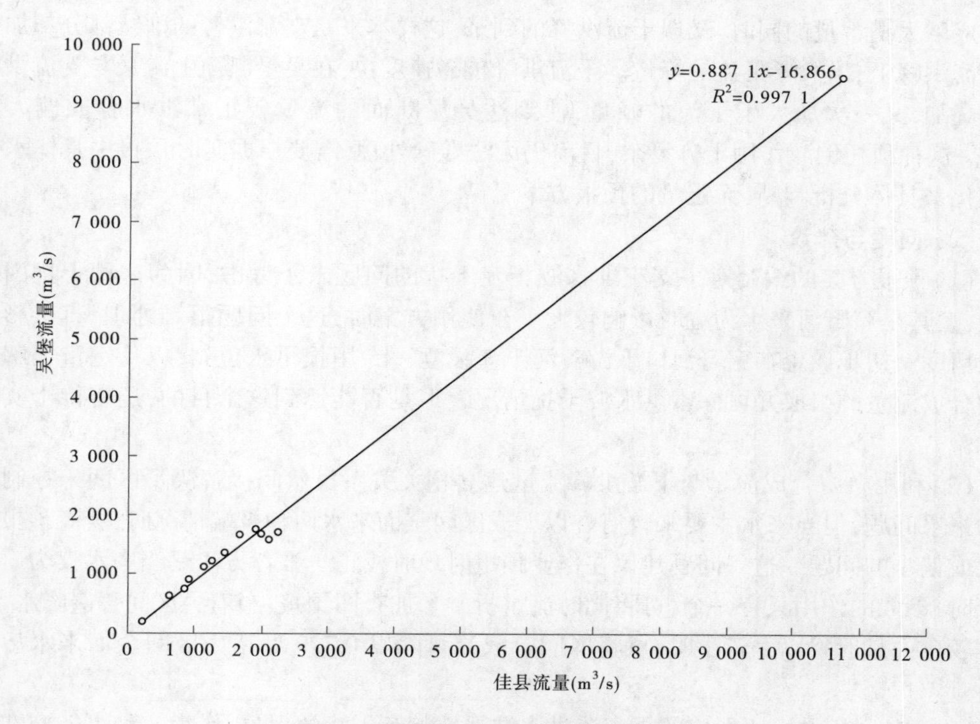

图 9.3-3　佳县—吴堡洪峰流量相关图

3.预报方法

当上游站出现水情时，首先选取主导站，从主导站流量传到吴堡站的时刻推算出各上游站与之合成的瞬时流量，然后叠加即为合成流量，在这个合成流量的基础上，再多时刻前后错动求取若干个合成流量，选其最大值作为参加预报的合成流量。根据合成流量中府谷流量的时刻摘取吴堡站同时流量，就可以从图表中预报吴堡站未来洪水的洪峰流量及其传播到吴堡站所需的时间，预报途径如下：

洪峰流量：合成流量—同时流量—洪峰流量。

峰现时刻：合成流量—主导站—传播时间—主导站流量时刻—峰现时刻。

9.3.1.4　预报方案精度评定

预报方案的评定按《水文情报预报》中有关规定进行。许可误差随预见期内变幅的大小而变，其中最大许可误差取预见期内变幅的均方差，最小误差取预见期内变幅均方差的 0.3 倍，其余变幅在其间按直线插补。采用遇见期内变幅均方差推求，对 33 次洪水资料进行校核，合格率是 91%，传播时间合格率为 97%。

在校核计算中，“84 · 7”“81 · 10”“76 · 8”三次洪水超出了许可误差的要求。其中“84 · 7”洪水可能是府谷站测验误差造成偏大。“81 · 10”洪水系天桥水库提闸放水形成，峰前半小时涨水 2 000 m^3/s 以上，峰尖瘦、削减快是一个原因，另外这次洪水属干流来水，区间支流均无水，这种情况下预报值一般都偏大，二者均使预报值偏大，形成了这次洪水较大的预报误差。“76 · 8”洪水预报误差最大，达 7 300 m^3/s，这次洪水的形成原因已众所周知，就是支流顶托倒灌干流引起。这次洪水的形成原因具有其特殊性，就是它在倒灌形成巨大槽蓄量的同时,又遇干流洪峰的到来,这样本来是支流洪峰的削减部分却加到了干流洪峰上,增大了干流的峰量。干流洪峰传播速度快,在吴堡断面上游又与支流洪峰再度叠加,又一次加大了干流的峰量,使到达吴堡断面的流量较正常洪水合成偏大近50%。这种顶托倒灌作用十分复杂,目前仍无法准确处理,需要根据实时预报中具体水情的变化来具体分析判断,无定量的预报方案可循。

9.3.1.5 问题与建议

(1)预报方案的编制对于支流洪水波相互干扰的问题未予考虑,因为这种干扰因素复杂,尤其是窟野河来水为主时影响较大。在使用方案时,这个问题很难处理,直接影响预报精度。初步设想在窟野河口下游黄河干流设立一专用报汛水位站,以从定量上解决上游合成流量的组成并可探索洪水波干扰情况。但是否能达到这个目的,还有待于实践的检验。

(2)利用上游合成流量与下游洪峰流量建立相关关系虽然间接解决了区间未控制区域的来水问题,但当来水主要来自府谷以上或区间全面来水两种极端情况时,会有预报值偏大或偏小的问题。这一问题建议在作业预报时现时校正。推荐方法是当来水仅为府谷以上时,参数的作用只有一个,可将同时流量折半参加查图预报;当府吴区间普遍降水,来水比较全面且府谷以上较小时,可将区间合成流量除以 0.779 展拓为区间全面来水后再进行查图预报。

(3)"76·8"洪水所形成的干支流洪水波严重相互干扰的现象,作为一种可能应在实时预报中密切注视。因为其重演的概率极小,方案中未予考虑,实时预报中也不作为正常洪水对待。

(4)岚漪河、蔚汾河无控制站,1989 年二号洪峰 10 000 m^3/s 在吴堡站出现,其暴雨中心就在这一区域。为此作为本方案的配套方案,另外编制了岚漪河、蔚汾河暴雨洪水预报方案,但在这个区域的水情站和雨情站没有设立以前(群众雨量站均无报汛条件,目前难以解决),配套方案仅作为参考。

9.3.2 龙门站预报方案

吴堡—龙门洪峰流量相关预报方案主要有三种。第一种是以吴龙区间干支流合成流量、吴堡涨峰系数 η(吴堡洪峰流量与峰前 3 h 流量之比)为参数的复相关关系。第二种是以吴龙区间干支流合成流量、吴堡峰前涨率((吴堡洪峰流量-起涨流量)/涨洪历时)为参数的复相关关系。分别简称为方案一、方案二。

第三种方案是从吴堡站开始,采用边演边加的方法,逐步加上各支流流量。和前两个方案相比较,该方案重点是计算传播时间,简称方案三。

9.3.2.1 预报方案一

该方案是通过上游吴堡和区间来水与吴堡涨峰系数 η 之间的关系,求出龙门相应的洪峰流量。如果区间来水较大,甚至占主导地位,计算的结果偏差就会较大。黄河吴堡—龙门洪峰流量相关图如图 9.3-4 所示,其中 $\sum Q_i$ 为区间支流站后大成、白家川、延川、大宁甘谷驿相应合成流量(m^3/s);η 为吴堡涨峰系数。

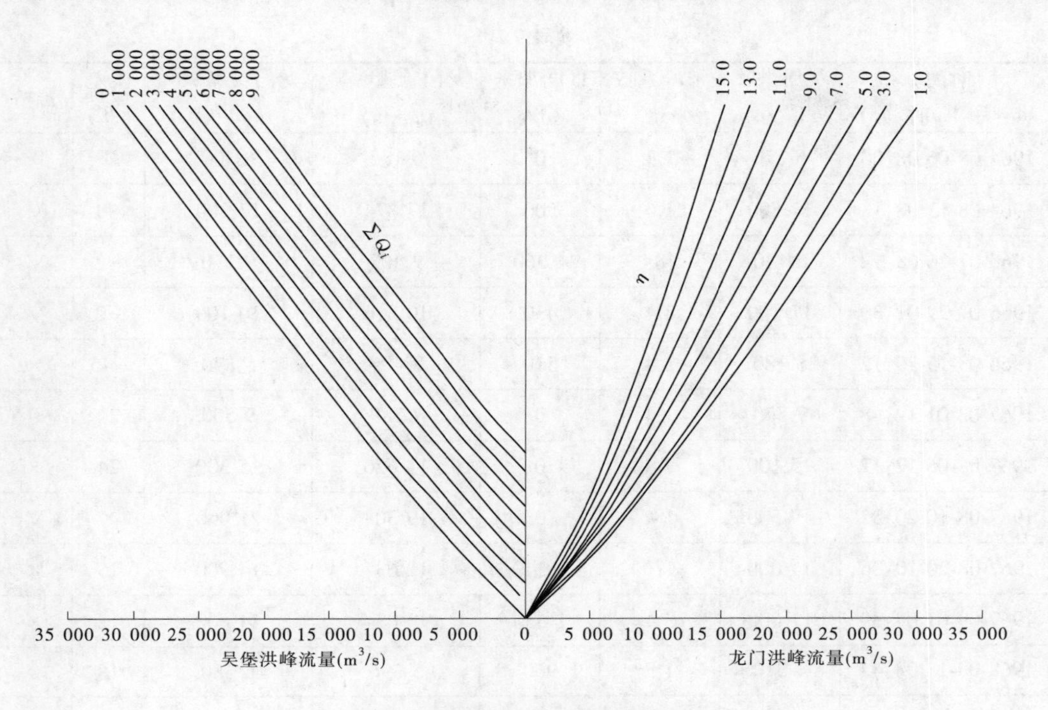

图 9.3-4　黄河吴堡—龙门洪峰流量相关图(一)

9.3.2.2　预报方案一精度评定

预报方案是采用 1957~1984 年场次洪水研制的,近年来吴龙区间的河道及下垫面情况都发生了变化,需要加上近期的洪峰资料对方案重新率定。用 1957~1992 年 51 场洪水的洪峰进行参数率定,1994~2012 年 10 场洪水的洪峰进行验证。率定期和验证期洪峰流量计算结果见表 9.3-1、表 9.3-2。

表 9.3-1　率定期洪峰流量计算结果

时间 (年-月-日 时:分)	吴堡洪峰 (m^3/s)	涨峰系数 η	区间加水 (m^3/s)	龙门预报洪峰 (m^3/s)	龙门实测洪峰 (m^3/s)	误差 (%)	合格
1957-07-23 19:00	3 440	2.1	2 220	6 245	6 470	3	√
1957-07-24 01:00	4 900	1.2	0	4 830	5 520	13	×
1958-07-13 08:00	12 600	7.2	0	9 925	10 800	8	√
1958-07-29 10:00	4 610	3.3	2 260	7 226	9 570	25	×
1958-08-28 05:00	5 330	2.4	0	5 105	6 460	21	×
1959-07-21 12:00	14 600	3.3	0	13 577	12 400	−9	√
1959-08-20 07:00	5 490	1.8	4 000	10 712	9 860	−9	√
1959-08-20 12:36	5 390	1.3	4 190	11 206	9 020	−24	×
1961-07-21 12:00	8 060	3.7	0	7 378	6 930	−6	√
1961-07-31 14:48	7 080	2.4	350	7 227	6 600	−10	√

续表 9.3-1

时间 (年-月-日 时:分)	吴堡洪峰 (m^3/s)	涨峰系数 η	区间加水 (m^3/s)	龙门预报洪峰 (m^3/s)	龙门实测洪峰 (m^3/s)	误差 (%)	合格
1964-08-06 08:00	6 270	1.3	0	6 182	6 400	3	√
1964-08-13 08:18	17 500	1.6	500	17 874	17 300	-3	√
1966-07-26 08:12	6 120	8	4 360	9 407	9 150	-3	√
1966-07-29 01:30	11 100	4.4	430	10 316	10 100	-2	√
1966-08-15 20:12	8 180	2.4	510	8 489	5 870	-45	×
1967-08-01 12:48	7 500	1.4	0	7 389	9 500	22	×
1967-08-06 12:12	15 100	7.8	0	11 626	15 300	24	×
1967-08-10 20:12	19 500	1.4	0	19 308	21 000	8	√
1967-08-20 10:06	11 000	1.1	1 240	12 634	14 900	15	×
1967-09-01 09:30	11 600	3.4	1 630	13 037	14 800	12	×
1968-08-18 08:42	4 310	1.5	960	5 396	6 580	18	×
1969-07-27 03:24	1 900	1	6 060	10 222	8 860	-15	×
1970-08-02 11:00	17 000	2.9	1 160	17 745	13 800	-29	×
1970-08-26 22:42	4 380	1.7	0	4 258	3 640	-17	×
1971-07-24 04:30	4 600	3	580	5 023	5 530	9	√
1971-07-25 15:30	14 600	3	0	13 876	14 300	3	√
1972-07-20 07:00	11 600	5	490	10 497	10 900	4	√
1974-07-31 14:42	7 700	1.6	1 030	8 842	9 000	2	√
1975-08-31 11:30	5 740	2.4	470	6 073	5 940	-2	√
1977-07-06 08:18	1 380	0.9	9 050	13 640	11 400	-20	×
1977-08-02 19:00	15 000	1.6	0	14 766	13 600	-9	√
1977-08-06 04:00	4 700	1.8	3 900	9 949	12 700	22	×
1978-08-08 04:00	6 000	2.9	1 870	8 168	6 820	-20	×
1979-08-11 16:30	11 900	1.4	0	11 759	13 000	10	√
1979-08-13 15:00	10 700	6	0	8 834	9 770	10	√
1981-07-07 19:30	4 880	1.8	1 400	6 558	6 400	-2	√
1982-07-30 09:48	4 730	2.1	1 200	6 068	5 050	-20	×

续表 9.3-1

时间 (年-月-日 时:分)	吴堡洪峰 (m^3/s)	涨峰系数 η	区间加水 (m^3/s)	龙门预报洪峰 (m^3/s)	龙门实测洪峰 (m^3/s)	误差 (%)	合格
1983-08-05 02:00	5 460	1.3	0	5 375	4 900	-10	√
1984-07-31 14:30	6 740	1.4	0	6 634	5 860	-13	×
1985-08-06 01:00	6 230	1.3	0	6 142	6 720	9	√
1986-07-18 22:00	3 860	1.2	0	3 792	3 520	-8	√
1987-08-26 09:00	3 670	1.4	2 920	7 643	6 840	-12	×
1988-07-23 13:00	4 000	5.6	0	3 322	4 000	17	×
1989-07-22 00:00	12 400	11.7	0	7 951	8 310	4	√
1989-07-23 13:00	5 540	2.1	0	5 349	5 580	4	√
1991-06-11 00:00	3 120	1.3	0	3 046	2 800	-9	√
1991-07-21 21:00	4 440	1.2	0	4 371	4 430	1	√
1991-07-28 02:00	3 100	4.9	800	3 500	4 590	24	×
1992-07-29 02:00	3 960	1.4	480	4 466	3 350	-33	×
1992-08-08 19:24	9 440	9.2	0	6 840	7 740	12	×

表 9.3-2　检验期洪峰流量计算结果

时间 (年-月-日 时:分)	吴堡洪峰流量 (m^3/s)	涨峰系数 η	区间加水 (m^3/s)	龙门预报洪峰 (m^3/s)	龙门实测洪峰 (m^3/s)	误差 (%)	合格
1994-07-07 18:00	4 270	7.6	1 080	4 343	4 780	9	√
1994-08-05 12:30	6 310	1.9	1 560	8 217	7 930	-4	√
1995-07-29 21:24	7 990	1.3	0	7 895	7 860	0	√
1996-08-09 23:24	9 700	5.7	3 080	11 997	11 100	-8	√
1997-07-31 17:00	4 500	1.3	680	5 264	5 750	8	√
1998-07-13 09:00	6 120	2.2	1 400	7 724	7 160	-8	√
2003-07-30 20:30	9 520	15	0	5 231	7 340	29	×
2006-09-21 08:00	1 610	1	2 250	4 119	3 670	-12	×
2010-09-19 09:30	5 040	3	0	4 752	3 900	-22	×
2012-07-27 13:00	10 600	6.9	0	8 441	7 620	-11	×

表 9.3-1 对率定期 51 场洪水的洪峰进行了评定，其中有 22 场是不合格的，从 22 场不合格的洪水可以看出：①区间加水较多会影响计算结果，因为涨峰系数 η 只坦化了吴堡的洪峰流量，对区间支流加水没有影响，这样就会引起计算误差；②基流也会引起误差，因为基流太大或太小都会影响 η 的计算，进而影响洪水的削减。检验期 2003 年的洪峰误差较大是因为吴堡的涨峰系数为 32，但是相关图给出的最大涨峰系数是 15 的关系曲线，模拟计算时的涨峰系数为 15，这可能是误差较大的原因；2006 年是属于区间加水较多的情况。

9.3.2.3　预报方案二

方案通过吴堡洪峰和区间加水与吴堡站峰前涨率的关系，推出龙门站相应的洪峰流量。吴堡站的峰前涨率 $\Delta Q_{吴}/\Delta t$[$(m^3/s)/h$]反映了吴堡洪峰的形状，在一定程度上也决定了洪水演进过程中的坦化情况(见图 9.3-5)。

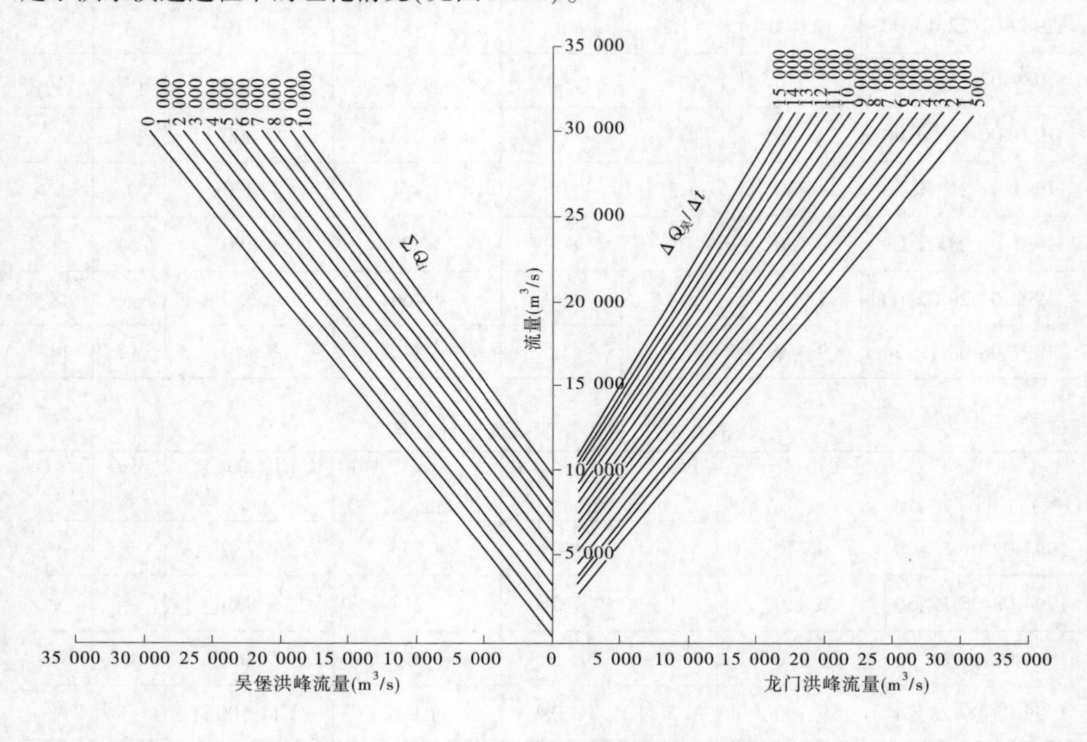

图 9.3-5　黄河吴堡—龙门洪峰流量相关图(二)

9.3.2.4　预报方案二精度评定

同样也需要先建立离散曲线的拟合方程，以方程的系数作为参数，用 1956~1992 年 55 场洪水进行参数率定，1992~2012 年 10 场洪水检验，率定期和验证期洪峰流量计算结果见表 9.3-3、表 9.3-4。

表 9.3-3　率定期洪峰流量计算结果

时间 (年-月-日 时:分)	吴堡洪峰 (m³/s)	峰前涨率 ((m³/s)/h)	区间加水 (m³/s)	龙门预报洪峰 (m³/s)	龙门实测洪峰 (m³/s)	误差 (%)	合格
1956-07-22 18:00	3 060	112	3 280	6 163	6 100	−1	√
1957-07-23 19:00	3 440	394	2 220	5 660	6 470	13	×
1957-07-24 01:00	4 900	2 200	0	3 501	5 520	37	×
1958-07-13 08:00	12 600	3 600	0	10 631	10 800	2	√
1958-07-17 11:30	2 490	54	2 840	5 045	6 170	18	×
1958-08-02 14:54	3 730	395	980	4 670	6 430	27	×
1958-08-28 05:00	5 330	1 050	0	4 347	6 460	33	×
1959-07-21 12:00	14 600	2 020	0	12 996	12 400	−5	√
1959-08-20 07:00	5 490	1 245	4 000	8 897	9 860	10	√
1959-08-20 12:36	5 390	395	4 190	9 883	9 020	−10	√
1961-07-21 12:00	8 060	2 950	0	7 216	6 930	−4	√
1961-07-31 14:48	7 080	1 482	350	6 791	6 600	−3	√
1963-07-24 07:00	5 200	629	340	5 650	5 320	−6	√
1964-08-06 08:00	6 270	346	0	6 195	6 400	3	√
1964-08-10 01:00	7 120	363	0	7 096	6 500	−9	√
1964-08-13 08:18	17 500	1 660	500	17 948	17 300	−4	√
1966-07-26 08:12	6 120	4 217	4 360	7 804	9 150	15	×
1966-07-29 01:30	11 100	1 061	430	10 756	10 100	−7	√
1966-08-15 20:12	8 180	2 162	510	7 302	5 870	−24	×
1967-08-01 12:48	7 500	276	0	7 433	9 500	22	×
1967-08-06 12:12	15 100	4 115	0	12 003	15 300	22	×
1967-08-10 20:12	19 500	2 354	0	18 141	21 000	14	×
1967-08-20 10:06	11 000	822	1 240	13 004	14 900	13	×
1967-09-01 09:30	11 600	1 956	1 630	13 369	14 800	10	√
1968-08-18 08:42	4 310	264	960	5 175	6 580	21	×
1969-07-27 03:24	1 900	257	6 060	7 989	8 860	10	√
1970-08-02 11:00	17 000	9 571	1 160	11 710	13 800	15	×
1970-08-26 22:42	4 380	1 286	0	3 499	3 640	4	√
1971-07-25 15:30	14 600	1 781	0	14 395	14 300	−1	√
1972-07-20 07:00	11 600	3 100	490	9 847	10 900	10	√

续表 9.3-3

时间 (年-月-日 时:分)	吴堡洪峰 (m^3/s)	峰前涨率 ((m^3/s)/h)	区间加水 (m^3/s)	龙门预报洪峰 (m^3/s)	龙门实测洪峰 (m^3/s)	误差 (%)	合格
1974-07-31 14:42	7 700	667	1 030	9 130	9 000	-1	√
1975-08-31 11:30	5 740	1 029	470	5 281	5 940	11	×
1977-07-06 08:18	1 380	400	9 050	10 268	11 400	10	√
1977-08-02 19:00	15 000	2 820	0	14 042	13 600	-3	√
1977-08-06 04:00	4 700	537	3 900	8 915	12 700	30	×
1978-08-08 04:00	6 000	691	1 870	8 241	6 820	-21	×
1979-08-11 16:30	11 900	1 165	0	11 140	13 000	14	×
1979-08-13 15:00	10 700	2 315	0	9 356	9 770	4	√
1981-07-07 19:30	4 880	219	1 400	6 215	6 400	3	√
1982-07-30 09:48	4 730	820	1 200	6 251	5 050	-24	×
1983-08-05 02:00	5 460	117	0	5 195	4 900	-6	√
1984-07-31 14:30	6 740	835	0	7 024	5 860	-20	×
1985-08-06 01:00	6 230	922	0	6 545	6 720	3	√
1986-07-18 22:00	3 860	72	0	3 500	3 520	1	√
1987-08-26 09:00	3 670	345	2 920	6 597	6 840	4	√
1988-07-23 13:00	4 000	842	0	4 135	4 000	-3	√
1989-07-22 00:00	12 400	5 625	0	8 907	8 310	-7	√
1989-07-23 13:00	5 540	755	0	5 704	5 580	-2	√
1991-06-11 00:00	3 120	435	0	2 954	2 800	-6	√
1991-07-21 21:00	4 440	400	0	4 315	4 430	3	√

表 9.3-4　检验期洪峰流量计算结果

时间 (年-月-日 时:分)	吴堡洪峰流量 (m^3/s)	峰前涨率 ((m^3/s)/h)	区间加水 (m^3/s)	龙门预报洪峰 (m^3/s)	龙门实测洪峰 (m^3/s)	误差 (%)	合格
1991-07-28 02:00	3 100	1 474	800	3 155	4 590	31	√
1992-07-29 02:00	3 960	840	480	4 638	3 360	-38	√
1992-08-08 19:24	9 440	2 476	0	8 620	7 740	-11	√
1994-07-07 18:00	4 270	1 829	580	4 317	4 780	10	√
1994-08-05 12:30	6 310	1 280	2 860	8 579	7 930	-8	√
1995-07-29 21:24	7 990	632	0	8 199	7 860	-4	√
1996-08-09 23:24	9 700	2 426	3 080	11 803	11 100	-6	×

续表 9.3-4

时间 (年-月-日 时:分)	吴堡洪峰流量 (m³/s)	峰前涨率 ((m³/s)/h)	区间加水 (m³/s)	龙门预报洪峰 (m³/s)	龙门实测洪峰 (m³/s)	误差 (%)	合格
1997-07-31 17:00	4 500	901	580	5 365	5 750	7	×
1998-07-13 09:06	6 120	1 429	1 780	7 327	7 160	−2	×
2003-07-30 20:30	9 520	3 680	0	7 620	7 340	−4	×
2006-09-21 08:00	1 610	20	2 130	3 372	3 670	8	√
2010-09-19 09:30	5 040	1 185	0	4 123	3 900	−6	√
2012-07-27 13:00	10 600	3 235	0	8 370	7 620	−10	√

表 9.3-3 对率定期 50 场洪水的洪峰进行了评定,其中有 31 场洪水的洪峰模拟是合格的,合格率为 62%。对检验期 13 场洪水的洪峰进行了评定,其中有 9 场洪水的洪峰模拟是合格的,合格率为 69%(见表 9.3-4)。该方案同样也更适用于以吴堡来水为主的洪峰,其次是峰前涨率 $\Delta Q_{吴}/\Delta t$ 的计算也会受人为因素的影响,因为选择洪峰的起涨时间是比较主观的。

9.3.2.5　预报方案三

从吴堡站开始,采用边演边加的方法,逐步加上各支流流量。图 9.3-6 绘制了 1 000~20 000 m³/s 流量的传播时间曲线,可以看出随着支流的不断加水,传播时间也会发生变化,最后得到从吴堡至龙门的传播时间。和前两个方案相比较,该方案重点是计算传播时间,没有考虑洪水坦化,因此计算流量一般大于实测流量。

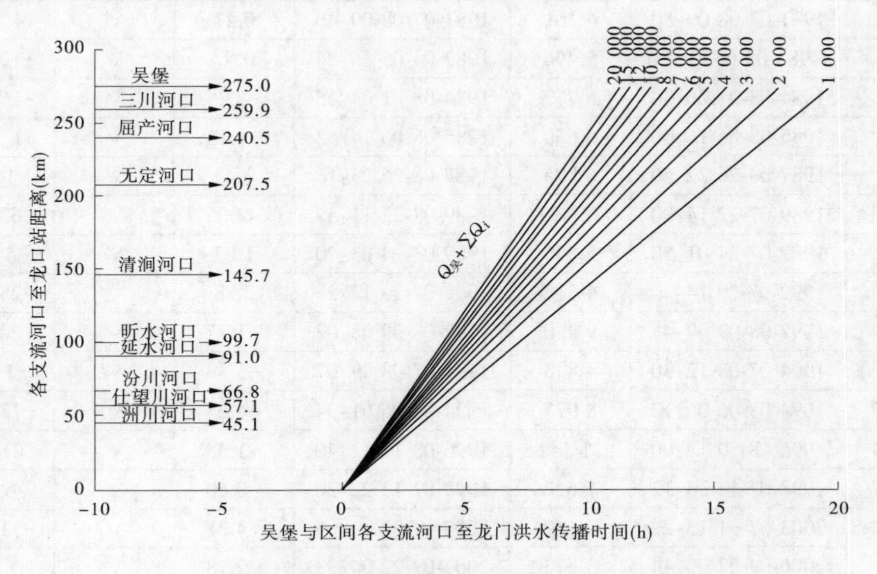

图 9.3-6　黄河吴堡与各支流河口—龙门传播时间

该方案没有进行率定，选用数据资料较好的 33 场洪水进行了计算，除了 2012 年以外其他的都合格，由于这个方案没有像前面的方案那样给出削减系数，因此洪峰计算的误差较大(见表 9.3-5)。

表 9.3-5　吴龙区间洪峰传播时间计算结果

龙门实测洪峰(m^3/s)	峰现时间(年-月-日 时:分)	龙门预报洪峰(m^3/s)	峰现时间(年-月-日 时:分)	峰现时间误差(h)	合格否	洪峰误差(%)	合格
5 870	1966-08-16 09:30	8 895	1966-08-16 09:09	-0.35	√	-52	×
14 900	1967-08-20 22:00	11 008	1967-08-20 22:20	0.33	√	26	×
14 800	1967-09-02 00:00	11 764	1967-09-01 21:37	-2.38	√	21	×
8 860	1969-07-27 16:24	8 725	1969-07-27 16:50	0.43	√	2	√
13 800	1970-08-02 21:00	17 132	1970-08-02 22:30	1.50	√	-24	×
14 300	1971-07-26 03:00	14 787	1971-07-26 03:12	0.20	√	-3	×
10 900	1972-07-20 19:30	11 625	1972-07-20 19:07	-0.38	√	-7	√
9 000	1974-08-01 01:00	7 747	1974-08-01 03:59	2.98	√	14	×
5 940	1975-09-01 03:18	5 798	1975-09-01 01:50	-1.47	√	2	√
11 400	1977-07-06 15:00	10 430	1977-07-06 12:37	-2.38	√	9	√
13 600	1977-08-03 05:00	14 800	1977-08-03 06:38	1.63	√	-9	√
12 700	1977-08-06 15:30	7 702	1977-08-06 17:38	2.13	√	39	×
6 820	1978-08-08 17:30	6 064	1978-08-08 18:10	0.67	√	11	×
13 000	1979-08-12 03:30	11 900	1979-08-12 04:36	1.10	√	8	√
9 770	1979-08-14 03:00	10 700	1979-08-14 03:18	0.30	√	-10	√
6 400	1981-07-08 09:30	6 161	1981-07-08 09:46	0.27	√	4	×
4 900	1 983-08-05 16:00	5 496	1983-08-05 16:34	0.57	√	-12	×
5 860	1984-08-01 06:30	6 777	1984-08-01 04:15	-2.25	√	-16	×
6 720	1985-08-06 16:00	6 650	1985-08-06 14:52	-1.13	√	1	√
6 840	1987-08-26 22:50	6 875	1987-08-26 23:16	0.43	√	-1	√
7 690	1989-07-22 14:00	12 497	1989-07-22 11:57	-2.05	√	-63	×
5 580	1989-07-24 01:30	5 846	1989-07-24 03:20	1.83	√	-5	√
3 360	1992-07-29 14:30	4 312	1992-07-29 17:23	2.88	√	-28	×
7 740	1992-08-09 09:48	9 480	1992-08-09 08:02	-1.77	√	-22	×
4 780	1994-07-08 12:30	4 848	1994-07-08 09:07	-3.38	√	-1	√
7 930	1994-08-06 06:12	8 973	1994-08-06 01:34	-4.63	√	-13	×
11 100	1996-08-10 13:00	11 142	1996-08-10 11:40	-1.33	√	0	√
7 160	1998-07-13 23:12	7 622	1998-07-13 22:36	-0.60	√	-6	√
7 340	2003-07-31 13:22	9 610	2003-07-31 09:06	-4.27	√	-31	×
3 670	2006-09-22 06:44	3 673	2006-09-22 04:33	-2.18	√	0	√
3 900	2010-09-20 00:48	5 187	2010-09-20 00:15	-0.55	√	-33	×
7 620	2012-07-28 07:36	10 694	2012-07-28 01:18	-6.30	×	-40	×

第10章　总　结

10.1　主要研究成果

河龙区间是黄河洪水主要来源区之一，是黄河泥沙特别是粗泥沙的主要来源区。高含沙洪水的特殊性，使得现有流量测验仪器设备的适用性受到限制。此外，河龙区间属半干旱半湿润区，兼具蓄满-超渗产流特征，加之水保工程群的渐变式产流及间歇性阻断汇流效应，给暴雨洪水的预警预报带来挑战。随着黄河治理开发的深入，为满足黄河下游防洪、调水调沙、小北干流放淤等治黄措施的需求，亟须开展泥沙在线监测关键设备研发、流量测验关键技术及暴雨洪水情势诊断分析技术研究。本项目通过泥沙监测和洪水测验关键技术研发，提升河龙区间洪水泥沙监测技术能力，提高洪水泥沙测验效率和测验精度，增加洪水过程中测验信息量；通过暴雨洪水情势诊断分析技术研究，进行黄土高原超渗产流区，特别是无水文站控制区间暴雨洪水过程中降雨径流特征量的客观评估，实现对暴雨洪水过程中降雨和径流情势的动态跟踪分析，增强对支流洪水情势临近预警预报和干流洪水量级的超前预警预报能力，为黄河防汛指挥决策人员和洪水监测预报、调度管理专业技术人员提供全面、可靠、连续的实时水情信息和分析信息支撑。主要工作与研究成果总结如下。

10.1.1　流量测验关键技术研究

采用计算机、传感器及机电一体化等技术，研制了吴堡站吊箱及龙门站重铅鱼两个缆道式综合自动智能化测验平台，开发了流量测验、控制软件；实现了吊箱水平和重铅鱼水平、垂直运行的变频调速及控制，在吊箱和重铅鱼上搭载转子流速仪、ADCP、微波流速仪等不同水文仪器可完成流量的自动测验、计算、存储等。

将ADCP以多线积深式和微波流速仪以动态积宽式流量测验技术在多沙河流上开展了应用研究，实现了设备优化配置与组合应用，降低了劳动强度。与传统的流量测验方式相比，缩短测流历时达1/2以上，提高流量成果的时效和自动化水平。根据ADCP与流速仪法实测流量和查线流量汇总的对比误差统计结果，吴堡站流量231~900 m^3/s、府谷站420~900 m^3/s的测验误差在规范允许范围以内。发射频率为600 kHz的ADCP，经现场试验在11.1~15.7 kg/m^3以下含沙量、4 m以下水深得到了正常应用，突破了以往ADCP仅适用于含沙量在5 kg/m^3以下的认识。

依据历史测验资料，开展高洪流量测验断面借用分析技术研究。选用长系列、项目全、代表性好的历史资料，通过科学的资料处理方法，建立断面借用专用数据库，通过面积变率统计学分析、随机森林算法断面形态预测回归分析、水深代表垂线法与断面平均水深回归分析、精细变率分析——多因子影响条件下的后状态断面面积回归分析以及基于能量方程和曼宁公式的水深预测分析，分别建立了随机森林断面形态预测模型、水深代表垂线法数学模型、后状态标准水位下面积多元回归模型以及基于能量方程的水深预测模型和适用性强的水文断面借用技术规程，能够为多种类型的断面确定提供技术服务，有效解决了多沙河流变动河床洪水期断面变化剧烈、施测困难这一技术难题，应用前景好。

ADCP、微波流速仪在多沙河流上的应用方式研究，拓宽了新技术应用思路，设备配置、组合和应用方式，对提升水文测报能力有较好的示范作用，与断面借用技术集成应用，成果具有推广使用价值，在多沙河流流量测验中具有较好的应用前景。

10.1.2　河龙区间暴雨洪水定量关系分析研究

采用水文统计学方法，利用1980年以来的资料，对河龙区间典型流域次洪降雨产水产沙、洪水泥沙、降雨产流阈值及其时空变异性等关系进行了分析。结果表明，受环境变化影响，2000年以来洪水发生频次及量级较1980~1999年大幅度减少，相同降雨条件下，洪峰流量、径流量、最大含沙量、输沙量等均有不同程度的减小，但是如遇区域性高强度暴雨，仍可产生峰高量大的高含沙洪水。降雨是产水产沙的主要驱动力因子，洪峰流量及次洪径流量对降雨量、最大点雨量、最大面平均雨强、暴雨笼罩面积、暴雨落区等降雨因子有不同程度的响应关系；最大含沙量与降雨关系不明显，次洪输沙量与降雨有一定的响应关系；次洪峰量关系及水沙关系相关性非常显著；降雨产流阈值与流域地形地貌、林草植被及土地利用等下垫面条件关系密切，产流阈值介于4.0~20.0 mm/30 min之间。

10.1.3　河龙区间洪水泥沙预警预报方案构建

系统梳理了河龙区间典型流域及府谷至吴堡未控区间次洪暴雨洪水泥沙诊断指标，研究确定了河龙区间窟野河等7条典型支流及府谷至吴堡未控区间次洪尺度产洪产沙决定性驱动因子，给出了现状下垫面条件下次洪降雨产流阈值，建立了暴雨洪水泥沙本构关系的定量解析方程；耦合具有明确物理意义的雨洪沙定量关系与预报图，构建了现状下垫面条件下河龙区间典型流域和干流主要控制站吴堡、龙门洪水泥沙预警预报实用方案集，实现洪水实时滚动预警预报和临近预报、河龙区间暴雨洪水预警预报合格率达到60%~78%；当主雨区在主要支流上游时，吴堡和龙门站预警时效比现在可延长4~12 h，当主雨区在中下游时，预警时效比现在可延长2~7 h，填补了河龙区间暴雨洪水预警预报的空白，为黄河防汛、水资源调度提供技术支撑，具有显著的社会经济和环境生态效益。

10.2　问题与建议

本项目主要开展了泥沙在线监测关键设备“强场极泥沙监测仪”研发、流量测验关键技术以及河龙区间暴雨洪水情势诊断分析技术等方面研究，并以GIS为依托，开发情势诊断分析作业平台，能够实现暴雨洪水情势诊断分析成果可视化，在洪水监测和预警预报业务生产中应用。总体来看，泥沙在线监测关键设备“强场极泥沙监测仪”的研发尚需进一步完善，河龙区间高含沙洪水流量测验关键技术及洪水泥沙预警预报理论与方法的精度也有待进一步提高。根据本项研究的成果与经验，未来可以对以下问题做深入研究。

10.2.1 ADCP流速剖面仪及断面借用技术的实用性检验问题

受试验研究期间水流条件的限制,ADCP应用试验在900 m^3/s 流量以上数据较少,微波流速仪在大流量的测次较少,建议以后增加大级别流量比测。此外,建立的断面形态预测、水深代表垂线各种不同类型模型,是基于单个断面连续性资料分析的结果,不同模型在使用前必须对具体断面资料进行模型的训练和结果检验评估,拟合度满足规范要求才可使用,不能套用借用。对于游荡性河道,需根据河道断面位置将资料归类整理,提高实用性。

10.2.2 关键致洪致沙因子的确定

在河龙区间暴雨洪水机制认识尚不全面和水文实时观测尚不完善的情况下,本次研究建立了实用的干流主要控制站洪水(最大含沙量)预警预报模型,对复杂的产洪产沙规律进行简化概化。但河龙区间来水来沙与区间降雨径流关系、众多致洪致沙因子、暴雨特性和流域下垫面特性具有密切关系,因此进一步分析关键致洪致沙因素,研究河龙区间的暴雨洪水泥沙规律,基于半干旱半湿润地区产洪产沙机制建立洪水泥沙预警预报模型,将会提高河龙区间洪水泥沙的预警预报精度。

10.2.3 下垫面水土保持措施对暴雨产洪产沙过程的影响机制概化问题

大量径流小区尺度的研究已经初步阐明了主要水土保持措施(淤地坝、水平梯田、林草等)对暴雨产洪产沙过程的拦蓄作用。但是由于建设时间不同以及减水减沙效益的变化等原因,在较大尺度(如需要预报的流域尺度)上资料难以收集,很难直接量化出水土保持措施的拦蓄水沙量。因此,未来需要加强对水土保持措施作用的阈值效应研究,挖掘主要影响因素,概化出主要水土保持措施作用的减水减沙模式,提高暴雨洪水泥沙预警预报精度。

参考文献

[1] 包为民,王从良.垂向混合产流模型及应用[J].水文,1997(3):18-21.

[2] 龚时旸,蒋德麒.黄河中游黄土丘陵沟壑区沟道小流域的水土流失及治理[J].中国科学,1978(6):671-679.

[3] 刘晓燕.黄河近年水沙锐减成因[M].北京:科学出版社,2016.

[4] 刘利峰.基于地形指数的蔡家川流域水文相似性研究[D].北京:北京林业大学,2006.

[5] 焦菊英,王万忠,李靖.黄土丘陵区不同降雨条件下水平梯田的减水减沙效益分析[J].土壤侵蚀与水土保持学报,1996,5(3):59-63.

[6] 焦菊英,王万中.黄土高原水平梯田质量及水土保持效果的分析[J].农业工程学报,1999,15(2):59-63.

[7] 冉大川,柳林旺,赵力仪,等.黄河中游河口镇至龙门区间水土保持与水沙变化[M].郑州:黄河水利出版社,2000.

[8] 叶金印,李致家,刘静,等.山洪灾害气象风险预警指标确定方法研究[J].暴雨灾害,2016,35(1):25-30.

[9] 赵人俊.流域水文模拟——新安江模型与陕北模型[M].北京:水利电力出版社,1984.

[10] 史辅成,等.黄河流域暴雨与洪水[M].郑州:黄河水利出版社,1997.

[11] 许炯心.黄河中游多沙粗沙区 1997—2007 年的水沙变化趋势及其成因[J].水土保持学报, 2010, 24(1): 1-7.

[12] 史海匀, 李铁键, 范国庆,等.黄河中游清涧河流域水沙变化特征分析.第八届全国泥沙基本理论研究学术会议, 2011.

[13] 霍世青,等.黄河吴堡—龙门区间洪水泥沙预报技术研究[M].郑州:黄河水利出版社,2014.

[14] 汪岗,范昭.黄河水沙变化研究[M].郑州:黄河水利出版社,2002.

[15] 许珂艳,王秀兰,赵书华.小理河流域产汇流特性变化[J].水资源与水工程学报,2004,15(3):24-26.

[16] 姚文艺,汤立群.水力侵蚀产沙过程及模拟[M].郑州:黄河水利出版社,2001.

[17] 陈浩.黄土丘陵沟壑区流域系统侵蚀与产沙关系 [J].地理学报,2000,55(3):354-363.

[18] 蔡强国,刘纪根.岔巴沟流域次暴雨产沙统计模型[J].地理研究,2004(7):434-438.